Food Materals Science

NEW 식품재료학

홍태희/ 김기연/ 김창렬
서종권/ 오창환/ 정용진

지구문화사
JIGU PUBLISHING Co.

머리말

오늘날 세계가 지구촌화 되면서 우리 식단에는 세계 각국의 식재료가 수입되고 있습니다. 고기며 곡물, 생선, 과일, 채소에 이르기까지 호텔 · 레스토랑에서뿐만 아니라 전국 어디서든지 수입식품으로 넘칩니다.

이제 우리는 요리와 가공, 저장을 함에 있어 식재료의 유통과정, 성분에 따른 조리방법과 영양, 가공 전후의 보관에 이르기까지 좀 더 체계적으로 익히지 않으면 효과적으로 식재료를 사용하기 어렵게 되었습니다.

이 책 제1부에서는 모든 식재료의 성분과 이화학적 반응, 그리고 가열 · 냉동 · 냉장 · 건조 등 조리 · 저장에서의 품질변화를 기본지식으로 다루었습니다.

제2부에서는 곡류, 서류, 두루, 채소류, 과일류, 버섯류, 그리고 해조류 등 식물성 식재료의 성상과 성분 및 용도를 다루었습니다.

제3부에서는 식육류, 란류, 우유, 수산식품을 다루었으며,

제4부에서는 그밖에 식품재료로 유지식품재료, 향신료, 감미재료, 기호식품재료, 한국토속채소, 그리고 식품첨가물을 다루었습니다.

필자들은 이 책을 집필함에 있어 가급적 모든 식품재료의 그림 또는 사진을 실어서 우리가 자주 접하지 못하는 식재료라도 생김새와 영양성분, 그리고 조리 · 가공 · 저장방법을 이해하는데 어려움이 없도록 하고자 최선을 다 했습니다. 그러나 미흡한 점이 없지 않을 것으로 사료됩니다.

앞으로 기회 있을 때마다 새로운 내용의 자료를 보충, 좀더 완벽한 식품재료학 교재로 거듭나도록 하고자 다짐합니다.

아울러 선배 · 동학 교수님들의 지도와 후원을 부탁드립니다.

끝으로 이 책을 집필하는데 자료 등으로 도움이 되게 해주신 선배교수님들, 그리고 미려한 디자인과 편집으로 이 책이 빛나게 해주신 지구문화사 임직원들에게 감사를 드립니다.

기해년 새봄에

집필자 대표

차 례

Part Ⅰ 식품재료학 총론

Chapter 1 식품재료학의 개요

Chapter 2 식품재료 성분과 이화학적 반응

Chapter 3 식품재료의 처리

CONTENTS

Part II 식물성 식품재료

Chapter 4 곡 류

차 례

Chapter 5 서 류(薯類)

Chapter 6 두 류(豆類)

Chapter 7 채소류(菜蔬類)

CONTENTS

차 례

Chapter 9 버섯류

CONTENTS

차 례

Chapter 12 어 패 류

CONTENTS

Part IV 그밖의 식품재료

Chapter 13 유지식품재료

차 례

Chapter 14 향신료

Chapter 15 감미재료

Chapter 16 기호식품재료

Chapter 17 한국의 민속채소

CONTENTS

Part 1 식품재료학 총론

Chapter 1

식품재료학의 개요

1-1 식품과 식품재료

우리나라 식품위생법 제1장제2조제1에 규정된 식품의 정의는 "식품이라 함은 모든 음식물을 말한다. 다만 의약으로 섭취하는 것은 제외한다."라고 정의하고 있다. 또한 FAO(Food and Agriculture Organization, 유엔식량농업기구)/WHO(World health Organization, 유엔세계보건기구)합동 식품영양규격위원회에서의 식품에 대한 정의는 다음과 같다.

"인간이 섭취할 수 있도록 완전 가공 또는 일부 가공한 것이나 가공하지 않아도 먹을 수 있는 모든 재료를 말하며, 음료 종류와 껌 종류도 여기에 포함된다. 또 식품을 제조, 가공 그리고 처리하는 데 사용된 어떤 재료도 식품이 될 수 있으나 화장용품, 담배류, 그리고 의약용으로 사용된 것은 포함시키지 않는다."

과학사전에서는 "식품은 생명현상을 유지하기 위한 성장, 활동, 그리고 회복 목적으로 동·식물체로부터 얻을 수 있는 영양물질을 모두 식품이라고 한다."라고 하였다.

식품은 그 대부분이 동·식물체이거나 또는 동·식물에서 얻게 되는 것으로, 인간은 이것을 직접 또는 조리 및 가공하거나 저장하여 이용하고 있는데, 그 종류는 매우 다양하고, 그 형태와 성상 혹은 화학적 조성이 크게 다르다.

식품재료학은 우리의 식생활에 이용되는 여러 가지 식품재료에 대하여 그 유래, 형태, 성상(性狀) 등을 생물학적 또는 이화학적(理化學的)인 관점에 입각하여 체계화하고 그 지식을 식품의 이용면에서 활용하도록 하려는 식품관련 학문의 한 분야이며, 음식물의 조리·가공·저장하는 데 우선적으로 이해해 두어야 하는 중요한 부분이다.

1-2 식품재료의 분류

식품재료의 분류 방법에는 여러 가지가 있으나 대표적으로는 생산지에 따른 농산물 · 축산물 · 임산물 및 수산물로 분류되며, 식품재료의 성질에 따라서는 식물성과 동물성으로 크게 구분할 수 있다.

또한 식품재료의 구성성분을 기준으로 탄수화물 공급식품, 단백질 공급식품, 지방질 공급식품, 비타민 공급식품, 무기질 공급식품으로도 분류된다.

1. 생산지에 따른 분류

(1) 농산 식품재료

농산식품 재료는 농업에 기반을 두고 토양의 영양분과 다양한 환경을 이용하여 재배, 채취, 수확한 식품재료로서 곡류, 서류, 두류, 채소류, 과실류가 있다.

(2) 축산 식품재료

축산식품 재료는 육류, 조류 및 양봉을 통해 얻은 생산물을 말하며 육류 및 2차 생산물(우유, 알류), 벌꿀 등이 있다.

(3) 임산 식품재료

임산식품 재료는 산림자원을 활용하여 얻을 수 있는 식품재료로서 대표적으로는 버섯류, 산채류를 들 수 있다.

(4) 수산 식품재료

바다, 강, 하천 등으로부터 양식 및 채취를 통해 얻게 되는 어류, 어패류, 해조류 등이 있다.

2. 식품재료의 성질에 따른 분류

식품재료의 성질에 따라 분류되는 식물성 식품재료에는 곡류, 서류, 두류, 채소류, 과실류, 버섯류 및 해조류가 있으며 동물성 식품재료에는 식육류 및 2차 산물(우유, 알류), 식용 수산동물(어패류, 어류) 등이 있다.

1-3 식품의 성분의 종류

식품의 성분으로는 일반성분과 영양성분 및 특수성분으로 구분할 수 있으며, 일반성분은

① 수분(moisture)

② 탄수화물(carbohydrate)

③ 단백질(protein)

④ 지질(lipid)

⑤ 무기질(mineral)

⑥ 비타민(vitamin)

로 분류되며, 영양성분은 식품위생법상 영양성분 표시대상인 가공제품에 표기되는 nutrition fact를 기준으로 열량(calorie), 탄수화물(total carbohydrate, sugars), 단백질(protein), 지방(total fat), 포화지방(saturated fat), 트랜스지방(trans fat), 콜레스테롤(cholesterol), 나트륨(soidum)이 있다.

또한 특수성분은 각종의 식품재료가 갖고 있는 기능성 물질, 생리활성 물질 또는 지표물질을 포괄적으로 나타내고 있다.

Guide

5대 영양소
탄수화물, 단백질, 지질, 무기질, 비타민

1-4 식품재료의 성질

식품재료의 성질은 크게 다음과 같이 네 종류로 구분한다.

① 물리적 성질(physical properties)

② 기하학적 특성(geometrical characteristics)

③ 시각적 특성(optical characteristics)

④ 열적 특성(thermal properties)

식품재료학에서 가장 기초가 되는 이론은 식품재료의 물리적 특성을 이해하는 것이고, 그것은 물리적 특성이 식품재료에 가장 큰 영향을 미치며 또한 가공과 저장 등에서도 큰 요인으로 작용하기 때문이다.

물리적 요인으로는 밀도, 융점 및 비점, 용해도, pH, 증기압, 팽창 및 수축, 발화 및 인화점, 완충 능력, 물질이동 및 열이동 등이 있다.

기하학적 특성은 식품재료의 모양, 크기, 부피 등에 관한 것으로, 수확, 운반 및 저장 등에 영향을 미치는 것들이다.

시각적 특성은 식품재료의 색깔 및 광택 등을 품질의 척도와 가공 특성으로 삼아서 다루어야 할 중요한 요인이다.

열적 특성은 식품재료를 가열하여야 할 경우에 열의 본질과 재료의 물리화학적 변화를 이해하는 데 절대적으로 필요한 지식이다.

1. 물리적 성질

(1) 빙 점 (freezing point)

식품재료의 빙점은 재료성분의 농도와 밀접한 관계가 있다. 순수한 물의 빙점은 0°C이나 어떤 용질이 포함되어 있으면 용액의 빙점은 0°C 이하가 되며, 용질 농도가 높아질수록 빙점은 낮아진다. 품온을 가진 식품재료를 빙점 이하 조건에 두면 열은 식품 속에서 외부로 이동되어 제거되고, 가장 늦게 냉각되는 지점을 열의 온점(溫點, thermal point)이라 한다.

표 1-1 각종 식품과 식품재료의 빙점

식품재료명	빙 점(°C)	식품재료명	빙 점(°C)
고구마	−1.9	쇠고기	−0.6~−1.7
감 자	−1.7	어 육	−0.6~−2.0
사 과	−2.0	버 터	−2.2
바나나	−3.4	치 즈	−8.3
토마토	−0.9	우 유	−0.5

(2) 비 점 (boiling point)

비점은 액체의 비등이 일어날 때의 온도를 말하며, 보통 1대기압(1atm) 아래에서의 비점이 그 물질의 비점이 된다. 수용액의 용질농도가 증가할수록 비점은 상승한다. 그러나 압력이 대기압보다 낮은 감압상태에서 가열하면 비점을 낮출 수 있다. 따라서 압력을 조정하여 비점을 낮추면 식품의 열변성을 감소시킬 수 있으며, 열전달 속도를 크게 할 수도 있다.

(3) 밀 도(density)

식품재료의 밀도는 재료의 부피와 무게와의 관계를 나타내며, 고체식품재료의 밀도 측정은 모양이 불규칙할 경우에 다소 복잡하다. 직접 밀도를 측정하는 방법은 여러 밀도의 소금물에 일정한 양의 식품재료를 담그어서 뜨지도 가라앉지도 않는 용액의 밀도를 그 식품의 밀도로 간주한다.

(4) pH

식품의 pH는 실제 식품재료 내의 액체들의 성질을 나타내는 척도가 되고, 일정한 pH를 나타낸다. 식품재료가 신선한 천연물로 존재할 때의 pH와 수확 후, 저장 중 또는 가공 중에 여러 내·외적 요인에 의하여 변화된 pH는 다르게 된다. 또한 pH변화에 따라 이화학적 성질이 변하게 되고, 색과 맛 및 향기, 그리고 조직 자체의 변화가 수반된다.

식품의 pH가 낮아지면 신맛이 상승하고 액성(液性)이 산성으로 변한다. 특히 pH변화에 의한 색깔의 변화는 뚜렷하다. 예컨대, 초록색의 chlorophyll은 pH가 낮으면 산과 반응하여 갈색인 페오파이틴(pheophytin)으로 변하고, 알칼리 조건에 있으면 더욱 짙은 녹색의 클로로필린(chlorophylline)으로 변하게 된다. 또 노란 색소인 flavonoid는 산성 쪽에서는 안정하지만 알칼리 조건에서는 불안정하여 짙은 황색 또는 갈색으로 변한다.

anthocyanin 색소는 더욱 민감하여 pH3 정도에서는 빨간색을, pH 7~8 정도에서는 자색, pH8 이상에서는 청색 혹은 녹색으로 변한다. 그러나 carotenoid계 색소는 산 또는 알칼리 조건에서 색깔 변화가 일어나지 않는다.

또 다른 pH의 영향은 Maillard 반응의 속도에 따른 색깔 변화가 있다. pH가 알칼리성이 될수록 갈색화 반응의 속도가 빨라진다. 그 밖에 식품의 가공에서도 pH의 영향은 다양하게 나타난다. 예를들면, 식품의 Gel 형성능력의 변화, 육류의 수분흡수능력의 변화, 효소의 활성(activity)의 변화 등이 있으므로 재료의 상품적 가치의 변화는 물론, 저장성과 가공성 등에 변화를 가져오게 된다.

> *Guide*
> **Maillard 반응**
> 아미노산과 환원당(포도당, 과당, 맥아당 등)이 작용하여 갈색의 중합체인 멜라노미딘을 만드는 반응

(5) 표면적(surface area)

식품재료의 표면적은 이화학적 특성에 큰 영향을 주는 인자로, 열처리 가공

과 냉동가공에 중요하고, 일반적으로 표면적이 크면 다른 물체와의 반응성이 커져서 가공속도가 빨라진다.

표면적을 크게 하여 물리 · 화학적 반응을 증가시킨 경우는 우유의 균질화(均質化, homogeniging)가 있으며, 이 원리를 이용하여 모든 고체 · 분말식품 가공에 널리 이용되고 있다.

2. 관능적 성질 (sensory property)

식품재료의 품질을 판정할 때 인체 감각기관을 통하여 인지되는 성분을 관능적 요소, 즉 색깔과 광택 · 냄새 · 맛 · 감촉 · 씹을 때의 느낌과 소리 등을 기준으로 직관적으로 평가를 하게 되고, 재료의 판정에 매우 중요한 척도가 된다.

이들 요소들은 식품재료의 성분들이 이화학적 · 조직학적 특성들이 서로 복합적으로 관계되어 있어, 객관적으로 재료의 품질을 결정하기에는 어려움이 뒤따른다.

이들 관능적 성질 중에서 중요하게 취급되는 시각적 요소와 후각적 요소를 설명하면 다음과 같다.

(1) 색 깔 (color)

식품재료는 고유의 색깔을 가지고 있으며, 식품재료 선택의 판단 기준이 되는 매우 중요한 요소가 된다. 색깔은 식품재료의 신선도와 숙성 정도를 나타내며, 또한 반대로 변질 정도를 나타내는 기준도 되므로 소비자가 시각적으로 쉽게 품질을 판단할 수 있는 중요한 인자가 된다.

색깔의 표시방법은 현재 3가지 색체계를 이용하여 색깔을 표시하고 있다.

첫 번째로 색깔의 측정을 육안에 의해 식품의 색과 표준색을 비교하여 결정하는 방법이 있는데, 표준색은 뮤셀 색체계(Musell book of color)에 수록된 색을 기준으로 비교하여 해당하는 색깔의 번호와 기호로 표시하는 방법이다.

둘째 방법은 CIE(International Commitee on Illumination) 색체계에 의해서 색깔을 표시하는 방법이 있다. 이 방법은 세 가지 기본색인 빨강(X), 노랑(Y), 파랑(Z)의 3원색을 서로 혼합하여 모든 색깔을 만들어 놓고 식품재료의 색깔을 X, Y, Z로 표시하여 결정한다.

셋째로 Hunter 색체계(Hunter color system)에 의한 방법은 CIE와 뮤셀 색체계의 단점이 되는 명도(明度, Lightness, 0~100)를 보완한 측정방법으로 유용하다.

(2) 광 택(glossy, shiny)

식품의 품질 결정에 깊은 관계가 되는 시각적 요인인 광택은 식품재료의 우수성을 나타내는 척도가 되지는 못한다. 예컨대 광택이 많을수록 우수한 식품으로 판단되는 것(예 : 사과…)과 반대로 광택이 없을수록 품질이 우수한 것으로 인정되는 것(예 : 버섯, 오렌지 등) 등이 있다.

(3) 향 기

향기는 식품재료의 품질을 결정하는 중요한 요소로, 사람의 후각을 자극하여 그 식품재료의 독특한 향기를 느끼게 하여 식욕에도 영향을 미치게 된다. 식품을 먹기 전에 느끼는 이 향기를 top note라 한다.

이와는 달리, 향미(flavor)는 식품을 입에 넣고 맛을 보거나 씹을 때, 그 식품의 휘발성 성분이 코를 자극하여 향기를 느끼게 하고 또한 미각에도 영향을 주게 되므로 풍미라는 용어로 표현한다.

풍미, 향미, 냄새, 향기라는 용어는 엄격한 의미에서 서로 구별된다. 풍미와 향미는 flavor로, 서로 같은 의미로 사용되며 맛과 향기를 동시에 나타내는 용어로 사용된다. 그러나 냄새와 향기는 odor의 의미로 사용되며, 냄새는 바람직하지 않은 것을 표현할 때 사용되고 향기(aroma)는 바람직한 것을 나타낼 때 주로 사용한다.

향기를 발현하는 동물성의 향기는 아민(amine)계와 저급 지방산 등으로 그 종류는 많지 않다. 그러나 식물성 향기는 정유류(terpene), 황화합물, 알데히드류, 케톤류, 에스테르류, 알코올류 등 그 종류가 매우 많다.

일반적으로 가공하지 않은 식품재료는 향기가 약한 편인데 가공과정에서 향기가 발현하는 경우가 많다. 천연식품재료의 향기성분은 대사에 의해 생겨나는 화합물이지만 조직이 파괴될 때 향기 전구물질이 산소나 효소의 작용에 의해 새로운 향기로 전환된다.

향기성분은 맛성분의 10^{-4} 단위로 표시되고 향기성분은 10^{-6}~10^{-9} 정도의 극미량으로도 감지되며 맛에도 영향을 미치게 하는 요소로 작용을 한다.

3. 열적 성질 (thermal property)

식품재료를 가공처리하는 데 가장 중요한 것은 열전달(heat transfer)과 관련된 가열(heating), 냉각(cooling), 건조(drying), 냉동(freezing) 등이다. 열처리는 식품의 가치를 증가시키는 수단으로 살균효과는 물론이고 식품의 맛, 소화성의 증가나 이화학적 변화를 통한 품질의 상승을 시키는 중요한 역할을 한다.

그러나 반대로 열처리 과정을 통하여 식품의 변화가 수반되어 색깔의 변화나 냄새 성분의 변화 등으로 품질을 저하시키는 경우도 있다.

열전달은 전도(conduction), 대류(convection), 복사(radiatio) 등의 매커니즘에 의하며 식품재료에 따라 원리적용이 달라지게 된다. 열전달의 기초가 되는 몇 가지 개념을 설명하면 다음과 같다.

(1) 비 열 (specific heat)

비열은 물질 1g의 온도를 1°C 변화시키는 데 필요한 열량(joul/g · °C)으로 정의된다. 동일 물질에서도 상(相, phase)에 따라 다르며 수분함량에 따라서 변하기도 한다. 즉 액체인 물의 비열은 4.18joul/g · °C(=1cal/g · °C)이지만 얼음의 경우는 2.0joul/g · °C(=0.48cal/g · °C)이 된다. 또한 수분함량이 많을수록 비열이 증가하는데 그 예는 다음의 표 1-2와 같다.

1cal는 순수한 물 1g의 온도를 1기압 상태에서 14.5°C에서 15.5°C로 상승시키는 데 필요한 열량으로 정의하였다. 그러나 현재는 cal 대신에 joul을 사용하기로 했지만, 아직까지 영양학에서 cal나 kcal를 단위로 사용하고 있다.

Guide
1cal = 4.184joul

표 1-2 식품의 수분함량과 비열

식품 재료명	수분 함량(%)	비열		잠열 (액체고체, joul/g · °C)
		비냉동 상태	냉동 상태	
토마토	94	3.97	2.0	311.7
치 즈	40	2.1	1.29	125.5
물	100	4.184	2.0	334.7

(2) 전 도 (conduction)

전도의 정의는 열이 물체 내를 이동하는 현상으로 흐르는 방향은 고온으로부터 저온의 물질로 흐르며, 흐름은 항상 온도감소 방향으로 진행된다. 전도의 특징은 연속체 내에 온도차이가 있을 때 열이 그 구성성분 사이로 자연스럽게 흐르게 되고, 고체일 경우는 분자와 분자 사이로 흐르므로 균일하게 열이 전달된다.

전도도(joul/sec · cm · °C)는 식품재료의 가공특성에 영향을 미치는 물리적 요인으로, 재료의 상(phase)에 따라 달라진다. 예를들면, 다공성 식품재료일 경우는 다공성 입자간 복사가 전체 열 흐름에 중요한 몫을 차지하므로 열전도도가 변한다.

열전도도는 물, 지방(fat), 공기의 순으로 높다. 대체적으로 금속류가 높은 편이다. 따라서 식품재료가 공기나 지방을 많이 함유하고 있을수록 열전도도는 떨어진다. 즉, 가열이나 냉각 등에서 효율이 떨어지고 시간과 열이 많이 소모된다.

(3) 대 류 (convencion → convection)

액체나 기체를 가열하면 열 흐름이 빨리 일어나서 전도과정보다 빠르게 모든 곳에 열이 전달되게 된다.

액체 내에서 대류 흐름이 일어나는 원인은 온도차에 의한 밀도 차이의 현상으로, 가열된 것은 밀도가 낮아져서 위로 올라가게 되고, 차가운 것은 밀도가 높아져서 아래로 가라앉게 되며, 가열되면 다시 상승하는 등 전체가 고르게 열을 전달받고 대류속도도 점점 빨라지게 된다.

실제로 대류와 전도의 개념을 구분짓기는 힘들며, 식품재료의 경우에 대류는 액체식품에서, 전도는 고체와 액체식품에서의 열전달 방법이 된다. 수프 등과 같은 고체가 함유된 액상식품은 대류와 전도가 함께 일어나서 열이 전달된다.

(4) 복 사 (radiation)

복사는 공간을 통한 전자기파(electromagnetic wave)에 의한 에너지의 전달 현상으로, 복사가 빈 공간을 통과할 때는 열 또는 에너지형으로 변형되지 않고 통로도 바꾸지 않는다.

이 통로(흐름)에 어떤 식품이 있으면 복사는 투과되거나 반사 또는 흡수된다. 이 때 흡수된 에너지만이 열로서 나타난다.

식품재료에 복사열이 흡수되는 경우에는 모두 식품표면에서 일어나며 열을 전달받은 표면은 전도 또는 대류에 의해서 전체에 열을 전달한다.

복사현상을 이용하여 만든 기기로는 초단파를 이용한 마이크로웨이브 오븐(microwave oven)이 있으며, 초단파를 이용한 식품 가열처리의 장점은 일반 가열은 외부로부터 가열이 시작되나, 초단파는 식품내부를 균일하게 가열시키므로 표면이 타거나 갈변현상 등이 일어나지 않는다.

또 다른 특이한 사항이라면 초단파 가열할 때 식품에 수분이 있는 경우에는 식품온도가 100°C 이상으로 가열되지 않는 점이다.

초단파 가열은 그 용도가 점차 다양하게 넓어지고 있으며 제빵, 농축, 효소의 불활성화, 가열살균 등의 목적으로 사용되고 있다.

(5) 열확산 (thermal diffusivity)

열확산은 열전도도에 비례하고 밀도와 비열에 반비례하며 열이 단시간 내에 전달되는 면적으로 표시된다. 즉 식품재료의 성분조성, 조직, 다공성 여부와도 관련이 있으며 주로 고체식품 재료의 열전달 정도를 비교하는 데 이용되는 열적 성질이다.

식품재료에서의 열확산의 단위는 m^2/sec으로 표현되고 재료에 따라 다르며 열전도도, 밀도, 비열과도 밀접한 관계를 가진다. 또 열확산은 온도에 영향을 받으며 온도가 높을수록 열확산은 커진다.

대부분의 경우에 열확산값은 $1 \sim 2 \times 10^{-7} m^2/sec$이다.

Chapter 2 식품재료 성분과 이화학적 반응

2-1 식품재료의 수분

식품 중의 수분은 식품재료의 형태, 구조, 맛, 물성, 가공성 및 저장에 영향을 주는 물질로서 다양한 기능을 가지고 있다. 물은 식품성분의 용매로서 소금, 비타민, 당, 가스, 색소 등을 녹이고 이온화 능력도 가지고 있다. 또 물은 식품 조직에 영향을 미치고, 각종 화학반응에도 관여하여 수화(水化, hydration)에 의한 교질물질(colloid)을 안정화하는 기능도 가지고 있다.

Guide

수화(水化) : 마르코우니코프의 규칙에 따라 유기화합물에 물 분자가 첨가되는 현상. 즉 용매화의 일종으로 수용액 속에서 몇 개의 물 분자가 용질분자 또는 이온에 강하게 끌리는 현상.

물은 수소결합과 전자쌍결합을 한 대표적인 화합물로 극성분자나 이온으로 구성된 물질을 녹이는데, 쌍극자 물질의 경우에 물분자 쌍극자와 용해물질의 쌍극자 간의 상호작용으로 용해도가 증가하여 공유결합한 −OH원자단을 포함하는 분자들은 수소결합을 하고 있기 때문에 물에는 잘 녹는다. 또 이온성 결합물질들은 이온−쌍극자 간의 인력이 결정 안의 이온-이온 인력보다 클 경우는 물에 잘 녹는다.

물의 또 다른 물리적 성질로는 분자량이 작은 물질로는 융점(0°C)과 비점(100°C)이 비교적 높은 편이며, 융해열과 기화열 및 비열도 비교적 높다. 그러나 고체상태인 얼음의 밀도는 액체상태인 물의 밀도보다 작다. 이와같은 물의 성질은 모두 물분자의 구조에 의한다.

즉 물분자는 전기음성도가 다른 H원자와 O원자가 105 ° 의 각도로 연결되어 쌍극자 모멘트(dipole moment)를 형성하며, 수소결합에 의하여 여러 개의 물분자가 연합하고 있기 때문이다(그림 2−1 참조).

수소 결합수는 고체상태의 물에서 최대가 되며, 결정격자 속에서 각 산소원자는 4개의 수소결합에 의해서 사면체형으로 둘러싸여 그림 2-2와 같은 형태로 존재한다.

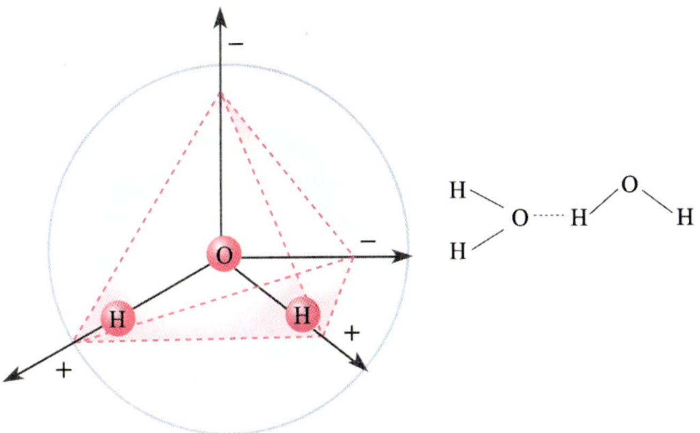

그림 2-1 물분자의 입체구조와 수소결합

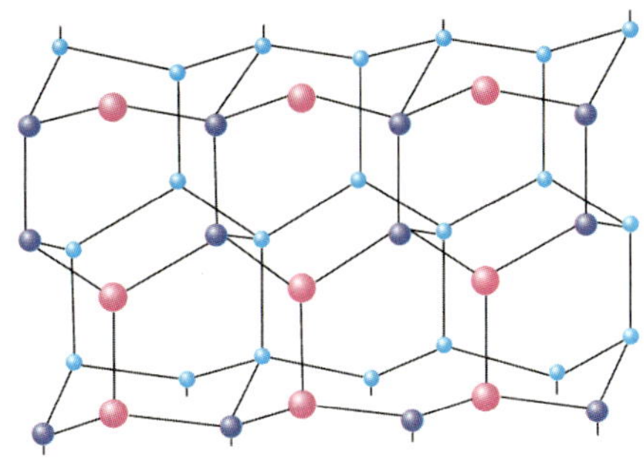

그림 2-2 얼음결정의 6각형 격자모형

녹는점 이상으로 온도가 올라가면 수소결합이 줄어들기 때문에 밀도는 계속 증가하여 3.98°C에서 최대가 된다. 즉, 0°C에서 3.98 °C까지는 체적이 온도의 상승에 따라 감소하고 3.98°C 이상으로 되면 다른 대부분의 액체의 경우처럼 온도가 올라감에 따라 밀도가 감소한다. 그러므로 온도에 따라 체적이 증가한다.

1. 식품재료 중의 수분활성

물은 식품 속에 적어도 3가지 형태로 존재한다. 첫째로 일부의 물은 식품조직 중에 자유롭게 존재하는 자유수(free water) 상태의 물로, 보통 물과 같은 물리적 성질을 가지며 교질물질의 분산매체, 결정물질의 용매로 작용할 수 있다.

둘째로 물은 식품 중의 거대분자 콜로이드, 즉 전분, pectin, 섬유소, 단백질 등의 표면에 흡수된 채 Vander Waals힘 또는 수소결합력에 의한 흡수력에 의해 거대분자와 매우 가깝게 결합된 상태로 존재한다.

셋째로 물은 결합수(bounded water)의 상태로 존재하고 있으며, 각종 성분과 수화된 상태로 존재한다.

> *Guide*
> **반델르발스힘**
> 분자간 힘의 인력부분 중에서 가장 보편적인 인력으로, 실제기체는 이상기체의 상태방정식을 만족시키지 않는다는 전제하에 분자간의 상호작용에 도입하는 값

자유수는 식품 속에서 용매로 작용하며 0°C, 100°C에서 각각 얼거나 증발하는 보통의 물로서 압착에 의해 제거될 수 있는 형태로 존재한다. 그러나 결합수는 식품성분들과 수소결합으로 결합된 형태의 물로서, 용매로 작용할 수 없으며 압착에 의해 제거될 수도 없다.

식품재료 중의 수분함량을 측정할 때 보통 % 함량으로 표시하는 경우와 수분활성(water activity, Aw)으로 표시하는 경우가 있는데, 보통 수분함량(%)은

대기 중의 수분함량, 즉 상대습도를 고려하지 않은 절대 수분함량으로 나타내기 때문에 식품 중의 수분함량으로 나타내기는 부적당하다. 그러므로 미생물이 이용할 수 있는 자유수의 함량, 즉 수분활성을 사용하여 식품 중의 수분함량을 나타내는 것이 바람직하다.

표 2-1 자유수와 결합수의 특징 비교

자유수(free water)	결합수(bound water)
• 조직 중에 기계적으로 함유되어 있는 물 • 용질의 용매로서 이용 가능 • 흡습 또는 건조에 의해 변동이 가능 • 미생물이 이용 가능 • 끓는점, 녹는점이 매우 높음 • 0°C 이하로 냉각시키면 동결됨 • 동일한 수분의 식품에서 자유수의 비율이 높을수록 저장성이 나쁘다.	• 식품의 조직성분과 수소결합으로 결합되어 있는 물 • 다른 용질의 용매로서 이용 불가 • 미생물의 번식에 이용 불가 • 0°C 이하로 냉각시켜도 동결되지 않으며, 100°C 이상으로 가열하여도 제거되지 않음 • 동일한 수분의 식품에서 결합수의 비율이 높을수록 저장성이 좋다.

2-2 식품성분 상호간의 반응

1. Maillard 반응 (아미노카르보닐반응, 멜라노이딘반응)

비효소적 갈변화 과정인 멜라드 반응은 환원성이 큰 환원당의 환원성기(carbonyl group), 즉 알데히드기나 케톤기가 peptide, 단백질의 아미노산과 반응하여 갈색 물질(mellanoidine)을 생성하는 반응이다.

멜라드 반응은 매우 복잡한 반응으로 식품의 색뿐만 아니라 향기나 맛 등 식품 품질 전체에 영향을 미치며, 저장 중에 반응이 진행되면 품질이 저하되고 풍미를 상실하게 된다.

Carbony기 + amino 기 = mellanoidie (색소, 갈색물질) 생성반응

(Carbonyl group : aldehyde group, keton group...)

온도는 낮을수록, 산소가 적을수록, pH는 낮을수록, 반응물질의 농도는 적을수록 반응은 적게 일어나며, 5탄당>6탄당>자당(sucrose) 순으로 반응성이 낮으며, 과당(fructose)이 가장 반응을 잘 일으킨다.

멜라드 반응을 억제하기 위해서는 포도당 제거, 수분제거, pH 저하, 유황화합물 첨가, 항산화제 등을 사용한다.

2. Caramel 반응

Non amino-carbonyl 반응인 카라멜 반응은 아미노 화합물이 존재하지 않는 상황에서 당류의 가열에 의해 형성된 가열분해 산물 또는 가열 산화물들에 의한 갈색화 반응이다.

캐러멜 반응은 보통 고온 200°C 부근에서 당류 또는 당류의 수용액의 탄소화합물들이 열분해(heat degradation) 혹은 중합반응 등에 의해서 일어난다.

설탕이나 물엿을 주원료로 하는 캔디류를 비롯한 빵류, 크래커, 간장 및 된장 등은 캐러멜 반응을 이용하여 색깔과 향미를 얻는 대표적인 식품들이다.

캐러멜화 반응은 고온에서만 일어나는 것이 아니라 0~20°C에서도 매우 미미하게 일어나며, 30°C 이상에서는 반응속도가 조금씩 빨라지며 유기산과 같은 산성물질이 존재하면 분자간 혹은 분자내 탈수작용이 촉진되어 갈색화 반응이 더 잘 일어나게 된다.

3. 전분의 호화와 노화

(1) 전분의 호화

전분입자들은 일반적으로 수분을 10~17% 정도 함유하고 있으며 서로 물분자들을 통하여 수소결합(hydrogen bond)에 의해 미셀(micelle)을 형성하고 있다.

Guide

미셀 : 양친매성, 즉 분자내에 소수성 원자단과 친수성 원자단을 갖는 분자가 수중에서 취하는 구조체

전분입자들은 실온에서 자체 무게의 약 40~60%의 물을 흡수하는데 대부분이 다공질의 비결정부분에 흡수된다. 이 과정에서 전분입자는 팽윤하는데, 이때 온도를 높이면 물의 흡수속도와 팽윤속도는 더욱 빨라지고, 호화개시 온도에 이르면 전분입자들은 붕괴되어 콜로이드용액이 되고 점도(粘度)는 상승하여 호화(糊化, gelatinization)가 된다.

호화과정은 전분의 종류, 전분의 수분함량, 전분 현탁액의 pH, 전분 현탁액의 염류의 종류와 그 농도에 따라 달라지며, 수분함량이 많을수록, 알칼리성일

수록, 일부 무기 염류(NaOH, KOH, KI, 염화물)가 존재할수록 호화는 잘 일어난다. 또한 전분입자가 클수록, 전분 속에 지질함량이 많을수록 빨리 호화된다.

(2) 전분의 노화

전분의 노화는 전분의 호화(α화)에 대한 상대적인 용어로 β화 또는 결정화라고도 한다. 노화는 팽윤된 전분이 수축되는 과정으로 응집과 조직화 과정이라 할 수 있다.

조직화되기 위해서는 호화과정에서 거대분자로 커지며 gel을 형성하고 물은 빠져나가게 된다. 따라서 노화는 전분현탁액의 전분분자들이 침전하여 불용성 덩어리를 형성하는 과정이라 할 수 있다.

노화는 60°C 이상에서는 일어나지 않으며 온도가 낮아짐에 따라 진행이 빨라진다. 노화가 일어나기 위해서는 어느 정도의 자유수가 필요하며, 수분이 10~15% 정도의 건조상태(라면 등의 경우)에서는 분자가 고정화된 상태에 있기 때문에 노화가 일어나지 않는다. 수분이 30~60%일 때 노화가 가장 잘 일어나며 수분이 너무 많으면 전분농도가 낮기 때문에 노화가 오히려 늦어진다.

노화는 약산성 쪽일수록 일어나기 쉬우며 pH 7 이상에서는 잘 일어나지 않는다. 전분에 설탕을 가하면 설탕이 자유수를 탈수하고 전분분자 간의 결합을 저해하므로 노화가 방지된다.

4. 단백질의 변성과 겔화 (gelation)

단백질은 동 · 식물체의 중요한 구성성분으로 아미노산들이 peptide 결합을 통해서 결합된 고분자 화합물이다. 단백질은 그 출처에 따라 식물성 단백질, 동물성 단백질로 분류한다. 그리고 그 조성에 따라 단순 단백질, 복합 단백질, 유도 단백질로 나누고, 구조적 특징으로는 섬유상 단백질과 구상 단백질로 구분한다.

아미노산의 종류는 약 23종인 것으로 알려져 있으며, 아미노기와 카복실기로 된 양성물질(ampohoteric substances)로서 자연 단백질을 구성하는 아미노산은 모두 α-L-형이다.

자연 단백질은 그 구성 아미노산이 제1차 결합인 펩티드 결합 이외에도 유리 아미노기와 유리 carboxyl기들 간의 이온결합, 수소결합 또는 S-S-결합(sulfhydryl 결합) 등 제2차적 결합을 하고 있다.

만약 외부로부터 이화학적 처리를 받으면 구형 단백질의 형태가 풀어짐으로써 S-S-기, 아미노기, 카르복실기 등이 서로 결합하여 불용성의 단백질을 형성하게 된다. 이와같은 단백질의 불가역적인 구조적 변화를 단백질의 변성(protein denaturation)이라 한다.

변성은 가열 · 동결 · 교반 · 압력 등의 물리적 요인, 그리고 산 · 알칼리 · 염류 · 유기용매 · 중금속 염류 등에 의한 화학적인 요인에 의해 일어난다. 두부는 염류 첨가로 대두 단백질이 변성으로 응고된 대표적인 단백질 식품이다.

동물의 결체조직 단백질인 콜라겐(collagen)을 물과 함께 가열하면 친수성 콜로이드가 되고, 이것을 냉각하여 35°C 이하로 하면 반고체인 Gel을 형성한다. 이것은 35°C 이상에서는 Sol을 형성한다. 젤라틴 겔 형성과정은 가역적인 과정으로, gelatin 함량이 많고 분자량이 클수록 gel의 경도(硬度, hardness)는 커진다.

5. 지질의 산화

식품재료의 지질은 공기 중에서 산소와 반응하여 산화됨으로써 불쾌한 냄새나 독성물질을 생성하는 산패(oxidative rancidity)현상을 일으킨다. 또 기름을 높은 열로 오래 동안 가열조리하면 산화반응과 열반응에 의하여 기름의 점도는 높아지고 거품이 생기며, 갈변현상도 나타나게 됨으로써 맛과 냄새가 나빠지기도 한다. 이런 현상을 가열에 의한 산패라고 한다.

(1) 지질의 자동산화 (Autooxidation)

실온에서 유지의 산패는 주로 자동산화에 의한 것으로, 여러 인자에 의해 영향을 받는다. 불포화도가 높은 지방산일수록 산화되기 쉬우며, 온도가 높아질수록 자동산화는 빨리 진행된다.

또한 직사광선이나 형광등의 빛 등에 의하여 산화는 촉진되며 에너지가 큰 자외선은 더욱 그 영향이 커서 냉암소(冷暗所)에 저장하고 착색용기에 저장하는 것이 좋다. 금속이온도 유지의 산화를 촉진시킨다.

(2) 가열산화

가열산화는 조리과정에서 고온(160~180°C)의 튀김을 할 때, 잘 나타나는데 자동산화와 마찬가지로 hydroperoxide(ROOH)를 생성하며, 이것은 가열에 의해 분해되어 각종 저분자 물질 및 중합물을 만든다.

지질산화물은 인체에 유독한 편으로 특히 중합물 및 고리화합물(cyclic compound)은 강한 독성을 나타내므로 열에 의한 산패를 방지하여야 한다.

6. 식품재료의 갈변

식품재료에서 색깔은 그 식품의 품질평가에서 중요한 척도가 되는 요소이다. 식품재료는 수확, 가공, 저장 등의 과정을 통하여 고유의 색깔이 퇴색 또는 변색되어 가치를 저하시키기도 한다.

색깔의 변화 가운데 가장 흔히 나타나는 것은 갈변현상으로, 동 · 식물의 식품재료 어느 쪽이든 일어나며 크게 두 가지로 구분한다.

첫째로 식품이 원래는 갈색이 아니었지만 식품성분인 polyphenol이 산화되거나 carame화 및 아미노-카보닐반응을 통하여 갈변물질이 생성되는 갈변이 있고, 둘째로 헤모글로빈(hemoglobin)이나 미오글로빈(myoglobin), 그리고 엽록소 등이 산화되어 색깔이 갈색으로 변하는 갈변이 있다.

(1) Polyphenol(C_6H_5OH) 화합물에 의한 갈변

야채나 과실류의 폴리페놀 화합물이 산화되고, 엽록소가 산화분해되어 일어나는 갈변이 있다.

폴리페놀의 산화는 주로 효소적인 산화가 많으며 엽록소의 산화분해는 효소와 비효소적 변화가 동시에 일으키는 갈변이다.

과실이나 채소의 절단면에서 갈변을 일으키는 효소들 모두를 총칭하여 phenolase라고 하며, phenolase는 구리를 함유하고 있는 산화효소로 보통은 중성 부근의 pH에서 가장 안정하고, 채소의 blanching 온도인 60°C 이상에서 불활성화된다. 그 밖에도 SO_2 또는 SH-화합물, 비타민 C, ATP, 산소제거, 탈수(脫水), 산 첨가 등으로 불활성화된다.

(2) 엽록소(Chlorophyll)의 산화갈변

엽록소는 주로 식물의 원형질체에 존재하는 유색채 색소로 불용성이며 초록색 계통이다.

엽록소는 효소, 산, 알칼리, 가열, 금속 등과 반응하는데 이중 산처리와 가열에 의해서만 갈색으로 변한다. 그 외 처리로는 색깔이 갈변하지 않고 오히려 짙어지거나 옅은 초록색 계통을 유지한다.

(3) 육(肉)색소의 갈변

철을 함유하는 포피린 유도체(hem)와 단백질이 결합되어 형성된 색소인 빨간색 헤모글로빈과 적자색 미오글로빈은 동물성 식품의 색소로 공기 중의 산소와 자동적으로 결합하여 갈색으로 변한다.

즉, 철2가(Fe^{2+})가 산화에 의해 철3가(Fe^{3+})로 바뀌면서 색깔이 갈색으로 변하는데 대체로 신속하게 진행된다. 따라서 갈변화를 방지하고 고기의 색깔을 좋게 하기 위하여 아질산염과 같은 환원제를 사용하기도 한다.

Chapter 3 식품재료의 처리

식품재료에는 이물질(異物質)이 섞여 있는 경우가 많다. 이물질은 돌·모래·흙·금속·털·잎·나무 등의 물리적인 것들을 비롯하여 농약·항생물질·중금속 등의 화학적인 오염으로 구분할 수 있다. 이러한 이물질을 제거하는 과정을 정선이라고 하며, 세척 또한 여기에 포함된다.

정선과정에는 물리적 성질의 차이에 의해 특정물질을 분리하는 선별(選別, selection)과 식품재료 입자의 크기에 따라 분류하는 분급(分級, classification), 품질 차이에 따른 분류하는 등급(等級, grading) 과정이 있다.

세척(洗滌)은 부착된 오염물질을 제거하는 단순한 조작이며, 식품재료를 직접 이용하는 경우는 물론이고, 가공하는 경우에도 가장 중요한 기본적 과정이 세척이다.

식품재료를 처리하는 가공기기나 장치에 오염물질이 존재할 경우, 위생상의 불결함은 물론이려니와 열전도율의 저하, 여과과정에서의 여과막 오염에 의한 여과능률 저하 등이 발생한다.

세척과정은 고체재료일 경우, 우선 오염물질을 물리적으로 분리(separation)하여야 한다. 오염물질이 수용성일 경우에는 물에 의해 쉽게 제거되겠지만 그렇지 못할 경우에는 세척제를 사용하여야 한다.

일반적으로 오염물질을 세척하는 과정은

① 세척제가 고체 표면이나 오염에 접촉하여 오염물질을 적시거나 불리기 (surface wetting)

② 오염제거 과정

③ 재오염의 방지로 구분할 수 있다.

3-1 세척제

세척제(detergent)는 오염물질을 제거하는 화학물질로 다음과 같은 특성을 구비하여야 한다.

① 오염물을 충분히 습윤(wetting)시키고 오염물질이 잘 분리되게 하는 능력이 있어야 한다.
② 오염물질을 가용화, 유화, 분산, 현탁하는 능력이 있어야 한다.
③ 화학적 분해작용이 있어야 하며, 금속이온에 대한 봉쇄성도 커야 한다.
④ 독성이 적고, 세제 제거가 용이하여야 한다.
⑤ 살균성이 있고 부식성이 없으며 값도 싸야 한다.

그러나 이런 특성을 고루 가진 세제는 없으므로, 몇 가지 세제를 배합한 복합세제를 사용하고 있다. 세제의 종류로는 알칼리성 세제, 산성세제, 계면활성제, 효소세제, 금속봉쇄제 등이 있다.

(1) 알칼리성 세제

알칼리성 세제의 작용은 세제에서 유리되는 OH－기 때문인데, 주로 단백질계 오염물질을 용해, 분해하여 제거하며 유지성 오염물질은 검화하여 해리 및 분산시켜 제거한다.

단점으로는 금속이나 유리표면에 강하게 흡착하여 잘 제거되지 않는점과 강알칼리 세제는 Ca, Mg 등과 불용성 염을 형성하여 침전한다는 점이다.

(2) 산성 세제

산성 세제의 중요한 기능은 유기성 오염물질을 산화 · 분해시키는 것이고 이는 모두 H＋의 작용과 관계가 깊다. 또한 금속이온성의 침전물을 용해하여 제거하기도 하며, 강산화성 세제는 부식성이 강하므로 사용상 주의가 요구된다.

(3) 계면활성제

계면활성제는 비누, 세제, 유화제 등의 총칭이며 계면에 잘 흡착하는 성질을 가지고 있기 때문에 계면작용을 저하시키고, 한 분자 내에 친수성(親水性)기와 친유(親油)기를 동시에 가진 양친매성(兩親媒性) 구조를 가지고 있다.

계면활성제의 작용은 계면에 흡착하여 계면장력을 저하시킴으로써 습윤력(濕潤力), 침투력, 유화력, 분산현탁력, 용해력을 부여하며 또한 살균력을 동시에 나타내기도 한다.

3-2 식품재료의 가열처리

가열처리는 식품재료의 저장성과 가치를 증대시키기 위하여 처리하는 중요한 기본 공정 중의 하나로, 열처리 중에 색깔, 향미, 조직 등이 변하기도 하므로 세심한 주의가 필요하다.

가열처리의 실질적 목적은 조리(cooking), 블랜칭(blanching), 살균(저온살균과 멸균) 등에 있다.

(1) 블랜칭 (blanching)

블랜칭은 식품 중의 효소들을 불활성화하기 위하여 행해지는 가열처리이다. 일반적으로 냉동, 건조 혹은 통조림하기 전에 시행한다.

블랜칭을 하지 않으면 식품재료는 저장 중에 색깔이 변하거나, 향미의 손실이 발생하거나, 영양가의 손실, 조직의 변화 등이 발생하여 식품적 가치가 저하된다.

식물성 식품처리에서 블랜칭의 효과는 식품재료의 종류, 크기, 가열방법과 온도 등에 따라 달라진다. 효과를 결정하는 지표로는 열저항성이 비교적 높은 peroxidase와 catalase 등의 불활성 정도를 가지고 결정한다.

채소의 경우에는 블랜칭한 후에 조직의 연화(軟化)가 일어나는 경우가 많은데, 이를 방지하기 위하여 블랜칭 후 calcium brine(Ca-용액)에 담그어 calcium pectates를 형성하도록 하여 조직을 견고하게 만드는 경우도 있다.

그 밖에도 pectin, CMC(carboxymethyl cellulose), alginate 등과 같은 교질 농후제(colloidal thickeners)를 넣어 조직을 단단하게 하는 경우도 있다.

(2) 저온살균 (Pasteurisation)

저온살균은 가열에 민감한 식품재료에서 비교적 열에 약한 병원성 미생물을 가열하여 사멸시키는 것이므로 부패미생물까지 모두 사멸되는 것은 아니다. 또한 소위 무작용균(inert bacteria)은 살균을 하지 않고, 그 발육을 저온 혹은 그밖의 방법으로 억제하여 두는 경우가 있다.

① 저온장시간살균(LTLT) : Low temperature long time(60~65°C, 30분)
➡ 우유의 저온 살균 : 62.5~65°C 30분, 68.3°C 20분
➡ 우유, 술, 주스, 소스, 간장 등

② 고온단시간살균(HTST) : High temperature short time(72~85°C, 15초 이상)
➡ 우유의 HTST : 71.1°C 또는 75°C 에서 15초
➡ 우유, 과즙 : 70~95°C에서 20초

③ 고온장시간살균(HTLT) : High temperature long time(95~120°C, 30~60분)
➡ 통조림 살균

④ 초고온순간살균(UHT) : Ultra high temperature(120~130°C, 2~3초)
➡ 우유, 과즙 살균

(3) 멸 균 (Sterilization)

멸균이란 무균상태로 만드는 것을 의미한다. 그러나 식품재료의 살균에서 이와 같은 고온의 처리는 식품의 많은 부분을 파괴하는 경우가 따른다. 따라서 식품의 종류에 따라 혹은 유통기한 내에 어떠한 위해(危害) 미생물들의 증식을 억제하기 위한 적절한 가열처리로 목적미생물들 살균할 때 상업적 살균(commercially sterilization)이라 한다.

살균효과는 가열시간과 온도의 관계로 설명하며 살균에 필요한 시간은 고온일수록 감소된다. 식품재료의 종류, 상태, pH, 가열 후의 저장방법, 미생물의 수와 포자의 내열성, 산소의 용해도 등이 살균효과에 영향을 주는 요소들이다.

종래 미생물의 가열사멸 기작으로 단백질 변성설, 질식설, 중독설, lipoid설 등이 제창되어 왔으며, 최근에도 이 분야의 연구는 활발하다.

미생물의 내열성은 환경조건에 큰 영향을 받지만 미생물 자체에서도 효소단백, RNA 등의 생리적으로 중요한 고분자물질의 열안정성과 이들 물질을 보호하는 세포 내 물질의 존재, 예를들면 포자의 DPA, 칼슘, 수분 등으로 미생물의 내열성이 정해지는 것이라 생각되고 있다.

미생물의 가열사멸을 현상적으로 보면 세균의 습열에 의한 사멸은 1분자 반응에 따라 일어나고, 임의 시간에서 살균속도는 그 때의 생균수(生菌數)에 비례하며, 생균수의 대수와 시간의 관계가 성립한다. 이것을 세균사멸의 대수법칙(low of logarithmic order of death)이라고 한다.

세균의 사멸이 대수적으로 된다는 것은 가열살균에서 세균의 집단은 가열온도가 그 세균의 사멸온도가 되어도 그 시점에서 모든 개체가 다 사멸하지 않는다는 것을 뜻하고 있다.

이것은 보통 가열에 의한 사멸시간은 온도가 일정하면 일정한 용적 내에 있는 세균수의 다소(多少)에 의하여 잔존(殘存)생균수가 다르다는 것도 의미한다. 즉, 처음의 균수가 적을수록 단시간에 사멸된다는 것이다.

3-3 식품재료의 냉장과 냉동

냉장(cold storage)이란 용어는 식품이나 식품재료의 품온을 내린 후에 일정한 저온에서 저장하는 것으로, 0~17°C 사이의 저온에서 저장하는 냉각저장(cooler storage)과 −15~−30°C 범위의 온도에서 저장하는 동결냉장(freeze storage) 등이 있다. 또 재래식으로 얼음을 직접 사용하는 빙장(icing) 등이 있다.

식품재료는 냉각 · 냉장 중에 증발, 증발에 의한 농도변화, 미생물의 증식, 풍미변화, 노화 등의 이화학적 변화가 일어나며, 동결 중에는 변색, 단백질의 변성, 지방의 변화, 감량, drip 등의 변화로 품질이 저하되기도 한다.

1. 동결에 의한 조직손상

식품재료를 동결시키면 식품재료 내의 수분이 얼음결정으로 되면서 주위의 조직은 기계적인 손상을 일으키게 되는데 그 정도가 심한 경우는 세포막까지 파괴되고 이런 현상은 수분함량이 많은 식품일수록 심하게 나타난다.

또 다른 조직의 손상은 세포의 탈수에 의한 탈수 손상으로, 세포 내에 얼음결정이 생성되어 세포 내의 plasma 농도가 높아짐으로써 수분의 이동이 일어나고 탈수에 의하여 탈수 건조된 부분이 갈색으로 변하게 된다. 이 부분이 마치 화상을 입은 것 같다 하여, 냉동화상(freeze burn)이라고도 한다.

2. 동결에 의한 단백질의 변성

식품재료를 동결하면 특히 액체식품에서 얼음결정이 생성되며 액상부분은 농도가 높아지게 되고, 액상 내의 염류가 침전되며 pH는 변화되고 단백질 성분은 염석 침전된다.

동결로 인하여 단백질 구조가 풀리든가 혹은 응집되든가 하여 불가역적으로 변성된 단백질은 해동(解凍)되어도 탈수된 수분과 재결합하지 못하게 된다. 이에 따라 동결에 의한 탈수현상이 일어나기 때문에 조직이 손상된다.

3. drip 현상

동결식품을 녹일 때 식품 고유의 수분이 흘러나오게 되는데, 이런 현상을 드립현상이라고 하며, 이 물을 드립이라 한다. 이런 드립 현상은 동결식품의 품질을 나타내는 지표가 되며 분리되는 드립이 적을수록 좋다.

드립이 많이 흘러나오면 식품성분 중에서 수용성 성분들 특히 수용성 단백질, 비타민류, 염류 등이 흘러나오게 됨으로써 식품의 가치를 저하시키고 무게의 감소도 일어난다.

4. 해 동 (thawing)

동결 시에 생성된 얼음결정을 가열하여 물로 환원시키는 공정으로, 해동하는 동안에 조직이 연해지거나 미생물과 효소의 활성이 활발해지고 수분증발, 드립현상, 중량감소, 산화 등이 일어날 수 있으므로 식품재료에 따라 조건이 다른 최적 해동방법을 선택하여야 한다.

해동속도는 표면 열전도율 및 표면적이 클수록 빨라지며, 해동매체의 온도와 동결식품과의 온도차가 클수록 빠르게 된다. 완만한 해동은 드립 발생량이 적어지는 경향이 있기 때문에 바람직한 방법일 수도 있다. 그러나 이와는 반대로 닭고기, 전분질 식품, 동결빵 등은 급속가열로 해동하는 것이 유리하다.

3-4 동결건조 (freeze drying)

동결건조는 여러 가지 식품재료를 빙점 이하의 온도 보통 −40°C로 급냉하여 동결하고, 얼음을 액상으로 해동하지 않고 직접 승화(承化, sublimation)시켜 건조제품을 얻는 방법이다. 이 건조방법은 비교적 값비싼 식품재료의 건조에 이용되며, 향기성분의 보존, 효소의 활성보존, 열에 의한 악화 방지, 화학적인 변화방지 등의 이점이 있다.

이러한 동결건조 식품은 다공질이 많은 원래형태를 유지하고, 또 액상식품은 granule의 형태로 됨으로써 이것에 다시 수분을 가하면 건조 전의 모양으로 복원되는 복원성(reconstitutability)이 크다.

그밖에도 장점이 많다. 그러나 운영비, 설비비 등이 다른 건조법 보다 비싼 것이 단점이다. 동결건조를 이용한 식품 종류는 커피, 수프, 수프용 야채나 버섯, 인스턴트 된장 등이 있다.

3-5 식품재료의 Shelf Life

shelf life는 수분함량, 온도, 산소, pH, 빛, 미생물의 오염 등에 영향을 받는다. shelf life 기간 중에 나타나는 현상으로 갈변, 미생물에 의한 부패와 변패, 단백질의 변성, 유지들의 산화 등의 변화가 발생하는데, 이들은 생물학적 변화와 화학적 변화 및 물리적 변화로 요약할 수 있다.

> *Guide*
> **Shelf Life :** 식품재료가 시장에 공급될 때 상품가치를 유지하면서 보존가능한 기간을 나타내는 용어이다.

생물학적 변화는 미생물이나 해충에 의해 일어나며, 미생물의 분비효소가 부패와 변패를 발생시키는 주요한 원인물질이 된다.

화학적 변화는 산화작용을 비롯하여 건조, 갈변, 전분의 노화, 식품성분 간의 상호작용 등 비효소적 작용에 의한 것이다.

Shelf life를 연장하기 위해서는 환경적 영향요인을 적절히 조절하는 것이 합리적이다. 그러나 이들 요인들은 서로 복잡하게 연결되어 작용하므로, 조절하는 것은 쉽지 않다.

냉동식품의 경우에는 보관 중에 건조현상이 일어나는데, 그 원인은 식품 표면의 수증기압과 공기 중의 수증기압의 차이에 의한 것으로, 수증기압이 높은 곳에서 낮은 곳으로 수분이 이동하여 식품표면의 수증기압이 높아져서 식품이 건조하게 된다. 이러한 현상은 건조한 냉기가 식품에 직접 접촉할 때 발생한다. 또 다른 경우는 외부로부터의 운반이나 벽 등을 통하여 열이 유입되거나 빛에 의한 복사열이 발생하였을 경우에 건조가 일어난다.

식품재료가 건조되면 2차 반응으로 산화 · 변색 · 이취발생 · 단백질 변성 등이 유도되므로, 산소를 차단하고 온도를 저하시키는 등 방법을 강구하여야 한다.
특히 지질식품은 이런 변화가 신속하게 일어난다. 과실은 조직파괴, 육이나 축육 등은 조직파괴와 더불어 자기소화가 촉진되므로 품질저하가 빨라진다.

미생물에 의한 변패를 방지하는 방법은 제균(除菌), 살균, 증식억제, 오염차단 등의 방법을 사용한다. 그 방법은 다음과 같다.

(1) 제균방법

여과, 침전, 세척, 전기적 제균 등의 물리적 방법이 있다.

(2) 증식억제를 위한 처리

① 저온처리인 냉장과 냉동 ② 수분저하의 방법으로 건조와 농축 ③ 산소의 제거를 위한 탈산소제처리 및 gas 저장(N^2, CO^2) ④ 화학적 물질, 즉 식염 · 당 · 유기산 · 방부제 등의 첨가방법이 있다.

(3) 오염차단

포장방법으로 방습포장이나 기체차단포장 등으로 식품보존 효과를 얻을 수 있다.

(4) 살균방법

① 열에 의한 살균방법으로 습열살균, 건열살균, 고주파살균, 적외선 가열살균 등이 있으며, ② 약제살균으로 액체약제, gas, 고체살균제를 이용하고, ③ 소위 냉살균이라고 하는 γ-선, X-선, 자외선 등의 방사선 살균이 있다.

3-6 식품재료의 저장

저장 중 식품재료는 여러 요인들에 의하여 변질되어 품질이 떨어지게 된다. 이러한 변질을 유발시키는 요인들은 생물학적 · 물리적 · 화학적 및 생화학적인 것이며, 이들 요인들은 복합적으로 관여하여 변질되므로 저장 중에 식품재료의 가치가 손상되지 않도록 저장환경을 적절하게 조절하는 것이 필요하다.

1. 환경요인

(1) 저장온도

온도는 환경요인 중 가장 큰 영향을 끼치는 요인일 뿐만 아니라, 온도변화에 따른 습도의 변화, 미생물의 증식, 산화의 촉진, 갈변, 향기성분의 변화 등의 간접적인 변질 영향력도 증대시킨다.

저온에서 저장한다는 것은 shelf life 연장이라는 측면에서는 매우 효과적이지만, 모든 식품재료에 적합하다고 할 수 없다. 식품재료에 따라 온도의 민감성, 호흡 방법, 수확 후의 변화속도 등을 고려하여 저장온도는 조절되어야 한다.

예컨대 과실류와 채소류는 생존기간 동안 호기적인 호흡을 하며 호흡열을 발생하여 미생물의 증식, 생리적 변화 등에 의하여 숙성 혹은 변패가 일어난다.

식품재료를 최적저장온도와 최적습도로 유지하면 저장기간은 많이 연장되며, 동물성 재료는 식물성 재료보다 저장기간이 다소 길다.

저장기간을 최대로 연장하기 위해서는 동물성 식품재료는 0°C 부근에서, 야채와 과실류는 2~7°C에서 저장하는 것이 좋다. 그러나 대부분의 식품재료는 어떻든 저온에 대한 내성이 적기 때문에 **저온장애**를 받는 경우가 많으며, 그 원인은 미토콘드리아 내의 호흡관련 효소에 영향을 줌으로써 나타나는 유기산 대사의 저해와 세포막의 기능이상 등이다. 특히 열대와 아열대 원산의 식품재료에서 저온장애가 일어나기 쉽다.

어떤 식품재료는 적합한 온도범위가 아니면 여러 가지 변화가 야기되는데, 사과의 경우는 2~3°C 범위를 벗어나면 갈변이나 조직이 연화되기도 한다.

표 3-1 저온저장온도(가스조정 저장)

온도(°C)	식 품 재 료 명
0~1	동물성 식품재료 : 육류, 가금류, 어류 과실류 : 사과, 배, 복숭아, 딸기, 살구, 레몬, 플로리다 오렌지 야채류 : 시금치, 셀러리, 당근, 브로콜리, 숙성 양배추, 미숙완두, 단옥수수 우유류 : 시판유, 저온살균유 달걀
2~7	과실류 : 사과, 레몬, 오렌지, 숙성 파인애플 야채류 : 미숙 감자
7 이상	과실류 : 바나나, 토마토, 망고, 미숙 레몬, 자몽, 아보카도 야채류 : 오이, 고구마, 미숙 강낭콩, 숙성 감자

(2) 저장습도

습도는 공기 중에 함유된 수분량으로 표시하고, 온도에 따라 그 함유량은 변한다. 또한 식품재료의 수분함량의 증가와 감소에도 영향을 주며, 변질의 원인이 되는 미생물의 생육에도 영향을 미치게 한다.

저장 중의 식품재료는 수분의 흡수와 건조를 반복하면서 주위 환경습도와 평형수분을 유지하게 되는데, 주위환경의 습도가 낮으면 탈습하여 건조되고, 그 반대이면 흡습하여 수분함량이 많아진다.

식품재료에 따라 수분–상대습도 곡선(등온 수분흡수, 탈수곡선)은 다르고, 동일 식품재료가 어떤 수준의 수분함량을 유지하기 위해서 저장시설 내의 습도환경을 조절하는 데에 이 곡선이 이용된다.

표 3-2 최적 저온 조건에서의 최적 상대습도

상대습도(%)	식 품 재 료
85% 이하	달걀, 버터, 치즈, 땅콩, 코코넛, 마늘 양파분말, 과실분말
85~90%	동물성 식품재료 : 육류, 가금류 과실류 : 복숭아, 밀감, 파인애플, 멜론, 과숙 바나나 야채류 : 고구마, 토마토, 미숙 감자
90~95%	동물성 식품재료 : 어류, 송아지 고기 과실류 : 오이, 미숙 강낭콩, 미숙 완두, 단옥수수, 엽경채소표

(3) 가스 조정

식품재료의 저장 중에 변질은 대부분 산화에 의한 변색, 산패, 호흡작용에 의한 것으로 저장 환경의 산소농도를 저하시킴으로써 어느 정도 억제시킬 수 있다. 현재 많은 분야에서 CA(controlled atmosphere)－저장, 진공포장, 가스치환포장, 탈산소제의 이용 등이 응용 적용되고 있다.

과실이나 야채의 저장에서 CO_2 농도가 한계농도 이상이 되면 대사 이상을 초래하여 생리적 장애 등이 일어난다. 또 CO_2는 곰팡이에 대하여 독성물질로 작용하여 포장식품 등에 이용하나, 효모에게는 별다른 영향을 주지 못하므로 이용하지 않는다.

과실이나 야채를 저장할 때에 생성되는 ethylene가스는 식물체의 성숙을 촉진시켜 노화를 촉진하는 작용이 있으므로 축적을 방지하여야 한다.

(4) 빛

식품재료 중의 클로로필 등은 빛에 영향을 받아서 빠르게 산화를 진행시킨다. 카로티노이드는 열이나 pH에 어느 정도 안정하지만 산소와 빛에는 쉽게 산화 퇴색한다. 동결건조식품에서는 퇴색속도가 더욱 빨라서 산소와 빛 차단 포장을 사용하여야 한다.

그러나 저장 중에 적당한 조명으로 당류나 클로로필의 손실, 비타민 C의 파괴 등을 방지하여 영양소의 손실을 적게 하는 저장방법도 응용되고 있다.

2. 저장방법

(1) CA－저장

일반적인 공기의 가스 조성은 산소 21%, 질소 78%, 탄산가스 0.03%이다. 식품의 화학적 변질의 원인은 대부분 산소에 의한다. 따라서 식품재료의 저온저장과 동시에 공기 중의 가스 조성을 인공적으로 조정하여 산소의 농도를 낮추고 탄산가스의 농도를 높여서 산화반응에 의한 변질을 방지하는 저장방법을 CA－저장이라고 한다.

CA－저장은 과실이나 야채 등의 호흡작용을 억제하여 영양성분의 소모를 방지하고, 저장기간을 보통의 저온저장보다 1.5~2배 가량 연장시키는 효과를 가지고 있다.

표 3-3 과일 · 야채류의 최적 CA-저장조건과 저장기간

식품 재료명	온도 (°C)	습도 (%)	가스 조성		저장기간	
			CO_2(%)	O_2(%)	CA-저장(개월)	보통저장(개월)
사과 : 홍옥	0	90~95	3	3	6~7	4개월
스타킹	2	90~95	2	3~4	7~8	5
배(20세기)	0	85~95	3~4	4~5	6~7	3~4
감(부유)	0	90~95	7~8	2~3	5~6	2
밤	0	80~90	5~7	2~4	8~9	5~6
감자 : 남작	3	85~90	2~3	3~5	8	6
메쿠린	3	85~90	3~5	3~5	7~8	4~5
미숙 토마토	10~12	90~95	2~3	3~5	5~6주	3~4주
양상추	0	90~95	2~3	3~5	3~4주	2~3주

표 3-4 일반 냉장과 감압저장의 저장수명 비교

식품재료명	종류	냉장(일)	감압저장(일)
고 기 류	쇠 고 기	12~14	45
	돼 지 고 기	5~7	21
	닭 고 기	7~14	21
	어 육	3~5	14~21
과 실 류	사 과	60~90	300
	배	45~60	300
	딸 기	5~7	21~28
	바 나 나	10~14	90~150
	파 인 애 플	9~12	40
	자 몽	30~40	90~120
야 채 류	미숙 토마토	14~21	60~100
	완숙 토마토	10~12	28~42
	양 상 추	14	40~50
	양 파	2~3	15
	피 망	16~18	50
	완 두 콩	10~13	30

(2) 감압저장 (hydrobalic-저장)

식품재료를 대기압보다 낮은 압력환경에서 저장하는 방법을 말한다. 감압저장에서 에틸렌 방출로 후숙이 촉진되는 과실, 야채일 경우에는 에틸렌을 제거하고 동시에 저장실 내의 산소분압을 낮추어야 한다.

또한 감압으로 식품재료의 수분증발을 억제하기 위하여 가습(加濕)도 적절히 실시하여야 한다.

식물재료의 감압저장과 일반 냉장의 저장기간을 비교한 것은 다음 표 3-4와 같으며, 감압저장에 있어서 저장기간이 상당히 연장된다는 것을 보여 준다.

3. 방사선 조사(照射)에 의한 cold sterilization

방사선은 방사성 물질이 붕괴될 때 방출되는 입자가 만드는 전자파와 입자선(beam)으로 1980년 WHO, FAO, IAEA(국제원자력기구)가 공동으로 조사식품의 안정성을 확인한 후, 1984년 국제식품규격을 설정하여 이용하도록 허용하였고, 세계 24개국이 약 45품목을 조사식품으로 허가하였다.

Guide

Cold Sterilization
저온살균. 여기서는 방사선 조사에 의한 저온살균

방사선 조사는 학문적으로 식품첨가물로 분류되어 있는데, 식품저장에 가장 흔히 이용되는 방사선은 주로 물질 투과성이 좋고 방사능을 적게 남기는 γ선과 β선이다. 방사선의 작용은 생물체 내의 생화학적 활성 물질을 불활성화하는 데 있다.

방사선은 강력한 투과력을 가지고 있기 때문에 포장된 채로 처리할 수 있고, 식품자체의 온도 상승을 일으키지 않는다는 장점과 함께 살균, 살충, 발아억제를 주목적으로 사용되지만 부수적으로 식품재료에 따라 향미 변화, 색깔의 변화와 퇴색, 조직의 파괴 및 연화, 맛과 영양물질의 파괴 등이 일어나며 유해물질이 생성되기도 한다. 또한 방사선 조사의 위험요인은 유전인자의 돌연변이 유발이다.

이는 방사선에 민감한 유전인자인 DNA를 손상시키며 관련효소나 활성보효소 등의 파괴를 유도하므로, 결국은 돌연변이를 일으키는 원인으로 생각할 수 있다. 따라서 적극적인 식품에 대한 이용은 더 많은 연구가 이루어진 후에야 활발해질 것으로 생각된다.

FOOD MATERIALS

Part 2 식물성 식품재료

Chapter 4

곡 류

곡류는 세계 모든 민족의 주식(主食)으로 이용되어 왔으며, 식물학적으로 화본과(禾本科, Gramineae)에 속하고, 그 열매를 인간들이 식용(食用)으로 이용하고 있다. 곡류는 미곡(쌀), 맥류(보리, 밀, 호밀, 귀리) 외에 잡곡으로 조, 피, 옥수수, 메밀 등으로 구별된다.

우리나라에서는 중요한 5가지 곡류, 다시 말해서 쌀, 보리, 조, 기장, 콩을 오곡(五穀)이라고 하며, 이 중에서 쌀은 가장 중요한 농작물로 우리의 주식이 되고 있다. 쌀로부터는 우리의 모든 섭취열량의 37 %를 얻으며, 또 모든 섭취단백질의 약 21%를 공급받고 있다.

우리나라에서의 쌀 재배기원은 김해 패총(貝塚)에서 벼 흔적이 발견된 것으로 미루어, 삼한시대로부터 본격적으로 재배된 것으로 해석하고 있다. 보리는 고려시대, 밀은 삼한시대부터 재배된 것 같으며, 그밖의 잡곡류는 정확한 기록이 없으나, 중국으로부터 전파되었으리라 추측되고 있다.

> *Guide*
>
> **쌀**은 전통적으로 동양(아시아) 지역의 주요 곡물로 주식 원료로 사용되며, **밀**은 유럽, 미국 등의 지역에서 분식(粉食)형태의 주식으로 이용된다.

4-1 곡류의 성상과 그 성분

1. 곡류의 구조와 조직

(1) 구 조

곡류는 세 가지 주요한 부분, 즉 곡피, 배아, 배유로 되어 있다.

1) 곡 피 (穀皮, bran)

곡피는 배아와 배유를 보호하는 기능을 가지며 주성분은 조섬유, 조지방, 회분이고, 특히 섬유는 산이나 알칼리로 용해하기 어려운 세포막으로 되어 있다. 이 부위에는 단백질, 지방, 비타민 B_1, 무기질이 많이 함유되어 있으나 겨로써 도정되어 제거된다.

2) 배 아(胚芽, embryo)

배아는 종자로써 뿌리나 잎을 발아하여 식물체를 형성하는 중요한 부분이다. 성분은 지질, 질소, 무기물의 함량이 많으나 그 대부분은 겨와 함께 제거된다.

3) 배 유(胚乳, endosperm)

배유는 곡류의 대부분을 차지하는 가식(可食) 부분이다. 발아와 동시에 싹이나 뿌리에 영양분을 공급하기 위한 영양소를 저장하고 있는 곳으로 전분(starch)입자를 많이 함유한 세포이며 단백질도 들어 있다. 전분입자의 형태는 곡류의 종류에 따라 다르다.

(2) 일반성분 조성

곡류의 일반성분의 함량은 곡류의 종류, 품종, 재배지와 재배시의 기후, 토양의 조건 등에 따라 다소 차이가 있겠으나, 대체적으로 큰 차이는 없다. 곡류의 일반성분은 표 4-1과 같다.

표 4-1 곡류의 화학적 일반성분(g/100g)

곡류	수분 (°C)	조단백질 (n × 6.25)	조지방 (ehter 추출물)	탄수화물		무기물 (회분)
				조섬유소	전분과 당	
벼	11.8	7.8	1.6	9.0	64.8	5.0
보 리	14.5	9.5	2.5	5.0	66.0	2.5
밀	15.0	12.0	1.9	1.8	67.7	1.6
호 밀	15.0	10.0	1.7	1.9	70.7	1.7
귀 리	12.0	10.8	5.5	11.1	57.1	3.5
옥수수	15.0	9.9	4.4	2.2	67.2	1.3
수수(기장)	15.0	10.6	3.9	8.1	58.6	3.8
메 밀	10.0	10.7	2.4	11.4	63.8	1.7

1) 단백질

곡류에 함유되어 있는 단백질의 함량은 보통 9~14%인데, 쌀은 7% 정도이다. 단백질의 아미노산 조성을 보면 인체에 필요한 lysine, methionine, threonine 등의 필수아미노산이 부족하여 불완전단백질이라고 할 수 있으므로 두류나 동물성 단백질로 부족한 성분들을 보충하여야 한다.

곡류단백질은 조리 가공에 따라 변화하는데, 예를들면 토스터(toaster)로 빵을 구우면 밀가루의 lysine이 분해된다고 하며, 또 정미 및 제분 등의 물리적 가공에 의하여도 적지 않게 변한다.

2) 지 방

곡류에는 지방의 함량이 대체로 적어서 보통 1.7~4.4%이지만, 귀리만은 예외적으로 5.5%나 함유되어 있다.

3) 탄수화물

곡류가 에너지원의 식품으로 분류되는 것은 평균 75% 정도의 탄수화물을 함유하고 있기 때문이며, 그 대부분은 전분(starch)이고 그밖에 glucose나 maltose 등이다.

4) 무기질과 비타민

곡류의 무기질 함유 특징은 대체로 인(P)이 많고 칼슘(Ca)과 철분(Fe)이 부족하다는 것이다. 따라서 곡류를 주식으로 할 때는 우유, 치즈, 동물성 식품과 함께 섭취하여야 한다. 보리의 경우는 쌀보다 Ca이 월등히 많고 P와 Fe도 많이 들어 있으며, 밀은 보리보다 더 많이 들어 있다.

비타민류는 곡류에 미량 들어 있으나, 거의 들어 있지 않은 것도 많다. 특히 곡류를 대사하는 데 상당히 필요한 비타민 B_1은 정미및 제분 등을 통하여 거의 상실되므로 영양강화를 할 필요가 있다.

4-2 곡류의 종류

1. 쌀 (*Oryza sativa* L.)

벼는 화본과 벼속 식물에 속하고 학명으로는 Oryza sativa L.이며 원래는 열대성 식물이지만 품종개량, 재배기술의 진보에 따라 다양한 품종이 개발되어 아시아 지역뿐만 아니라 미국과 열대지방 모두에 널리 재배되고 있다.

벼를 도정하여 얻은 쌀은 예로부터 우리 식생활에서 없어서는 안 될 가장 중요한 주식으로 자리 잡고 있지만 육류의 과다섭취, 인스턴트식품, 패스트푸드 등과 같이 생활양식이 서구화되어 감에 따라 쌀 소비량이 급격히 줄어들면서 쌀 생산량도 감소되는 경향을 보이고 있다.

또한 이러한 식생활 패턴의 변화에 따라 성인병도 증가하는 추세에 있어 기능성을 갖춘 건강기능식품과 영양유전체식품 뿐만 아니라 유기농식품, 발효식품과 같은 자연식품에 대한 수요도 점차 증가할 것으로 예상된다.

따라서 쌀의 가치에 대한 인식변화와 더불어 고부가가치 산업화를 위한 노력과 함께 우리전통식품의 우수성을 보다 다양한 분야에 응용할 수 있는 신기술 개발이 요구되고 있다.

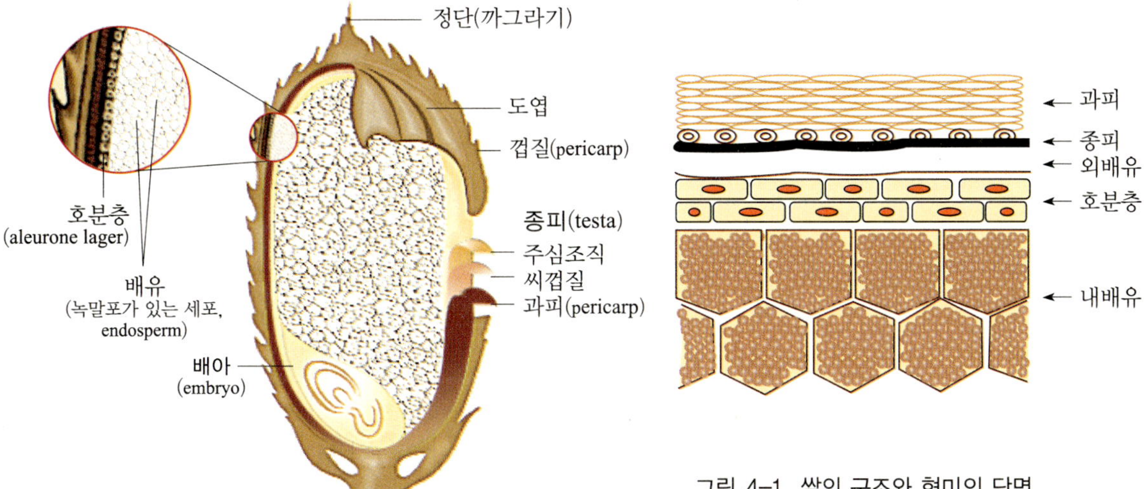

그림 4-1 쌀의 구조와 현미의 단면

(1) 형태와 성상

벼알은 안껍질과 겉껍질이 서로 포개져 있다. 탈곡에 의하여 껍질을 제거한 것을 현미(玄米)라 하고, 벗겨진 껍질을 왕겨라 한다.

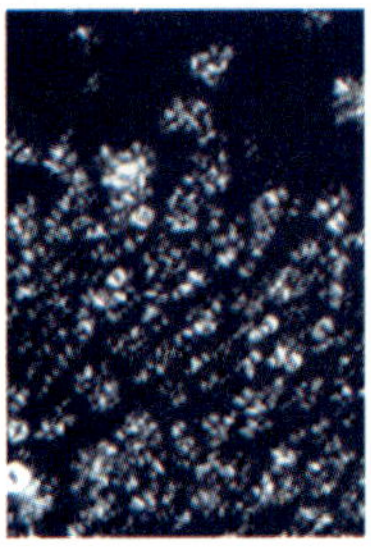

그림 4-2
쌀의 starch(160×)

현미는 그림 4-1에서와 같이 겉으로부터 과피, 종피, 호분층, 배유, 배아로 구성되어 있다.

배유는 현미의 대부분으로 외층에는 종피에 접하여 배유의 일부를 이루고 있는 호분층이 있다. 이 층은 전분으로 되어 있지 않고 단백질, 지방, 비타민 등이 많이 들어 있다.

도정(搗精, milling)이란 곡류를 도정기에 통과시켜 배유를 얻어내는 수단을 말하며 곡류의 피부, 즉 과피, 종피, 호분층을 제거하는 과정으로 제거되는 정도에 따라 5분도정, 7분도정, 9분도정, 10분도정 등으로 도정하며, 이 때 제거된 부분을 쌀겨라 한다.

현미는 배아 3%, 피부 5%, 전분저장세포 92%로 되어 있다. 5분도정이라 함은 피부 부분과 배아 부분의 50%를 제거함으로써 전체 현미 100%에서 4%가 제거되고 96%가 남겨진 쌀을 말한다. 9분도정은 과피와 배아부분의 90%를 제거함으로써 8 × 90/100 = 7.2%, 따라서 잔류부분은 0.8%가 되고, 그러므로 현미 100%에서 92.8%가 남게 된 것이다.

또한 10분도정이란 과피와 배아를 모두 제거한 것이 되므로, 92%에 해당하는 배유 부분만 남게 되고 이런 쌀을 정백미(精白米, polished rice)라고 부른다.

도정도가 높을수록 단백질, 지방, 회분, 비타민류 등 영양의 중요한 성분은 적어지나 그 반면 소화율은 높아진다. 이상 영양성분과 소화율, 그리고 맛 등의 여러 가지 점을 종합하여 보면, 7분도미가 어느 정도 이상적이라 생각된다.

(2) 쌀의 일반성분

쌀의 일반성분은 품종 및 재배지역에 따라 다소 차이는 있으나 백미의 경우 가식부인 전분이 75~80%, 단백질, 지질뿐만 아니라 필수아미노산을 다량 함유하여 영양학적으로 우수하며 비타민 B_1 0.36mg%, 비타민 B_2 0.1mg% 등을 함유한다.

정백미는 전분의 함유량은 많지만 다른 성분들은 쌀겨와 함께 제거되어 정백미에는 적다. 현미의 표피는 물이 통하기 어렵고 또한 소화도 좋은 편이 아니다.

표 4-2 쌀의 화학적 조성

	현 미	칠분도미	정백미
탄수화물	72.8g	75.1g	75.8g
수 분	15.5g	15.5g	15.5g
단백질	7.4g	6.9g	6.8g
지 질	3.0g	1.7g	1.3g
회 분	1.3g	0.8g	0.6g
비타민 E	1.6mg	–	0.4mg
비타민 B_1	0.54mg	0.32mg	0.12mg
비타민 B_2	0.06mg	0.04mg	0.03mg
나이아신	4.5mg	2.4mg	1.4mg
칼 륨	250mg	140mg	110mg
인	300mg	190mg	140mg
칼 슘	10mg	7mg	6mg

그러나 현미는 단백질 · 무기물 · 비타민 등이 많이 함유되어 있기 때문에 영양학적으로는 유리하나, 기호상으로는 정백미에 비하여 좀 떨어진다.

(3) 품 질

쌀의 품질에 관한 기초적 요소는 물리적 요소와 화학적 요소 및 관능적 요소의 3가지로 나눈다.

1) 물리적 특성

쌀의 외관, 형상, 비중, 경도 등은 쌀알이 지니고 있는 기본적 성상(性狀)으로서 쌀의 가공, 저장상 중요한 성질이며 쌀의 검사나 평가 등의 자료가 된다.

① 용적 중량

브라우어 곡립계(Brauer's Grain Balance)로 측정한 쌀 1*l*의 중량으로 용적중량이 큰 쌀은 쌀알이 완숙(完熟)되었고 건조가 잘 된 것이어서 미질(米質)이 치밀하다. 이것은 쌀의 도정률과 상관이 있으므로 용적 중량이 큰 것이 도정률(搗精率)도 높다.

② 천립 중량 (千粒重量)

쌀알 1천 개의 중량을 표시한다. 알맹이가 잘 숙성되고 수분이 적으며 알맹이가 큰 것일수록 천립중량이 크다. 현미의 천립중량은 소립종(小粒種) 18~21g, 중립종(中粒種) 21~24g, 대립종(大粒種) 26~28g이다.

③ 비 중

보통의 벼는 1.18~1.20이며, 현미는 1.36~1.44이다. 비중이 큰 쌀은 잘 건조되어 있고 피부(皮部)가 적으며 전분함량이 높다. 또 쌀의 도정률이 높고 저장성이 좋으며 품질이 좋다.

④ 경 도(硬度)

쌀의 경도는 생산지, 품질, 알맹이의 충실도, 수분함량 등에 의해 차이를 나타내며, 쌀의 도정률, 맛, 저장성에 영향을 준다. 쌀에는 경질미와 연질미가 있다. 경질미는 잘 건조되어 있고 중심부가 비교적 단단한 쌀이어서 밥을 지으면 단단하고 탄력이 있다. 연질미는 수분이 비교적 많고 미질이 무르며 중심부가 연하여 밥을 지으면 연하여 끈기가 강하고 맛은 좋지만, 저장성이 적은 특징을 보인다. 또한 쌀알의 경도는 성분 중 조단백질과 관계가 있어서 조단백질 함량이 높은 것이 경도도 커진다고 한다.

경도는 주로 외부온도와 습도에 영향을 받는다. 경도가 높은 시기는 주로 추운 겨울 1~2월 사이로, 겨울철에 도정을 하면 경제적이 된다.

⑤ 입 형(粒形)

쌀알의 모양은 길이에 대한 폭의 비로 나타낸다. 일반적으로 경질미는 1.7~1.9배, 연질미는 1.5~1.7배이고, 일본형(japonica)의 쌀은 1.7~1.9배, 인도형(indica)은 2.0~2.8배로 맛과 관계가 깊다.

⑥ 색 깔

쌀알의 색깔은 품종과 재배조건에 따라 조금씩 다르나, 잘 건조된 쌀은 선명하고 저장성도 좋다. 그러나 숙성 중이나 저장 중에 병충해의 침입을 받은 쌀은 변색되어 품질검사에서 나쁜 판정을 받게 된다.

⑦ 미 질(米質)

멥쌀의 배유부는 반투명하고 유리상(狀)이지만, 일부에는 백탁(白濁)의 흰부분이 있다. 이것이 알맹이 중심부에 있으면 심백(心白)이라고 하며, 이 백탁은 품종의 특색으로 품질에는 큰 영향을 주지는 않는다. 그러나 배아가 있는 쪽의 복면(腹面, 배쪽)에 있는 것은 복백(腹白)이라 하며, 이 복백이 많은 쌀은 부서

지기 쉽고 밥의 맛에도 영향을 주는 불량미로 취급되는 쌀이다.

2) 화학적 특성

쌀의 수분함량, 전분, 단백질 및 기타 성분과 특성 또는 끈기와 같은 물리화학적 성상을 살펴보면 다음과 같다.

① 수 분

수분함량은 쌀의 저장성과 깊은 관계를 나타내는 중요한 품질 척도가 된다. 수분함량이 높은 것은 병충해의 침입을 쉽게 받으며 분해와 호흡이 활발하여 발열(發熱)하고, 가수분해에 하여 수분이 다시 증가하며 점점 저장성이 더 떨어지게 된다.

곡류의 저장성에 가장 좋은 표준 수분함량은 약 13~14%가 된다.

② 전 분

쌀알의 75% 내외를 차지하는 전분은 밥을 지을 때 호화의 변화, 끈기, 맛 등에 영향을 주는 중요한 성분이다. 쌀 전분의 특성 중에서 물에 팽윤되고 가열에 의해 호화되며 파괴되는 상태나 끈기의 차이를 아밀로그래프(viscograph)라는 계측장치로 측정한 아밀로그램에 의해 판단한다.

아밀로그래프는 제빵에서 큰 역할을 하는 α-amylase의 힘을 판정하는 일종의 점도계이다.

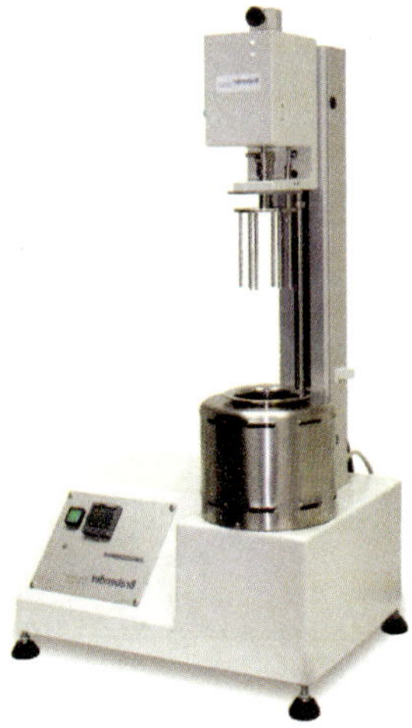

그림 4-3 Amylograph 계측장치

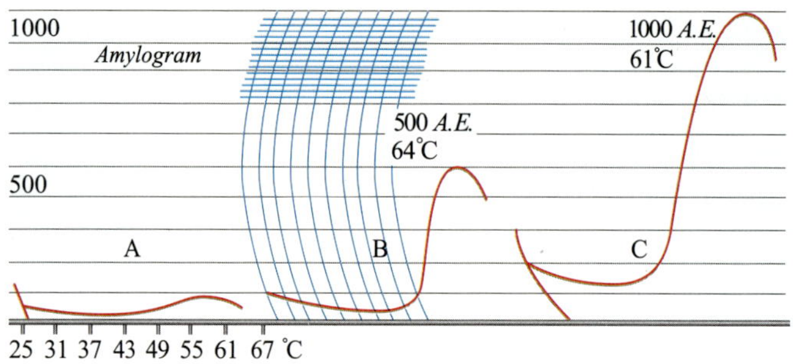

그림 4-4 Amylogram

일정한 속도로 온도가 상승할 때(1.5°C/min) 시료의 점도변화를 회전하는 용기 속에 있는 감지장치가 받는 우력(偶力)으로서 다이나모메터(dynamometer)에 의해 자동적으로 기록되는 장치이다.

또한 끈기는 점성(粘性, 점착력)과 탄성(彈性, 탄력)의 두 가지 성질로 나누고 이 성질을 점탄성이라고 한다.

조생종은 만생종에 비하여 점탄성이 적은 경향이 있다.

대개 질이 좋은 연질미는 ① 전분의 비점도(比粘度)가 적고, ② 호화온도가 낮으며, ③ 그 입자가 팽윤, 붕괴되기 쉽다. ④ 또 점탄성이 적은 경향이 있다.

멥쌀과 찹쌀의 전분의 성질은 차이를 나타내는데 이는 amylose와 amylopectin의 함유비의 차이에 의한다. 즉 멥쌀은 amylose와 amylopectin의 비는 28이지만 찹쌀은 거의 amylopectin뿐이다. 또 찹쌀의 점성이 항상 멥쌀보다 강하다. 그러므로 떡을 만들 때에는 찹쌀을 더 많이 사용한다.

Guide
멥쌀의 경우, 재배지역과 벼의 품종, 환경요인에 따라 amylose의 함량이 다르며, 따라서 밥의 맛에도 차이를 보인다. 통일벼는 밥에 끈기가 없기 때문에 호감을 받지 못한다.

Amylose는 요오드 용액에 의하여 청색 내지 청자색 반응을 나타내며, amylopectin은 적갈색을 나타낸다.

찹쌀종과 멥쌀종의 중간형인 극량식미미(極良食味米)라는 쌀이 있다. 이 쌀은 amylose의 함량이 16%보다 더 낮아서 찹쌀종인지 멥쌀종인지 구별이 안 될 정도로 점성이 강하다. 이것이 중국에서 말하는 연미(軟米)이다.

현재 태국이나 라오스 사람들이 좋아하는 쌀인 amylose 함량이 적은 중간 찹쌀종이 개발되고 있다.

Guide
쌀에 함유된 단백질은 oryzenin이라고도 부른다.

③ 단백질

현미의 단백질 함량은 8.5~9.2%이고, 백미의 경우는 7.6~8.5% 함유되어 있다. 쌀의 단백질 함량은 생산지의 환경에 따라 조금씩 다르고, 아미노산의 함량 중에서 lysine, histidine, methionine, threonine은 조금 부족하다.

④ 지 질

쌀의 지질 함량은 약 1% 내외로 적다. 그러나 배아와 그 피부(皮部)에는 비교적 많은 지질이 들어 있어, 이것에서 지방을 추출하여 미강유(米糠油)를 얻는다. 배아에서 얻은 기름에는 비타민 E가 많이 함유되어 있다.

쌀의 지질함량을 측정하는 이유는, 바로 이들 지질의 산화에 의해 묵은쌀이 되고 저장성과도 관계가 있기 때문이다.

⑤ 산도(酸度) · 효소의 활성

저장에 의한 쌀의 품질변화를 측정하기 위하여 산도, 즉 지질의 산도와 물 추출 산도를 측정한다. 효소 amylase, protease, lipase, catalase의 활성을 측정함으로써 쌀의 품질을 감별할 수 있다.

⑥ 무기질과 비타민

무기질로 인(燐, P)이 많고 Ca과 Fe는 적은 편이다. 비타민류는 현미에 비타민 B_1 및 비타민 B_2가 많으나, 이들이 분포되어 있는 곳이 배아나 호분층이어서 도정으로 깎여 나감으로써 정백미에는 매우 적다.

⑦ 밥의 기호성

맛을 판정하기 위하여 쌀알의 가열흡수율과 팽창용적, 용출되는 전분과 고형물의 양, pH 등을 측정한다.

3) 관능적 품질특성

쌀밥의 맛을 판정하는 측정방법은 인간의 관능검사법에 의존하고 있다. 이런 판정은 실제로 개인의 주관에 의한 판정이며 또한 지역이나 연령 및 밥을 짓는 방법 등에 따라 맛의 기호도에 차이가 있게 되어 판정하기에 곤란한 점이 많다.

4) 정미의 종류

정미 가공방식에는, 가공미의 용도에 따라 식용미(食用米)도정, 배아미(胚芽米)도정 및 주조미(酒造米) 도정이 있다.

도정도(搗精度)를 판정하는 데는 육안감정법도 있으나, 현재 농산물 표준 감정방법으로 N.M.G 염색법(new may Grünwald), 시약처리법 등이 있다. 쌀알의 여러 조직이 염색될 때 도정도를 알고 있는 표준품을 동시에 염색하여 이것과 염색된 부분을 대조함으로써 도정도를 판별할 수 있다.

과종피는 청색, 배유부는 엷은 청홍색 내지 엷은 홍색, 호분층은 엷은 녹색 내지 엷은 청색, 배아는 엷은 황록색을 나타낸다.

이 방법은 약간 복잡하기는 하나 가장 정확한 방법이다. 이 방법에서 주의할 점은, 염색된 색의 강도를 비교하는 것이 아니라, 염색된 조직의 비(比)를 비교하는 것이다. 따라서 개인차가 별로 나지 않는다.

5) 정백미 (精白米)

농산물검사 시행규칙(1976.11.16 농수산부령 652호)에 따르면 정백미는 수분함량이 16%, 수출용은 15% 이하일 경우를 합격으로 하고 육안적 방법으로 기준을 세우고 있다.

(4) 저 장

최적의 저장환경에 있어서 쌀의 저온저장이 실용화되고 있는 현재에는 저장상의 관리 초점이 되는 쌀의 수분함량과 온도규제가 정확해야 한다. 저온저장은 창고 내의 온도를 10~15°C, 습도를 70~80%로 유지하는 것이 좋다.

저장 형태는 벼, 현미, 정백미 등이다. 그 중 벼 저장은 충해(蟲害)가 적으나 장소를 많이 차지하는 것이 결점이다. 저장 중의 중량 감소는 저온저장에서 낮았으며 백미, 현미, 벼의 순으로 감소가 적었다.

1) 저장 중의 변화

① 화학적 변화

쌀의 화학성분은 주로 여러 가지 효소작용과 대기 중의 산소 및 수분함량과 깊은 관계가 있으며, 특히 lipase에 의한 지질의 분해로 유리지방산이 증가한다.

② 생리적 변화

쌀의 생명력을 나타내는 발아력이 저하된다.

③ 쌀의 고미화(古米化)

쌀의 품질변화, 즉 생명력의 약화와 성분 변화의 결과로 특히 맛의 변질이 일어난다. 저장이 오래인 것일수록 단백질 및 지방 등의 함량이 줄어들고, 섬유와 회분은 상대적으로 비율이 높아지며 또한 amylose의 함량비는 높아진다.

④ 생물에 의한 피해

저장곡물에는 해충, 즉 쌀바구미, 미생물, 쥐 등에 의한 피해가 가장 크다. 세계의 쌀 가운데 해충에 의한 피해가 연간 5%, 미생물에 의한 것이 2~3%로 추정되고 있다.

(5) 용 도

일반 주식용 외에 공업용 쌀이 있는데, 공업용으로는 양조용 쌀, 과자원료, 된장원료, α미(米), 강화미(强化米), 전분, 식혜, 엿, 인조미(人造米) 등이 있다.

미곡으로부터 약 7%가 쌀겨(米糠)로 생성되며, 쌀겨를 탈지하여 18~20% 정도의 미강유(米糠油)를 얻는다. 탈지된 쌀겨는 사료로 이용된다. 또 쌀겨에 들어 있는 약 9.5~14.5%(w)의 phytin으로부터 inositol을 생산한다.

2. 밀 (小麥, *Triticum aestivum* L.)

인류에 이용된 작물 가운데 가장 오래된 곡류인 밀(wheat)은 유럽, 아메리카, 오스트레일리아 등에서 우리의 쌀과 같이 주곡이 된다. 우리나라에서도 삼한시대 이전부터 재배되어 왔다고 추측되고 있다.

밀은 일반적으로 온대지역 내지 한냉지역에 적합한 것이지만 기후에 대한 적응성이 강하여 지구상에서 널리 재배되고 있으며 세계의 곡류 중 생산량이 가장 많은 작물이다.

유엔식량농업기구(FAO)는 2011년에 들어서만 12% 가량 오른 국제 밀 값으로 인해 밀의 주 생산국인 중국은 2008년 2월, "극심한 가뭄으로 중국의 밀 생산이 위기에 처했다."라고 발표했다.

이에 따라 중국은 2008년 3만1900톤의 밀을 수입하였고 2009년에는 수입량이 89만3000톤으로 30배가 증가하는 등 가뭄에 의한 밀 생산량의 감소에 대비하고 있는 실정이다. 그러므로 우리나라도 늦기 전에 밀 수입에 대한 대처방안, 생산능력 확보 등 미래 식량전쟁에 대한 대비가 필요한 시점이다.

(1) 밀의 종류

밀의 종류는 일립계(一粒系), 이립계(二粒系), 티모페이비계 및 보통계가 있다. 이 중 세계에서 널리 재배되고 있는 것은 이립계에 속하는 듀람소맥(마카로니소맥)과 보통계의 빵 소맥이다. 우리나라에서 재배되고 있는 것은 보통 소맥계이다.

보통계 소맥은 세계에서 재배되고 있는 소맥류 중 빵 소맥이 재배면적의 90%를 차지하고 있다.

보통계 소맥의 품종은 가을에 파종한 후에 어린식물로 월동하여 봄에 수확하는 겨울소맥과 봄에 파종하여 여름까지 결실을 맺는 봄소맥으로 대별된다. 소맥재배는 가을 파종을 주체로 하고 있으며 소맥의 주용도는 밀가루이다.

곡립의 단면에 있어서 투명하고 단단한 유리성 부분이 70~100%인 것을 경질(硬質)소맥이라 하고, 이로부터 강력분(强力粉)을 얻을 수 있다. 그리고 입자 단면의 투명한 부분이 적고 흰 것을 연질(軟質)소맥이라고 하며 박력분(薄力粉)을 얻는다. 강력분과 박력분의 중간에 있는 것이 중간질 소맥에서 얻는 중력분(中力粉)이다.

강력분은 단백질 함량이 약 12%로, gluten 함량이 높아 단단하다. 대표적인 원료는 캐나다산 경질적(赤)소맥과 미국산 경질적소맥이 있다.

중력분은 단백질 함량이 약 9.5%로, 글루텐 함량이 중간정도로 연질이다. 대표적인 원료는 오스트레일리아산 연질소맥이다.

박력분은 단백질 함량이 약 8%로, 글루텐 함량이 낮아서 약하고, 비교적 전분질 함량이 많다. 미국산 연질 백(白)소맥이 대표적인 원료이다.

(2) 밀의 성상과 성분

종자는 타원형으로 복부에 종구(縱溝, crease)가 있다. 내부 조직의 구조는 쌀과 비슷하다. 즉, 표피, 배아, 배유의 세부분으로 대별된다. 그 중량비율은

16 : 2 : 82이다. 배유는 밀가루의 원료가 되고 나머지 부분은 배유와 분리되어 가축의 사료로 사용된다.

밀은 일반적으로 약 70%의 전분과 10% 내외의 단백질, 수분 12%, 지질 2%를 함유하고 있다.

밀의 단백질인 gluten은 주로 알코올에 용해되는 gliadin과 알칼리에 용해되는 glutenin이 혼합된 것으로, 물로 반죽하면 점탄성(粘彈性)이 강한 반죽(dough)을 만드는 특성이 있어서 성형(成形)의 장점이 있다.

무기질은 회분으로서 약 1~2% 정도이며, 비타민과 함께 피부와 배아부에 많다. 무기질은 쌀과 거의 같아서 K, P이 많고, Ca은 적으나 쌀에 비하면 상당히 많이 함유되어 있는 편이다.

비타민류도 쌀에 비하여 별 차이를 보이지 않으며, 비타민 E는 배아에 상당히 많이 함유되어 있다.

쌀에는 고랑(縱溝)이 없으나, 밀알에는 깊은 고랑이 있다. 이것은 도정하여도 제거할 수 없기 때문에 맛이 나쁘고 소화율도 좋지 않다. 밀을 도정하여도 고랑을 제거할 수 없으나, 제분을 하면 이것이 외피 중에 남게 되어 깨끗이 분리할 수가 있다.

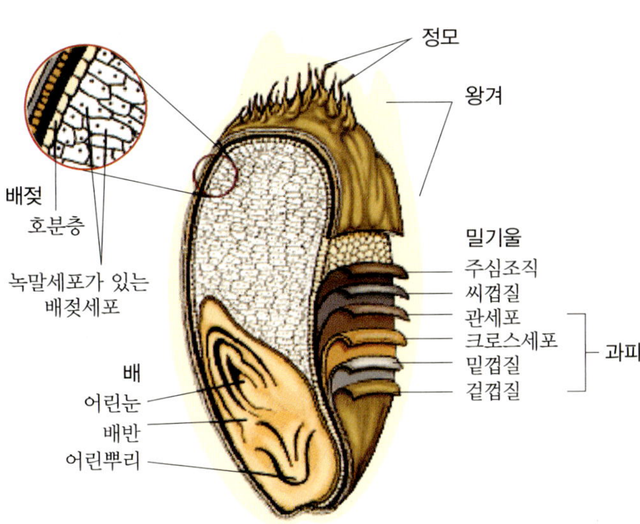

그림 4-5 밀(wheat)의 단면과 그 명칭

표 4-3 밀의 화학적 조성

성상	수율(收率)	밀가루	알밀	앞편
현소맥	100%	88%	65%	75%
밀가루	93	91	72	80
	85	95	80	86
	80	97	85	90
	70	98	90	92

(3) 품 질

1) 물리적 특성

① 입 질(粒質)

입질의 성상에 따라 유리질, 중간질, 분상(粉狀)질로 나눈다. 유리질은 반투명한 모양을 보이며, 분상질은 백색 불투명하다. 밀의 입질은 품종에 따라 다르지만, 재배환경에 많이 좌우된다. 일반적으로 유리질은 한냉하고 건조한 지방에서 많이 생산되고, 분상질은 기후가 고온다습(高溫多濕)한 지방에서 잘 성장하는 것 같다.

② 분 질(粉質)

밀이 경질인가 혹은 연질인가에 따라 가루의 성질도 달라진다. 경질에 따라 강력분, 중력분, 박력분으로 분류한다. 이들의 gluten 함량도 조금씩 다르다.

③ 입 형(粒形)

입형에는 길이와 폭의 비(比)가 2.2 이상이 되는 장형과 비가 2.0~2.1인 중간형, 비가 1.9 이하인 원형으로 분류한다.

④ 용적중량(容積重量)

1L의 중량은 550g 내외로, 용적중량이 클수록 밀가루의 수득량(收得量)이 많아진다.

⑤ 제분율(製粉率, extration rate)

원료 밀로부터의 밀가루 중량백분율이다. 우리나라의 밀은 약 70~75% 정도가 된다.

⑥ 제분율과 비타민 함량

미량원소와 비타민 대부분은 배아와 피부에 많이 함유되어 있어, 제분 중에 제분율이 낮아지면 이들의 함량도 적어진다. 따라서 영양가치를 제대로 갖춘 밀가루 생산을 위하여 미량원소나 비타민을 첨가한 강화 밀가루 생산의 필요성이 생기게 된 것이다.

현재 강화 밀가루에 첨가되는 미량성분은 비타민 B_1(thiamine), 비타민 B_2 (riboflavin), niacin(nicotinic acid), Fe 등의 4종이다.

2) 화학적 특성

① 수 분

습도 65%인 공기 중에서 평형수분함량은 13.0~14.0%이며, 미생물 오염이 우려되고 저장성에도 문제가 된다.

② 단백질 함량

6~18%의 넓은 범위로 함유되어 있으며, 이것은 재배환경에 따라 달라진다. 재배환경은 밀의 주단백질인 글루텐의 성질에도 영향을 주어 밀가루의 성상과 품질을 크게 좌우하게 된다. 단백질의 아미노산 조성에서 글루탐산은 비교적 많다. 그러나 lysine, tryptophan, 함황아미노산 등의 필수아미노산이 부족하다.

③ 전 분

전분입자는 2~50μ 정도이고, amylose와 amylopectin의 함량비는 30 : 70이다. starch는 냉수에 녹지 않으며, 뜨거운 물에는 팽윤(膨潤)되고 더욱 가열하면 파열된다.

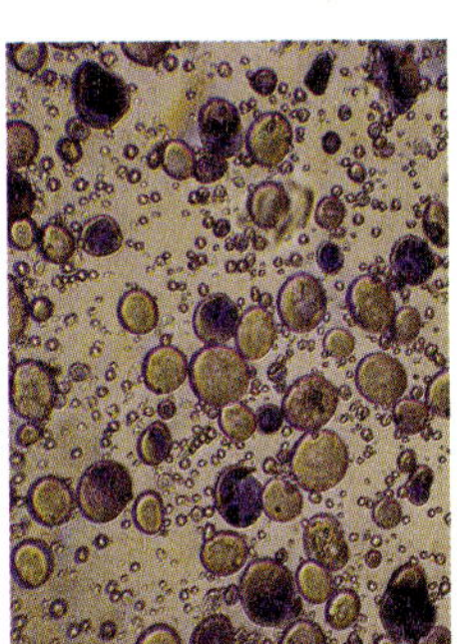

그림 4-6
밀의 starch(160×)

제분과정 중에 부스러진(staling) 밀가루는 효소의 작용을 받기 쉬워서 밀가루의 2차 가공에 큰 관련을 갖는다. 손상된 전분의 비율을 측정하는 데는 (maltose)가(價)를 사용한다.

맥아당값은 밀가루 10g당 환원당량을 맥아당의 mg수로 나타낸다. 이 수치가 200~250인 것이 제빵용으로 좋다. 강력분은 박력분보다 맥아당값이 높다.

전분의 노화(老化)는 전분식품의 저장성과 품질에 막대한 영향을 주나 아직 그 효과적인 방지나 저해방법은 알려져 있지 않다.

④ 지질 함량과 색소

지질은 대부분 배아와 호분층에 들어 있고, 지방산의 조성은 올레인산이 많다. 밀가루의 색소는 주로 황색인 carotene이다. 제분공장에서 탈색하고 산화표백하여 상품화하고 있다.

⑤ 효 소

주요한 효소는 전분 분해효소인 amylase와 단백질 분해효소인 protease가 있고 이들은 2차 가공할 때에 매우 중요한 역할을 하게 된다.

(4) 밀가루의 품질

밀가루의 품질검사는 제빵 적성(baking quality)에 중점을 두고 실시를 한다.

1) 수 분

밀가루의 수분함량은 보통 14% 전후이지만, 대기의 온도와 습도에 따라 달라진다. 수분의 측정은 105°C에서 3시간 이상 건조한 후에 실시한다.

2) 회 분

밀가루의 회분은 곡피와 배아부에 많다. 따라서 회분의 양을 측정하는 것은 제분 중에 이들이 밀가루에 얼마만큼 혼입되었는가를 알 수 있는 척도가 된다.

회분의 측정은 밀가루를 500~600°C로 회화(灰化)하여 그 양이 0.35% 전후이면 고급분이고 1.5% 정도이면 저급분이다. 일반적으로 식용에 쓰이는 밀가루의 회분 함량은 0.7% 정도이다.

3) 단백질과 밀기울

단백질의 측정은 보통 Kjeldahl법에 의하여 산출한다. 즉, 시료를 분해하여 생기는 NH_3를 정량하고 그 N-량에 단백질 계수 6.25를 곱하여 산출한다. 그러나 밀의 경우는 5.70을 계수로 사용한다.

Kjeldahl법에 의한 단백질함량 측정은 시간이 오래 걸리는 단점이 있고 좀 복잡하다. 제분공정 중의 일상 품질관리면에서는 습한 밀기울을 측정하여 단백질 함량을 추정하는 일이 많다.

측정방법은 밀가루 20g을 물 11mL와 충분히 이기면서 전분 이외의 것을 씻어 내고 충분히 물이 빠지게 한 후에 무게를 잰다.

Guide

Kjeldahl법

1883년 덴마크의 화학자 켈달이 개발한 식품, 비료 따위에 함유되어 있는 질소의 함량을 결정하는데 널리 사용하는 분석법

이것을 습부량(濕麩量)이라고 한다. 또 이것을 120°C에서 건조하여 얻은 것을 건부량(乾麩量)이라 한다.

부질(麩質)의 양과 질은 밀가루의 강력도와 관계가 깊다. 즉, 습부가 35% 이상이면 강력분이며, 빵 및 마카로니 등에 알맞다. 25% 이하는 박력분으로 과자 및 튀김용에 알맞다. 중력분은 양조용 및 국수제조에 알맞다.

4) 색 조 (色粗)

밀가루의 색은 백색 내지 유백색이 좋은 것이다. 가루의 알맹이 크기에 따라 색조는 좌우되고, 가루가 고울수록 희게 보인다. 상품가치로서 밀가루의 색깔은 매우 중요하며 2차 가공품의 색조에도 영향을 준다.

색을 계측하는 방법은 밀 전용의 광전비색계(光電比色計)가 사용되며 간편하게 측정하는 육안비교법도 있다. 이 방법은 표준 밀가루의 건조된 상태와 젖은 상태의 색깔을 비교하여 황색이나 기울이 섞인 정도로 품질을 평가한다.

5) 입 도 (粒度)

밀가루의 용도에 따라 적당한 입도가 요구된다. 제빵용으로는 72mesh인 것, 국수용으로는 96mesh인 것이 적당하다.

6) 가공 적성시험

밀가루의 2차 가공의 첫 단계는 반죽(dough)이다. 반죽의 성질이 제품의 품질에 결정적 영향을 미치는 것으로, 이것의 물리적 성질을 과학적으로 측정하는 방법이 요망되며 몇 가지 반죽시험 장치가 고안되어 사용되고 있다.

① farinograph

밀가루의 제빵 적성은 흔히 페리노그래프(farinograph)를 이용하여 밀가루 gluten의 강도(强度, strength)와 질(質, quality)을 측정한다.

이 기구는 밀가루를 물과 반죽할 때의 성상을 알기 위한 일종의 믹서로서, 이 믹서의 이(齒)에 해당하는 S자 형판을 회전시키는 데 필요한 힘을 graph로 표시하며, 가루를 반죽하는 동안의 점성저항을 측정한다. 기록된 곡선을 통하여 강력분 혹은 박력분의 판별 및 반죽이 일정한 굳기로 될 때까지 필요로 하는 물의 양, 즉 흡수율 등을 측정할 수 있다.

보통 300g의 밀가루를 30°C로 보온한 믹서에 넣고 반죽의 경도가 Brabender 단위(B.U) 500이 될 때까지 30°C의 증류수를 넣으면서 이긴다. 이 때 넣은 물의 양을 원료밀가루에 대한 %로 나타낸 것이 흡수율이 된다.

이 흡수율로 계속 이겨서 그 경도 변화를 자동적으로 곡선이 떨어지기 시작하는, 즉 반죽이 연화되기 시작할 때부터 12분 동안 더 계속한다. 이 때 그림 4-7과 같은 farinogram을 얻게 된다.

② extensograph

엑스텐소그래프는 일정한 경도의 반죽 신장도(伸張度) 및 인장항력(引張抗力)을 측정 · 기록하는 것인데, 반죽의 내부적 에너지의 시간적 변화를 측정하여 2차 가공, 즉 발효에 의한 반죽의 성질을 판정하는 것이다.

보통 300g의 밀가루에 소금 2g과 물을 넣고 페리노그래프의 믹서로 이겨서 500B.U(Brabender Unit)의 경도가 되게 하여, 여기서 15g의 반죽을 만들어 엑

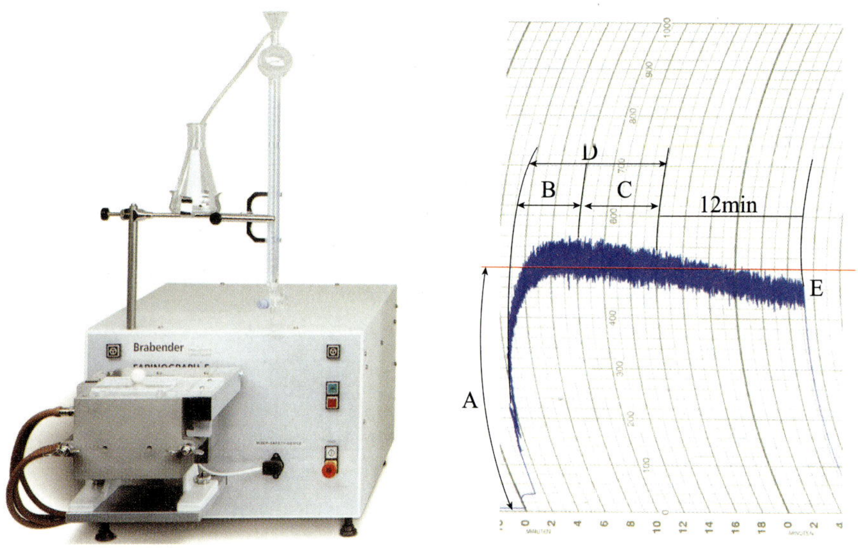

그림 4-7 Farinograph와 farinogram

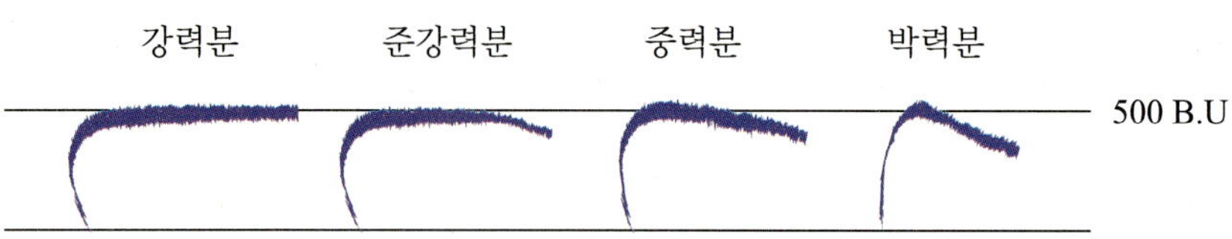

그림 4-8 각종 밀가루의 Farinograph

스텐소그래프에 붙어 있는 성형기로 일정한 모양을 만들어 30°C에서 일정시간(45분간) 항온기 속에 정치하였다가 인장장치(引張裝置)로 당김으로써 그 때의 인장력(폭 C), 인장저항(높이 B) 및 에너지(면적 A)를 그림 4-9와 같은 extensogram으로 자동적으로 기록하게 되어 있다.

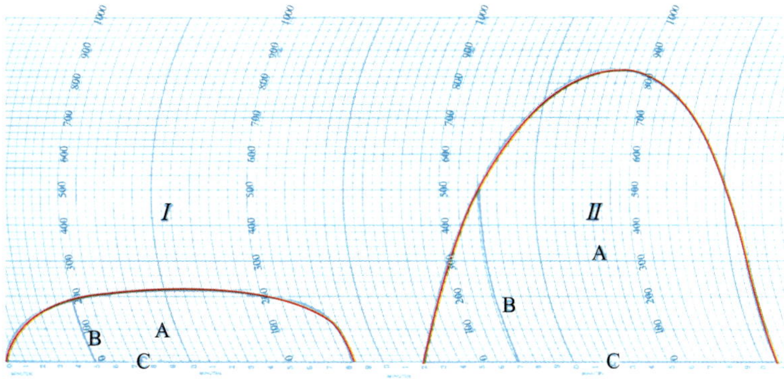

그림 4-9 Extensogram

측정이 끝나면 시험한 반죽을 뭉쳐서 먼저와 같이 재차 인장시험을 한다. 필요에 따라 45분마다 3~4회 하는 것이 보통이다.

③ Amylograph

밀가루의 현탁액에 연속적으로 온도를 변화시키며 호화상태를 측정한다. 그의 원형(amylogram)에는 전분의 질과 양, amylase의 활성이 종합하여 곡선에 나타내며 이로부터 적성을 판정한다.(그림 4-3 참조)

(5) 저 장

밀의 저장도 쌀과 마찬가지로 세심한 주의가 필요하다. 밀 낟알의 수분함량은 11~12% 정도이어야 하고, 창고의 온도와 습도는 저온으로 유지하도록 노력하여야 한다. 이들이 높으면 기생미생물과 해충들의 호흡과 효소작용에 의한 전분의 손실과 미생물이 증식하기 쉬워진다. 따라서 창고의 환기와 온도(10~15°C), 습도(상대습도 70~80%)를 내리는 데 힘써야 한다.

저장 중에 생기는 맥나방, 바구미, 좀바구미 등의 벌레는 약제나 훈증으로 방제한다. 훈증제로는 P.G.P(pyrenone grain protectant) 클로로피크린, 이황화탄소(CS_2) 등을 사용한다.

3. 보 리 (*Hordeum vulgare* L.)

보리(barley)는 밀과 마찬가지로 중앙아시아 근방에서 오랫동안 경작되어 왔던 작물로, 처음에 재배된 보리는 겉보리(六條大麥)인 것으로 추정되며, 16~17세기 이후부터 맥주보리(2조대맥)이 널리 재배되었다.

우리나라에서는 삼한시대 이전부터 재배되었던 것 같다. 우리나라의 1987년도 재배면적은 20만6천 ha에 생산량은 71만9천톤이었으나, 점차 축소되는 형편이다. 주요 장려품종으로는 춘파대맥에 완주 봄보리, 추파대맥에 밀양 24호, 올보리, 여기, 부흥, 수원 236호 등이 있다.

(1) 보리의 모양과 종류

보리는 키가 약 1m 정도의 한해 또는 두해살이 풀로, 이삭은 4~8cm로 곧게 서고, 이삭 줄기에 이삭이 달린다. 이삭의 배열에 따라 육조대맥, 사각대맥, 이조대맥 등의 구별이 있다.

보리는 성숙한 후 낟알에 밀착한 껍질의 분리 여부에 의해서 분리되는 것은 나맥(裸麥), 분리되지 않는 것을 피맥(皮麥)으로 나눈다.

그러나 보통 보리라 하면 피맥, 즉 겉보리를 일컫는다. 나맥은 쌀보리라 한다. 즉, 좁은 뜻의 보리는 겉보리만을 가리킨다.

겉보리, 쌀보리는 또한 납작보리(押麥)로 만들어 먹기도 한다. 압맥은 원료맥을 도정하여 겉껍질을 벗겨내고 가볍게 찌거나 물에 불려서 roller로 납작하게 하여 건조한 것이다. 보리알은 방추형(紡錘形)으로 복부 중앙에는 세로 홈(縱溝, groove)이 있고, 그 뒷면의 아랫 부분에 배아(胚芽)가 있으며, 그 끝에 정모

그림 4-10
겉보리 (*Hordeum hexaticum*)

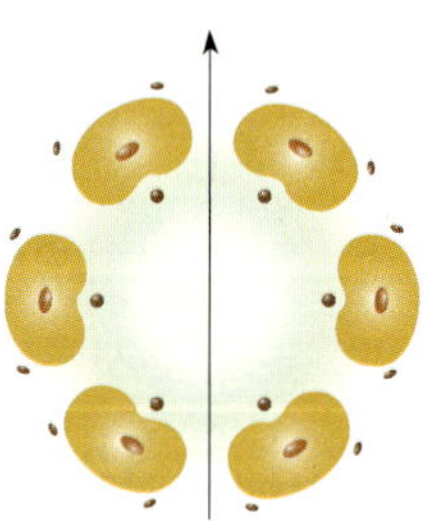

그림 4-11
보리의 배열 (六條)

그림 4-12
맥주보리 (*Hordeum disticum*)

(頂毛)가 있다.

보리알의 내부조직은 과피, 종피에 싸인 배유와 배아로 되어 있으며, 배유는 경질과 연질이 있다. 연질은 전분이 많고 단백질이 적으므로 맥주의 원료로 적당하다.

(2) 화학적 성분

보리의 먹을 수 있는 부분은 약 75%정도인데 이 중 60%는 전분(starch)이고 그 밖에 호정(糊精)과 당류도 존재한다. 단백질은 약 10% 내외로 주성분은 prolamin과 glutelin이다.

아미노산 조성은 쌀보다 못하고 지방은 2% 내외로 배아에 많이 함유되어 있다. 비타민은 비타민 B_1, 비타민 B_2가 많고, 니코틴산은 쌀보다 많이 함유하고 있다. 또한 무기물인 Ca이 쌀보다 많고, 섬유소도 일반적으로 많아서 소화율이 떨어지는 편이다.

겉보리 전분은 쌀보리 전분에 비하여 amylose함량이 다소 높으나, 호화 온도는 낮다.

(3) 보리의 품질

보리 알맹이는 분상질(粉狀質)로 단백질이 적고 불투명하나 밀과 같이 유리질인 것들도 있다. 그 내부는 벼, 밀과 비슷하나 호분층(Aleuron layer)이 2~4층의 후막세포로 되어 있다.

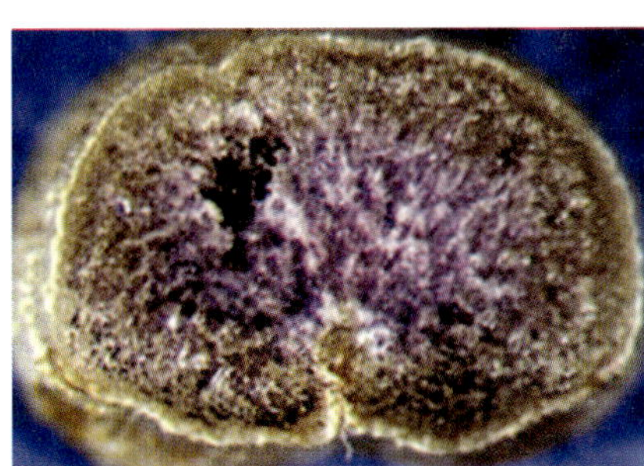

그림 4-13 보리의 단면

1) 용적중(容積重)

겉보리 1L의 중량은 600~700g이며, 쌀보리는 800g 내외이다.

2) 천립중(千粒重)

장려품종의 겉보리는 30~45g이고, 쌀보리는 30~40g 정도이다.

3) 비 중

겉보리는 1.13, 쌀보리는 1.22이다.

4) 부피율

보리 알맹이에 대한 등겨(粈, 인), 과피, 종피(種皮)의 중량백분율을 부피율(浮皮率)이라 한다. 겉보리가 평균 13.9%이고, 쌀보리가 평균 9.6%이다. 이 비율이 적은 것일수록 도정도가 크다.

5) 발아율

맥아(엿기름)나 맥주의 원료로서, 보리는 발아력이 강하기 때문에 전분 당화 효소들의 생성이 왕성하여야 한다. 발아율은 정상적인 보리(整粒)를 물에 적당히 불린 후, 16°C에서 3일 동안 발아시킨 다음에 그 발아율을 측정한다.

6) 화학적 성분조성

단백질 함량은 평균 10% 내외이며, 아미노산에 threonine과 tyrosine은 적은 편이고 leucine과 phenylalanine은 특별히 많은 편이다. 비타민은 배유부에 비타민 B_1이 0.20mg% 함유되어 있는 것 외에는 쌀이나 밀과 비슷하다.

제거된 보릿겨에는 지질함량이 적기 때문에 유지 추출은 하지 않는다.

7) 맥주보리

맥주제조에 적합한 보리는 전분함량이 비교적 많고 단백질 함량이 낮으며, 발아율과 발아에너지가 높은 조건을 가져야 한다. 또한 배유부가 분상질이며 협잡물이 적은 것으로, 수분함량은 13% 이하이고 빛깔도 좋아야 한다.

단백질 함량이 높은 보리로 맥주를 만들면 향미나 청징에 어려움이 따르고, 거품에도 부정적인 영향을 준다.

재배되는 품종으로 유럽에서는 Kenia, Union, Amsel, Procter, Balder, Wisa 등이 있다. 우리나라에서는 Golden melon, Gem, 두산 29호 등이 재배되고 있다.

8) 보리의 용도

동양 각국에서는 주로 식량으로 사용하고 있으나, 구미 각국에서는 주로 사료로 쓴다. 식량으로 보리 쌀은 그대로 혹은 납작보리로 만들어 밥을 지어먹거나 된장, 고추장, 간장, 제과 등의 원료로 하고, 또 보리차로 많이 사용된다.

이조맥은 맥주제조에 사용되고 또 엿기름(맥아)을 만들어 엿, 감주, 소주, 소화제 등의 원료로 쓴다. 또한 겨는 사료로 이용된다.

4. 호 밀 (*Secale cereale* L.)

영어로는 rye, 독어로는 Roggen인 호밀의 야생종은 밀이나 보리밭의 잡초로 여겨져 왔었다. 원래의 산지는 남서 아시아이며 세계의 생산량은 3,000만 톤 정도이다. 소련이 가장 많아서 약 40%를 생산하며 기타 폴란드나 독일 등에 많다.

우리나라에는 1921년경 독일로부터 도입되어 재배한 것이 전파되었다고 하며, 모두 가을에 파종하는 것으로 일정한 품명은 없고 재배지역의 이름을 따서 부르는데, 예를 들면 충청도 호밀이나 강원도 호밀 등으로 부른다.

보리나 밀 등의 재배가 불안정한 지역에서도 야생 호밀은 내성이 높기 때문에 이와 같은 지역에서 익어도 이삭이 탈락되지 않는 특성의 재배호밀이 품종개량되었다.

호밀은 제분하여 제빵용으로서 수요가 많으며, 신맛과 독특한 풍미가 있는 흑빵이 만들어진다. 그 외에 흑맥주, 위스키 등의 양조에 이용된다. 또한 사료로서 종자와 풀을 이용하기도 한다.

(1) 성상 및 성분

종자는 밀보다 납작하고 방추형이며 보리의 이조맥과 비슷하다. 또 밀보다 가늘고 표면에 주름이 져 있는 것이 많다. 종자의 빛깔은 엿빛 또는 청색으로 부별되며, 한 이삭 중에 두 빛깔의 알이 혼생하는 수도 있다. 입질(粒質)은 반유리질이거나 유리질이다.

일반성분은 밀과 비슷하고 배아의 단백질 함량은 약 12% 정도이며, 그 중 약 50%는 prolamin이고, 밀과는 달리 gluten이 적다. 따라서 빵을 만들어도 점탄성이 나쁘다.

아미노산의 조성은 histidine과 cystine이 많고, lysine과 trytophane은 적다.

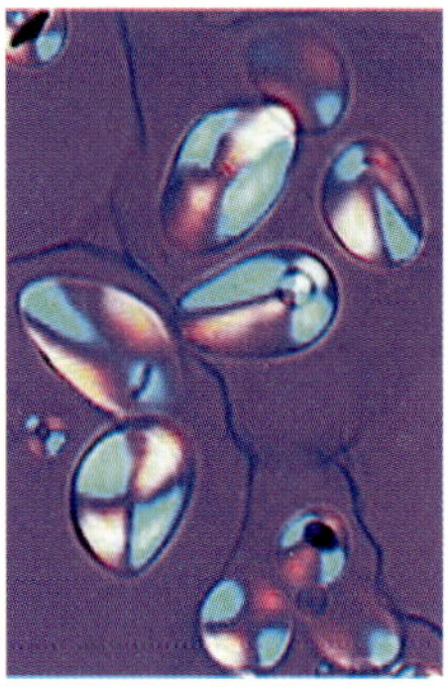

그림 4-14
호밀의 starch(160×)

(2) 용 도

호밀은 제분하여 물로 반죽한 후에 자연발효시켜 생성된 젖산이나 기타 유기산에 의하여 단백질의 점탄성이 증가하여 성형 제빵할 수 있다.

우리나라에서는 메밀가루 대신 호밀가루로 냉면을 만들기도 하며, 과자나 장류에도 이용한다. 또한 사료나 누룩 제조에도 사용한다.

그림 4-15 각종 곡물과 잡곡 그림

5. 귀 리 (*Avena sativa* L.)

귀리(Oats)는 중앙아시아가 원산지로, 우리나라는 별로 보편화되지 않은 작물이다. 고려 시대에 원나라의 침입과 함께 말의 먹이로 가져온 것이 재배의 기원이라 한다. 현재 강원도의 산지에서 많이 재배되고 있다. 화이트, 벨륨, 빅토리아, 골든 킹 등의 외래종이 있다.

(1) 성상 및 성분

종자는 이삭 끝에 밀착하여 보리나 밀보다 가늘고 길며, 표면에 솜털이 나 있다. 알맹이의 끝쪽은 뾰족하며 털이 있고, 복부에는 세로 홈이 있다.

귀리의 주성분은 전분이다. 단백질함량은 13%, 지질 5%로 영양분이 많은 식품에 속한다. 단백질은 glutenin과 globulin이 많고, 아미노산조성은 lysine

과 함황아미노산이 적다.

비타민은 비타민 B_1 0.3mg%, 비타민 B_2가 0.1mg%를 함유하고 있다.

(2) 저장과 용도

저장은 보리, 밀에 준하며, 수분 함량은 13% 이하로 하여 곰팡이(*Aspergillus sp.*)에 의한 흑변(黑變)을 막아야 한다.

귀리는 정백(精白)하여 오트밀(oat meal)을 만들어 식용하고, 과자의 원료, 주정발효 원료로 사용하며, 또한 가축의 사료로 많이 사용되며 특히 말의 사료로 이용된다.

4-3 잡곡류

잡곡은 여러 의미로 사용되고 있기 때문에 애매한 말이다. 그러나 여기에서는 벼과의 곡류 중에서도 조 · 수수 · 피 · 율무 등을 총칭하며, 영어의 millet의 번역어로서 사용된다. 따라서 잡곡이라는 것은 작은 종자가 나고, 주로 여름에 비가 내리는 반 건조기후, 열대 혹은 아열대의 사바나적인 생태조건이나 온대 몬순기후의 지역에서 재배화된 여름작물로, 벼과 곡류라고 정의할 수 있으며 약 20여 종이 포함된다.

잡곡은 성육기간이 짧으며 토양이 좋지 않은 장소나 비가 적은 지방에서도 잘 자라고, 종자는 작지만 장기간 보존해도 병충해를 잘 받지 않기 때문에 흉작 시에 비축하는 구황(救荒)작물로서 중요하게 생각되었다.

1. 옥수수 (*Zea mays* L.)

옥수수(corn, maize)는 1492년에 아메리카 신대륙의 발견과 함께 인디안이 상식(常食)하던 것을 유럽에 전하여 현재에는 세계의 농업에서 쌀, 밀이나 다음으로 많이 생산되는 작물이 되었다. 우리나라에는 중국 혹은 원나라 침입 때에 전달되었을 것이라 한다.

옥수수의 세계 총 생산량은 1992년에 약 5억 3,000만 톤이었다. 생산성이 좋은 품종이 속속 개발되어 옥수수의 생산량은 과거 50년 전에 비하여 약 4배 정도 신장했다. 미국에서의 생산이 가장 많아서 전세계 수확량의 약 46%를 차지하고 있다. 다음이 중국, 브라질, 멕시코 순이다. 우리나라의 재배면적은 26,270ha이고 총 생산량은 127,390 톤(2000년)이다.

주요 품종은 다음과 같다.

(1) 마치종 (馬齒種, dent corn)

종자의 측면이 경질 전분이고, 중심부와 윗부분이 분상질로, 건조하면 이 부분이 건조하여 말 이빨 모양을 나타내며, 세계에서 가장 많이 생산된다. 여기에 속하는 것은 만생종이 많고 줄기와 잎 및 종자의 생산이 모두 많아서 사료와 공업용 원료로 많이 쓰인다. 주요 품종은 yellow dent, wisconsin 등이 있다.

(2) 경립종 (硬粒種, flint corn)

종자의 외부가 유리질로 백색 내지 황색이다. 배유는 단단한 각질부가 있어 성숙하여도 주름이 생기지 않으며 대단히 단단하다. 매우 크고 긴 이삭을 가진 것도 있으나 대부분은 이삭이 짧고 거의 8립열(粒列)이다. 저온조건에 강한 특성이 있기 때문에 북부 지방에서 재배된다.

현재는 주로 사료나 공업용 원료로 이용된다.

(3) 감미종 (甘味種, sweet corn)

현재 재배되고 있는 것은 대부분이 단맛종이다. 종자는 반투명하고 전분의 일부가 포도당, 자당(蔗糖)으로 변하여 감미가 강하며, 보통 옥수수 자루가 짧고 조숙성이다. 주로 미숙한 것을 간식용으로 한다. 단맛종 중에서 더욱 단맛이 강하여 인기가 높은 super sweet콘으로 일반적인 이름으로는 하니반탐이라 알려져 있다. 단맛이 강하고 오래 보관되는데, 종피가 두꺼워서 가공용으로는 적합하지 않다. 굽거나 찌는 외에 수프, 조림, 크로켓 등에도 이용되어 용도는 매우 넓다.

하니반탐의 백립종인 실버 콘(silber corn)은 유백색의 작은 알로 광택이 나며 알맹이 껍질이 부드럽고 단맛도 강하여 맛이 있으므로 샐러드 등에 적합하다. 그 밖에 샐러드나 중화요리에 사용되는 영 콘(young corn 또는 baby corn)은 쪄서 통조림으로 판매되고 있으며 샐러드나 스튜 등에 이용되고 있다.

줄기와 잎은 사료로 사용되고 있다.

(4) 폭열종 (爆裂種, pop corn)

경립종처럼 배유에 각질조직이 많고, 특히 외부가 견고하여 열기에 튀기면 배유에 많이 함유된 수분의 압력 때문에 폭발하는 것으로, pop corn 과자용으로 이용된다. 특히 미국에서 많이 사용된다.

1) 일반적 성상 및 성분

옥수수 내부의 조직구조는 쌀, 밀 등과 마찬가지이지만 과피의 빛깔과 두께 및 입질(粒質) 등이 특이하다. 종자의 색깔은 다양하며 황백, 적흑(赤黑), 자색 등이 있고, 적색소는 과피에, 자색소는 호분층에, 황색소는 호분층과 배유의 양 부분에 존재한다.

배유의 외측에는 단백질이 많은 유리질이 있고, 내부에는 전분이 많은 분상질이 있다.

건조한 옥수수는 전분 70%, 단백질은 10% 내외를 함유하고 있다. 전분은 백색으로 질이 좋으며 corn starch로서 식용재료 등에 쓰인다. 단백질은 92% 에탄올에 용해되는 zein이 주성분으로, 미숙 옥수수에는 그 함량이 적다. 리신(Lysine)과 트립토판(tryptophan)이 적어 매우 영양가가 낮다. 비타민은 niacin이 적어서 상식하면 pellagra라고 하는 일종의 영양질환이 일어나는 것으로 알려져 있다. 옥수수의 배아는 종자의 12%로서 크며 지방을 약 38% 정도 함유하고 있다.

2) Corn starch의 품질

starch 알맹이의 크기는 2~60μ이며, 평균 15μ로 다른 전분에 비하여 비교적 작고 흡습성이 적다. 호화할 때 풀의 점도는 온도에 대하여 안정하므로 접착력이 강하고 침투성도 강하다.

① 화학적 성질

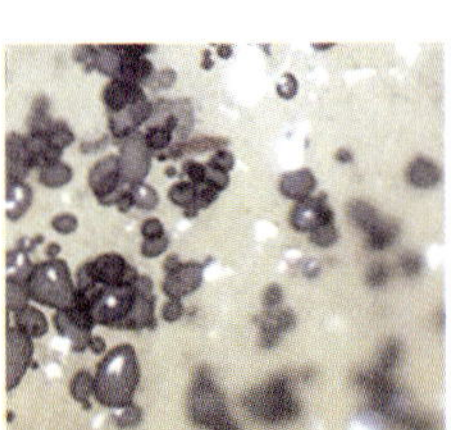

그림 4-16
옥수수 starch(160×)

• 수 분

일반적으로 바람직한 수분함량은 11~12%이다.

• 단백질 함량

고구마나 감자 단백질함량에 비하여 약 3배를 함유하고 있다. 단백질 함량은 corn starch의 이용에 있어서 적을수록 좋으나, 색깔에 영향을 주기 때문에 백색도를 저하시키는 요인이 된다.

• 회 분

corn starch의 특징 중에 하나가 회분의 함량이 다른 전분과 비교하여 가장 적게 함유되어 있다는 것이다.

• 지 방

옥수수에 함유되어 있는 oil(지질)은 약 4~5%로, 이 중 80%는 압착 방법이나 용매로 추출하여 얻을 수 있으며, 이 중 50%는 Linoleic acid이다. 옥수수 기름은 식용 기름과 마가린 제조에 쓰인다.

3) 저 장

소규모의 저장법은 두 가지로 나누어 분류할 수 있다. 생산이 적을 경우의 현수(懸垂, 매어 달다) 저장법과 대량이면 간이 저장고를 만들어 저장하는 방법이 있다. 현수저장은 겉잎을 몇 개 남겨서 새끼줄에 묶은 다음 햇볕에 건조시켜 저장하는 방법이다. 간이 저장고는 지상 3~4.5 높이에 촘촘히 엮은 바닥에 수수깡으로 사면벽을 만들고 그 위에 조짚으로 지붕을 만든 것이고, 그 속에 옥수수를 저장한다.

현대식 옥수수 저장고는 온도와 습도를 자동적으로 조정하는 대단위 창고에서 저장한다.

4) 용 도

옥수수 종자를 제분하여 빵, 과자, 물엿, 포도당, 알코올 발효, 방직용 풀 등을 만든다. 배아는 기름을 짜서 글리세린의 원료나 마가린 원료 등 식용으로 쓰인다. 또한 corn flake로 만들어서 우유와 soup 등에 섞어 먹기도 한다.

제분을 하는 과정에서 옥수수 전분을 팽창시키는 데 사용하던 용수에는 비교적 많은 전분과 그밖 성분들이 함유되어 있어 사료로서 이용되기도 하며, 또한 항생물질들을 생산하는 데 배지로서 이용되기도 한다. 이 때 생산되는 항생물질은 Penicillin, Aureomycin, Tetracyclin 등이 있다.

2. 메 밀 (*Fagopyrum esculentum* Moench)

메밀(buckwheat)은 식물학상 여귀(蓼, 요)과에 속하며, 시베리아 바이칼호 근처가 원산지로 되어 있으며 1년초이다. 우리나라에서는 송나라 때에 널리 재배되었던 것으로 보아, 재배된 역사는 매우 오래된 것으로 생각된다.

메밀의 최대 생산국은 구 소련이며 우리나라에서는 12,720ha에서 11,627톤(1987)이 생산된다. 널리 재배되는 품종은 보통종(F. esculentum Moench)이며, 우리나라 메밀도 거의 이에 속한다.

(1) 메밀의 성상과 성분

메밀의 열매는 전분함량이 많고 단백질도 비교적 많이 함유하고 있다. 척박한 땅에서도 잘 자라고, 또한 생육에 적은 열량과 비교적 많은 수분을 요구하며, 생육기간이 2~3개월로 짧다. 품종은 여름메밀, 가을메밀과 그 중간형이 있다. 종자는 짙은 밤색이거나 때론 은회색이며, 크기는 길이가 4~6mm, 폭이 4mm, 두께는 3.7mm로 삼각형꼴이다.

내부조직은 가루 모양의 배유가 있고, 그 배유 안에 S자 모양의 떡잎이 구겨져서 들어 있다. 배유부는 물과 반죽하여도 밀가루와 같이 점탄력이 생기지는 않는다.

그림 4-17 메 밀
(Fagopyrum esculentum)

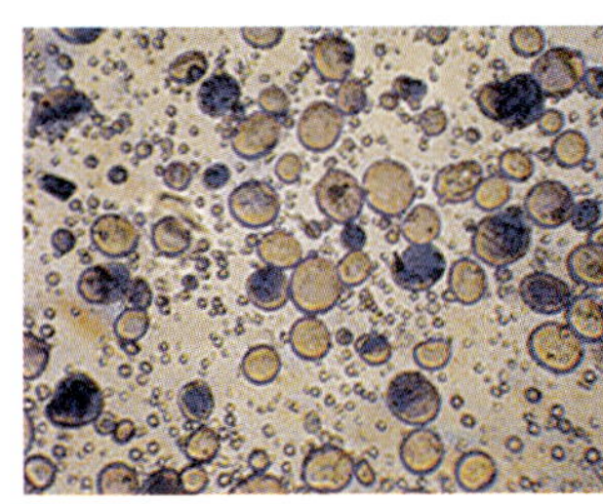

그림 4-18
메밀 starch(160×)

화학성분으로는 73%의 소화되기 쉬운 전분과 단백질은 13%로 쌀이나 밀가루보다 많다. 아미노산의 조성은 lysine, threonine 등의 아미노산이 많아 영양가가 비교적 높고, 소화 흡수도 좋은 편이다. 비타민은 비타민 B_1이 0.40mg%, 비타민 B_2가 0.3mg%로 많이 들어 있는 편이며, 그 밖에 비타민 C와 E도 풍부하여 영양가가 높은 편이다. 특히 비타민 P(rutin)은 6mg%를 함유하여 혈압강하제 혹은 구충제 등으로 사용된다.

종자는 약간 삶아서 건조시킨 후에 껍질을 제거하고, 메밀미는 쌀과 섞어 주식으로 하고, 또는 메밀가루로 메밀국수(냉면)의 재료로 쓰인다. 그 밖에 소주나 양조용으로 이용되며 또 껍질은 베갯속으로도 이용된다.

3. 수 수 (*Sorgum mervosum* Bess. et. Schult)

그림 4-19
수수
(Sorgum nervosum)

수수(sorgum, Hirse)의 원산지는 열대 아프리카이다. 조와 마찬가지로 유라시아 대륙 일대에서도 오랫동안 재배된 곡류로 알려지고 있다. 수수는 중앙아시아에서 많은 변이종이 알려져 있으며, 주된 재배국은 인도, 중국, 중앙아시아 지역이다.

수수에도 피와 마찬가지로 멥쌀성과 찹쌀성이 있으며, 찹쌀성의 것은 엿이나 떡의 재료로 혹은 중국의 황주(黃酒)와 같은 술을 제조하기도 한다.

새의 먹이로 이용되고, 줄기와 잎은 사료로서 이용된다.

우리나라에서의 1987년도 총 생산량은 2,293톤이며, 재배종은 용도에 있어서 곡식용과 설탕용(*S.dochnat*) 등으로 분류된다.

(1) 수수의 성상과 성분

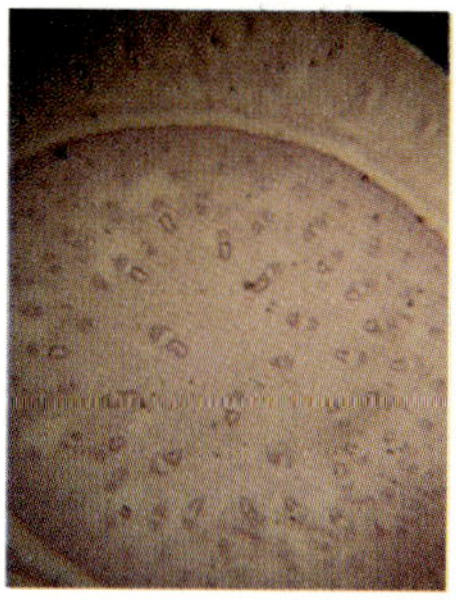

그림 4-20
수수 starch (160×)

종자는 납작한 것과 구형인 것 등이 있으며, 종피의 빛깔은 백색, 적색, 황갈색, 흑색, 자색 등이 있다. 백색 이외의 것은 종피에 많은 tannin을 함유하고 있어, 사료적 가치가 떨어진다.

화학성분으로는 탄수화물 66.2%와 단백질 12.7%정도이며, 아미노산조성은 tryptophan과 함황아미노산이 부족하다.

전분은 다른 곡류에 비하여 호화율이 낮고, 잘 삶아지지 않아 소화가 나쁘다. 비타민은 수수 100g 중 비타민 A는 20IU, 비타민 B_1이 0.4mg%, 비타민 B_2가 0.1mg%이다.

(2) 용 도

떡, 엿, 과자의 원료 외에 술의 양조 원료로도 사용된다. 한편 사탕수수는 주로 제당 원료로 사용되고 있다.

4. 조 (*Setaria italica* Beauv.)

조(italian millet)의 야생 선조(先祖)종은 가을 강아지풀이다.

중국, 일본, 우리나라에서 고대로부터 재배한 오곡(五穀)의 하나로 중요한 식량이었다. 우리 나라의 조 생산량은 2,141ha에서 약 2,575톤이 생산되고 있으며, 주요 품종은 모래조, 평양, 호조, 청미실(靑味實), 국분(國分) 등이 있다.

(1) 조의 성상 및 성분

그림 4-21
조 이삭

종자는 타원형에서 구형이며, 곡류 중 가장 작아서 천립중량은 불과 2g정도이다. 빛깔은 누른 것이 많고 흰 것, 적갈색 등이 있다. 배유의 성상에 따라 메조와 차조로 구별되고, 용도상 차이가 많다. 저장성은 매우 높다.

단백질, 지질, 비타민류 등의 함량이 비교적 높으나, 섬유질이 많아 맛은 떨어진다.

(2) 용 도

주정용으로 사용되거나 제분하여 떡, 엿, 과자, 소주, 누룩 등의 원료로 쓰이고, 또 보리 대용으로 혼식하기도 한다. 새의 모이로 적당하다.

5. 기 장 (*Panicum miliaceum* L.)

기장(commen millet)은 아시아의 고대 유목민에 의해 재배되었다고 하며, 재배 및 이용상 봄(春)기장과 그루(夏)기장, 메기장과 찰기장 등의 구별이 있으나, 우리나라에 재배되는 품종은 아직 정리가 되어 있지 않다.

(1) 기장의 성상과 성분

형태는 조와 비슷하나, 자모(刺毛)는 없다. 자실은 수수보다 약간 작은 것이 보통이며, 등겨를 벗긴 기장 천립중량은 4.4g이다. 껍질은 황백색, 황색, 등황색, 적갈색, 얼룩색이 있고, 우리나라에는 황색이나 황백색의 것이 많다. 성숙하면 종실의 탈락이 많아진다.

주성분은 전분이고, 단백질 함량은 약 13% 정도이며, 소화율은 그다지 높지 않다.

(2) 용 도

제분하여 밀가루와 섞어 떡이나 과자류를 만들고, 사료로도 많이 사용한다.

6. 피 (*Panicum crusgalli* L.)

피(barnyard millet)는 중국, 일본, 우리나라에서 고대로부터 재배한 작물로 원산지는 인도이다. 피는 포아풀과에 속하는 일년초로 돌피인 원종을 개량한 것이고 재배종은 삼(穇), 잡초는 패(稗)로 쓴다.

그림 4-22
피의 이삭

피는 과거에 벼농사를 짓지 못하는 구릉지의 농촌이나 산촌에서 재배되었으며, 쌀 대신에 주식용 곡류로서 중요한 역할을 하였다. 피의 야생종은 돌피로 이것이 재배되었을 것이다. 현재는 아시아를 중심으로 부차적 작물로서 재배되고 있는 데에 지나지 않는다.

(1) 피의 성상과 성분

이삭은 조와 비슷하나 조보다 좀 엉성하고 암황갈색을 띤다. 종자는 메진 것과 차진 것의 두 종이 있다.

주성분은 탄수화물로 단백질 13%, 지질 3.5%, 비타민 B_1 0.4mg%로 비교적 많이 함유하고 있고, 특히 쌀에는 적은 아미노산 tryptophan과 기타 필수 아미노산을 많이 함유하고 있어서 영양가치가 높다.

(2) 용 도

정백한 것을 그대로, 또는 쌀과 섞어서 밥 또는 죽으로 하거나 가루로 갈아서 단자로 한다. 그 밖에 엿, 된장, 간장, 술의 원료로도 이용된다. 또 작은 새들의 모이로 사용되며, 짚은 벼나 보리의 것보다도 부드러워서 사료로 이용된다.

Chapter 5

서 류(薯類)

서류는 식물의 지하경(地下莖)이나 뿌리의 일부가 비대하여져서 괴경(塊莖) 및 괴근(塊根)이 된 것으로, 전분 함량이 높고 다당류를 함유하여 주식 대용으로 이용되는 식품이다. 또 무기물과 특히 Ca 및 P 등이 많아서 알칼리성 식품이며, 열에 잘 파괴되지 않는 비타민류의 함량이 높고, 단위면적당 생산열량이 가장 많은 작물에 속한다.

서류의 식품적 가치

① 생산하기가 비교적 쉬우며, 면적당 에너지 생산력이 다른 곡류보다 높다.
② 무기질조성으로 보아서 알칼리성 식품이며, 비타민 함량도 비교적 높은 식품으로 주식이나 간식용으로 이용할 수 있다.
③ 전분 함량이 높아서 전분제조 원료와 그밖에 가공품에도 널리 이용된다.
④ 다른 청과물 등에 비하여 저장기간이 길다.

5-1 고구마 (*Ipomoea batatas* L.)

고구마(sweet potato)는 중앙 아메리카 및 남 멕시코의 열대원산으로, 우리나라에는 1763년에 조엄이라는 통신사(通信使)가 대마도에서 부산으로 보내 온 것으로부터 재배하기 시작하였다.

고구마는 단위면적당 전분생산량이 다른 전분작물에 비하여 가장 많고, 재배관리도 비교적 쉽고 비료도 적게 들며 기상조건의 변화에도 강하다. 그러나 이용면에서 보면 간식에 알맞고 주식으로서는 부족하다. 과거에는 중요한 에너지원이었으나, 하루 필요 에너지를 섭취하기 위해서는 쌀이나 소맥분의 거의 3배가 요구되며, 고구마는 만복감을 주기 때문에 칼로리 섭취량 면에서 부족하다는 특징을 가진다.

"고구마를 먹으면 살이 찐다"는 속설이 있지만, 그것은 옳은 주장이 아니다. 고구마 전분에는 비교적 소화가 잘 되는 포도당의 직쇄상인 β-glucoside결합의 α-전분 외에 인간의 소화효소로는 분해할 수 없는 분지쇄상의 β-glucoside 결합의 β-전분을 함유하고 있다. 따라서 섭취전분의 10~20%는 체내에서 소화되지 않으며, 이것이 식물섬유적인 효과를 가진다.

고구마는 100g 중 2.3g의 식물섬유를 함유하는 시금치 정도의 고섬유 식품이며, 고구마 전분의 섬유효과를 함께 가진다. 따라서 소장의 활동을 자극하여 변비방지, 대장암예방, 콜레스테롤의 저하작용을 가져오는 점에서 주목되고 있다.

(1) 고구마의 성상 및 성분

뿌리의 형태는 방추 또는 장방추이고, 껍질의 색깔은 적자, 홍, 황, 백 등으로 다양하며, 우리나라에서는 껍질색이 적자색, 육(肉)색이 황색이나 황백색인 품종으로 호국(護國), 7복(七福), 농림 1호, 농림 2호, 수원 147호, 황금천안, 홍미, 유심 등이 있다.

고구마의 단위 면적당 수확량은 신미가 가장 높으며 전분함량도 높을 뿐만 아니라, 병충해에 대한 저항력도 높다. 고구마는 가을 수확시기에 전분의 함량이 가장 높다. 저장하는 동안에 전분이 당분으로 약간 분해됨으로써 시기에 따라 성분이 달라지나 그 분해속도는 품종에 따라 다르다.

표 5-1 우리나라에 재배되는 주요 고구마 품종과 특성

품 종	외피	모 양	비 고
수원 147호	담홍색	구형으로 골이 없음	저장성이 낮다.
중승 100호	자홍색	골이 깊다	저장성이 중간정도
신미(수원 10호)	담홍색	골이 약간 있다.	저장성이 높다.
천미(千美)	적자색	괴(塊)형	다수확성이나 저장성이 낮다.
유심(琉心)	담황색	장괴형	다수확성이고 저장성은 중간
호국(護國)	황백색	방추형	다수확성이나 저장성은 낮음
원기(元氣)	유홍(乳紅)색	장방추형	수확량은 낮으나 저장성은 높음
수원 118호	황 색	장방추형	수량은 중간, 저장성이 높다.

고구마의 구조는 가운데 줄기에는 대부분 전분이 풍부하고 대형의 유세포(柔細胞)로 되어 있다. 외부는 사부(篩部), 피층(皮層), 표피(表皮)로 되어 있다. 표피는 콜크층으로 각종의 색소를 함유하고 있고 피층은 탄닌을 함유하며 공기와 접촉하면 갈변한다.

고구마의 성분함량은 다른 곡류에 비하여 다양하다. 수분함량은 64~82%, 전분함량은 10~30%, 단백질 0.4~2.8%, 섬유 0.8~1.2%, 회분 0.5~1.0%의 범위로 되어 있다. 또 비타민 B와 C가 상당량 함유되어 있으며, 특히 비타민 C는 100g 중에 30mg 정도 함유되어 있고 가열조리로도 60% 정도가 파괴되지 않는 양질의 식품이다.

황육종(黃肉種)의 색은 carotene에 의한 것으로 1,300IU에 달하는 것도 있다. 무기질로는 K와 Ca이 상당히 많다.

효소는 강력한 당화효소인 β-amylase와 소량의 γ-amylase, maltase가 함유되어 있다. 또 고구마를 절단한 부분에서 나오는 유액(乳液)은 수지(樹脂) 성분인 jalapin이다.

고구마의 갈변현상은 chlorgenic acid를 주로 하는 polyphenol성분이 polyphenoloxidase에 의하여 질소화합물과 화합하여 멜라닌색소를 형성하는 데에 그 원인이 있다.

(2) 품 질

고구마 전분은 분질의 것과 점질의 것이 있다. 분질인 것은 전분이 많고 맛이 좋아서 식용에 적합하나 점질의 것은 전분이 비교적 적고 당분이 많아서 식용에는 적합치 않으며, 전분제조나 사료 및 증절간(蒸切干) 등에 사용된다.

(3) 저 장

고구마는 차가운 곳에 두면 말라서 죽거나 변패하기 쉬우므로 겨울에는 0.9~1.2m 정도의 움을 파서 저장한다. 저장 최적온도는 12~13°C이다. 고구마는 상처가 나면 변패 또는 연부되기 쉽다. 이와 같은 고구마는 31~35°C, 습도 90% 정도의 곳에서 5~6일 보존하면 상처난 곳이 표피와 같은 코르크층으로 되어서 병원균의 침입을 방지하여 저장성을 높인다. 이러한 처리방법은 미국의 농사시험장에서 처음 시작하여 curing이라 하였고 널리 실용화되었다.

변패균으로는 연부병균(軟腐病菌, Rhizopus nigricans)과 흑반병균(黑斑病菌, *Caratostamella fimbriate*)이 증식하는 일이 많다.

정부에서는 고구마 증산에 목표를 두고 주정원료 등으로 사용하기 위하여, 오랫동안 저장하기 위하여 절간(切干) 건조하고 있다. 절간용 고구마는 가급적 전분함량이 많고 분질이며, 단단하고 또 단위 면적당 수확량이 많은 것이 적합하다. 따라서 주정용 고구마는 수원 147호, 천미, 유심 등이 적합하다고 할 수 있다.

(4) 용 도

단맛의 것은 간식이나 주식의 대용으로, 또 튀김으로 이용된다. 공업용으로는 알코올 발효, 전분제조용 원료, 풀, 배합사료용, 화장품, 화학약품 등에 이용되며, 줄기는 나물로 먹거나 사료로 이용되기도 한다.

5–2 감 자 (*Solanum tuberrosum* L.)

감자(potato)는 가지과 가지속으로 남아메리카가 원산인 다년초이다. 유럽에서는 15세기 말의 신대륙 발견 이후에 우리나라에는 1824년경 순조 24년에 만주의 간도지방으로부터 도입되었다고 한다.

세계의 생산량은 약 2억6,000만 톤(1992년)으로 주요식품 중의 한 작물이다. 단위면적당 전분생산량이 고구마에는 떨어지지만 보리보다도 많으며, 생육기간이 짧고 수량이 많은 것이 특징이다.

주요 품종은 남작(男爵), 금시(金時), 란곡(蘭谷) 1호, 수원백종, 세풍(世豊, 대관 49호)춘천재래, 북광, 메이퀸, 아이리쉬 코블러, 북광, 홍황, 출도 등이 있다.

(1) 감자의 성상과 성분

감자의 식용부위는 땅속의 지하경(地下莖)이다.

여기서 전분이 쌓여 굵어지고, 곳곳에 소위 눈(目)이라 하여 우묵하게 들어간 부분이 7~8개 있고 그 수와 깊이는 품종에 따라 다르다. 괴경의 외피에는 담홍

그림 5-1 감자의 괴경

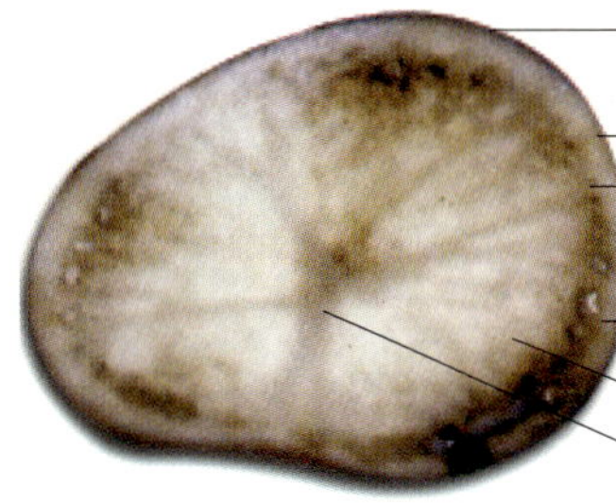

그림 5-2 감자의 괴경 단면도

색이나 담자색의 색소를 함유하며, 괴경의 내부에는 피층이 있고 다음에 수심부(髓心部)가 있으며, 수심부는 내수와 외수의 구별이 있고 괴경의 대부분을 차지한다. 외수는 치밀하고 전분함량이 많으나 내수는 수분함량이 많고 전분알갱이가 적으므로 투명도가 크며 단면은 별 모양을 이룬다.

수분이 70~84%, 전분 14~25%이다. 감자 단백질의 주 단백질은 globin의 일종인 tuberin이며, 함량은 1.4~2.5%, 지방 0.1~0.2%, 섬유 0.3~0.7%, 회분 0.7~1.1%의 범위이고 아미노산 조성은 매우 양호하다.

무기질으로는 칼륨이 많고 인산도 상당히 들어 있으나, 그 밖의 것은 일반적으로 적다.

비타민은 일반적으로 적게 들어 있는 편이지만, 비타민 B_1은 100g중 0.1mg, 비타민 C는 100g 중 15~23mg으로 풍부하게 들어 있으며, 가열에도 잘 파괴되지 않는다. 또 감자 속에는 pectin질이 0.4mg/100g 정도 들어 있어 건강식으로 인식되고 있다.

감자를 직접 날것으로 먹으면 아린 맛을 내는 특수성분이 있는데 이 성분이 solanin이다. 이 독성물질은 씨눈, 껍질에 분포되어 있으며, 씨눈에 특히 많이 들어 있다. 솔라닌은 solanin배당체(당알칼로이드)로 100g 중 2~13mg 정도가 들어 있다. 감자의 껍질을 제거하면 70% 이상의 solanin이 제거되며, 중독현상 즉 설사, 복통, 어지럼증, 마비 등을 일으키는 함량은 20~30mg 이상이 되어야 한다.

솔라닌은 soladinine, glucose, galactose, rhamnose가 각각 1분자씩 결합된 상태로, 산이나 가열에 의해 쉽게 가수분해되어 독성이 제거된다.

감자를 취급할 때 일어나는 현상 중의 하나가 갈변현상이다.

이런 현상은 감자를 자를 때 tyrosinase 산화효소의 작용으로 tyrosine이 산화된 다음에 중합하여 melanin 색소를 만들기 때문인데, 이 색소는 물에 녹기 때문에 물에 담가 놓으면 갈변을 막을 수 있다.

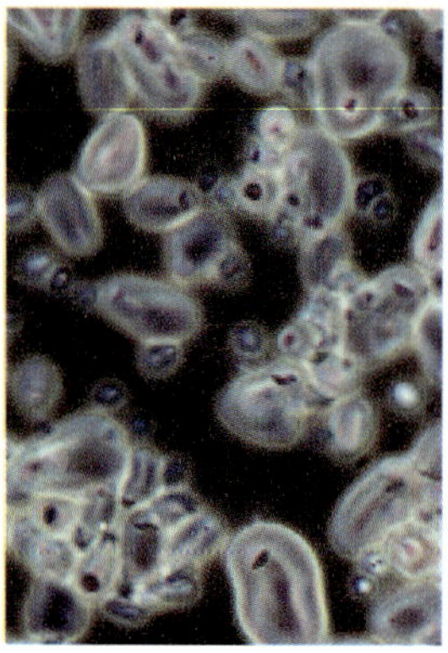

그림 5-3
감자의 starch(3×)

(2) 저 장

감자의 저장방식은 저장량, 기후와 토지의 조건, 저장방법에 따라 다르지만 일반적으로 1~3°C가 저장 적온이지만 보통 온도 0~8°C, 습도 85~95% 습도인 곳에 저장하면 좋다. 감자를 저온저장하면 전분이 점차 당화되면서 환원당이 증가하고 감미가 많아지는데, 이것은 감자 속에 있는 amylase와 maltase가 천천히 전분을 당화하여 환원당을 생성하기 때문이다.

저온에서는 호흡작용이 크지 않아 당화된 당이 소비되지 않고 그대로 남아 있기 때문에 더욱 환원당 함량이 많아지게 된다. 따라서 환원당 증가를 방지하기 위하여 본 저장에 앞서 예비저장으로 13~21°C에서 5~20일 동안 방치하면 호흡작용이 활발해져서 축적된 환원당이 대부분 소비되므로 본 저장에서 저장기간을 다소 연장시킬 수 있다.

최근 감자의 발아를 방지하기 위하여 방사선 Co60의 γ선을 조사하여 상온에서 8개월 가량 저장하는 기술이 개발되었으나, 아직 사용이 일반화되지 않고 있다.

그림 5-4 감자 저장창고

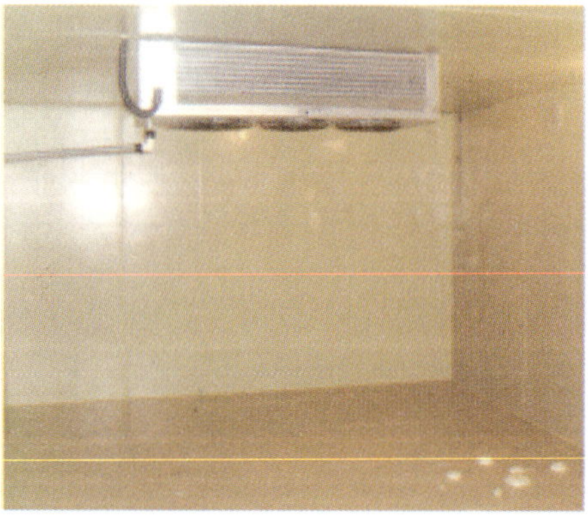

그림 5-5 창고 바닥의 구조

(3) 용 도

감자의 주성분인 전분을 이용하여 전분 및 전분당 공업, 주정공업의 원료, 당화시켜서 물엿(syrup) 제조, 포도당 제조 원료로 이용되며, 그밖에 potato chip, french fry, 감자분말 등 간식, 기호용으로 다양하게 이용되고 있다. 감자 분말은 빵의 품질개량제로 원료 밀가루에 섞어서 사용하며 쿠키 및 크래커 등에도 약간씩 혼합하여 사용하고 있다.

5-3 전 분

전분은 식물계에 널리 분포되어 있으므로 식물의 종자, 감자, 고구마, 연근 등에 저장물질로서 이들 식물세포 중에 입자상(粒子狀)으로 존재하고 있다. 전분입자의 크기, 모양 및 구조는 식물종류에 따라 각각 다를 뿐 아니라, 옥도(沃度)에 대한 변색의 정도도 다르다.

전분은 포도당 분자가 쇄상(鎖狀)으로 많이 결합하여 된 것으로 화학구조상으로 amylose와 amylopectin의 두 가지로 구별할 수 있는데 amylopectin은 찹쌀의 주성분이고, amylose는 멥쌀에 많이 들어 있다.

전분에 따라 이 두 가지 성분의 함량이 다른데, 메 전분은 대체로 20~30%의 amylose와 70~80%의 amylopectin을 함유하고 있고, 찹쌀전분은 amylopectin으로만 되어 있다.

일반적으로 밀 및 쌀 등의 곡물전분(지상전분)은 단백질이 전분입자에 밀착되어 있으므로 전분입자를 분리하기 어려우나 고구마 및 감자 등의 전분(지하전분)은 전분입자가 쉽게 분리되고 전분을 만들기 쉽다.

표 5-2 여러 전분의 요오드에 의한 정색(呈色)

적갈색 (赤褐色)	찹쌀, 차조, 찰수수
순남색 (純藍色)	감자, 고구마, 메밀, 팥, 완두, 강낭콩
자남색 (紫藍色)	밀, 멥쌀, 보리, 쌀보리, 귀리, 라이맥, 피

1. 전분의 이화학적 성질

(1) 전분의 성상

전분은 무미, 무취, 백색의 분말로 물에 녹지 않고 비중이 1.62~1.65로 물보다 무거우며 이 성질을 이용하여 전분의 제조가 이루어진다.

전분은 α-glucose의 중합도 50~300의 직쇄상의 amylose와 α-glucose의 중합도 300~500의 glucose사슬이 분시(分枝)한 amylopectin으로 구성되어 있다.

천연의 생전분에는 이 분자들이 서로의 인력에 의하여 amylopectin의 분지와 amylose의 일부 등이 모여서 규칙적으로 분자집단(micell)을 이루고 이것이 다시 모여서 망상(網狀)의 구조를 이룬다. 이것을 편광현미경에 의해서 십자형의 간섭상이 보인다.(그림 5-6)

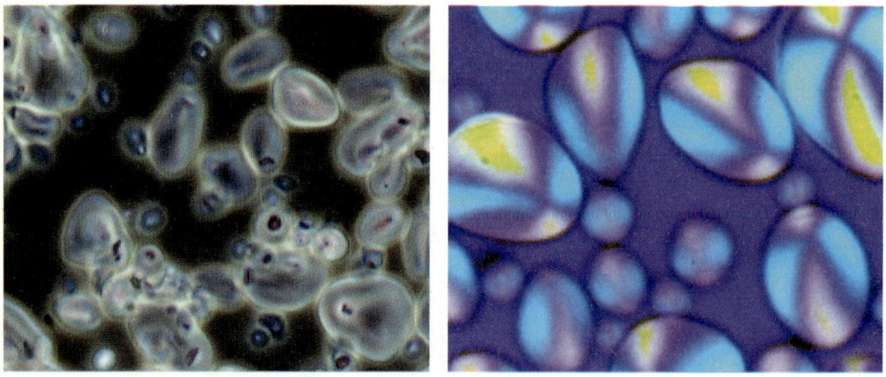

그림 5-6 감자전분(starch)과 편광현미경에 의한 십자형의 간섭상(160×)

(2) 전분의 호화

생전분을 물에 넣고 가열하면 생전분의 입자는 팽윤(膨潤, smelling)되며(그림 5-7) 그 팽윤온도는 전분의 종류마다 조금씩 다르다. 팽윤온도를 지나 점차 가열하면 끈기가 세어지고 반투명해지고 전체가 고른 탄력성을 가지는 반고체가 된다. 이런 변화를 호화(糊化, gelatinigation)라 하며, 전분의 종류, 즉 amylose와 amylopectin의 함유비의 차이에 따라 호화온도도 다르게 나타난다.

(3) α-전분과 β-전분

호화된 전분(α-전분)도 수분이 있는 그대로의 상태로 상온에 두면 차츰 β-

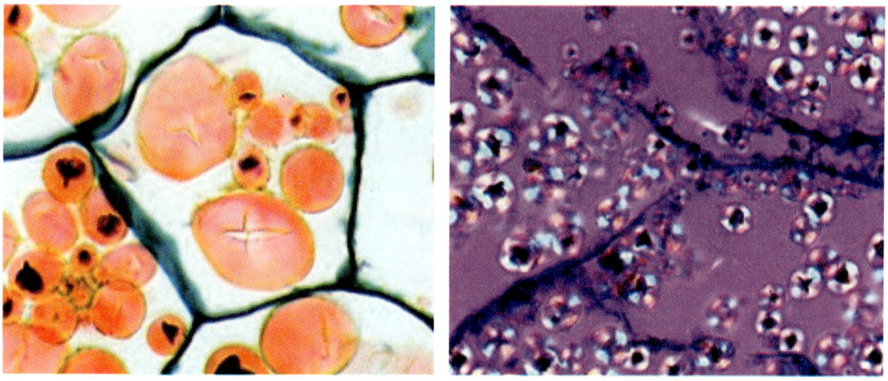

그림 5-7 일부 팽윤된 감자전분(왼쪽)과 붕괴된 옥수수전분(160×)

표 5-3 여러 전분의 호화온도

전 분	호화온도(°C)	전 분	호화온도(°C)
감 자	65	보 리	80
카사바(manioka)	65	호 밀	80
밀	80	쌀	80
옥수수	75	귀 리	85

전분으로 되돌아간다. 이 현상을 전분의 노화(老化, retrogradation)라 한다.

α-전분은 수분이 쉽게 전분 내부에 침입하므로 소화가 좋고 또 맛이 좋다.

α-전분을 급격하게 가열하여 80°C 이상의 온도를 지나면서 수분을 속히 증발시켜 15% 이하로 탈수하면, α-상태, 즉 맛이 좋은 상태로 오래 보존할 수 있다. 이런 성질을 이용하여 만든 식품이 건빵이나 비스킷 등이다.

(4) 가수분해

전분을 묽은 황산(H_2SO_4), 수산(oxalic acid), 효소로 가수분해하면 그 가수분해 정도에 따라 여러 중합도(degree of polymerisation)를 가진 가수분해 생성물들이 형성된다. 이 중에서 가수분해가 심하지 않은 일부 고분자 분해물을 dextrin이라 하며, 이들을 더욱 분해하면 maltose를 거쳐 glucose가 된다. 또 amylase에 의해서 가수분해하면 dextrin과 maltose의 혼합물이 된다.

이 덱스트린은 주로 그 크기, 즉 분자량이나 중합도에 따라 다음과 같이 세분한다.

1) 수용성 전분 (soluble starch)

전분의 가수분해 생성물이나 다른 덱스트린과는 달리, 찬물에는 잘 분산되지 않으나, 뜨거운 물에는 잘 분산되어 투명한 콜로이드 용액을 만든다. 옥도 정색반응(iodine color raction)은 전분과 같이 청색이다.

2) erythrodextrin

수용성 전분보다 가수분해가 더 진행된 가수분해 생성물로, 찬물에도 잘 분산, 즉 잘 녹는다. 옥도 정색반응은 빨간(erythro=red)색을 나타낸다.

3) achromodextrin

erythro덱스트린보다 가수분해가 더 진행된 dextrin으로서 환원성을 가지고 있고, 옥도 정색반응에서 그 이름과 같이 반응을 나타내지 않는다.

4) maltodextrin

achromo덱스트린보다 더 가수분해가 진행된 덱스트린으로 maltose나 glucose로 가수분해되기 직전의 덱스트린이라 할 수 있다.

(5) 가공품

1) dextrine

제조원료로는 대부분의 전분을 사용하며 직물의 완성 조작, 날염제(捺染劑), 고무의 대용, 인지나 우표의 접착제 등으로 쓰인다.

2) 가용성 전분

가용성 전분은 고구마, 감자 등의 덱스트린과 섞어서 풀로 쓴다. 보통의 전분은 표면에만 붙으나 가용성 전분은 고루 침투하는 성질이 있어서 유용하다.

3) 오블레이트 (oblate)

소위 α-전분지(澱粉紙)라는 것으로, 과자류의 식용 포장지로 혹은 약용으로 쓰인다.

4) α-전분

α-전분은 유아식 혹은 휴대식량 등으로 쓰인다.

Chapter 6

두 류(豆類)

두류(legumes)는 분류학상 콩과식물에 속하고 결실하면 콩깍지(꼬투리)를 형성하면서 그 안에 종자를 만든다. 콩과식물은 개화식물 중 세계에서 3번째로 큰 식물 과(科)로서 전 세계에서 두루 발견된다.

종류로는 대두(*Glycine max*), 강낭콩(*Phaseolus vulgaris*), 완두(*Pisum sativum*), 병아리콩(*Cicer arietinum*), 땅콩(*Arachis hypogaea*), 주로 사료용으로 재배되는 알파파 (*Medicago sativa*) 등 경제적 가치가 큰 작물들이 다수 포함된다.

뿌리 부분에는 근류(根瘤, 뿌리혹)가 있고, 그 근류균(根瘤菌, bacteroid, 뿌리혹 박테리아)이 공기 중의 질소를 고정 이용하여 유기질소화합물을 합성하므로 토양을 개선하는 장점이 있다.

두류의 가치는 양질의 단백질과 지방에 있다. 따라서 유지공업의 주요 원료로서 이용될 뿐만 아니라, 아미노산의 조성이 우수한 관계로 곡류의 섭취에서 부족하기 쉬운 아미노산, 특히 lysine을 보충하는 경제적인 단백질 공급원으로 유용하게 사용되고 있다.

그밖에 인(P), 철(Fe), 칼슘(Ca), 비타민 B_1이 풍부하다. 보존성이 좋기 때문에 예로부터 주식 또는 부식으로 많이 이용되어 왔다.

두류의 종류에는 ① 지방과 단백질원으로 이용되는 콩, 땅콩류와 ② 탄수화물원으로 지방함량이 낮은 팥, 강낭콩, 녹두, 완두 등이 있으며 ③ 강낭콩이나 청대콩처럼 채소적 성질을 겸비한 것도 있다.

두류는 그 자체로는 소화율도 낮으며, trypsin inhibitor, hematoglutin, aflatoxin 등의 유해물질과 saponin, tannin, lecithin 등의 특수성분이 함유되어 있으므로, 적당히 가공하여 사용하는 것이 유리하다.

6–1 콩 (*Glycine max* L.)

콩(soybean)은 동양이 그 원산지로 약 5,000년 전부터 재배하여 왔다. 2008년에 콩의 세계 생산량 2억 3900만 톤 중에서 미국의 생산량이 8050만 톤으로 가장 많았으며, 브라질(5990만 톤), 아르헨티나(4620만 톤) 및 중국(1550만 톤) 순이었다. 미국산의 콩은 소립(小粒)으로 지방이 많아서 유지원료에 적합하고, 우리나라와 중국 및 일본산의 콩은 단백질 함량이 높아서 두부나 조미료 등의 원료로 사용되고 있다.

2009년 12월 우리나라의 식용콩 수입량은 48,171톤이었으며, 2010 양곡년도(2009년 11월~2009년 12월) 수입량은 총 58,422톤으로 집계되고 있다. 쌀 전작(타작물 전환) 보상제 시행 등으로 콩의 2010년 전국 재배 면적은 전년대비 1.6% 증가하였으나, 생산량은 10.5만 톤으로 2009년에 비해 24.3% 감소하였다. 시도별로는 전남의 생산량이 1.9만 톤으로 가장 많았고, 경북 1.7만 톤, 충북 1.5만 톤 순이며, 3개 도의 생산량은 전체의 48.6%를 차지한다.

1. 대두의 구조 및 성상

콩의 가식부는 떡잎이고 2장의 떡잎 사이에 배아(胚牙)가 있다. 종피의 표면은 각피(cuticula)층으로 되어 있어서 물이 침투되지 않으며, 묽은 산이나 알칼리에 가용성이다. 우리나라의 평균 1,000립중은 320g으로, 대개 대립종(大粒種)이며 입형(粒形)은 길이, 폭, 두께에 따라 그 이름을 정한다.

콩의 빛깔은 단색인 것과 2색인 것이 있으며 그 빛깔에 따라 우리 나라에서는 흰콩, 누런콩, 푸른콩, 청태(淡綠), 밤콩, 붉은콩(黃褐), 검은콩 등 여러 가지 이름으로 불린다.

콩은 그 알이 크면 클수록 종피 비율이 낮고 입질(粒質)이 연하며 배꼽의 색이 엷다. 종피가 두꺼우면 두부, 콩가루제조, 기름짜기(搾油)가 나빠지고, 특히 콩가루제조에서는 품질까지 저하시킨다. 또한 알이 견고하면 밥에 섞었을 때에 잘 무르지 않고 또 소화흡수율도 저하시킨다.

콩의 주요 성분은 단백질(35%), 탄수화물(35%), 지방(21%) 등이며 g당 약 4.3 칼로리의 열량을 가지고 있다.

표 6-1 콩의 부위별 성분(%)

부 위	수분(%)	단백질	탄수화물	지질	회분
떡잎(cotyledon)	10.6	41.3	14.6	20.7	4.4
배아(embryo)	12.0	36.9	17.3	10.5	4.1
종피(testa)	12.5	7.0	21.0	0.6	3.8

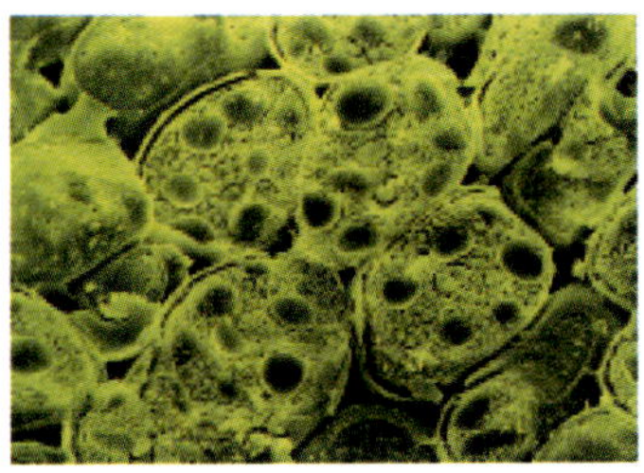

그림 6-1
떡잎 (cotyledon, 100×)

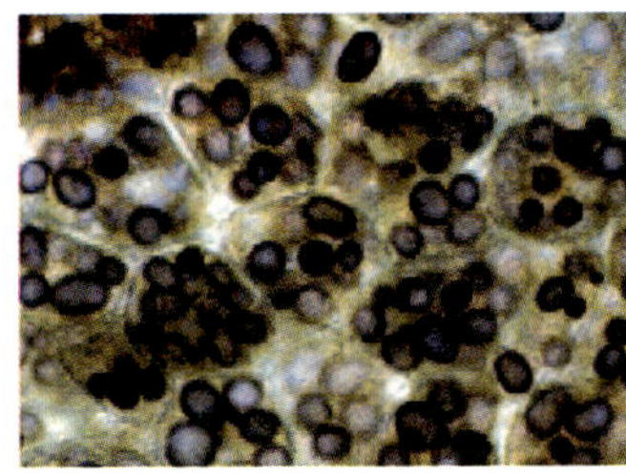

그림 6-2
대두 전분(160×)

(1) 단백질

콩의 성분 중 가장 중요한 것은 단백질이다. 콩 1g 중 단백질은 약 0.35g이다. 탄수화물과 함께 콩 단백질의 대부분은 수용성으로, globulin(glycinin)이 전체 단백질의 84%를 차지한다. 5.4%가 albumin, 4.4% proteose, 비단백질은 6%로 구성되어 있으며, 아미노산의 조성과 함량은 표 6-2와 같다.

대두 단백질 중의 필수아미노산은 달걀흰자에 비하여 함황아미노산이 적게 들어 있다는 것을 알 수 있지만, 모유(母乳)의 단백질 조성과 비교하면 전혀 다른 점이 없이 영양가가 높다.

콩의 단백질은 비교적 소화되기 어려울 뿐만 아니라 콩에 함유된 일부 알부민은 단백질 분해효소인 트립신의 작용을 억제하는 물질, 즉 트립신 억제물질(trypsin inhibitor)로서 작용하며 그 밖에도 적혈구의 응고를 촉진하는 물질, 즉 hemaglutinin 등이 존재하여 단백질의 소화흡수를 더욱 어렵게 하여 주고 있다.

그러나 이들 억제물질들은 100°C에서 4~5분 정도로 가열 처리하면 다른 단백질 성분과 변성(變性, denaturation)되므로 단백질의 소화율이 향상되고 날콩 냄새도 억제된다. 콩의 풋 냄새는 lipoxy-genase활성에 의하여 나타나는 것으로 생각된다.

표 6-2 전체 대두 단백질의 아미노산 조성과 유리 대두 단백질의 조성과 함량 g/16g N

아미노산	전체 대두 단백질	유리 대두 단백질	아미노산	전체 대두 단백질	유리 대두 단백질
arginin	7.2	8.2	methionin	1.3	1.4
histidine	2.4	2.6	threonin	3.8	4.0
lysine	6.3	6.0	leucin	7.7	8.4
tryptophan	1.4	1.1	isoleucin	5.4	5.8
phenylalanin	4.9	5.8	valin	5.2	5.8
cystin	1.8	0.7			

(2) 탄수화물

대두의 탄수화물 함량은 약 20%이며, 종피 중에는 pentosane 2.5~4.9%, galactane 1.1~5.2%, 그리고 hemicellulose 0.04~5.95%로 되어 있다.

전분 함량은 대두의 품종과 숙성도에 따라 다르고 대략 0~5.6% 정도이다. sucrose는 3.3~6.3% 정도이며, 3탄당인 raffinose는 0.1~2.0% 가량 함유되어 있다. 환원당이나 dextrin은 발아되지 않은 완숙된 대두에서 미량 검출되는 정도이다.

콩이 곡류의 종자나 다른 대두와 다른 점은, 미숙한 것에는 전분을 함유하지만 완숙된 콩에서는 거의 함유하지 않는다고 알려져 있다.

(3) 지 질

콩의 지질 함량은 약 19% 정도로 제유(製油) 원료로서 중요한 의미를 갖는다.

콩 중의 지질은 상온에서 황색의 액체로 구성지질의 88%가 불포화지방산이며 오메가 3 지방산 대 6 지방산의 비율은 1 : 7 가량이며 linoleic acid 50% 이상, oleic acid 24% 등을 포함한다.(표 6-3 참조)

표 6-3 대두의 지방산 조성

palmitic acid	11.5%	linoleic acid	52.0
stearic acid	3.9	linolenic acid	8.0
oleic acid	24.6		

지질의 요오드가는 130~140으로서 건성유(乾性油)에 속한다. 따라서 콩가루나 콩제품은 공기에 접촉할 경우, 지질의 산패에 의한 변질이 쉽게 나타난다.

특히 콩의 지질에서 상업적으로 중요한 의미를 갖는 phosphatide(crude lecithin)는 0.1~0.2% 정도가 함유되어 있다.

lecithin(=phosphatidyl cholin)은 달걀의 노른자나 동물의 조직에 존재하며, 양성물질로 강한 유화작용(emulsifying action)을 갖고 있어서 여러가지 지방질 식품들, 예를들어 마가린, 초콜릿(chocolate), ice cream 기타의 유제품 등에 유화제로서 사용된다.

(4) 비타민

콩은 thiamine 혹은 비타민 B_1, 엽산(folic acid) 등이 상대적으로 많이 들어있다. 콩의 비타민 함량은 다음 표 6-4과 같다. 비타민 B_1은 신경계통을 원활하게 만들어주고 에너지대사를 돕는 작용을 한다. 또한 엽산은 임산부에게 필수적인 성분으로 심혈관계를 튼튼하게 만들어주는 성분이다.

(5) 이소플라본

콩의 이소플라본은 제니스타인(genistein)과 다이드제인(daidzein)과 같은 식물성 에스트로겐 성분들이다. 건조콩 기준으로 이소플라본(isoflavone)은 약 3mg/g 수준이다. 폴리페놀류인 이소플라본은 다양한 식물에서 발견되나, 제니스타인과 다이드제인은 콩을 비롯한 몇 가지 식물에서만 검출된다. 이들 성분들은 발암, 항암 또는 내분비 교란 작용 등과 관련해서 많은 논란이 있다.

또한 발효시킨 콩과 발효시키지 않은 콩 식품 사이의 섭취효과에 있어서도 차이가 있다고 하며, 특히 미국 식품의약품안전청에서 승인한 콩의 콜레스테롤 저하 작용 또한 많은 논란을 불러일으키고 있어 앞으로 더욱 더 철저한 연구가 필요한 부분이다.

표 6-4 대두(건물)의 여러 비타민 함량 $\mu g/g$

thianin (비타민 B_1)	17.5	inosit	2291
riboflavin	3.6	biotin	0.8
pyridoxine	11.8	carotin	0.18~2.43
niacin	21.4	folic acid	1.9
pantothenic acid	21.5	비타민 E	127

(6) 콩의 용도

1) 식품 및 식품가공 원료

된장, 간장, 고추장, 청국장, 콩밥, 콩나물, 두부, 비지, 콩죽, 과자, 식용기름, 인조버터, 가락국수, 튀김기름, 두유

2) 사료용

건초, 생건초(ensilage), 콩깻묵 등

3) 공업용

비누, 인쇄용 잉크, 재생고무, 방수제, 가솔린 안정제, 화장용품, 살충제, 화약, 도료(塗料), 의약용, 셀룰로이드, 세정제 등

4) 비료용

2. 탈지대두 (脫脂大豆)

(1) 탈지대두의 제법

콩의 탈지에 과거에는 저비점용제(低沸點溶劑)인 벤젠(benzene ; 비점 60~80°C)이나 헥산 (n-hexane; 비점 71°C)이 많이 사용되었으나, 현재는 헥산만 사용되고 있다. 이들 지질의 용해제를 제거하기 위한 후처리 방법이 탈지대두의 색상이나 단백질의 변성 등에 여러 가지 영향을 준다. 따라서 이런 점이 탈지대두의 용도에 대한 적격이나 부적격을 결정하는 요인이 된다.

사료용의 탈지대두는, 생콩보다는 가열처리를 하는 것이 유해인자를 줄이고 단백질의 소화율을 높게 하여 영양가를 향상시킨다. 그 반면에 가열처리는 수용성 단백질의 감소를 가져온다.

가열처리를 하지 않는 탈지대두는 된장, 두부, 간장의 원료로 중요하다. 증자의 가열방법은 효소에 의한 단백질의 분해에 큰 영향을 주며 따라서 질소의 이용률에도 영향을 주게 된다.

콩을 탈지한 후 잔류용매인 헥산의 잔류기준은 식품공전에서의 식용유지류 중 0.005g/kg으로서 약 5ppm 수준으로 관리되고 있다.

(2) 용 도

탈지대두의 식품첨가에 가장 큰 문제가 되는 것은 단백질의 수용성이다. 식품에는 주로 탈지대두를 그대로 첨가하며, 때로는 탈지대두의 나쁜 냄새를 없애고 효소를 불활성화하기 위하여 가열하기도 한다. 이런 경우에는 단백질의 수용성이 낮아진다.

탈지대두, 분리대두단백, 농축대두단백 등을 원료로 사공한 식품으로는 햄버거 · 미트볼 · 본비프 등의 육제품과 어육제품을 비롯하여 두부 등의 대두식품과 치즈 및 요구르트 등이 있다. 그 밖에도 미리 껍질을 제거한 대두를 이용하여 빵, 과자, 도넛, 소시지, 화학 간장 등을 제조한다.

빵의 경우에는 전분의 노화(老化)를 방지하는 효과와 영양강화 및 식미개선에도 좋다. 최근에는 탈지대두가루에 기름을 첨가하는 것이 빵의 품질을 더 좋게 한다고 알려져 있다.

도넛에 사용하면 튀기는 기름의 침투를 막기 때문에 기름이 절약되고, 또 식미도 개선된다. 대두단백질은 물리적 성질이 좋아 식품 내 고형성분을 고정시키는 효과가 크므로 소시지에 첨가할 경우, 소시지의 단가를 낮추는 경제적 효과 뿐만 아니라, 분산되어 있는 지방을 모으는 효과가 있다.

최근에는 밀과 탈지대두로 인조육(人造肉)을 제조하는 연구가 활발히 진행되고 있는데 불용성 단백질인 글루텐에 탈지대두 단백질을 첨가하면 물로 수화 복원시 조직을 부드럽게하는 효과가 있다.

6-2 강낭콩 (*Phaseolus vulgaris* L.)

강낭콩(kidney bean, scaret runner, flower bean)은 남미 페루 원산으로 북아메리카에서는 인디언들에 의해 재배되었다. 서양에서는 강낭콩을 비롯하여, Anasazi (aka Aztec bean, Cave bean, New Mexico Appaloosa), Black turtle beans (Portuguese), Cranberry (및 Borlotti) beans, Pink beans (Spanish name Habichuelas Rosadas), Pinto (또는 mottled) beans (Spanish: *frijol pinto*, literally “painted bean”), Shell beans, White beans (navy bean, also called pea bean or haricot), Yellow beans (Sinaloa Azufrado, Sulphur, Mayocoba, and Peruano(또는 Canary)) 등을 통틀어 common bean이라고 지칭한다.

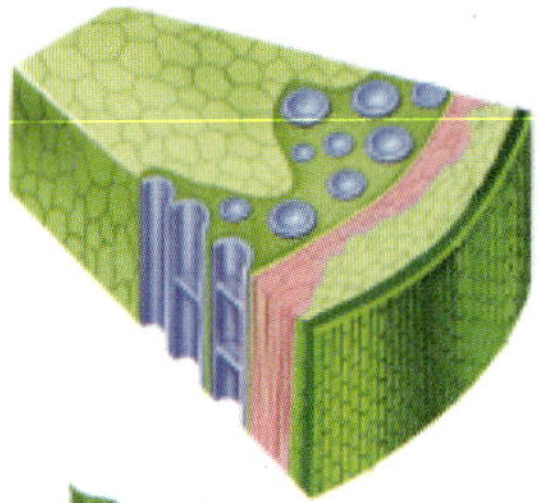

그림 6-3
강낭콩의 껍질과 자엽(떡잎, cotyledon)의 단면도

강낭콩은 풀의 키가 1.2~1.5m인 만생종, 키가 60cm인 직립종, 중간종이 있으며, 1년초로 콩팥 모양의 형태를 하고 있으며 추위와 결빙에 약하다. 2007년 한 해의 세계 총 생산량은 건물이 18.3백만 톤, 그리고 생물이 약 6.6백만 톤 정도이다. 마른콩의 경우 브라질(3.2백만 톤)과 인도(3백만 톤)의 생산량이 가장 많으며, 생물의 경우 중국(2.47백만 톤)이 가장 큰 생산량을 보유하고 있다.

강낭콩은 우리나라에서는 주로 열매만을 식재료로 사용하나, 전 세계적으로 잎은 채소로, 줄기는 사료로도 사용한다. 근래의 채소용 콩깍지째로 먹는, 덜 익은 풋 강낭콩인 스트링레스 빈(Stringless bean)도 여기에 속한다.

(1) 성상 및 성분

종자는 원통 모양이나 좀 납작한 원통 모양의 깍지로 색, 크기, 형태는 품종에 따라 조금씩 다르나, 일반적으로 백색이다.

건조콩의 당질은 약 54%, 단백질 21%이다. 단백질의 주성분은 globulin phaseolin이다. 콩 분말에서는 3.53%의 globulin-질소화합물과 이 중 0.21%의 알부민 질소화합물이 함유되어 있다.

완숙된 콩에 함유되어 있는 일종의 단백질인 hemaglutinin phaseolotoxin은 탄수화물 50%와 함께 존재하는 일종의 mucoproteid로 적혈구를 응고시키는 독소이다.

> *Guide*
> 독성은 쥐에 50mg/kg (LD50)이고, 약 10분 이상 가열로 독성은 파괴된다. 그러나 날것은 동물실험에서는 뚜렷한 성장장해를 일으키고, 이는 소화작용에 저해를 주는 hemaglutinin의 작용에 의한 것으로 짐작된다.

지질의 조성은 높은 함량의 linolenic acid(50.6%)와 그밖에 linoleic acid 26.9%, palmitinic acid 13.4%, oleic acid 8.3% 등으로 되어 있다. 무엇보다 강낭콩의 장점은 풍부한 식이섬유 및 몰리브덴 등 미네랄 성분을 들 수 있다.

강낭콩 1컵(약 177.08g) 중 식이섬유의 함량은 약 11g 수준으로 성인 여자의 식이섬유 하루권장허용량(RDA)의 약 45% 수준에 해당하며 몰리브덴은 132.75μg으로 하루권장허용량의 약 3배에 달한다.

또한 엽산과 비타민 B_1(thiamin)은 각각 229μg 및 283.2μg으로 하루 권장섭취량의 57.3% 및 23.6%에 해당한다. 그 밖에 비타민 B_6 및 비타민 E는 하루 권장섭취량의 16.3% 및 10.3%가 강낭콩 1컵 분량에 포함되어 있다.

탄수화물은 많은 양의 전분으로 이뤄져 있으며, 그 중 amylose는 30~35%이다. 단당류는 완숙된 콩에는 단지 미량만 존재한다.

(2) 용 도

밥과 함께, 혹은 떡의 고물, 혹은 과자의 원료 등으로 이용된다. 어린 깍지는 채소로 이용된다. 줄기와 잎은 사료로 이용된다.

6-3 팥 [*Phaseolus(Vigna) angularis* Wight]

강낭콩과 더불어 *Phaeseoulus*속(屬)에 속하는 팥(azuki bean, small red bean)은 한국, 일본, 대만, 중국북부, 히말라야산맥에 분포한다. 2,000년이 넘는 재배역사를 볼 때 중국을 원산지로 보는 견해가 유력하며 중국으로부터 우리 나라를 거쳐 일본에 전파되었을 가능성이 크다. 팥의 영문명 azuki는 일본말로 소두(小豆)를 말하며, 중국에서도 소두로 통용되지만 hongdou(紅豆)나 chidou (赤豆)라는 이름이 더욱 흔하게 쓰인다.

팥은 거래상 콩알의 길이가 4.8mm 이상의 것은 대납언(大納言) 팥, 그 이하로 체의 눈금이 4.2mm 이상의 콩은 보통 팥이라 한다. 일반적으로 재배되는 팥은 보통종이고, 그 밖에 몇 가지 변종이 있다.

Guide

팥의 영문명 red bean은 그밖에 다른 두류 중 붉은 색을 가진 것들을 표현하는 용어와 많은 혼동을 일으키기도 한다.

우량 품종으로는 홍천적두(洪川赤豆), 진천적두(鎭川赤豆), 영동적두(永同赤豆), 청주적, 재래 1호 및 대납언 등이 있다.

(1) 팥의 성상과 성분

열매는 가늘고 길며 털이 없는 꼬투리로 10개 정도의 종자가 들어 있다. 보통은 원통형이며 껍질은 팥색인 것이 보통이나 품종에 따라 엷은 황색, 검정색, 황색, 회백색 등 여러 가지가 있다.

성분 중 54%가 당질이며 그 중 전분이 약 34%를 차지한다. 특수 성분으로는 saponin이 0.3% 정도 들어 있다. **단백질**은 21% 정도이며, 그 중 80%는 globulin이다. 함황아미노산은 부족한 편이나, Lys과 Trp은 상대적으로 풍부하다. **지질**은 팥 100g 중 0.7g으로 많지 않으나 linoleic acid만은 높은 함량을 나타낸다. 강낭콩과 마찬가지로 식이섬유의 함량이 높으며 비타민 B_1의 함량이 높아 각기병 예방에 도움이 된다.

표피에는 cyanidin 배당체가 들어 있고, 팥 앙금으로 하면 안토시안 등이 금속이온과 반응하여 압색화하므로 가공 시에는 용기에 주의를 기울여야 한다. Cyanidin 3-O-beta-D-glucoside와 같은 cyanidin 배당체는 항산화력이 있는 것으로 평가되고 있다.

Guide

2009년 일본 현지법인 펩시에서는 팥의 향을 첨가한 Pepsi Azuki를 출시한 바 있다.

(2) 효능 및 용도

팥은 조리 후 특이한 붉은색으로 인하여 제사 떡이나 동지 팥죽과 같이 귀신을 물리치는 상서러운 농작물로 여겨져 왔다. 쌀과 섞어 팥밥을 지어먹고, 떡 · 빵 · 과자 등의 팥고물로 이용하며 팥죽을 쑤어 먹기도 한다. 일본에서는 전통 다과인 감납두(甘納豆, Amanatto), 팥소를 얹은 디저트 함밀(餡蜜, anmitsu) 등이 있으며, 우리나라의 붕어빵과 유사한 たいやき(taiyaki)도 팥을 이용한 음식이다.

팥은 한방에서 적소두(赤小豆)라고 하며, 독성이 없고 소변을 잘 배출시켜 부기를 내리며 당뇨 등으로 인한 갈증을 치료하고, 부종을 완화시키는 등의 한방 약리효과를 가지고 있다. 그러나, 장기간 섭취할 경우에는 몸이 마르고 살결이 검게 되는 부작용이 있다고 알려져 있다.

한방에서는 팥 열매뿐만 아니라 잎과 꽃도 약재로 사용하는데, 잎은 적소두엽(赤小豆葉) 혹은 곽(藿)이라고도 하며, 소변을 자주 보는 증상을 완화시키고 눈을 맑게 한다. 또한 꽃은 적소두화(赤小豆花)라 하여 음력 7월에 채취한 후 그늘에 말려 약으로 쓰는데 주로 숙취해소, 특히 갈증을 완화시킨다(東醫寶鑑 탕액편 穀部).

그림 6-4
Azuki Pepsi

6-4 녹 두[*Phaseolus* (혹은 Vigna)]

radiatus L. 혹은 *Phaseolus aureus*(혹은 *calcaratus*) *Roxburgh* 등 여러가지 학명에 있다. 또 안두(安豆) 혹은 길두(吉豆)라고도 하는데, 녹두(green gram, mung bean)의 영어명은 Green bean 혹은 Mung bean으로 Mung은 원종이 유래한 인도의 힌두어로부터 나왔다고 한다.

인도를 비롯하여 우리나라, 중국, 일본에서도 오랫동안 재배하여 온 작물인 녹두는 팥보다 늦게 파종하고 박토에도 적응하며 병해와 내건성이 강하다. 녹두는 주로 숙주나물의 원료로 현재 중국에서 수입하고 있으며, 당면의 원료로서도 사용된다.

(1) 성상 및 성분

열매는 거친 털이 나 있는 꼬투리에 10~15개의 종자가 들어 있는데, 숙성되면 꼬투리가 터진다. 녹두의 성분은 팥과 비슷하며, 당질에 차이가 있다. 생 녹두 100g 중 탄수화물은 62g 가량이며 그 중에 당은 약 6.6g 수준이다. pentosan, dextrin, galactan, hemicellulose가 많고, 이들은 녹두의 점성에 관계가 많다.

단백질은 24% 정도이며 Met, Trp, Cys은 부족하고 Leu, Lys, Val은 풍부하다. 강낭콩, 팥 등과 함께 식이섬유 함량이 높고(100g 중 16.3g) 비타민 C는 4.8mg, 칼슘은 132mg, 마그네슘은 189mg, 인은 367mg, 그리고 칼륨은 1246mg이 포함되어 있다. 특히 마그네슘의 함유량은 권장섭취허용량의 51% 수준으로 높은편이다. 비타민 C의 경우, 특히 녹두 자체보다는 싹이 난 녹두에 존재한다.

그림 6-4 녹두

(2) 효능 및 용도

숙주나물, 녹두묵, 당면, 빈대떡, 떡과 과자 등의 고물, 죽 등에 이용한다. 녹두는 맛이 달고 성질은 차며 독이 없다. 열을 내리고, 열을 내리고 더위먹거나, 당뇨 등에 효능이 있다. 주로 몸안의 노폐물을 해독하는 작용을 하여, 식중독이나 술독(酒毒) 등을 풀어 주고, 납중독과 같은 광물성 중독증을 완화시키는 데도 효험이 있다고 알려져 있다 (中藥大辭典).

우리나라에서는 녹두가루를 이용하여 빈대떡을 만들어 먹는 것이 가장 일반적인데, 약리효과를 기대하기 위해서 대부분 껍질을 그대로 쓰는 것과는 달리 식품으로 사용시에는 거의 껍질을 벗겨 사용한다. 또한 녹두는 자체의 단맛을 이용하여 탕수육 소스를 만드는 데 사용된다.

인도네시아와 필리핀 등에서는 녹두로 수프를 만들며 녹두에서 전분을 추출하여 투명한 젤리나 국수를 제조하기도 한다. 또한 홍콩에서는 녹두 페이스트를 이용한 아이스크림을 제조하며, 인도에서는 dal moth라고 불리우는 녹두 스넥을 만들어 먹는다.

싹을 틔워 나물로 된 것을 흔히 '숙주나물'이라고 하는데, 다른 나물에 비하여 쉽게 맛이 변하는 특성을 빗대어 조선조 단종을 배신하고 세조에게 협력한 신숙수의 이름을 따서 숙주나물이라고 부르게 되었다는 설도 있다.

숙주나물은 흔히 다양한 전골 요리, 육계장, 비빔밥, 베트남 쌀국수 등에 들어가며, 각종 만두속으로 사용된다. 또한 명절에 고사리, 시금치 등과 함께 삼색나물로 흔히 밥상에 오른다. 숙주나물은 콩나물과는 달리, 조리시에 살짝 데치고 찬물에 헹구지는 않는다.

6-5 완 두 (*Pisum sativum* L.)

Pea, Common Pea, Green Pea, Garden Pea 등의 영문명으로 불리우는 완두는 자화경협종(紫花硬莢種)과 백화연협종(白花軟莢種)이 있다. 전자는 주로 종자용으로 쓰인다. 재래적화완두, Alaska 등의 품종이 있다. 후자는 고투리용으로 이용되는데, 견협(絹莢)·소청(small blue)·불란서 대협(french sugar wonder) 등의 품종이 있다.

통조림용에는 알라스카, 자하백화(滋賀白花) 등이 있다.

서양에서 보통 Pea라고 하면 *Pisum sativum*에 속하는 완두(Garden Pea), Snow Pea(*Pisum sativum* var. *saccharatum*) 및 Sanp Pea(*Pisum sativum* var. *macrocarpon*)를 일컫는데, 완두를 제외하고 나머지 2가지는 모두 꼬투리채로 식용하는 종류들이다.

(1) 완두의 성상 및 성분

완두는 월년생(越年生) 혹은 일년생초본으로 콩깍지는 편평하고 길이는 3~12cm에 폭이 1.3cm 내외이다. 미숙한 때에는 녹색이지만 성숙하면 담갈색이 되며, 자색 및 흑색인 것도 있다. 깍지에는 보통 5~6개의 종자가 들어 있다. 종자는 구형이 대부분이고, 표면이 매끈한 것과 주름진 것이 있다. 천립중(千粒重)은 18~54g 정도이다. 종자의 색깔은 백색, 녹색, 회색, 갈색 등의 것과 얼룩무늬의 것도 있다.

완두의 주단백질은 legumin, vicilin 및 legumelin과 같은 globulin들이다. Legumin과 vicilin은 비슷한 구조를 가지고 있으나, legumin이 100°C에서도 안정한 반면, vicilin은 90~95°C에서 변성을 일으킨다.

이들과는 구성이 매우 다른 legumelin은 대두, 팥 등에서도 발견되다. 완두가 미숙한 때에는 비실린(vicilin)의 함량이 높고, 점차 완숙되면서 legumin의

표 6-5 완숙 완두와 미숙 완두의 아미노산의 조성 비교 (g/100g 조단백질)

종 류	미숙 완두		완숙 완두
	소(小)	대(大)	
vallin	4.4	4.3	5.5
leucin	4.1	5.6	7.0
isoleucin	4.6	5.5	6.7
threonin	5.0	3.8	4.4
arginin	9.5	14.0	8.8
histidin	1.7	1.9	2.5
lysin	4.3	5.7	9.3
phenylalanin	2.3	3.3	5.2
tryptophan	0.7	0.7	0.7
methionin	0.8	0.7	0.8

함량이 높아진다. 단백질의 생물학적 품질도 완숙 완두콩이 미숙한 완두콩보다 더 좋다.(표 6-6)

표 6-6 조리된 (끓인) 완두 중 주요 성분표 (1컵=160g)

영양성분	100g 당	영양성분	100g 당
단백질	5.36g	엽산	63.30ug
탄수화물	15.64g	비타민 A	597.00IU
식이섬유	5.50g	트립토판	0.04g
당	5.80g	비타민 B	0.22mg
지방	0.22g	비타민 B_3(Niacin)	2.02mg
수분	77.87g	마그네슘	39.00mg
비타민 K	25.88ug	비타민 B_2 (riboflavin)	0.15mg
망간	0.53mg	구리	0.18mg
비타민 C	14.20mg	아연	1.19mg
비타민 B_1(thiamin)	0.26mg	칼륨	271.00mg

비실린은 최근 convicilin과 함께 완두 중 주요 알레르기 원인 가능 단백질로도 밝혀진 바 있다.

완두콩의 **지질**(oil) 함량은 4.8%이며, 완두 160g(1컵) 중 linoleic acid 0.13g, palmitic acid 0.06g, linolenic acid 0.03g 및 oleic acid 0.03g 수준으로 함유되어 있으며, 오메가 3지방산 : 오메가 6 지방산의 비율은 1 : 4.3 수준이다. **탄수화물**의 대부분은 전분이며, 34~37%의 amylose를 함유하고 있다.

노란 건조 완두콩 100g 중에는 tocopherol이 7.1mg이 함유되어 있으며, 이들은 주로 β-tocopherol과 γ-tocopherol형태로 존재한다. **무기물**로는 칼슘과 인이 많이 함유되어 있으며 주요 성분을 하루 권장섭취 허용량에 대하여 높은 비율 순으로 정리한 것을 표 6-6에 나타내었다.

비타민 K의 경우에는 약 52%를 나타내며, 비타민 C도 기타 콩류 중 비교적 높은 38% 수준을 나타내고 있다. 기타 식이섬유, 비타민 B_1, 엽산 등도 25~35% 수준으로 그 밖의 콩류와 마찬가지로 높은 수준이다.

(2) 품 질

완두는 알맹이가 고르고 녹색이며 광택이 있는 것이 좋고 내용물이 충실하며 단맛이 있는 것이 좋다. 미숙한 완두에는 특히 단백질인 vicilin이 많으며 당분이 많다. 날것의 완두는 비타민 C를 많이 함유하고 있지만, 통조림 등의 가공을 하는 경우에 대부분이 파괴된다.

(3) 용 도

밥에 섞어 먹거나 가루를 내어 죽을 쑤기도 한다. 된장이나 간장의 원료가 되고 과자제조에도 이용된다. green peas는 보관이 힘든 관계로 얼리거나, 통조림으로 많이 제조된다. 연협종(軟莢種)의 어린 콩깍지는 조려서 반찬으로 이용한다. 사료로 재배하기도 한다.

서양에서는 신선한 완두를 끓이거나, 버터나 스페아민트와 함께 센불에 볶아 반찬으로 사용한다. 또한 미국내 중국요리점에서는 어린콩까지는 기름에 볶는 요리가 흔하다. 말린 완두는 종종 수프로 만들어 먹는데, 우리나라를 포함한 극동에서는 볶아서 조미한 스넥으로도 많이 섭취한다.

완두 수프는 주로 북유럽, 중앙유럽 일부와 러시아, 이란, 이라크, 인도 등에서 흔히 섭취한다. 중국음식 중에는 완두나물(豆苗; dòu miáo)을 센불에 볶아서 조리하기도 한다.

6-6 땅 콩 (*Arachis hypogaea* L.)

Peanut 혹은 Ground nut으로 불리우는 땅콩은 남아메리카의 Brazil이 원산인 콩과 식물로 세계 각지로 전해진 것은 아메리카 신대륙 발견 이후이며, 우리나라에는 1778년 정조 때에 중국으로부터 전해진 것으로 생각된다. 땅콩은 척박한 땅에서도 잘 생육하므로 개간지에 알맞은 작물이다.

땅콩은 꽃이 피었다가 지고, 자방(子房)이 자란 다음에 땅 속으로 들어가서 그 끝이 비대해진 후에 깍지로 됨으로써 결실을 맺는다.

일반적으로 1개의 깍지에 2알이 결실되는데, 1~5개 결실을 맺는 것도 있다.

전세계적으로 땅콩을 가장 많이 생산하는 나라는 중국, 인도, 미국 순이다. 2008~2009년에 각각 14.3, 6.25 및 2.34백만 톤으로 중국이 전세계 생산량의 약 41.5%를 차지하고 있다.

그림 6-5 땅콩(peanut)

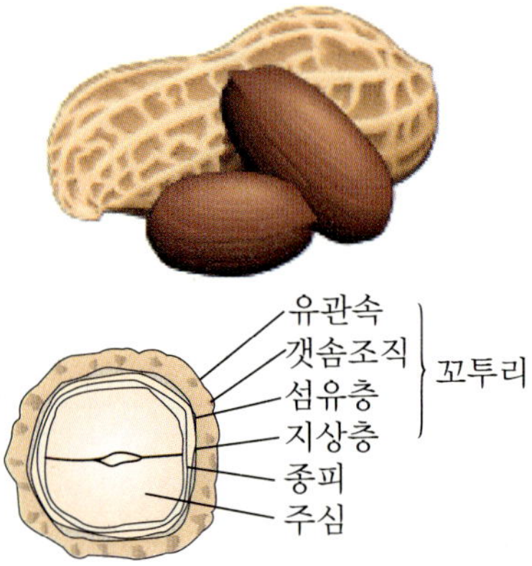

그림 6-6 땅콩의 단면도

(1) 성상

땅콩의 단면과 내부구조는 그림 6-6과 같다. 종피는 자갈색(紫褐色)이고 볶으면 잘 벗겨진다.

표 6-7 땅콩의 일반성분(%)

수 분	4~7	환원당	0.06~0.28
지 질	48~52	sucrose	2.3~5.2
단백질	24~35	전 분	0.9~3.2
N-free extract	6~21	pentosan	2.2~2.7
조섬유	2~4	회 분	1.6~3

떡잎(子葉)은 종자의 대부분을 차지하고, 보통 담황색이며 자엽의 세포에 지방립(脂肪粒), 단백질, 전분알맹이가 있다. 또 떡잎의 사이에 배(胚)가 있다.

(2) 성분 및 효능

땅콩의 자실에는 약 50%의 지질과 25%의 단백질이 함유되어 있다.(표 6-7 참조) **단백질**로는 globulin 형태의 것이 약 60% 가량이고, 비교적 적은 함량의 lysine이 특징이며, threonin과 methionin 역시 대두의 경우처럼 비교적 적은

그림 6-7 피틴산

양이 함유되어 있고, 상대적으로 tryptophan의 함량이 많다. 땅콩에는 피틴산(phytic acid)이 많이 들어 있는데, 피틴산은 그림 6-7과 같은 이노시톨헥사키즈인산염(Inositol hexakisphosphate)의 구조를 가지고 있다.

표 6-7의 일반성분 이외에 땅콩 36.5g(1/4컵)에는 망간 0.71mg, 비타민 B_3(나이아신) 4.40mg, 엽산 87.53μg 등이 들어 있다. 특히 엽산과 피틴산과 phytosterol 및 resveratrol과 같은 성분들의 항암효과에 대해서는 많은 연구가 이뤄지고 있다. 레스베라트롤은 항암작용(특히 직장암)뿐만 아니라, 노화방지 및 심혈관계 위험을 낮추는 작용 등으로 관심을 받고 있다.

땅콩의 항산화효과도 많은 관심을 받고 있는데, 특히 땅콩을 볶은 후에는 오히려 p-coumaric acid와 같은 항산화성분의 함량을 증가시켜 전체적으로 약 22%나 항산화능이 증가하는 것으로 알려져 있다. 또한 매주 약 28g 가량의 땅콩을 지속적으로 섭취한 사람은 약 25% 정도 담석의 발생 위험을 낮췄다고 한다.

땅콩의 지질은 압착에 의한 착유(搾油)나 용제에 의한 추출(extraction)로 얻으며 또한 손쉽게 정제된다. 연한 노란색의 땅콩 오일은 부드러운 맛을 보이고, 요오드가는 90~98로 산화가 잘 되지 않는 좋은 품질의 오일이다.

지질의 조성은 oleic acid 50~65%, linoleic acid 18~30%, 팔미트산 8~10%와 stearic, arachidic, behenic, lignoceric acid 등을 모두 합쳐서 10~12%를 함유하고 있다.

S.W.Souchi(1962) 등에 따르면 **비타민**은 볶고 껍질을 벗긴 땅콩 1kg에 1.3mg carotin, 6mg 비타민 B_1, 1mg 비타민 B_2, 164mg niacin, 21.4mg pantothenic acid, α-tocopherol 65μg/g, β-tocopherol 110μg/g 등이 들어 있다.

무기물은 특히 인산이 4.11g/kg으로 가장 많으며, lecitin과 피틴산의 형태로 들어 있다. 칼슘은 670mg/kg으로 인산에 비하여 비교적 적은 양이 들어 있다.

1957년에 H.B.Boudreaux가 혈우병을 앓고 있던 환자를 관찰하다가 땅콩을 먹으면 피가 응고된다는 사실을 우연히 알게 되었고, 그런 사실이 땅콩만이 아니라 땅콩버터나, 90% ethanol로 추출한 추출물에도 같은 효과가 있다는 것이 알려졌다. 그러나 어떤 성분에 의한 효과인지는 아직 알려지지 않고 있다.

땅콩은 여러가지 건강에 유익한 성질에도 불구하고 대부분의 너트류나 콩식품 등과 함께 대표적인 알레르기 식품으로 취급되고 있으며, 옥살산 (Oxalate)을 함유한다. 무엇보다도, 아플라톡신을 생성할 수 있는 *Aspergillus flavus* 등에 의한 감염 가능성이 높은 위험성을 가지고 있어 가능한 한 건조하고 낮은온도에서 보관하거나 볶아서 보관할 것을 권고하고 있다.

한방에서 땅콩은 변비나 당뇨환자의 간식으로 권고하며, 장기 복용시 보양강장효과를 기대할 수 있다고 한다.

(3) 용도

땅콩을 볶아서 식용으로 하는 외에, 땅콩버터(peanut butter)를 만들기도 하고, 갈아서 땅콩분말을 만들기도 한다. 특히 땅콩은 스넥으로 많이 소비되며, 다양한 요리에 부재료로 사용되어 샐러드 드레싱에도 자주 쓰인다. 피넛버터는 케이크, 냅, 젤리, 과자, 아이스크림, 프림 등 다양한 음식에 사용된다.

땅콩의 부드럽고 연한 향의 기름은 착유하여 비누의 원료, 또는 땅콩우유를 만들기도 한다. 그 밖에 플라스틱, 수성페인트, 점착제, 합성섬유의 원료 등으로 쓰인다.

6–7 병아리콩 (*Cicer arietinum*)

chick pea, garbenzo bean, Indian pea, ceci bean 등으로 불리우는 병아리콩은 중동지역에서 약 7000년의 역사를 가진 것으로 추정되며 약 3000년 전부터 재배된 것으로 추정된다. 재배는 지중해지역에서 처음 시작하여 인도 및 이디오피아 등 다른 지역으로 퍼져 나갔으며, 이집트를 비롯하여 그리스와 로마시대에도 널리 재배되었다.

우리 나라에서는 재배하지 않으나, 전세계 일년 생산량은 2008년 930만톤으로 추정되며 인도, 파키스탄, 터키 등이 주요 생산국이다.

표 6-8 병아리콩의 주요 생산국 및 생산량(2008년)

생산국	생산량 (천톤)	생산국	생산량 (천톤)
인도	5,970	미얀마 (버마)	225
파키스탄	842	캐나다	215
터키	524	이디오피아	190
호주	313	멕시코	165
이란	310	아라크	85

(1) 성상

이 작물은 20~50cm 높이로 성장하며, 솜털같은 잎이 줄기 양쪽에 자란다. 꼬투리 하나에 2~3개의 열매가 들어있다. 파랑, 보라 혹은 분홍색의 줄이 간 흰색의 꽃이 열린다. 병아리콩은 주로 열대 및 아열대 지역에서 재배된다.

병아리콩은 Desi와 Kabuli의 두 가지 종류가 있는데, Desi 타입은 인도, 이디오피아, 멕시코 및 이란 등지에서 재배되며, Kabuli 타입은 남부유럽, 북아프리카, 아프가니스탄, 파키스탄 및 칠레 등지에서 재배된다. Desi 타입은 고대 유적에서 발견되는 병아리콩의 초기 형태와 유사하며, Kabuli 타입보다 섬유질의 함량이 더 높다.

그림 6-8 병아리콩

(2) 성분 및 효능

병아리콩은 아연, 엽산 및 단백질 공급에 좋은 식품이다. 또한 식이섬유의 함량이 높아 당뇨 환자식으로 적합하다. 특히 Desi 타입은 상대적으로 식이섬유의 함량이 높다. 조리한(끓인) 병아리콩 100g은 164 kcal의 열량을 나타낸다.

병아리콩 두 컵은 하루 필요량에 해당되는 양의 섬유질을 함유하고 있는데, 최근 식이섬유에 대한 임상실험에서 5주간 27명의 성인을 대상으로 병아리콩과 밀을 원료로 만든 빵이나 비스켓 등을 이용하여 그 영향을 조사한 결과로 작지만, 확연한 혈중 총콜레스테롤과 저밀도콜레스테롤의 감소가 확인되었다. 이는 병아리콩 중 불포화지방산의 함량이 상대적으로 많기 때문으로 추정된다.

(3) 용도

완숙한 병아리콩은, 조리하거나 샐러드로서 날로 섭취할 수 있다. 요리는, 주

표 6-9 조리된(끓인) 병아리콩 중 주요 성분표

영양성분	100g당	영양성분	100g당
단백질	8.86g	인	168mg
탄수화물	27.42g	몰리브덴	75.00mg
식이섬유	7.60g	망간	1.03mg
당	4.80g	엽산	172.00ug
지방	2.59g	트립토판	0.09g
포화지방	0.269g	구리	0.35mg
단일불포화지방	0.583g	인	168.00mg
고도불포화지방	1.156g	철	2.89mg
수분	60.21g	마그네슘	48.00mg
칼륨	291.00mg	아연	1.53mg

로 스튜를 만들거나, 가루로 내어 단자를 만들고 튀겨서 팔라펠(Falafel)을 만들거나, 올리브오일과 섞은 묽은 반죽으로 파리나타(farinata)라고 하는 얇은 케이크를 만들기도 한다. 또한 인도, 파키스탄, 방글라데시, 영국 등지에서는 커리의 원료로 사용된다. 채식주의자들의 단백질 공급원으로서 가치가 높다.

그림 6-9 팔라펠(좌) 및 파리나타(우)

6-8 동 부(*Vigna sinensis* K., *Vigna unguiculata*)

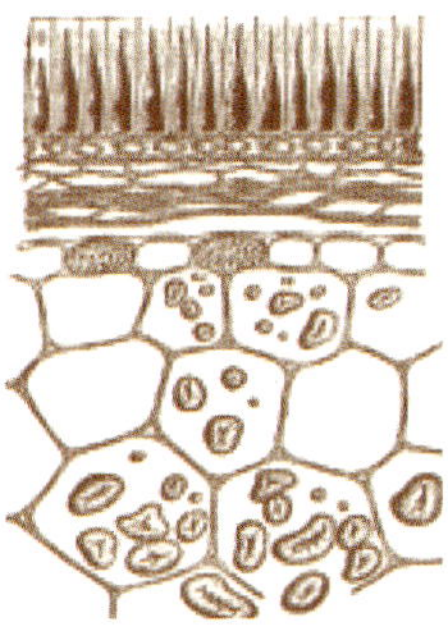

그림 6-6
동부의 종피와
자엽의 단면도

동부(cow pea, asparagus bean, black eye pea)는 인도가 원산지로 식용으로 재배되고, 품종으로 종실용과 콩깍지식용이 있다. 덥고 건조한 곳에서 잘 자라는데, 약 85%가 모래로 이뤄지고 유기물의 함량이 0.2% 미만인 척박한 땅과 음지에서도 잘 자란다. 그렇기 때문에 오래 전부터 아프리카 사하라사막 주위의 사바나 지역인 나이지리아에서 재배되었다. 그 곳에서 전세계 생산량의 약 70%가 산출된다.

(1) 성상과 성분

건조된 콩은 팥과 유사하며 약간 각이 진다. 종피는 적색, 백색, 다갈색, 흑색 외에 반점이 있는 품종도 있다. 팥과는 달리, 동부는 졸여도 형태가 흐트러지지 않기 때문에 팥밥을 할 때는 팥 대신에 적동부를 이용하는 경우가 있다.

강낭콩과 거의 비슷한 성분을 가지고 있으며 당질이 약 50%이다. 미국 농림부 식품 데이터베이스에 따르면, 동부는 채식 식품 중 단백질로부터 유래하는 칼로리가 가장 높은 식품으로 평가된다.

(2) 용 도

밥과 혼식하는 것 외에 떡고물 및 과자 등에 이용한다. 사료나 건초 녹비로도 사용한다. 아프리카 등지에서는 끓여서 캐서롤(casseroles)이나 퓨레(puree)로 만들거나, 카레원료로 사용한다.

그림 6-10 캐서롤 (casseroles)

6-9 잠 두 (*Vicia faba* L.)

잠두(Broad bean, Fava bean, Bell bean, Tic bean)는 이집트 시대부터 아프리카 북부 및 서남 아시아에서 재배되어 왔으며, 우리 나라 전국에서도 재배되고 있다. 미숙종자는 간장에 조려 먹고, 완숙종자는 볶은 콩, 고물 등으로 한다.

그림 6-11 잠두

(1) 성상 및 성분

잠두는 월년생(越年生)으로 두과(豆果)는 길이가 10cm 정도이다. 종자가 건조하면 다색(茶色)의 신장형(腎藏形)으로 된다. 종자는 소립종과 대립종으로 구별된다. 소립종의 품종으로는 방주조생(房州早生), 유명재래(有名在來), 천석두(千石豆) 등이 있다. 대립종으로는 천뢰재래(川瀨在來), 일촌(一寸) 등이 있다.

잠두는 비교적 단단한 편으로 악천후 특히, 추운 곳에서도 잘 견디며, 염분이 높은 토질에서도 견딜 수 있다.

주요한 성분은 당질 50%, 단백질 26%이고 당질의 70%는 전분이다. 지질함량은 1% 정도로 비교적 적은 양이 함유되어 있으며 칼슘과 인 및 lecithin 등이 풍부하게 함유되어 있다. 콜린이 풍부하여 알츠하이머환자들의 기억력을 유지시키는 데 좋은 식품으로 알려져 있으며, 최음효과가 있다고도 한다.

잠두에는 tyramine 성분이 들어 있기 때문에 항우울제 [monoamine oxidase (MAO) inhibitors]를 복용하고 있는 사람은 고혈압의 위험성이 있으므로 섭취를 피해야 한다.

또한 잠두에는 선천적으로 적혈구 대사에 중요한 glucose-6-phosphate dehydrogenase 결핍을 겪는 사람들에게 용혈성 빈혈을 일으킬 수 있는 vicine, isouramil 및 convicine과 같은 알칼로이드 성분들을 함유하고 있어 소위 파비즘(favism)을 일으킬 수 있으므로 섭취를 삼가해야 한다.

(2) 용 도

밥과 혼식하기도 하고, 또 채소로서 요리에 이용된다. 중국, 콜롬비아, 페루, 멕시코, 대만 등에서는 잠두를 볶아서 껍질을 벗긴 후에 가염 혹은 향신료를 가미하여 흔히 스넥으로 섭취한다. 중국의 스촨지역에서는 콩이나 고추 등과 함께 발효시켜 우리나라의 고추장과 비슷하게 매운 날두판장(辣豆瓣醬)을 제조한다.

대부분의 아랍권에서는 으깬 잠두와 올리브오일, 잘게 썬 파슬리, 양파, 마늘 및 레몬 주스(juice)로 만든 대표적 이집트 음식인 풀메데메스(Fūl Müdemmis)를 즐긴다. 멕시코 등 남미에서도 잠두는 안토지토(Antojito)와 같은 옥수수로 만든 길거리 음식의 속을 채우는 데 흔히 사용된다.

그림 6-12 풀메데메스(좌)와 안토지토(우)
http://en.wikipedia.org/wiki/File:Ful.jpg

Chapter 7

채소류(菜蔬類)

채소(菜蔬)는 국어사전에 온갖 푸성귀, 남새로 설명되어 있으며, 이름은 '채(菜)' 와 '소(蔬)' 가 결합한 한자어다. 푸성귀는 사람이 가꾸어 기르거나 또는 저절로 난 온갖 나물들을 통틀어 일컬음이며 남새는 심어서 가꾸는 나물로서 채마(菜麻)라고도 하며 방언으로 남우새가 지방에 따라 쓰여져 왔다.

Guide
채소의 영어 표현은 vegetable로 vegetabilis(활력을 주는 것)란 용어에서 유래된 것이다.

최근 일본에서만 사용하는 독특한 한자어인 '야채(야사이, やさい)' 가 우리나라에 들어와 빈번히 사용되고 있으나, 가능한 우리가 써오던 '채소' 라는 용어를 사용하고자 한다.

채소는 원칙적으로 신선한 상태로 부식 또는 간식에 제공될 목적을 가지고 재배되는 초본성 식물이라 할 수 있다. 채소류는 일반적으로 사람이 이용하는 부위에 따라 다양하게 분류될 수 있는데, 엽채류(잎채소), 근채류(뿌리채소), 경·인경채류(비늘줄기채소), 과채류(열매채소), 화채류(꽃채소) 등으로 분류한다.

채소류는 수분이 80~90%를 차지하고 고형분이 적어서 에너지원으로 이용되고, 탄수화물·지방·단백질원 등은 부적절하지만 비타민·무기질·섬유소 등의 공급원으로 중요하다. 특히 맛, 향기, 색소 등은 그 가치를 더해 준다.

채소류는 영양적 물질인 당질, 유기산, 비타민, 무기질, 섬유질 등의 공급원일 뿐만 아니라 관능적인 신선감, 맛, 향기, 색조 등으로 그 가치를 높이고 또 섬유소 등의 정장작용과 체액 알칼리화 등의 유익한 작용에 의한 건강식품 재료로 식생활에 많이 이용된다.

1. 채소류의 분류

채소류를 성분 특성에 따라 분류하면 전분이 많이 함유된 채소류(starchy vegetables)와 수분·비타민·광물질이 많이 함유된 보통 채소류(green vegetables), 두류채소(legumes vegetables) 등이 있다.

표 7-1 채소류의 분류

분류	설명	종 류
엽채류	잎채소	배추, 양배추, 상추, 양상추, 시금치, 들깻잎, 쑥갓, 아욱, 근대, 머위, 무(열무포함, 잎), 취나물, 고춧잎, 참나물, 케일, 브로콜리, 청경채, 갓, 냉이, 치커리(잎), 앤디브, 파슬리, 호박잎, 신선초, 고추냉이(잎), 비름나물, 씀바귀, 우엉잎, 겨자채 등.
근채류	뿌리채소	무(뿌리), 양파, 마늘, 당근, 생강, 연근, 우엉, 도라지, 더덕, 비트(사탕무), 순무, 파스닢, 야콘, 고추냉이(뿌리), 치커리(뿌리), 인삼(장뇌삼 포함) 등
인경채류	비닐줄기 채소	파, 부추, 미나리, 고구마줄기, 토란줄기, 고사리, 아스파라거스, 셀러리, 죽순, 콜라비, 원추리, 두릅, 달래, 고비, 풋마늘(마늘쫑포함), 돌나물
과채류	열매채소	수박, 참외, 메론, 오이, 호박, 서양호박(단호박), 토마토, 딸기 등
화채류	꽃채소	브로콜리, 콜리플라워 등

전분류 채소에는 표 7-1과 같이 감자, 고구마, 옥수수 등이 있으며, 보통 채소에는 당근, 무, 순무, 시금치, 미나리, 토마토 등이 있다.

많은 채소류가 잎부분(leaves)을 식품재료로 이용하고 있는데, 잎은 엽록소를 가지면서 동화작용을 하는 책상조직과 산소와 탄산가스를 서로 교환하는 해면조직으로 되어 있다.

꽃은 종자식물의 생식기관, 싹(bud)은 번식기관, 뿌리(root)는 식물체의 고착과 영양물질의 흡수및 저장하는 부분인데, 각각 식품재료로 이용되고 있다. 줄기(stem)는 지상줄기와 구상(corm)줄기 및 덩이줄기 등이 있고, 각각 가식부분으로 이용되고 있다. 또한 수정 결과로 성숙된 열매(fruits)도 식품재료가 된다. 엽채류는 그 이용방법이 생식, 절임, 삶아서 식용, 향신(香辛)용 등으로 이용된다.

근채류는 무 · 순무 · 당근 · 우엉 등과 같이 곧은 뿌리를 비롯하여 고구마 · 마 등과 같이 뿌리의 일부가 비대한 덩이뿌리(塊根)를 이용하는 것, 연근 · 감자 · 생강 등과 같이 땅속줄기(地下莖)이 발달한 것을 이용하는 것이 있다. 경(莖)채류는 땅속줄기의 싹, 즉 asparagus나 죽순(竹筍) 등을 식용하고, 인경(鱗莖)채류는 나리과에 속하는 야채로 파 · 양파 · 마늘 등이 있으며, 이것들은 인경부와 잎 부분도 함께 식용하므로 경채류와 인경채류를 구분하지 않고 주로 함께 표현한다.

과채류는 1~2년생의 초본(草本, 풀줄기식물)의 과실을 식용하는 것으로 가지과, 박과, 콩과로 나누어지며 가지, 토마토, 오이, 수박 등이 여기에 속한다. 화채류는 1~2년생 초본의 꽃봉오리, 꽃잎, 꽃받침 등을 식용하는 것으로, 꽃배추, 브로콜리 등이 이에 속하지만, 영양학적으로 큰 의미를 가지고 있지는 않다.

채소류는 2009년 9,353천톤으로 1998년 이후 1,000만톤 수준을 유지하고 있다, 토마토 · 오이 등 시설채소는 증가한 반면, 무 · 배추는 감소 추세이다. 채소 1인당 소비량은 2009년 150kg 수준을 나타내고 있으며, 과실 1인당 소비량은 1998년도 49.4kg에서 2009년 67.7kg으로 증가하였다.

Guide
통계자료는 2011년 통계청 자료

2. 채소의 일반성분과 조성

(1) 단백질

채소에는 수분함량이 높기 때문에 단백질, 탄수화물, 지질함량은 상대적으로 적다. 또 모든 질소의 양은 1.0~2.5% 내외로 그것의 반 정도는 비단백 질소인 amide태 질소이다. 특히 식물조직 중에 있는 단백질은 필수아미노산이 결여되어 있다.

아미노산의 조성은 비교적 양질이고, 특히 녹색잎 야채는 우수하다. 유아부나 미숙 종자 등에는 aspartic acid, glutamic acid와 그 amide류가 함유되어 있기 때문에 감미를 나타낸다.

(2) 지 질

채소의 지질함량은 약 0.1~0.5% 정도로 극히 적어서 의미를 부여할 만큼의 지질함량을 가지고 있지 않다.

(3) 탄수화물

탄수화물의 조성은 전분을 비롯하여 glucose, fructose, sucrose 등의 당분과 cellulose, hemicellulose 등으로 구성되어 있다. 그 밖에 pectin물질, pentosan, inulin, mannan, galactan 등도 소량 함유되어 있다. 어린 채소류의 세포벽은 대부분 섬유질로 되어 있다가 성장하면 상대적으로 hemicellulose나 ligmin 함량이 많아져서 세포벽이 두껍고 질겨지게 된다.

(4) 비타민

채소류에는 각종의 비타민을 많이 함유하지만, 특히 비타민 A와 C가 많이 들어 있다. 황색 채소류는 카로티노이드계 색소를 함유하고 있으므로 프로비타민 A를 많이 가지고 있으나, 비타민 B는 0.1mg 이하로 적은 편이다. 여기에 속하는 채소로는 당근, 시금치, 아스파라거스 등이 있다.

특히 마늘에는 지속형 비타민 B_1인 allithiamine(allisine+thiamine)이 들어 있으며, 비타민 B_2는 비타민 B_1보다 적게, 비타민 B_6는 많이 들어 있는 편이다.

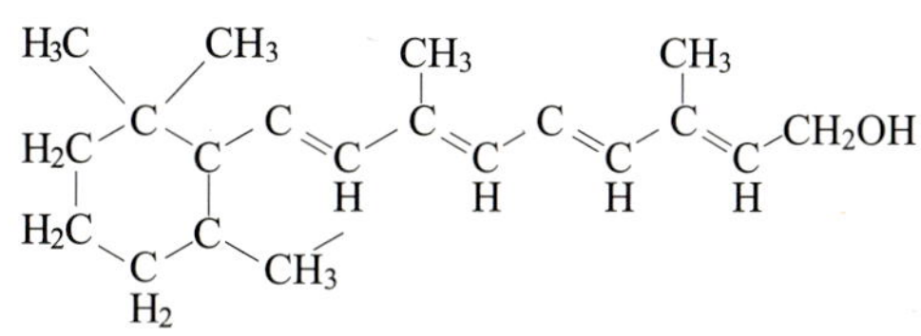

그림 7-1 비타민 A

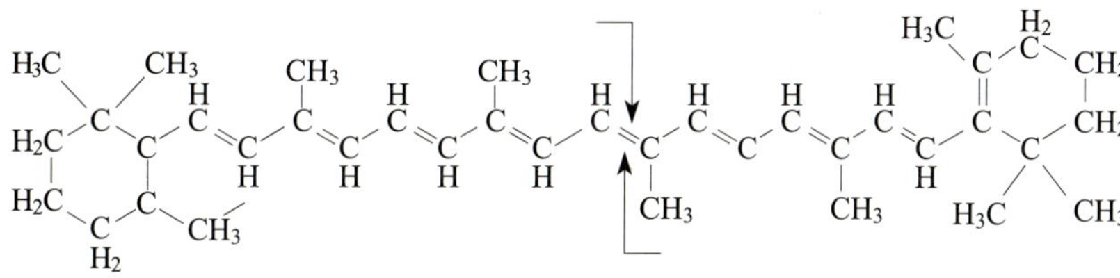

그림 7-2 β-carotin

비타민 C는 토마토와 녹색 채소에 비교적 많이 들어 있는 편이며, 특히 감귤류에 많이 들어 있다.

(5) 무기질

채소를 알칼리성 식품이라고 하는 것은 전체 가식부분 중 0.7~ 0.9% 정도의 무기질을 함유하기 때문이고, 그 종류는 K, Na, Mg, P, Fe, S 등이다. 공통적으로 채소류에는 K가 많이 들어 있다. 특히 엽채류에는 K와 Ca 및 P, 근채류에는 Mg, 엷은 색을 가진 엽채류에는 Fe가 비교적 많이 들어 있다.

(6) 채소류의 색소

채소류의 색소는 채소의 특징을 결정하는 매우 중요한 성분으로 그 종류도 다양하다. 채소류의 색소는 색소체(plastids, 유색체)에 존재하는 지용성 색소들, 즉 chlorophyll과 carotenoids, 또 세포액 중에 녹아 있는 수용성 색소들, 즉 flavonoids와 anthocyanins로 구성되어 있다.

채소류 대부분의 색소는 초록색 색소인 엽록소(chlorophyll)로 엽록체(chloroplast)에 존재하는데, 엽록체는 채소류의 광합성을 하는 곳이다. 채소류의 엽록소는 뜨거운 물에 침지하거나 blanching하면 그 색깔이 더욱 선명하고 진해진다. 하지만 산으로 처리하면 갈색, 알칼리와 반응하면 청록색, 효소로 처리하면 청록색으로 변한다. 또 장시간 가열하거나 강하게 가열하면 갈색으로 변하며, 구리로 처리하면 청록색, 철로 처리하면 갈색으로 변한다.

채소류를 일반적으로 60~100°C로 몇 분 동안 blanching하게 되면 보통은 색깔이 진해지지만, 너무 지나치게 가열하거나 산으로 처리했을 경우에는 갈색으로 변한다. 따라서 적당하게 가열처리하거나 알칼리제인 중조($NaHCO_3$)나 탄산마그네슘($MgCO_3$)을 첨가하여 변색을 방지한다.

Guide

카로티노이드계 색소는 노란색 계통과 빨간색 계통으로 분류하거나 또는 carotene류나 xanthophyll류로 분리하는 경우가 있다.

표 7-2 카로티노이드계 색소의 분류

분류 I	노란색계 색소 빨간색계 색소
분류 II	carotene류 : carotene, lycopene xanthophyll류 : capxanthin, cryptoxanthin, flavoxanthin, lutein, zeaxanthin

노란색 및 빨간색을 가진 카로티노이드계 색소는 지용성으로 엽록소류와 함께 존재하며 당근, 고추, 호박 등의 고유색소이다.

노란색을 가진 색소로는 당근 · 오렌지류 · 오이 등의 β-carotene, 달걀 · 야채류 · 오이의 xanthophyll, 노란옥수수 · 달걀 · 오렌지류 등의 cryptoxanthin, 오이의 lutein, 달걀 · 옥수수 · 간 등의 zeaxanthin 등이 있다.

빨간색을 가진 색소로는 토마토 · grape fruits · 야자유 등의 lyco-pene, 파프리카의 capxanthin, 송이버섯의 canthxanthin, 주로 바닷게 · 가제 · 새우 등의 astaxanthin, capsrubin 등이 있다.

카로티노이드계 색소는 지용성이므로 물에 잘 녹지 않으며, 약산 또는 알칼리에 의해서 퇴색이나 변색되지 않는다. 그러나 분자 속에 많은 공액 이중결합(−C=C−C=C−)이 있으므로 산화에 의해서 쉽게 파괴되어 식품의 색깔이 퇴색하게 된다. 또 광선에도 민감하여 퇴색되므로 주의해야 한다.

특히 카로티노이드계 색소는 영양학적으로 매우 중요한데, 그것은 체내에서 보통 60~80%가 비타민 A가 될 수 있는 프로비타민 A이기 때문이다.

α-카로틴과 γ-카로틴은 체내분해로 1분자의 비타민 A로 되고, β-카로틴은 체내분해로 2분자의 비타민 A로 분해된다.

플라보노이드계 색소는 수용성으로 anthoxanthin(노란색), anthocyanin(빨간색, 자색 또는 청색), 탄닌류(catechins, leucoxanthin) 색소 등이 있다. 채소류에 많이 함유되어 있다.

안토산틴은 산에 안정하나 알칼리에 불안정하며 가열하면 가수분해되어 짙은 노란색이 된다. 흰배추, 흰양파, 흰감자, 고구마 등의 경우에서 자주 볼 수 있다.

안토시아닌은 pH 3 이하에서는 빨간색, pH 8.5 부근에서는 자색, pH 11.0보다 알칼리성일 때는 녹색 또는 청색으로 변하며 분해효소(anthocyanase)의 작용이나 금속염과의 반응에 의해 토색 혹은 암갈색으로 변한다. 특히 당류가 존재하면 색소파괴는 촉진된다.

탄닌류 색소는 채소류, 미숙과실, 감이나 식물종자, 특히 커피와 차 등에 널리 함유된 떫은 맛을 가진 성분으로 catechins, leucoant-hocyanin, chlorogenic acid 등이 있다. Catechin류는 보통 차와 녹차에 많고, leucoanthocyanin은 사과 · 배 · 복숭아 · 포도 · 두류 등에 많으며, chlorogenic acid는 과실류 · 야채류 · 감자류 · 콩류 등에 많다.

탄닌류는 채소류의 색깔에 영향을 미치며 이는 탄닌의 산화생성물들이 갈색, 홍색, 흑색 등의 색깔을 가지기 때문이다. 또한 금속이온들과 반응하여 변색을 하기 때문에 채소류 가공에서 금속용기를 사용하는 경우에는 주의가 필요하다.

(7) 채소류의 향기성분

채소류 특유의 향기는 각기 다르나, 그 다양성은 보통 휘발성의 aldehyde류, ketone류, ester류, 휘발성 유황화합물, 유황화합물 분해생성물들에 기인한다.

오이 향기는 주로 aldehyde류, 당근 향기는 terpenoid류, 양배추 · 양파 · 마늘 · 셀러리 등은 주로 휘발성 유황화합물을 주요 향기성분으로 하고 있다.

(8) 채소류의 성분변화

같은 종류의 채소라고 하더라도 종자의 종류, 강우량, 일조량, 토양 등 생육 조건에 따라 성분의 차이와 변화가 생길 수 있다. 채소류의 성분변화는 수확 전과 수확 후로 구분하여 생각할 수 있다.

수확 전 채소류는 동화작용, 이화작용, 호흡작용 등 왕성한 화학 및 생화학적 작용을 하여 각종 영양물질을 생성하며 미숙상태에서 성숙상태로 변하고 성분 변화를 일으킨다.

수확 후 채소류는 더 이상 영양분 공급이 되지 않으므로 생체 성분의 분해대사가 주가 된다. 즉 전분과 유기산 및 당류들의 변화와 함량감소는 많아지고, 또 펙틴분해로 채소의 조직도 연화된다. 유기산은 성장하는 동안 그 함량은 증가하고 수확 후에는 감소한다.

또 다른 채소류의 변화는 색깔과 향기의 변화이다. 수확 후에 엽록소가 분해되고 카로티노이드계 색소가 나타나서 황색 또는 적색을 띠게 되며 점차 퇴색하게 된다. 향기성분도 신선한 향기가 점차 각종 성분변화와 상호반응으로 생성된 휘발성 화합물에 의한 약하고 변질된 냄새로 변화하게 된다.

(9) 채소류의 저장

수확 후의 여러 분해작용에 의하여 성분변화, 수분손실, 향기손실, 효소와 미생물에 의한 조직의 연화 등 많은 변화가 일어난다. 이러한 변화를 최소화하고 저장기간을 연장하기 위해서는 저온저장이나 CA저장 등의 조치가 필요하다.

1) 저장 전의 처리

저장 전에 우선 세척을 하여야 하며, 조직 손상부분은 제거하거나 처리(curing)하여야 한다. 상처난 부분의 curing의 좋은 예는, 고구마와 감자의 경우에 적당한 온도와 습도에서 일정기간 저장하면 상처부위가 코르크화되어 조직이 아물게 되고 미생물과 냉해에 저장성이 생겨 저장성을 높이게 된다.

과채류는 수분함량이 많고 생리적 활성이 왕성한 편이므로 표면을 약간 건조시킨 후 저장하면 저장효과가 좋아진다.

2) 저온저장

수확 후에 채소류의 변화는 건조, 색깔의 퇴색, 중량의 감소, 미생물에 의한 연부 등 매우 다양하다. 이런 변화를 최소화하기 위해서는 적절한 처리와 저온저장이 필요하다. 저온저장의 효과로는

① 호흡량의 변화로 호흡에 의한 탄산가스 방출량이 감소됨으로써 선도 유지의 효과가 있다.
② 채소류의 건조를 억제하여 무게의 감소나 시들음의 방지 효과가 있다.
③ 영양가의 손실이 적어진다.
④ 외관의 변화, 즉 갈변, 퇴색, 발아 등이 억제된다.
⑤ 조직의 변화를 억제한다.
⑥ 효소의 불활성화로, TCA회로 관련 유기산의 생성이 다소 억제된다.

표 7-3 채소의 종류별 저장온도와 습도

품 명	저장온도(°C)	관계습도(%)	품 명	저장온도(°C)	관계습도(%)
고구마	13~15	90~95	셀러리	0~7	85~90
호박	10~13	70~75	서양상추	0~5	90~95
청완두	0~5	80~90	시금치	0~5	90~95
토마토	7~10	85~90	피망	7~10	85~90
양파	9~5	70~75	아스파라거스	0~5	90~95
당근	0~5	80~90	콜리플라워	0~5	90~95

3) 채소류의 CA-저장(controlled atmosphere storage)

CA-저장은 인공적으로 저장창고 내의 가스농도를 적당히 조절하여 채소류의 호흡을 조절함으로써 신선도를 유지하려는 저장방법을 말한다.

일반적으로 가스의 농도는 산소 1~5%, 탄산가스 2~10% 정도와 온도는 0~9°C, 습도는 80~95%로 조절하여 신선도를 유지한다.

CA-저장에서의 산소농도는 탄산가스농도만큼 중요시된다. 완전 산소가 없는 상태로의 저장은 채소류가 일정기간 혐기적 발효를 하고, 그 부산물인 알코올이나 알데히드 등이 축적되어 결국은 질식사하게 된다. 이때 미생물 역시 침입하여 급속한 변패를 하게 된다.

CA-저장의 구체적 효과는 우선 품질의 유지기간이 길어진다. 엽록소 분해 억제에 의한 색깔변화 방지, 후숙의 적당한 억제, 발아와 발근(發根)의 억제, 미생물 침입의 억제와 연화방지 등이 있다.

근래에는 비닐 랩(wrap)이나 pastic film으로 적절하게 포장하여 신선도를 유지하는 변형 CA-저장(modified CA)방법이 이용되고 있다.

7-1 엽채류(葉菜類, leafy and stem vegetable)

1. 배추(*Brassica campestris* L. *ssp pekinensis*(Lour.) Rupr.)

배추는 십자화과(Brassicaceae) 배추속(Brassica)에 속하는 2년생 초본으로 우리나라에서는 숭(菘), 숭채(菘菜), 백숭(白菘), 우두숭(牛두菘), 백채(白寀) 등으로 불리어 왔다. 배추의 속명 Brassica는 양배추의 옛 라틴어이며, 그 이전 케트어에서 양배추를 bresic이라고 칭한데서 유래한다. 종명 campestris는 '원야에 자라고 있는' 이라는 뜻이며 pekinensis는 북경산이라는 뜻이다. 영어이름 Celery(혹은 Nappa, Chinese) cabbage에서 캐비지는 옛날 영어인 cabbish caboche에서 유래한 것으로써 결구된 배추모양을 머리에 비유한데서 유래한다.

재배종 배추(chinise cabage)는 야생식물에서 진화된 것이 아니라, 재배식물인 순무와 당배추의 교잡으로 후대 중국 북부지방에서 탄생한 것으로 추정되고 있다.

배추의 품종은 불결구종(不結球種), 반결구종, 결구종 배추로 구분한다. 그러나 배추라고 하면 대체로 결구배추를 말한다.

> *Guide*
> **배추** : 역사적으로는 13세기경 향약구급방(鄕藥救急方, 1236~1251)에 배추와 관련된 숭(菘)이라는 문자가 처음 등장한다. 흰색의 채소라는 뜻의 중국이름 백채(白寀)는 본초강목(1590년)에 처음으로 기록되어 있다.

(1) 배추의 품종

배추의 품종은 결구성을 기준으로 불결구형, 반결구형 및 결구형으로 분류할 수 있으며, 결구형은 다시 결구형태에 따라 배추의 머리부분(頭部)의 잎이 겹쳐지지 않는 포합형(포탄형)부터 겹쳐지는 포피형(원두형) 및 권심형으로 세분할 수 있다.

포합형은 각 잎이 중심부에 모이고 잎끝이 서로 겹치지 않는 결구형이고, 포피형은 양배추처럼 각 잎이 중앙 부위를 넘게 자라서 잎끝이 덮이는 형이다.

그림 7-3 배추품종

배추의 결구과정은 일조량이 충분하고 영양상태가 좋으면 식물 호르몬 중 옥신이 체내에서 생성되고, 이 옥신이 잎의 위쪽으로 이동해서 세포를 신장시킨다. 그 결과 잎의 뒤쪽이 표면보다 세포가 크게 발육하므로 잎은 서게 되고 결구상태가 된다.

우리나라는 오래 전부터 조선배추와 개성배추 등의 반결구종이 널리 이용되었는데, 개량된 결구배추가 도입된 후에 결구배추의 재배면적이 급속히 늘어났으며, 이들 대부분이 포합형이다.

과거에는 주로 김장배추를 중심으로 재배되었으나, 최근에는 재배작형에 따른 신선배추가 연중 출하되고 있다. 촉성재배는 4월, 춘파재배는 6월, 고냉지재배와 숡음재배는 7월, 여름재배는 9월, 가을재배는 11월에 출하된다.

배추는 크기에 비하여 무겁고 속이 꽉 차 있으며, 잎끝이 여며져 있고 외엽색이 진한 녹색이며 두꺼운것이 좋고 꼭지가 신선하고 꼭지에 금이 있는 것이 완숙품이다.

1) 결구배추

① 심부배추

결구형의 배추로, 형태는 다양하며 조생, 중생, 만생이 있다. 구의 크기도 중에서 대형이 있고, 잎의 색은 조생종이 진한 녹색, 만생종이 될수록 녹색으로 된다. 애호 1호, 대도, 도향 등 다품종으로 분화되었다. 그후 다시 송도 2호, 송도 순2호, 송도 신2호, 송도 연호 등 송도군의 품종이 널리 재배되었다.

평촌 1호는 배추에 양배추의 병해 저항성을 도입한 품종으로, 배추의 연부병 및 바이러스 저항성 향상에 많은 공헌을 하였다.

② 애지 배추 (愛知)

19세기 초에 도입된 결구산동배추가 개량된 것으로, 중조생종이다. 그 후 다시 야기(野崎) 1호, 야기 2호 등이 육성되었다. 위쪽의 잎이 깊이 싸여 있고, 버섯형의 결구를 하고 있다. 잎의 색은 연한 녹색, 잎의 질은 부드러우며 즙이 많다. 애지배추의 몇 가지는 그 후의 조생, 중조생으로 F_1(1 대 잡종)의 기초가 되었다.

2) 반결구종

몸체가 확실하게 단단하며, 정부(頂部)는 열려 있다. 잎은 얇고 품질이 좋아서 겨울철의 조림이나 절임용으로 이용되었다. 반결구배추에는 서울배추, 송도배추, 개성배추, 산동배추, 화심(花芯)배추 등의 품종이 있다. 양배추보다는 엽질이 부드럽고 샐러드나 절임, 김치, 찌개거리 등에 곧잘 이용되고 있다. 포기당 중량은 1.5kg~3kg 이상에 이른다.

(2) 현재의 특징있는 1대 잡종

배추도 다른 많은 야채와 마찬가지로 1대 잡종(F_1)이 많이 이용되고 있다. 신이상(新理想, 1961)은 품종으로서는 오래되었으나, 품종이 좋은 것으로 평가되어 급속히 재배가 증가하였다. 이는, 황심(黃心)이라고 하며 배추속이 황색을 띤다.

배추의 무게는 3~4kg이 되는 것도 많다. 따라서 이를 반 혹은 1/4로 잘라서 팔고 있는 경우도 많다. 따라서 최근 1kg 이하의 소형 품종이 육성되어, 미니 배추라고 해서 보급되기도 한다.

또한 배추에 큰 피해를 주는 토양 전염성의 병해인 뿌리혹병의 근절이 큰 과제이었으나, 저항성을 가진 순무로부터 저항성을 도입육성하여 뿌리혹병 저항성을 가진 F_1 품종이 보급되고 있다.

좋은 배추의 품질로는 신선하고, 상처나 병무늬(病斑) 등이 없으며 조직이 팽팽하고 단단한 것이 좋다. 반결구종은 잎이 얇고 연하며, 잎의 상부가 서리를 맞아서 담황색을 띠는 것이 풍미가 있다. 결구종은 수확이 늦어지면 엽맥(葉脈)이 발달하여 질겨진다.

(3) 배추의 성분

다른 채소와 마찬가지로 칼로리가 낮으며, 비타민은 A, C가 풍부하고 단백질 조성도 좋다. 탄수화물의 약 반이 환원당이고 미량의 비환원당이 있으며, 미량의 전분과 많은 연한 섬유가 함유되어 있기 때문에 이들은 소화를 촉진시키는 역할을 한다. 배추의 열량은 문헌에 따라 다른데, 대략 100g당 50~105KJ(25kcal) 수준으로 비교적 적다.

표 7-4 배추의 일반성분(100g 중)

성 분	함 량	성 분	함 량	성 분	함 량
수 분	95.9g	비타민 E	0.1mg	칼 륨	230mg
단백질	1.1g	비타민 B_1	0.04mg	나트륨	5mg
지 질	0.1g	비타민 B_2	0.04mg	철	0.4mg
탄수화물(당질)	1.9g	나이아신	0.4mg	인	36mg
섬유질	0.4g	비타민 C	22mg	칼 슘	35mg

(4) 저 장

배추의 저장 조건은 0~3°C의 저온과 95%의 상대습도가 적당하나 다음과 같은 간이저장법으로도 일정 기간 저장이 가능하다.

① 노지(露地)저장

물이 잘 빠지는 밭위에 배추를 한 층으로 하여 넓이는 4~5포기 정도로 하고, 길이는 임의로 조절하여 세우고, 그 위에 짚이나 이엉 등으로 덮어서 저장하는 방법이다. 그러나 혹한에는 저장성이 낮다.

② 움저장

땅을 너비 1m, 깊이는 30~40cm, 길이는 임의로 하여 파고, 여기에 겉잎을 제거한 배추를 뿌리째로 캐다가 심은 후, 그 위에 간단한 지붕을 만들어 저장하면 오랫동안 저장이 된다.

③ 포장저장

두께가 0.05~0.08mm의 폴리에틸렌필름에 포장하여 0~10°C 정도의 온도에서 상당한 기간 동안을 저장할 수 있다.

가정에서 저장하는 경우, 통째로 신문지로 여러 겹을 싼 후 서늘한 곳에 밑동이 아래쪽으로 가도록 하여 보관하는 것이 바람직하다.

(5) 이용 및 효능

배추는 특히 식이섬유를 많이 함유하여 장의 운동을 활발하게 하며 정장작용 효과가 있다. 배추는 김치의 주 원료로서 우리나라에서 가장 많이 이용되는 채소이며 생식하거나 국거리 및 각종 요리에 널리 이용된다.

배추는 늦가을 서리 맞은 후의 것이 가장 맛이 좋아 옛날에는 살얼음이 어는 것을 보고서야 배추를 수확하였다. 배추는 채소류가 적어지는 겨울에 비타민 C나 미네랄을 보충해 주는 중요한 채소이다.

향약구급방에 언급된 바와 같이 옛날에는 약초로 이용되었는데, 배추는 감기를 물리치는 특효약으로도 알려져 있다. 배추를 약간 말려서 뜨거운 물을 붓고 사흘쯤 두면 식초맛이 나는데 이것을 제수라고 한다. 제수는 거담효과가 뛰어나 감기로 인한 기침과 가래 증상을 해소하는 데 효과적이다. 배추 고갱이로 끓인 수프는 중국에서 감기예방약으로 이용된다. 특히 배추뿌리차는 몸이 오슬오슬 춥고 머리가 아프면서 열이 날 때 마시면 좋다.

배추는 섬유가 연해서 배추쌈이나 김치 외에도 베이컨이나 돼지고기 등과 잘 어울려, 전골이나 국에 많이 이용된다. 또한 중국요리에도 자주 이용되고 볶음이나 찜요리 등에 널리 이용된다.

2. 양배추 (*Brassica oleraceae* L.*var.capitata* L.)

양배추(cabbage)는 유럽의 서부, 남부의 해안 및 지중해 연안 여러나라에 야생종이 분포하는데, 잎이 둥근 결구성의 양배추로, 야생에서는 불결구이었다가 13세기 경 현재와 같은 결구형으로 개량되었다. 양배추는 1~2년초 혹은 다년초로 세계적으로 다양한 변이종들이 있으며, 현재는 사계절을 통하여 일년내내 공급되는 야채 중의 하나이다.

앞에서 언급한 배추와 마찬가지로 십자화과(十字花科, Brassicaceae) 배추속(Brassica)에 속하는 양배추의 학명 중 *oleraceae*는 채소라는 뜻이며 변종명 *capitata*는 두상(頭狀)을 나타낸다는 뜻이다.

> **Guide**
> 우리나라의 양배추 도입은 극히 최근의 일로서 1906년 원예모범장이 설립되면서 많은 외국품종이 도입되어 적응 시험을 거치게 되었다.

양배추와 유사한 배추속 채소로는 불결구성의 케일(*Brassica oleracea* var. *acephala* DC.), 콜리플라워(cauliflower; *Brassica oleracea* var. *botrytis* L.), 녹색양배추(broccori; *Brassica oleracea* var. *italica* Plenck), 콜라비(koholrabi; *Brassica oleracea* var. *gongylodes* L.), 방울다다기 양배추(brussels sprouts; *Brassica oleracea* var. *gemmifera* D.C.) 등이 있다.

(1) 주요 품종

그림 7-4 봄~초여름 파종 양배추(호월)

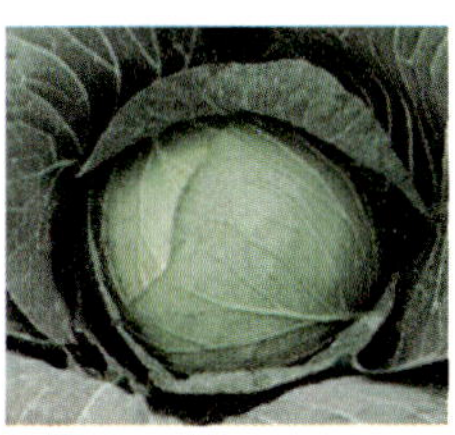

그림 7-5 여름파종 양배추(동옥 2호)

봄파종품목은 봄부터 초여름에 종자를 뿌리고, 여름부터 가을에 수확하는 고랭지 양배추로, 잎이 부드럽고 즙이 많아 품질이 좋은데 꽃눈이 빨리 나며, 결구의 수축이 좋지 않아서 현재는 실용재배는 많이 되지 않고 있다.

여름에 씨를 뿌리는 조생(早生)종은 이듬해 수확되어 어려운 조건은 없으나, 여름에 씨를 뿌리는 중생종은 엄한기에 수확되기 때문에 내한성이 요구된다. 여름에 씨를 뿌리는 만생종은 초봄에 수확되기 때문에 싹눈이 늦게 피는 만추성(晩秋性)이 요구된다. 가을파종형은 가을부터 겨울에 종자를 파종하고 초봄에서 초여름에 수확하는 품종으로 잎이 부드러우며 안쪽까지 녹색을 나타내어 생식용으로 많이 이용된다.

과거에는 알맹이에 틈이 없을 정도로 잎이 확실하게 말려있고 내부가 새하얀 양배추, 한옥(寒玉)을 선호하였다. 또 월동하여 추위를 넘긴 양배추는 단맛이 증가하고 풀냄새도 없어서 맛있는 것으로 취급되었다. 그러나 최근에는 잎의 질이 단단하고 속이 흰 것을 싫어하여 소비가 격감하고 있다. 그러나 한옥은 조려도 형태가 흐트러지지 않고 국물을 잘 빨아들이기 때문에 롤(roll)의 형태로 말아서 조리는 요리 또는 복음용으로 적합하다.

알맹이는 별로 단단하지 않지만 안의 잎까지 녹색을 띠며, 잎의 질이 연한 품종인 춘옥(春玉)은 과거에는 풀냄새가 난다고 하여 싫어 했으나 근래에는 수분이 많고 맛있다는 이유로 소비가 급증하고 있다. 춘옥은 수분이 많고 잎이 부드럽기 때문에 양상치와 같은 목적으로 이용하는 생식 등에 적합하다.

한편, 극히 일부이긴 하지만, 잎의 색이 적색인 양배추는 보통의 white cabbage와 같은 종류로서 취급된다. 표피는 자색이나 잎의 살은 백색이다. 자색은 anthocyan계 색소이다.

(2) 양배추의 성분

양배추의 단맛은 자당과 포도당에 기인하며, 수분함량이 많고 단백질, 당질, 무기질, 비타민 A, B_1, B_2, C 등이 상당량 함유되어 있으며, 특히 필수 염기성 아미노산인 lysine을 식물성 단백질 중에서는 많이 함유하고 있는 편이다. 또한 지질은 리놀렌산(linoleic acid)이 많다. 그러나 비타민 C가 50mg으로 가장 많고, 또 여러 종류의 효소가 들어 있다. 무기물 함량은 다음 표 7-5에서와 같다.

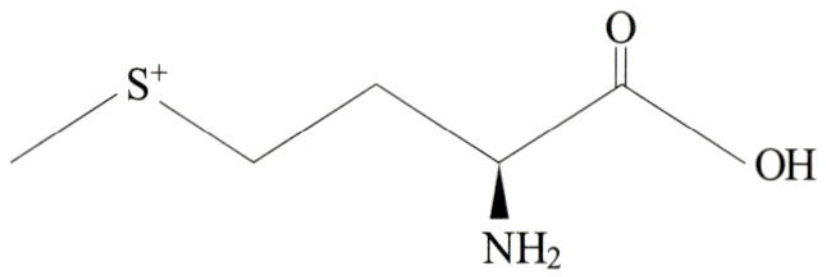

그림 7-6 S-methylmethionine(비타민 U)의 구조

표 7-4 배추의 일반성분(100g 중)

성 분	함 량	성 분	함 량	성 분	함 량
수 분	92.4g	칼 륨	210mg	비타민 B_1	0.05mg
단백질	1.4g	나트륨	6mg	비타민 B_2	0.05mg
지 질	0.1g	철	0.4mg	비타민 C	44mg
콜레스테롤	0g	인	27mg	비타민 E	0.1mg
탄수화물(당질)	4.9g	칼슘	43mg	나이아신	0.2mg
섬유소	0.6g			비타민 E	10IU

양배추는 생식하거나 쥬스로 섭취할 경우 위궤양, 십이지장 궤양 등에 효과가 있다고 알려져 있다. 이는 비타민 U라고도 불리우는 메티오닌 중의 황화합물인 S-methylmethionine 때문이라고 추정된다. 그 밖에도 양배추를 비롯한 십자화과 식물에는 항암작용이 있는 물질로 추정되는 isothiocyante와 같은 황화합물 배당체를 함유하고 있는데, 특히 isothiocyante는 신선상태에서는 별로 냄새가 없다가 가열조리시 독특한 향미를 유발한다.

또한 양배추 등에 들어있는 goitrin, thiocyanate, 및 isothiocyanate와 같은 성분들은 갑상선문제를 가지고 있는 사람들이 과량섭취시 갑상선비대증(goiter)을 악화시킬 수 있다. 양배추는 다른 채소류에 비해 수산(oxalic acid)이 거의 들어있지 않기 때문에 칼슘의 이용도가 상대적으로 높다.

Guide

1949년 양배추 주스가 위장궤양의 치료율을 확연하게 증가시킨다는 사실이 발견되면서 "궤양(ulceration)"의 영문명 첫자인 U를 따서 비타민 U라고 부르게 되었다.

(3) 품 질

겉잎이 녹색이고 꼭지가 싱싱하며 깨끗하며 크기에 비해 중량감이 있고 속이 꽉찬 것이 좋다. 또한 반으로 쪼개었을 때 잎이 밀착하여 틈이 없을수록 좋다. 겨울에 수확한 것은 잎면에 흰가루가 잘 붙어 있는 것이 좋고, 여름에 수확한 것은 잎이 시들지 않고 충분한 수분이 함유되어 있고 신선하며 잎이 그다지 딱딱하지 않은 것이 좋다.

봄에 수확한 것이나 초여름에 수확한 것으로, 결구의 윗부분이 상대적으로 뾰족한 것은 꽃눈이 나기 시작하여 추태(油苔)가 멀지 않은 상태이며 풍미도 떨어진다.

(4) 저 장

양배추는 겉잎의 끝 부분과 심이 있는 부분이 시들거나 썩기 쉬우므로 겉잎을 떼지 않고 보관하는 것이 좋다. 또한 신문지에 싸서 어둡고 서늘한 곳에 두거나 냉장고 보관시에는 뿌리 부분을 도려내고 물에 적신 솜을 도려낸 면에 채워두면 싱싱하게 보관할 수 있다.

(5) 이용 및 효능

양배추는 한방에서 오장과 관절을 이롭게 하며, 육부를 조절하고 골수를 보하며 귀와 눈을 밝게하는 효과가 있다고 알려져 있다. 또한 섬유질 함량이 높아 대장의 운동성을 증가시키고 장 관련 질환 가능성을 낮춰 주며 대소변 배설에 효과가 있다고 알려져 있다. 양배추는 샐러드, 볶음, 절임, 김치, 녹즙 등으로 만들어 먹거나 생으로 섭취한다.

서양의 김치로 알려져 있는 양배추를 초절임하여 발효식품인 독일의 사워크라우트(Sauerkraut)는 냉장시설이 없던 과거 항해시에 선원들에게 비타민 C를 공급하는 주요 영양원으로 유용하였다.

3. 시금치 (*Spinacia oleracea* L.)

시금치(spinach)는 명아주과에 속하는 자웅이주(雌雄異株)의 일년초 작물로, 페르시아 지방에서 재배가 시작되었다고 한다. 16세기 중기 중국에서 동양종이 도래하여 당채(唐菜) 혹은 적근채(赤根菜)라는 이름으로 각지로 확산 재배되었다. 서양종은 19세기 후반에 도입되었으며, 현재에는 동양종과 서양종의 교잡종이 널리 재배되고 있다.

시금치의 형태는 뿌리는 곧고 담홍색이며, 줄기의 밑동은 홍색이다. 뿌리잎은 뭉쳐 나고 긴 잎자루가 달리며 줄기잎은 어긋난다. 긴 삼각형, 타원형, 원형 등이 있다. 꽃은 암수 딴그루로 황록색의 작은 꽃을 피운다. 열매는 작고 여러 개의 돌기가 돋아 있다.

시금치는 월동성은 강하지만, 더위에는 약하여 9~11월과 3~5월이 생육에 적합하다. 비가 많으면 병해가 심하다.

Guide
배추의 속명 'Spinacia'는 라틴어 spina(가시)에 의한 것으로 과실에 가시처럼 돌기가 있다는데서 유래된 것이다.

표 7-6 시금치의 재배시기와 품종

작형	파종기	수확기	수확까지의 재배일수	종류
봄파종(春播) 재배	4~5월	5~6월	30~40일	민스터랜드, 노우벨, 킹오브덴마크
여름파종(夏播) 재배	6~7월 7~8월	7~8월 9~10월	30일	킹오브덴마크, 우성(禹城), 재래종
가을파종(夏播) 재배	9~10월 10~11월	10~3월 3~4월	50~60	우성, 풍성(豊城), 민스터랜드 재래종, 치랑환(治郎丸)

(1) 동양계 품종

동양종은 중국에서 가을에 씨를 뿌려서 재배한 것으로 생각되며 추위에는 비교적 강하다. 잎은 얇고 잎의 끝은 뾰족하고 갈라져 있으며, 뿌리는 적색으로 흙냄새는 비교적 적다. 동양종의 종자에는 2개의 가시가 있으며 최근에는 과피를 제거한 종자도 판매하고 있다.

시금치는 원래 서늘한 기후를 좋아하며 고온에서는 발아가 불량하게 되는데, 이 껍질을 벗긴 종자는 고온에서도 정상적으로 발아한다. 동양계 품종은 씹히는 맛이 좋으며 담백한 맛이 난다.

(2) 서양계 품종

페르시아에서 서쪽으로 간 시금치는 주로 북유럽에서 품종이 개량되었다. 시금치는 낮의 길이가 길면 꽃눈이 생겨 화경(花莖)이 자란다. 따라서 낮의 길이가 16시간이나 되는 북유럽에서는 해가 길어도 싹이 나지 않는 품종의 육성이 진행되어 서양종이 생겨났다.

서양종은 봄파종이 적합하고, 동양종은 가을파종이 적합하다.

서양종은 대부분이 잎의 끝이 둥근형이고 갈라지지 않은 것이 많으며, 뿌리의 색은 연하고 약간 흙냄새가 나는 품종이 많다. 오늘날에는 동양종과 서양종과의 1 대 잡종(F_1)이 많이 재배되고 있다.

(3) 동 · 서양 교잡종

시금치는 자웅이주로 바람에 의해 수분(受粉)한다. 따라서 양군의 품종을 다른 이랑에 뿌리고, 모(母)의 품종으로 하고 싶은 것의 웅성(雄性) 포기를 꽃이 피기 전에 뽑아내면 일대 잡종의 종자를 얻을 수 있다.

또 근래에 시금치를 생야채로 식용하는 경우가 많아져서 떫은 맛이 없는 시금치의 개발도 이루어지고 있다.

(4) 성 분

특기할 만한 점은 곡류에서 부족되는 lysine, tryptophan, methionine이 많이 들어 있고, 무기질은 Ca 외에 Fe이 많아 조혈작용이 있으며, 특히 시금치에 풍부한 비타민 C는 Fe(non-heme iron형태)의 흡수를 용이하게 한다. 또 유기산은 수산 0.2~0.3%, 사과산 및 구연산 등을 함유하고 있다.

시금치에는 건강에 유익한 다양한 특수 성분들이 포함되어 있는데, 플라보노이드의 일종인 methylenedioxyflavonol glucuronides는 항염증 및 항암작용이 있다고 하며, 카로티노이드 루테인(lutein)과 제아크산틴(zeaxanthin)은 특히 망막과 황반(黃斑)에 유익한 항산화성분이며, 비타민 K_1(phylloquinone)은 시금치 100g 당 494μg 정도가 함유되어 있는데, 비타민 K_1은 혈액응고 등에 관여하는 성분이다.

또한 생 잎의 열량은 105KJ(25Kcal)/100g으로 알려져있다.

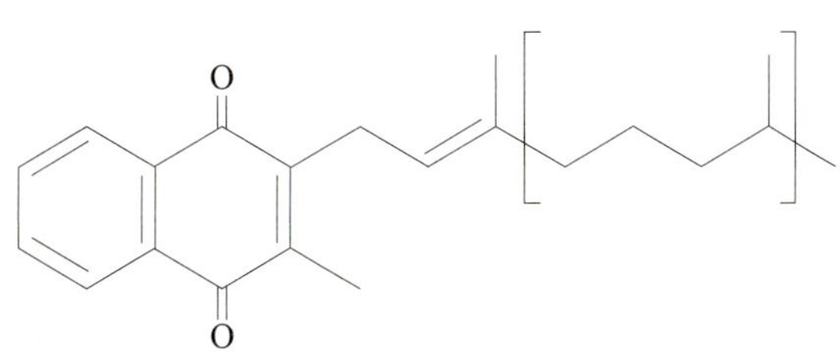

그림 7-7 비타민 K_1(phylloquinone)

(5) 요구되는 품질

잎은 그 수가 많고 살이 두꺼우며 유연하다. 노균병에 의한 변색된 부분이 없고, 색이 진한 것이 좋다. 뿌리의 색은 품종 간에 차이를 보이나 동양종은 대체로 그 색이 짙고, 서양종은 연한데, 색이 진할수록 감미(甘味)가 있고 풍미가 좋다. 서양종은 다소 떫은 맛이 있지만 육질이 유연하고 두꺼우며 품질적으로 좋다.

시금치의 떫은 맛은 수산(蓚酸, oxalic acid)에 기인하며, 끓는 물에 살짝 데치면 제거된다. 수산은 칼슘과 염을 형성하여 칼슘의 흡수를 방해한다고 알려져 있으나, 시금치의 경우에 다량(하루 약 1kg 이상) 섭취하지 않는 이상 문제는 없다고 알려져 있다.

표 7-7 시금치의 일반성분(100g 중)

성 분	함 량	성 분	함 량	성 분	함 량
수 분	90.4g	칼 륨	740mg	비타민 A	1,700IU
단백질	3.3g	나트륨	21mg	비타민 E	2.5mg
지 질	0.2g	철	3.7mg	비타민 B_1	0.13mg
탄수화물 당질	3.6g	인	60mg	비타민 B_2	0.23mg
섬유소	0.8g	칼 슘	55mg	나이아신	0.6mg
콜레스테롤	–			비타민 C	65mg

(6) 저 장

외국에서는 1951년경부터 시금치는 끓는 물에 삶아 통조림을 하거나, 동결건조하여 저장한다.

(7) 용 도

나물, 국거리 등 다양한 반찬으로 이용된다. 삶으면 영양소의 손실이 많아지므로 찌는 것이 좋다. 삶는 경우에는 1분 이내에서 살짝 삶아내는 것이 좋다. blanching을 할 때나 찔 때 중조(重曹, bicarbonate)나 소금을 소량 넣고 가열하면 변색을 막아서 선녹색을 지닐 수 있다. 또 남비 뚜껑을 열어 놓고 가열하면 유기산(수산)이 최대 50%까지 줄어들 수 있으므로 황갈색으로의 변색을 막을 수 있다.

시금치를 구기자 등과 함께 이용하여 만든 샐러드는 시력에 좋으며, 시금치 뿌리를 달인 물은 갈증이 심한 증세를 완화시키고, 목이버섯 등과 함께 만든 수프는 변비를 치료하는 효과가 있다고 알려져 있다.

4. 상 추 (*Lactuca sativa* L.)

상추(lettuce)는 국화과(compositae) 왕고들빼기속의 일년생 초본(草本)으로 지중해 연안지방부터 서아시아에 널리 분포하는 야생종에서 진화하여 지중해 지역에서 재배하였다.

상추의 속명은 Lactuca의 lac은 젖을 의미하며, 상추를 자른 자리에서 나오는 유액(乳液)에서 유래한 이름이다. 상추는 품종이 다양하나, 크게 배추상추(var. longifolia), 결구상추(var. capitata), 잎상추(var. crispa) 및 줄기상추(var. asparagina)의 4변종으로 구분된다.

Guide

기원전 4500년경의 이집트 벽화에 상추 그림이 처음 발견되었다. 페르시아 지역에서 아시아 내륙지역으로는 약 2600여년 전에 도입된 것으로 추정되며, 우리나라에서는 고려 고종 23년(1236년) 향약구급방에 상추를 자부두(紫夫豆)라는 이두문자로 표기한 것이 최초이다.

(1) 상추 성분의 특징

날것으로 먹을 수 있기 때문에 조리에 의한 영양분의 손실이 적다. 칼슘, 철, 등의 미네랄 성분과 비타민 등이 풍부하며, 사과산이나 구연산 등을 함유하고 있어서 상큼한 맛이 난다.

잎은 연한 녹색부터 녹색, 둥근면(球面)이 완만하고 울퉁불퉁하며, 확실한 결구(結球)형태를 취한다. 상추를 씹을 때에 사각사각하는 것에서 크리스프(crisp)라고 표현되었으며 현재 식생활의 서구화로 급속히 소비가 늘어나고 있는 주요 야채로 취급되고 있다. 양상추의 열량은 54KJ(13kcal)/100g이다.

(2) 상추의 종류

1) 로메인(Romaine) 혹은 코스 (Cos)형

그림 7-8 로메인 형

배추상추라고도 한다. 잎이 길고 속잎의 중간이 확연히 갈라져 있다. 에게해(海) cos섬이 원산으로 유럽, 북아프리카에서 발달하였다. 긴 타원형의 완만한 구(球)를 형성하며, 반결구에 가까운 구가 된다. 너무 연해서 수송에 어려움이 있다. 시저샐러드에 들어가며, 중동지역 음식에도 자주 포함된다. 샐러드로 만들면 약간의 단맛과 쓴맛이 난다. 잎이 확실하므로 나물무침이나 볶음에도 적합하다.

2) 크리스프헤드 (Crisphead, var. capitata)

결구상추의 한 종류로 흔히 아이스버그(iceberg)라고도 불리우는 양상추가 여기에 속한다. 확실한 결구형의 양상추로서 속이 단단하고 잎은 연한 녹색이며 구면이 완만하다.

그림 7-9
크리스프헤드 형

3) 버터헤드 (Butterhead, var. capitata)

결구상추의 한종류로 모양은 크리스프헤드형과 비슷하지만, 잎이 보다 헐겁게 접혀져 있어 완만한 결구형태를 취하고 있다. 바깥쪽 잎은 녹색을 띠며, 품종에 따라 자색을 띠기도 한다. 내부 잎은 빛을 보지 못하여 희거나 크림 색깔이다. 잎이 부드러우며 엽면이 윤활감이 있기 때문에 일명 버터헤드라고 한다.

그림 7-10
버터헤드 형

4) 잎상추 (leaf lettuce, var. crispa)

불결구형으로 양상추의 원형에 가까우며 다양한 변이를 가지고 있는데, 잎의 형태, 잎면의 활축, 잎의 갈라짐, 잎의 색깔 등은 품종에 따라 각기 다르다. 초록색에서 붉은색, 그리고 짙은 갈색 등 다양하다. 샐러드 외에 상추 대신 종종 불고기를 싸서 먹는 것도 좋다.

그림 7-11 잎상추

5) 줄기상추 (stem lettuce, var. asparagina 혹은 angustata)

샐러리상추 또는 아스파라거스상추 등을 말하는데, 영어로 Celtuce로도 불리운다. 특히 중국에서는 와순(萵荀) 혹은 와주(萵株)라 하여 조림류나 볶음 등의 중식 재료로 중요한 채소 중 하나이다. 다른 종류와 달리 줄기가 약 15~20cm 정도에 이르고 외경이 3~4cm에 이르면 수확한다. 줄기를 벗겨서 날것으로 먹거나 삶아먹는데 사각사각한 느낌이 난다. 조림류나 볶음 등으로 조리한다.

그림 7-12
줄기상추

(3) 상추의 성분

상추의 당류는 대부분이 포도당이고, 채소치고는 비타민 C가 적게 함유된 편이다. 향기성분으로는 알파아미노낙산황산염이 대부분이다. 다른 채소에 비해 철분이 많고 아미노산 중 루신과 발린이 많이 포함되어 있다. 지미(감칠맛) 성분으로는 아데닐산이 약 1mg% 정도 들어 있다.

락투카리움(Lactucarium)이라 불리우는 상추의 즙에는 쓴맛을 가지는 진통 및 진정성분인 락투신(lactucin)과 렉투코피크린(lectucopicrin)이 들어 있다.

락투카리움은 고대 이집트에서도 약하지만, 부작용이 없는 마약 대용으로 사용되었는데, 실제로 식용상추보다는 야생종(Lactuca virosa)에서 다량 분비된다. 락투카리움의 2성분은 항말라리아 특성도 가지고 있는 것으로 조사된바 있다.

표 7-8 상추의 일반성분(100g 중)

성 분	함 량	성 분	함 량	성 분	함 량
수 분	95.7%	비타민 A	70IU	칼 륨	220mg
단백질	1.0%	비타민 E	0.3mg	나트륨	1mg
지 질	0.2%	비타민 B_1	0.06mg	철	0.5mg
탄수화물 당질	2.0%	비타민 B_2	0.04mg	인	24mg
섬유소	0.5%	비타민 C	6mg	칼 슘	21mg
콜레스테롤	–	나이아신	0.2mg		

(4) 저 장

잎상추는 저장이 힘드나, 결구상추는 저온저장할 경우 약 20일 정도까지 가능하다. 폴리에틸렌으로 포장하여 냉장(冷藏)하면 비교적 오랜 시간의 저장이 가능하다.

(5) 이용 및 효능

신선한 잎을 따서 쌈으로 이용하거나 샐러드용으로 많이 이용한다. 여름철에 꽃대가 나오기 전에 사용하여야 한다. 증보산림경제(增補山林經濟)에 보면 '상추에는 독성이 있어 벌레가 가까이하지 못하며 뱀이 상추와 접촉하면 눈이 멀게 된다' 라고 기록하고 있다.

이러한 독성분은 락투카리움의 진정성분인 락투코피크린이 콜린에스터 저해(cholinester inhibitor)작용을 가지기 때문인 것으로 추정된다. 상추는 불면증을 완화시키고, 마음을 안정시키며, 숙취를 해소하고 산후 젖이 잘 안나오는 증상을 완화시킨다.

5. 쑥 갓 (*Chrysanthemum coronarium* L.)

Garland(혹은 edible) chrysanthemum 혹은 Chrysanthemum green으로 불리우는 쑥갓은 국화과(Asteracea)에 속하는 식물로 지중해 연안이 원산지이며, 유럽에서는 관상용 식물로, 채소로는 이용하지 않는다. 식용으로 이용하는 곳은 인도 동쪽, 동남아시아 중국, 한국, 일본 등으로, 나물, 쌈, 국, 찌개 등에 넣어독특한 향을 즐긴다.

쑥갓의 학명 중 속명 *Chrysanthemum*은 그리스어 chrysos(금)와 anthemon(꽃)로부터 유래하며, 종명 *coronarium*은 왕관이라는 뜻이다. 봄 채소로서 널리 재배되고 있으며 최근에는 하우스 재배에 의하여 겨울 채소로 많이 이용된다.

그림 7-13
쑥갓꽃

품종으로는 대엽종, 중엽종, 소엽종이 있으며, 우리나라에서 재배되는 것은 중엽종이 대부분이다.

잎의 끝이 갈라지지 않아서 잎이 큰 것은 중국에서 많이 재배되고, 잎이 많이 갈라진 것은 중국 동쪽에서 많이 재배된다. 잎이 작고 끝이 많이 갈라진 것은 향기는 가장 높지만 최근에 실용재배는 그리 많지 않다. 일년 내내 재배가 가능한 채소로, 카로틴, 비타민, 미네랄이 많이 함유된 야채로 이용이 넓다.

Guide

중국과 우리나라에서는 한약명으로 동호(茼蒿)라고도 부르는데, 최세진(1473~1543)이 편찬한 훈몽자회(1527)에 봉호(蓬蒿) 혹은 호초(蒿草), 청호(靑蒿)라는 이름으로 소개된 것이 최초의 국내 기록이다.

(1) 쑥갓의 모양과 성분

1년생 초본으로, 키는 60cm 전후이며 꽃은 머리꽃 차례를 이루고 둘레에는 혀꽃, 중심에는 통꽃이 피는데, 어느 것이나 노란색이다.

(2) 성 분

일반성분은 다른 채소와 거의 같으나 Ca, Fe, 비타민 등은 표 7-9에서 보는 바와 같이 비교적 많은 편이다. 열량은 88KJ(21kcal)/100g이다. 쑥갓은 특히 독특한 풍미로 유명한데, 증류법으로 추출한 정유를 GC-MS로 분석한 결과에

대엽종

중엽종

그림 7-14 쑥갓

따르면 Myrcene(31.9%), α-bisabolol(16.5%),(E,E)-α-farnesene(11.0%) 및 (E)-β-farnesene(8.4%) 등의 휘발성분들이 검출된 바 있다.

표 7-9 쑥갓의 일반성분(100g 중)

성 분	함 량	성 분	함 량	성 분	함 량
수 분	91.9g	비타민 A	1.9000IU	칼 륨	610mg
단백질	0.1g	비타민 E	1.7mg	나트륨	50mg
지 질	2.8g	비타민 C	21mg	철	1.9mg
탄수화물(당질)	2.7g	비타민 B_1	0.09mg	인	47mg
섬유소	0.9g	비타민 B_2	0.21mg	칼 슘	90mg
		나이아신	0.8mg		

(3) 용도와 품질

쑥갓은 줄기가 억세지 않고 잎은 연한 것이 좋다. 잎이 비교적 두껍고 녹색이 짙은 중엽종이 영양가치도 높다.

향기와 풍미(風味)가 좋아 생채로 또는 나물로 먹고, 생선국, 찌개에도 넣어 먹으며 샐러드 재료로도 사용된다. 쑥갓은 생채로 먹기보다는 전골, 생선찌개, 묵무침 등 식품요리에서 산뜻한 향과 감칠맛의 채소로 쓰이고 있다.

감기에 파, 생강 등과 함께 넣어 끓인 물이 효과적이며, 위를 보하고 장을 튼튼하게 하며 불면증에도 효과적이라고 알려져 있다.

쑥갓과는 종이 다르지만, 동일한 속에 속하는 Chrysathemum morifolium의 경우 꽃에 두통완화, 살균, 소염을 비롯하여 혈압강화 등을 유발하는 효과에 관해 많이 알려져 있으며, 상당량의 플라보노이드와 hydroxycinnamoylquinic acid 등이 함유되어 생리활성 성분으로 보고 있다.

6. 셀러리 (*Apium graveolens* L.var.dulce Dc)

셀러리(celery)는 지중해 연안과 중동에 이르기까지 야생종이 분포되어 있는데, 미나리과로 일 · 이년생 초본이며, 초기에는 냄새제거 및 약용으로 이용되다가 이탈리아와 프랑스에서 17세기에 처음 식용(허브)로 이용되었다.

셀러리의 학명 중 속명 Apium은 그리스고어 apion(물이라는 의미)로부터 유래하며 종명 graveolens는 강한 향기가 풍긴다는 뜻으로 독특한 셀러리의 방향성을 의미한다.

임진왜란 당시 가등청정이 우리나라에서 셀러리를 가져갔다는 기록으로 추정하면 우리나라에 도입된 역사는 오래된 것으로 보이나, 공식적으로는 1912년 도입되어 6.25 전쟁 이후 본격적 재배가 시작되었다고 하는데, 강한 향기로 널리 보급되지 않다가 최근 웰빙 바람을 다고 수요가 늘었다.

품종은 많아서 잎이 적색, 백색, 황색, 녹색 및 중간계 녹색 등이 있다.

그림 7-15 셀러리

(1) 셀러리의 모양과 성분

줄기는 곧게 서서 가지를 나누고 키는 80~90cm이며 세로로 녹색의 모가 여러 개가 줄지어 있다. 꽃은 5개의 꽃잎으로 된 백록색의 작은 꽃이 가을에 핀다. 신선한 잎은 짙은 향기가 있으며 정유(精油)로서 3%가 함유되어 있다.

Guide

중국명은 당호(搪蒿)이며, 영명 celery는 야생 파슬리라는 뜻에서 유래된 것이다.

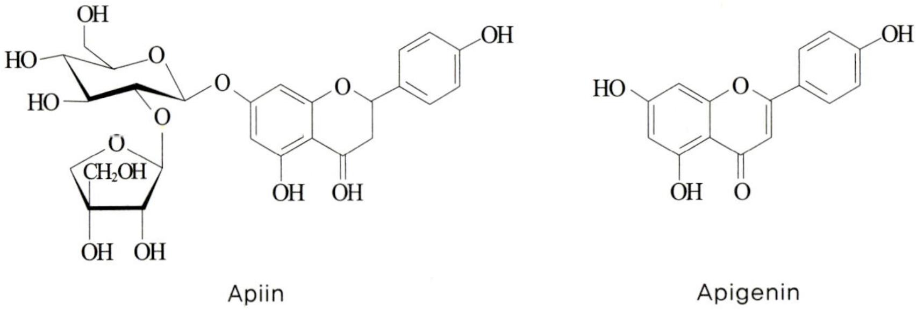

그림 7-16 셀러리의 특수방향 성분 Apiin과 aglycon apigenin

파슬리에 함유되어 있는 특수성분으로 아핀(Apiin)이라는 배당체를 들 수 있는데 이 성분은 특히 종자에 많다. 아핀의 aglycon인 아피제닌(Apigenin;(4',5,7-trihydroxyflavone)은 발암과정을 저해하는 천연물질로 알려져 있다. 그 밖의 약용효과로는 신경증상이나 혈액의 순환을 좋게 한다고 알려져 있다.

줄기는 동상(凍傷)에 찜질을 하면 효과가 있다고 한다. 샐러리의 씨에는 특히 칼슘이 많다고 알려져 있는데, 100g 중 무려 1,767mg이 함유되어 있고 이는 우유 중 칼슘 양의 약 9~10배 정도에 해당된다.

셀러리의 열량은 54KJ(13kacl)/100g이며, 일반성분은 표 7-10과 같다.

표 7-10 셀러리의 일반성분(100g 중)

성 분	함 량	성 분	함 량	성 분	함 량
수 분	95.3g	비타민 A	160IU	칼 륨	360mg
단백질	0.9g	비타민 E	0.2mg	나트륨	24mg
지 질	0.1g	비타민 C	6mg	철	0.2mg
탄수화물 당질	2.3g	비타민 B_1	0.03mg	인	34mg
섬유소	0.5g	비타민 B_2	0.03mg	칼 슘	34mg
콜레스테롤	–	나이아신	0.3mg		

(2) 용도와 품질

Guide

셀러리는 알레르기 원인 식품으로 알려져 있어서, EU에서는 셀러리를 포함한 12가지 식품에 알레르기 원인물질들이 포함되어 있다는 문구를 포장에 반드시 표시하도록 하고 있다.

강한 향기를 내며 단맛도 가지고 있기 때문에 대개 잎을 연백화(軟白化; etiolation)하여 식용한다. 샐러드와 soup에 넣기도 하며, 육류와 함께 삶아서도 먹는데, 주로 서양요리에 쓰인다.

잎은 주름이나 굴곡이 없고 선명한 녹색이어야 좋다. 줄이에는 골이 패이거나 공간이 없고 살이 두터운 것이 좋다. 원래 시들기 쉬운 야채이므로 뿌리와 함께 수확하였으나, 최근에는 뿌리를 잘라내고 비닐봉지에 넣어서 출하한다.

7. 미나리 (*Oenanthe javanica subsp. stolonifera*(DC.) Murata)

미나리과(Apiacea 혹은 산형과 ; Umbelliferae)의 식물로 한대부터 아열대에 걸쳐서 자생되며, 다년생 또는 일 · 이년생 초본이 많은데, 70여 종 이상이나 된다.

식용으로 하는 것 외에도 많은 종류가 독특한 정유(精油)성분을 가지고 있기 때문에 향신료, 즉 향신 채소로 이용되며 약용으로도 이용된다.

그러나 맹독성을 가진 독미나리, 독당근과 같은 것도 있다. 미나리과에서 가장 많이 이용되는 것은 당근이고, 그밖에 일반적인 채소로 이용되는 것은 미나리, 파드득나물, 셀러리, 셀러리아크, 플로렌스, 펜넬, 파슬리, 갯방풍 등이다.

향신채소로는 아니스(anise), 안젤리카(angelica), 캐러웨이(caraway), 쿠민(cumin), 딜(dill), 로베지(lovage) 등이 있다. 당귀, 시호, 바디나물 등은 약용으로 이용되며, 회향풀은 향신료와 약용의 양면에서 이용된다.

일반적으로 식용야채와 향신야채의 엄밀한 구분이 있는 것은 아니며, 미나리, 파드득나물, 셀러리 등 미나리과의 야채는 모두 향신야채라고도 할 수 있다.

미나리의 속명 Oenanthe는 그리스어 oinos(술)와 anthos(꽃)의 합성어로 꽃에서 포도주와 같은 향이 있다는 데서 유래한다. 종명 javanica는 라틴어의 자바(Java)에서 유래한다. 영명 water dropwort는 물이 떨어지는 풀(wort)이라는 의미이다.

미나리과 미나리속은 한반도, 중국, 동남아시아 등지에서 폭넓게 야생 혹은 재배한다. 호습성(好濕性)으로 물이 있는 습지에 잘 자란다. 재배방법으로는 논미나리 재배와 밭미나리 재배가 있다. 11월 중순부터 3월 하순에 걸쳐서 수확되며, 봄에 나오는 것이 고급품으로 취급된다.

Guide

우리말 미나리는 물에서 자라는 생육특성을 가졌다는 뜻이다. 중국에서는 일명 채근(菜芹, 미나리근), 수영(水英), 수근(水芹)이라고도 한다.

(1) 미나리(water dropwart)의 성상 및 성분

줄기는 곧게 서고 키는 30cm 정도이고 향기가 있다. 7~8월에 흰꽃이 피고, 열매는 작은 타원형이다.

비타민 A, B_1, B_2, C가 풍부한 알칼리성 식품으로 무기질은 Ca, P, Fe이 많다.

간혹 산형과 독미나리속의 독미나리(*Cicuta virosa*; Cowbane 또는 Northern Water Hemlock)를 잘못 먹고 식중독을 일으키는 경우가 있는데, 이 때의 독성분은 시크톡신(Cicutoxin)이다. 또한 맹독 oenanthotoxin로 유명한 hemlock water dropwort(*Oenanthe* crocata)은 소크라테스가 마신 독액의 성분으로 추정하고 있다.

그림 7-15
논미나리

(2) 용 도

미나리의 정유성분에 의한 상큼한 방향과 씹히는 맛으로 국, 나물무침, 불고기 등에 이용하는 것 외에 주채(主菜)의 향미로 이용된다. 비교적 비타민 C와 카로틴이 많아 건강식품으로 또 신경통에 효과가 있다고 알려져 있다.

그림 7-16
파슬리

8. 파슬리 (*Petroselinum crispum*(Mill.) Nyman ex A. W. Hill)

파슬리는 영명 parsely에서 유래된 것으로 속명 *Petroselinum*은 그리스어

petros(돌)와 고대 그리스에서 파슬리 및 셀러리를 의미했던 selinon의 합성어로 돌이있는 곳에서 자란다는 뜻이다. 종명 crispum은 주름이 있다는 뜻이다.

원산지는 지중해 연안지대라고 하며, 기원전 3~4세기 그리스라는 기록이 있으며, 그리스, 로마시대에 약용, 향신료 및 올림픽 경기 우승자의 월계관으로도 사용되었다.

Guide

중국어로는 추엽구근(皺葉歐芹), 한근채(旱芹菜), 하란근(荷蘭芹) 등으로 불리운다. 하란근은 네덜란드로부터 유래하였음을 의미한다.

파슬리의 성분과 용도

파슬리는 녹색의 2년생 허브로 식재료이다. 중동과 유럽, 미국 등 서양조리에 많이 쓰이는데, 파슬리는 잎으로 요리하며, 코리안티와 쓰임새가 비슷하지만 향이 조금 순하다.

파슬리는 허브로 또는 음식 위에 흩뿌려서 먹는 식재료이다.

9. 갓 (*Brassica juncea* Coss.)

그림 7-17 갓

갓(browm mustard)는 평지과와 겨자과의 교잡종으로 1 · 2년생초이다. 중앙아시아가 원산이고 고온다습한 곳을 좋아하며 많은 품종군이 있다.

(1) 갓의 모양과 성분

잎은 갈라지지 않고 청자색을 띠며 4월경에 십자모양의 노란꽃을 피우고, 열매는 원기둥 모양의 꼬투리에 짧은 자루가 있어서 안에 갈색을 띤 황색의 종자가 들어 있다.

채소류 가운데서 비교적 단백질, 무기질, 비타민을 풍부하게 함유하고 있는 작물로, 특유의 향기와 매운맛을 띤다. 이 성분은 배당체인 sinigrin으로 myrosinase에 의해 mustard oil로 분해되어 그와 같은 독특한 특성을 나타낸다.

(2) 용 도

김치를 담그고, 또 나물이나 절임 등으로 이용된다.

7-2 근채류(根菜類, root vegetable)

1. 무 (*Raphanus sativus* L.)

무(radish)는 배추와 함께 우리나라의 2대 채소 중의 하나이며, 평지과(科)와 평지속(屬)에 속하는 일 · 이년생 초본으로 원산지는 지중해로부터 중국으로 전해졌을 것으로 추정된다. 무는 특수한 품종을 제외하면 결각(缺刻)한 잎과, 원추에서 원통형의 뿌리와 외피는 백색이고 살은 희고, 때로 뿌리의 일부인 윗부분이 녹색이다.

우리나라 재래종의 대표 품종은 서울무로, 육질은 비교적 단단하고 저장성이 좋아서 널리 재배되고 있으며, 가을 김장용으로 많이 이용된다. 울산무는 서울무보다 잎의 수가 많고 육질이 치밀하며, 저장성이 강하여 경상남도 지방에서 김장 및 저장용으로 많이 쓰이는 품종이다.

표 7-11 계절에 따른 무의 품종

봄 무	시무(時無), 춘약(春若), 송도(松都) 봄무
여름 무	미농한생(美濃旱生) 무
가을 무	대장(大藏), 재래종(서울무, 진주대평무, 울산무, 성호원, 연마(練馬),
겨울 무	성호원(聖護院), 오환(奧丸), 대장(大藏)표

우리나라 무의 재배면적은 봄 무가 16,715ha에 생산량은 515,856톤이고, 가을 무의 재배면적은 13,381ha에 760,527톤이 된다(2008년).

(1) 무의 모양과 성분

무는 겨자과에 속하며, 주로 식용하는 부분은 밑동이다. 그 형태는 여러가지가 있고 색깔은 보통 백색이나, 때로는 녹색이 혼합된 것이 있다. 육질은 즙이 많고 특유의 향기와 매운맛(辛味)이 있다.

잎의 표면에는 거친 털이 있고 열매는 뿔 모양의 삭과에 종자가 들어 있다. 밑동의 무게는 대략 봄과 여름무가 800~1,500g정도이고, 가을 무는 2~4kg이다.

그림 7-15 무의 품종

무에는 당질과 무기물, 비타민 C 등이 다량 함유하여 영양적으로 우수하다. 잎 또한 carotene이 A효력으로서 3,000IU, 비타민 C 90mg%가 함유되어 있다.

단백질은 lysine 함량이 매우 높아 곡류 단백질의 결점을 보충하여 줄 수 있다. 또 amylase를 많이 함유하고 있기 때문에 소화를 돕는다.

무의 독특한 매운 맛과 향기 성분은 mustard oil과 methyl mer captan (CH_3SH)이다.

(2) 수확과 저장

무는 적당한 수확기가 지나면 소위 바람이라는 것이 들므로 적절한 시기에 수확하여야 한다. 출하는 잎과 함께 하지만 저장을 위하여는 잎을 제거한 무로 저장한다. 무의 저장은 비교적 쉬운 편으로 특별한 시설이나 방법을 쓰지 않고, 얼지 않도록 저온을 유지하면서 마르지 않도록 한다.

저온다습의 저장은 무의 당분소비와 바람들이를 억제한다. 온도가 높으면 싹이 자라거나 썩기도 하므로 지상에 가저장했다가 기온이 떨어져 얼기 시작하는 때에는 구덩이를 파고 묻거나 온도조절이 잘 되는 저장창고에 저장한다.

(3) 요구되는 품질과 용도

무의 몸통은 품종고유의 형체(그림 7-15 참조)를 가지며, 뿌리와 잔뿌리가 너무 발달한 것은 좋지 않고, 형체가 바른 것이 좋다. 껍질은 단단하고 평평하고 흰 것이 좋다. 육질은 수분이 많고 치밀한 것이 좋다.

목질조직이 발달하여 방사상으로 흰줄이 보이거나 중심부에 하얗게 파인 데가 있거나 무즙이 적은 것은 맛이 나쁘고 영양가치도 적다.

용도는 침치재료, 국거리, 단무지, 나물로 쓰고 손가락 굵기로 썰어 말려서 무말랭이를 만들어 저장하며 나물로서 식용한다. 또는 된장이나 고추장에 박아서 무장아찌를 만들기도 한다.

2. 순 무 (*Brassica rapa* L.)

순무(turnip)는 평지과(科) 평지속(屬)이며, 원산지가 유럽이라고 하나 확실치는 않다. 일 · 이년생 초본으로 식물로서는 배추, 당배추류와 같은 종이다. 원산지는 중부 유럽이라고 하나, 여기에 유라시아(중근동)이라는 이원설이 있다. 중국의 화중으로부터 도래한 아시아형과 시베리아를 경우하여 유입된 유럽형이 있다.

순무는 밑동이 이용되는 수가 많으며, 야택채(野澤菜)와 같이 뿌리보다는 잎을 주로 이용하는 경우도 있다. 순무의 잎은 결각(缺刻)이 없는 녹색인데, 뿌리가 빨간 것 중에는 잎에 색깔이 있는 것도 있다.

커진 밑동의 형태는 편평한 것에서 둥근 것, 긴 원통에서 긴 원추형이 있다. 밑동의 껍질은 백색, 적색, 자색이 있고, 육질은 백색과 가끔 빨간 색깔을 띠는 것도 있다. 외국 품종에는 껍질이 황색이고 살이 흰것과 황색인 것이 있다.

표 7-12 순무(순무 뿌리 날것)의 일반성분(100g 중)

성 분	함 량	성 분	함 량	성 분	함 량
수 분	94.7g	비타민 A	0IU	칼 륨	230mg
단백질	0.9g	비타민 B_1	0.03mg	나트륨	13mg
지 질	0.1g	비타민 B_2	0.03mg	철	0.3mg
탄수화물 당질	3.2g	비타민 C	17mg	인	24mg
섬유소	0.5g	나이아신	0.6mg	칼 슘	37mg
콜레스테롤	–	비타민 E	0mg		

(1) 순무의 성분

뿌리가 흰 부분에는 비타민 C가 비교적 많고 amylase도 많이 함유되어 있다. 잎은 뿌리보다 비타민 C가 많으며, 그 밖의 비타민 등도 함유하고 있다.

(2) 순무의 품질

잔뿌리와 곧은 뿌리가 그다지 발달하지 않고 밑동이 충실히 발달한 것이 좋다. 색도 품종 고유의 것을 띠며 광택이 있고 팽팽한 것이 좋다. 밑동 아래쪽에 터진 부분이 있으면 과숙(過熟)된 것으로 육질도 나쁘다. 육질은 치밀하고 단단하며 탄력성이 있는 것이 좋다.

순무의 신선도는 잎의 색에 따라 판별하는데, 오래 된 순무의 잎은 황색으로 변하고, 과숙된 것의 잎은 흑갈색으로 변한다.

(3) 용 도

잎과 뿌리는 소금에 절여 반찬으로 쓰고, 김치도 담그며 삶거나 또는 데쳐서 여러 가지의 요리에 이용한다. 유럽계 순무는 샐러드, 피클 등에 쓰인다.

3. 당 근 (*Dancus carota* L.*var.sativa* Dc)

당근(carrot)은 미나리과 당근속(屬)으로 원산지는 서아시아의 아프가니스탄(Afgahnistan)이며, 2천년 이상 재배하여 온 채소이다. 대표적인 유색 채소인 당근은 비타민 A의 급원으로 매우 중요하게 여기며, 품종은 아시아형과 유럽형으로 대별된다.

우리나라에서의 재배 역사는 비교적 짧고 도입 시대와 경로도 분명치 않다. 2005년도 총 재배면적은 5,617ha이며, 생산량은 145,491톤이다.

그림 7-16 유럽형 당근

(1) 당근의 품종

1) 유럽형 당근

한랭지의 봄부터 초여름에 종자를 뿌려서 여름부터 가을에 수확하는 한지형(寒地型) 당근과 여름에 종자를 뿌려서 늦가을부터 겨울에 수확하는 난지형(暖地型) 당근으로 분화되어 있다. 또한 꽃대가 늦게 피는 품종은 터널 재배를 실시함으로써 늦은 가을부터 봄의 수확도 가능해져서 일년 내내 생산이 이루어지게 되었다.

한지형이나 난지형 모두 밑동의 크기에 따라 뿌리길이가 10cm 정도로 원추형인 삼촌형(三村型)과 길이 15~20cm로 긴 원추형인 오촌형(五村型)이 있다. 밑동을 자르면 주홍색의 육부(育部)와 주황색의 심부(心部)가 보인다. 심부는 단단하기 때문에 살이 두꺼워서 심부가 적은 것이 좋은 품종이다.

현재의 실용품종은 대부분 오촌형이다.

우리나라에서는 난지형 오촌형의 하나로 육성된 뿌리길이 약 20cm 내외, 굵기 5cm인 일대잡종(F_1) 향양(向陽) 2호가 일년 내내 이용되고 있다. 이 F_1은 난지형 특유의 꽃대가 나기 쉬운 결점은 있지만, 육색(肉色)이나 심색(心色) 모두 진한 주홍색이며 육질도 치밀하며, 단맛이 강하고 또 당근냄새가 적기 때문에 좋은 품질로 환영받고 있다.

2) 아시아형 당근

적색, 백색, 황색, 자적색 등 다양한 색채가 있었다. 아시아형 품종은 육질이 유연하고 간장을 이용한 조림에 적합하며 제2차 세계대전 후까지 널리 이용되었다. 그러나 1970년대에 들어와서 유럽형에 압도되어 품종수도 격감하였다.

그림 7-17 잎당근

3) 특수한 당근

난테스계라는 당근은 소시지형의 당근으로 육성되었고, 샐러드용으로서 길이가 10cm 정도의 소형 미니 당근도 출하되고 있다. 이는 유럽에서 포싱형이라고 해서 온상재배되고 있는 품종으로 요리의 장식 등에도 이용되고 있다.

또 어린 당근의 잎을 "당근채" 또는 "잎당근" 등으로 불리며, 나물이나 무침 등에 이용한다.

표 7-13 당근(생 밑동)의 일반성분(100g 중)

성 분	함 량	성 분	함 량	성 분	함 량
수 분	90.4	비타민 A	4,000IU	칼 륨	400mg
단백질	1.2	비타민 B_1	0.07mg	나트륨	26mg
지 질	0.2	비타민 B_2	0.05mg	철	0.8mg
탄수화물 당질	6.1	비타민 C	6mg	인	36mg
섬유소	1.0	나이아신	0.9mg	칼 슘	39mg
콜레스테롤	–	비타민 E	0.4mg		

(2) 당근의 성분

비타민 A의 함유량은 야채 중에서도 뛰어나고, 그밖에 비타민도 함유하고 있다. 당근의 비타민 A는 지용성이기 때문에 날로 먹기보다는 기름과 함께 조리하는 편이 효율적으로 섭취할 수 있다. 아시아형보다도 유럽형이 비타민 A의 공급원으로 우수하다.

당근의 열량은 134KJ(32kcal)/100g이다.

(3) 품질과 용도

잎은 거의 이용되고 있지 않지만, 영양적인 면으로 보면 더 우수하다. 심부는 단단하기 때문에 육질이 많으며 심부가 적은 것일수록 좋다.

나물로서 또는 김치, 샐러드 등에 넣고, 삶아서 쓰기도 하며, 서양요리에서 수프 등으로 많이 쓰인다.

(4) 수확과 저장

대체로 조생종(早生種)이 70~80일, 중생종이 90~100일, 만생종은 120일 정도면 수확된다.

여름에 파종하여 가을에 수확한 것은 적당한 깊이의 구덩이에 당근을 눕혀서 쌓은 후에 나무를 걸쳐놓고 거적을 덮은 다음 흙을 덮어두면 이듬해 3월까지 저장이 가능하다. 봄과 여름에 수확하는 것은 서늘한 장소를 택하여 모래에 묻어두는 방법으로 손쉽게 저장된다.

4. 생 강 (*Zingiber officinale* Rosc.)

생강(zinger)은 대체로 인도, 말레이지아 등이 원산지로 추정되고 있으며, 우리나라에 도입된 것은 기록상으로 보면 서기 1018년경이다.

2005년도의 재배면적은 5,187ha에 생산량은 47,203톤 정도이다. 품종은 소생강, 중생강, 대생강의 구별이 있는데, 가정에서의 재배는 잘 자라고 굵으며 착색이 잘 되는 중생강종인 황생강이 좋다.

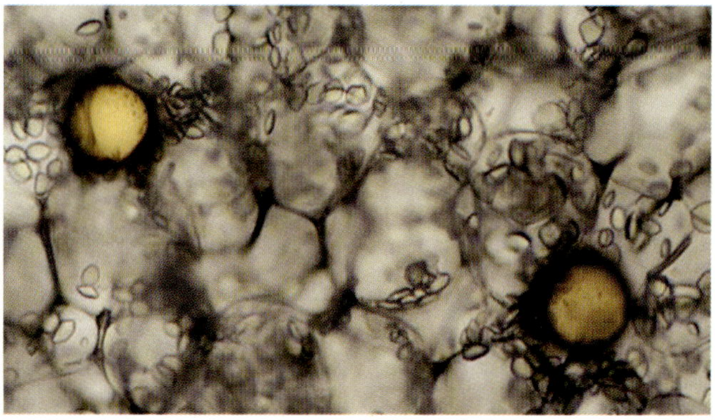

그림 7-18 생강의 전분입자(왼쪽)와 편광투사 전분입자(오른쪽)

(1) 생강의 성상과 성분

뿌리줄기는 덩이 모양이며 매운 맛과 특유의 방향을 가지고 있다. 뿌리줄기의 색은 연노랑이고 잎은 선상 피침형이며, 꽃은 8~9월에 황록색의 작은 꽃이 피지만, 우리나라에서는 잘 피지 않는다.

매운맛 성분(辛味)은 zingerone, shogaol, Gingerol, methylgingerol 등이며, 향기성분은 Bisabolen, Humulen, α-Curcumen, Farnesen, α-pinen, β-Phellandren, citral, linalool 등이다. 그 밖에 전분과 당, 지질, 유기산 등의 성분이 약 50%를 차지하고 있다.

1) 생강의 품종

① 소 생강 : 아생강(芽生薑), 금시(金時), 정강 4호 등
② 중 생강 : 황 생강, 중생강, 토 생강, 근강(近江) 등
③ 대 생강 : 대생강

(2) 품질과 용도

아강(芽薑)은 별로 굵지 않고, 색이 좋으며 육질이 좋고, 섬유질이 지나치게 발달하지 않으며 씹히는 감이 좋은 것이 양질이다. 엽강(葉薑)은 괴경이 그다지 굵지 않고 색이 좋고, 신선한 잎이 몇 개 붙어 있는 것이 좋다. 근강(根薑)은 색이 담황색으로 선명하고 살이 쪄서 굵으며, 뼈대가 너무 많지 않고, 특히 너무 굵은 뿌리가 발달한 것은 좋지 않다.

뿌리줄기는 여러 가지 양념(향신료)으로 쓰이고, 엷게 쪼개서 꿀이나 설탕에 재었다가 먹으며(편강), 생강차로 만들어 마시기도 한다.

카레이(Curcuma 뿌리) 가루, 소스, 생강술 등의 재료와 건위제 등의 약용으로 이용되기도 한다.

(3) 수확과 저장

10~11월 초에 수확하며, 종자로 쓰기 위한 생강은 서리가 오기 전에 한다.

근래의 저장은 30~33°C의 온도와 습도는 90~95%로 조절한 저장고에서 curing한 후, 저장온도는 10~13°C와 포화습도로 저장한다.

5. 토 란 (*Colocacia antiquorum* Schott)

토란(taro)은 인도와 인도에 인접한 중국 남부지방이 원산지로 고온다습한 기후를 좋아하는 일년생 초본이 대부분이지만 열대지방산은 다년생(多年生)이다. 품종은 둥근 모양의 것과 긴 모양의 것이 있는데, 둥근 것을 선호한다.

줄기는 지하에 존재하고, 잎은 다공질의 긴 녹색 잎자루(葉柄)를 가지며 비교적 크다. 잎자루는 적자색 혹은 녹색이다. 토란의 가식부(可食部)는 지하경(地下莖)이 비대하여 그 안에 전분을 많이 축적하고 있는 부분이다.

(1) 토란의 성분과 품질

주성분은 전분으로 탄수화물이 70% 정도이고, 수분은 70~80%, 당질 20%, 섬유 10%와 점질(粘質)인 헤미셀룰로오스(hemicellulose)를 함유하고 있다. 단백질은 적고 무기질은 칼륨이 모든 회분의 70%를 차지하며, 비타민은 일반적으로 적다.

토란의 아린 맛은 수산칼륨에 의한 것으로 종류에 따라 그 함량이 다르다. 보통 새끼뿌리용 토란은 점질이나, 어미뿌리용 품종은 분질(粉質)로 되어 있다.

(2) 수확과 저장

여러 차례에 걸쳐서 수확하기도 한다. 그러나 보통은 일시에 수확하고 저장해서 1~3월에 출하한다.

저장온도는 5~8°C가 적당하며, 토굴저장을 하기도 한다.

(3) 용 도

아프리카나 남미지방에서는 주식으로 굽거나 삶아서 이용한다. 우리나라를 비롯하여 중국 및 일본에서는 채소로 이용되고 있다.

7-3 경 · 인경채류(莖 · 鱗莖菜類)

1. 파 (*Allium fistulosum* L.)

파(welsh onion)는 백합과 파속으로 중국 서부가 원산지이다. 파속은 약 700종을 포함하는 큰 속으로, 잎이나 꽃의 형태 등에서 다시 6 또는 7개의 그룹으로 나뉘어져 있다. 예를 들면, 파 및 양파 등은 잎과 화경(花莖)이 원통형이고 그 아래쪽에 알이 생긴다. 또한 마늘 등 마늘류의 식물은 잎이 편평하고 용골능(龍骨稜)이 있으며, 화경은 중공(中空)이 아니다. 부추류의 잎은 평편하며 구

(球)를 만들지 않고, 근경은 양분을 저장하고 있다.

파속은 북반구에 분포하고, 습지나 다습지에서는 서식하지 않는다. 파속의 식물에는 양파나 마늘과 같이 고대부터 야채로 재배한 종류가 있다. 파속의 식물에는 독특한 냄새와 매운맛이 있으며, 그 자극이 소화액의 분비를 촉진하므로 식욕을 증진시킨다.

중국에서는 기원전부터 재배되었고 백근(白根)이 긴 파는 중국 북부, 잎파는 중국 남부에서 도래하였다. 파는 동양, 특히 우리나라에서 중요한 야채로 이용되고 있으며, 1998년도의 총 재배면적은 19,831ha에 생산량은 500,492톤이었다.

(1) 파의 성상과 성분

파는 지하의 짧은 줄기에서 여러 원통상의 잎이 난다. 잎은 녹색이며 엽초부는 북주기를 하면 희어지고 질이 유연하며 다즙(多汁)하게 된다. 파의 기후 적성은 품종 간에 차이가 있으며, 품종은 천주(千住)파군, 구조(九條)파군, 가하(加賀) 굵은 파군 등이 있다.

파는 독특한 자극적 냄새와 매운맛을 가진 황화아릴(이황화 allyl, $C_3H_5S \cdot SC_3H_5$)을 함유하고 있다. 파의 열량은 113KJ (27kcal)/100g이며, 일반성분 함량은 다음 표 7-14과 같다.

표 7-14 파의 일반성분[근심(根深)파](100g 중)

성 분	함 량	성 분	함 량	성 분	함 량
수 분	91.6	비타민 A	85IU	칼 륨	180mg
단백질	1.1	비타민 B_1	0.04mg	나트륨	1mgt
지 질	0.1	비타민 B_2	0.06mg	철	0.6mg
탄수화물(당질)	5.9	비타민 C	14mg	인	20mg
섬유소	0.8	나이아신	0.3mg	칼 슘	47mg
콜레스테롤	2	비타민 E	0.2mg		

(2) 품질과 용도

파의 잎은 잎끝까지 녹색이고 밑동부분은 희고 굵으며 연한 것이 좋다. 뿌리로부터 이파리 쪽으로 차례로 쥐어 보아 균일하고 부드러움을 유지하는 것은 흙을 잘 북돋우며 관리를 잘한 것이기 때문에 양품이라고 할 수 있다.

파는 각종 반찬에 양념으로 이용하고, 각종 국과 국물이 있는 음식에 넣으며, 전이나 부침에 넣기도 한다. 고기나 생선 요리에 넣어 냄새를 제거하고 풍미를 좋게 하며, 수프의 재료로도 사용된다. 특히 겨울에서 초봄에 걸쳐서 수요가 많으며, 가격도 비싸진다.

(3) 수확과 저장

파는 고온기에 주로 생장하며 동시에 수확된다. 겨울에는 성장이 멈추고 잎이 휴면상태로 지낸다. 북주기를 한 파를 수확할 때에는 파의 줄기가 깊이 들어 있으므로 조심스럽게 수확하여야 한다.

적설지대에서는 2~7kg을 다발로 묶어서 밭에다 일렬로 세운 후에 연백부위가 보이지 않을 정도로 흙을 덮어놓고, 그 위에다 볏짚이나 거적을 씌워서 적설하(積雪下)에 저장한다. 눈이 적은 한냉지에서는 저장창고 안에다 놓아 두고 동해(凍害)를 피해 저장한다.

2. 양 파 (*Allium cepa* L.)

양파(onion)는 백합과 파속으로 중앙 아시아가 원산지이다. 그 후 여러 곳으로 전해져서 이집트에서는 피라미드 건설 노동자가 대량으로 소비했다고 전해진다. 우리나라에는 조선 말엽에 미국과 일본으로부터 도입된 것으로 짐작되며, 독자적 육종으로 신품종이 육성되어 재배면적이 늘어나고 있다. 1998년도의 우리나라 총 재배면적은 14,806ha이며 생산량은 872,143톤이었다.

양파는 봄에 씨를 뿌려서 가을에 거두는 것과 가을에 씨를 뿌려서 초여름에 거두는 재배가 이루어지고 있으며, 뿌리는 휴면성이 있어서 저장하기 쉽기 때문에 일년 내내 상점에 나오고 있다. 생육이 왕성하고 경작하기도 쉬워서 최근에는 경작하는 농가가 늘고 있다.

일대 잡종(F_1)의 품종이 재배의 주류를 이루고 있다. 양파의 대부분은 매운 양파이지만, 생식용의 단 양파도 있다.

① 가을파종형 양파

양파는 어느 정도 발육한 종자가 해가 길고, 기온이 약 15°C로 따뜻한 조건이 되면 잎의 생장이 멈추고, 잎의 기부(基部)가 굵어져서 공모양이 된다. 그 조건은 품종에 따라 다르다.

② 봄파종형 양파

북부지방은 겨울에 온도가 낮아서 들판에서는 양파가 자라기 어렵다. 따라서 일조시간이 14시간 이상이 되지 않으면 구(球)가 생성되지 않는 품종을 이용하여, 하우스에서 3월 상중순에 파종하여 키운 모종을 5월 상중순에 기계로 심는다. 봄에 모종하여 여름에 생장하고, 7월경부터 구(球)가 굵어지기 시작해서 9월 경에는 수확할 수 있다.

③ 일대 잡종

일반적으로 식물에 있어서 자가수분(自家受粉)으로 생긴 모종은 생육이 떨어지며, 다른 모종과의 교잡으로 생긴 모종(F_1)은 왕성하게 생육한다. 현재 양파 90% 이상이 일대 잡종으로 재배되고 있으며, 여러 시기에 출하할 수 있다.

(1) 양파의 성상

양파 알은 엽초의 기부가 비대한 비늘줄기(鱗莖)로 어느 정도로 엽총이 형성된 후에 비대하기 시작하여, 구가 완성될 무렵에 잎은 밑쪽으로부터 쓰러지기 시작하여 점차로 마르면서 휴면으로 들어간다. 구의 직경은 8~10cm, 무게는 150~200g이 보통이다.

외면은 백색 또는 적갈색으로 자색의 건조한 피막으로 덮여 있다. 잎은 속이 비었고 2열로 배열되며 윗부분은 둥글고 아랫부분은 약간 모가 졌다. 초여름에 잎 사이로부터 긴 꽃대가 나와서 작은 꽃이 산형으로 붙는다.

완숙된 구(球)는 외측으로부터 보호엽(保護葉), 비후엽(肥厚葉), 저장엽(貯藏葉), 맹아엽(萌芽葉), 보통엽(普通葉) 등 형태가 다른 종류의 잎으로 구성되어 있다.

(2) 양파의 성분

탄수화물이 비교적 많고 갈락탄, 자일란, 메틸 펜토오스(methyl pentose) 등이 주이며, 헤미셀룰로오스도 많다. 자극성분은 황화 알릴 및 알릴 프로필(allyl propyl) 이황화물이다.

색소 성분으로 케르세틴[quercetin($C_{15}H_{10}O_7$)]이라는 성분이 껍질 부분에 들어 있는데, 지방성분의 산패를 막아 주며 고혈압의 예방에 효과가 있다고 알려져 있다.

양파의 열량은 146KJ(35kcal)/100g이다.

표 7-15 양파의 일반성분(100g 중)

성 분	함 량	성 분	함 량	성 분	함 량
수 분	90.4g	비타민 A	–	칼 륨	160mg
단백질	1.0g	비타민 B_1	0.04mg	나트륨	2mg
지 질	0.1g	비타민 B_2	0.01mg	철	0.4mg
탄수화물(당질)	7.6g	비타민 C	7mg	인	30mg
섬유소	0.5g	나이아신	0.1mg	칼 슘	15mg
콜레스테롤	1mg	비타민 E	–		

(3) 용 도

샐러드, 수프, 국거리, 고기요리, 서양요리 등에 널리 이용된다.

(4) 수확과 저장

조생종은 3월말부터 완전히 성숙하지 않은 풋양파로 출하가 시작된다. 일반 지대에서 6월이 수확기이므로 7월에 출하할 때는 별 문제가 없으나, 그 후에 출하를 목적으로 할 경우에는 저장력이 높은 품종을 재배하고 경엽(莖葉)이 쓰러져서 아직 녹색을 지니고 있을 때 수확한다.

수확한 것은 경엽이 붙은 채로 반나절 정도 말려서 잎을 재어 통풍이 잘 되는 반 그늘진 장소에서 매달아 추가로 숙성시켜 저장한다. 발아를 억제하려면 0°C가량으로 냉장하거나 약제로 처리한다.

3. 마 늘(*Allium sativum* L.)

마늘(garlic)은 백합과 파속으로 중앙아시아가 원산지이다. 이집트에서는 오래 전부터 재배되었으며, 중국에서는 한(漢)시대에 서역에서 들어왔다. 우리나라에서의 재배기원이나 도입시기는 명확하지 않으나 단군신화에도 나올 뿐만 아니라, 삼국사기에 기록이 있는 것으로 보아 마늘의 이용과 재배역사가 매우 오래된 것으로 생각된다.

품종으로는 예로부터 그 지방의 기후풍토에 순화되어 재배되고 있는 지방종, 즉 남해백(南海白), 고흥백(高興白) 등이 있는데 생태적으로는 난지형(暖地型)과 한지형(寒地型)으로 구분한다. 우리나라 1998년도의 총 재배면적은 37,337ha이고, 총 생산량은 393,903톤이었다.

(1) 마늘의 성상과 성분

그림 7-19
마늘의 품종

일주조생(위)과 화이트 육편종(아래)

지하의 인경(비늘줄기)은 담갈색, 적자색 또는 백색의 껍질로 싸이고 내부에 방사상으로 5~6개의 소인경(小鱗莖)을 형성한다. 잎은 어긋나고 밑동은 통 모양의 잎집이 되어 줄기를 감싼다. 곧게 선 꽃줄기는 높이가 60cm 이상에 달하기도 한다. 비늘줄기와 잎, 꽃줄기에서는 특이한 냄새가 나고, 꽃은 담홍자색으로 여름에 핀다.

주성분으로는 탄수화물 20%, 단백질 3.3%, 지방 0.4%, 섬유 0.92%, 회분 13.4%, 비타민 C 5.5mg%가 함유되어 있고, 글루탐산을 포함하여 15종의 아미노산이 확인되었다.

마늘내(臭氣), 매운맛 성분은 황화 알릴류로서 알리신(allicin)의 모체인 알린(alliin)을 상당량(약 2.62%) 함유하고 있다.

A. Stoll(1950) 등은 알린을 마늘로부터 분리하였고, 또 이들을 분해하는 효소 알리나아제(alliinase)를 분리하였다. 이 효소의 작용으로 살균효과를 나타내는 알리신이 생성되고, 계속 분해되어 pyroacemic acid와 암모니아로 분해된다. 알리신은 화학적 작용에 의하여 디알릴 디설파이드(diallyl disulfide)로 분해되어 마늘 특유의 나쁜 냄새가 된다.

(2) 품질과 용도

그림 7-20 마늘종

좋은 마늘은 겉껍질의 건조가 양호하고 병충해와 상해를 입지 않은 것이어야 하며, 기형구(畸形球)의 혼입이 없어야 한다. 줄기 및 뿌리는 제거하여야 한다. 품종은 일주조생(壹州早生)과 화이트 육편종이 있으며, 현재 가장 많이 생산되고 있는 품종은 화이트 육편종이다.

10잎 전후로 구가 생기는 만생품종으로 화경은 나오지 않거나 나와도 짧으며 꼭대기에 몇 개의 구슬과 같은 싹이 붙는다. 구는 50g 정도로 크며, 조각수는 5~6개로 작아서 이용하기 쉽다. 외피 및 마늘조각의 껍질도 희다. 저온 요구도가 강한 한지형의 품종이다.

용도는 강한 취기(臭氣)를 가져 향신료로서 특히 중국요리에 널리 쓰인다. 또 건조분말로 하여 요리, 육가공품의 제조에 쓰여진다. 구어 먹거나 술안주로도 쓰인다.

꽃줄기의 연한 부분(마늘종)은 고추장 속에 넣었다가 반찬으로, 아직 여물지 않은 마늘은 설탕과 식초에 절여서 간장에 담그어 두었다가 간이 배면 마늘장아찌라고 하여 반찬으로 쓰인다.

잎마늘은 중국 등에서 오래 전부터 어린 잎을 야채로서 이용하였다. 마늘이 비대하기 전의 잎은 조리거나 볶는 데 이용한다.

(3) 수확과 저장

구(球)가 커지고 경엽의 1/3 정도가 노랗게 변하면 수확할 시기이다. 맑은 날을 택해서 수확한 후, 통풍이 잘되는 서늘하고 그늘진 곳에 매달아 둔다. 마늘의 장기저장은 0~2°C, 습도 65~70%의 냉장이 좋으며 6~8개월 동안 저장이 가능하다.

4. 부 추 (*Allium odorum* L.)

부추(chinese leek)는 백합과 파속으로, 동아시아의 각지에 야생하는 다년초이며, 특유의 강한 냄새가 있다. 또한 영양가도 풍부하여 여러 가지 요리에 많이 이용한다.

우리나라에는 자생 상태의 것이 있는데 중국으로부터 전해진 것으로 추측된다. 최근에는 대중야채가 되었으며 연화한 황부추나 부추의 화경을 이용하는 꽃 부추가 있다.

그림 7-21
부추(그린벨트)

(1) 부추의 성상과 분류

비늘줄기는 긴 알모양이며, 바깥면은 시든 섬유의 줄기로 덮인다. 잎은 곧게 서고 편평한 선형이며 잎살이 연하다. 8~9월에 흰 꽃이 피고, 열매는 익으면 저절로 터져서 검은 씨가 나온다.

1) 대엽(大葉) 부추

중국 동북부에서 전래한 품종으로, 만주부추라고도 한다. 잎이 크고 터널 재배 등으로 널리 재배된다. 그러나 추위에는 약간 약하다고 한다. 부추는 수정하지 않고 종자가 생기므로 일대잡종을 육성하는 것이 어렵다고 한다.

그림 7-22
텐더폴

2) 그린벨트

만주부추의 한 계통으로, 대엽부추의 품종이며 각지의 시험장에서의 특성조사 결과, 잎부추용에 적합한 품종으로 밝혀져서 지금은 널리 재배되고 있다. 대부분의 부추 품종은 10월 상 · 중순부터 12월 중 · 하순까지 휴면하는데, 이 품종은 명확한 휴면기가 없기 때문에 적온을 유지하면 일년 내내 생장하여 유리하다. 저온과 고온에 약간 약하지만 현재 주요한 품종으로 취급되고 있다.

3) 텐더폴

대만에서 도입된 꽃부추의 품종이다. 본 종은 겨울에도 꽃눈이 생기고 거의 일년 내내 화경이 나와 수확할 수 있다. 꽃부추는 부드러운 화경과 봉오리를 식용으로 이용하며, 잎부추와 같은 자극취도 적고 단맛이 있다. 육류와 함께 볶아서 먹는 경우가 많다.

(2) 품질과 성분

부추는 너무 쇠면 맛이 없고 질기며, 아직 흙을 뚫고 나오기 전의 어린 것을 고급으로 친다. 맛과 향이 좋기 때문에 구황(韮黃 : 부추구)이라 하며 귀하게 여겼다.

부추의 열량은 79KJ(19kcal)/100g이며, 유황, 철 등 무기물과 단백질도 비교적 많이 함유하고 있고, 잎의 당질은 대부분이 포도당 또는 과당으로 단당류들이다. 일반성분은 다음 표 7-16과 같다.

표 7-16 부추의 일반성분(100g 중)

성 분	함 량	성 분	함 량	성 분	함 량
수 분	93.1g	비타민 A	1,800IU	칼 륨	450mg
단백질	2.1g	비타민 B_1	0.06mg	나트륨	1mg
지 질	0.1g	비타민 B_2	0.19mg	철	0.6mg
탄수화물(당질)	2.8g	비타민 C	25mg	인	32mg
섬유소	0.9g	나이아신	0.6mg	칼 슘	50mg
콜레스테롤	–	비타민 E	2.2mg		

(3) 용 도

수시로 잎을 채취하여 나물로 쓰고, 김치를 담그며, 삶아서 밀가루 반죽에 섞어 전병을 부치기도 한다. 또 달걀을 곁들인 구채가 유명하고, 중국요리 등에 많이 쓰인다. 씨는 구자(韭子)라 하며 이뇨(利尿)의 약재로 이용한다.

5. 죽 순 (*Phyllostachys heterocycle* MIRF. *var pubescens* OHWI. Bamboo spp.)

죽순(bamboo shoot)은 벼과에 속하며, 대나무의 지하줄기에서 줄기가 갈라져 나온 어린 것을 이용한다. 식용 죽순으로 가장 유명한 것은 중국 강남지방의 맹종죽(孟宗竹, moso bamboo)이며, 그 밖에 담죽(淡竹), 고죽(苦竹), 섬대, 왕대, 마죽 등이 있다.

(1) 죽순의 성상

죽순은 지상에 나온 것을 캐서 식용한다. 일반적으로 죽순은 단백질과 비타민 B_1, B_2, 무기물이 풍부하다. 특히 섬유질이 풍부해서 좋은 식품재료가 된다.

(2) 죽순의 품종

① 맹종죽

죽순은 대형으로 살이 두껍고 부드러우며 떫은맛이 적다. 국이나 무침, 조림, 튀김 등으로 이용된다.

② 담 죽

맹종죽이 끝나는 무렵에 나온다. 살은 약간 얇고 황색을 띤다. 비교적 떫은맛이 적고 사각사각하며 청과로서도 이용된다.

③ 섬 대

뿌리부분에서 줄기가 만곡(彎曲)해서 나기 때문에 섬대라 불린다. 죽순은 4~6월경에 수확한다. 떫은맛이 없고 향기도 있으며, 산채로서 인기가 있고, 통조림으로도 제조된다.

그림 7-23 맹종죽과 그 죽순의 단면도

④ 마 죽

미얀마가 원산으로 중국대륙 남부나 대만에서 재배된다. 죽순을 삶은 후에 발효시켜 중국요리에 많이 이용한다.

(3) 죽순의 성분과 품질

죽순 고유의 맛은 글루탐산 등의 아미노산과 당류, 유기산, 아데닐산 등이 어울려 생기는 것이다. 죽순에서 18종의 유리아미노산이 검출되었는데 그 중 세린(serine)이 가장 많다.

아린 맛의 원인 물질은 수산(蓚酸, oxalic acid)과 호모겐티신산(homogentisic acid) 등이다. 떫은맛을 제거하는 데는 물에 10%의 미강(米糠)을 넣고 껍질이 붙은 채로 윗 부분을 자른 후, 외피를 세로로 잘라서 삶는다.

모양과 색깔을 보고 판별하며, 외피는 담갈색이고 자른 부분과 껍질의 색은 순백의 윤이 나는 것이 좋다. 외피가 말라서 껍질에 밀착되어 있지 않고 느슨해져 있거나, 밑부분의 껍질색이 황색 혹은 청색을 띠는 것은 오래된 죽순이다.

(4) 용 도

보통 삶아서 먹거나, 밥에 얇게 썰어 넣어 죽순밥으로 먹고, 중국요리에서 많이 이용된다. 그 밖에 죽순채, 죽순탕, 죽순청과 등으로 조리하여 먹는다.

6. 아스파라거스 (*Asparagus officinalis* L. Var. *altilis* L.)

아스파라거스(garden asparagus)는 백합과에 속하는 다년생 초본으로 남유럽, 남부에 자생하며 원산지로 되어 있다. 우리나라에서는 화초로 소량 재배되었으나 근래에는 수출용 채소로 각광을 받아 재배면적이 확대되었다. 남부지방에서는 단지화되어 재배하고 있다.

주요 품종으로는 메리워싱턴(mary washington), 마사워싱턴(martha washington) 등이 있다. 아스파라거스는 화이트 아스파라거스와 연백하지 않는 그린 아스파라거스가 있는데, 양자는 영양성분 구성도 서로 다르다. 무기물, 비타민 A와 B 등 모두 그린 아스파라거스가 더 풍부하게 함유하고 있다.

(1) 아스파라거스의 성상

줄기의 길이는 1~2m로 잎은 침엽상이며 자웅이주(雌雄異株) 식물이다. 일반적으로 웅주가 자주보다도 수확량이 많으며, 줄기도 너무 굵어지지 않고 싹이 나오는 것도 빠르기 때문에, 재배시에 자주는 도태되어 버린다.

1980년대에 들어와서 웅주율(雄株率)이 높은 품종이 많이 육성되고 있다. 과거에는 어린 줄기를 연백하기 위하여 흙을 덮어둔 화이트 아스파라거스가 많이 생산되어 통조림으로 가공되었는데, 최근에는 연백하지 않은 그린 아스파라거스가 많이 생산되고 있다.

그림 7-24
green asparagus

(2) 일반성분

단백질 함량과 당질이 비교적 많은 야채이다. 녹색은 감미가 강하고 조직이 부드러워 조리하기도 쉽다. 비타민 C, 카로틴, 루틴(rutin) 등도 함유하고 있다. 특수성분으로 아스파라긴과 아스파라긴산을 다량 함유하고 있으며, 이름도 여기에서 유래되었다.

아스파라거스의 열량은 84KJ(20kcal)/100g이다.

표 7-17 그린 아스피라거스의 일빈성분(100g 중)

성 분	함 량	성 분	함 량	성 분	함 량
수 분	93.1g	비타민 A	190IU	칼 륨	270mg
단백질	3.4g	비타민 B_1	0.13mg	나트륨	1mg
지 질	0.1g	비타민 B_2	0.16mg	철	0.6mg
탄수화물(당질)	3.3g	비타민 C	12mg	인	50mg
섬유소	0.9g	나이아신	1.2mg	칼 슘	21mg
콜레스테롤	–	비타민 E	1.4mg		

(3) 품질과 이용

유경(幼莖)은 두꺼울수록 좋고, 절간부(節間部)는 너무 길지 않으며 선단의 잎은 겹친 것이 벌어지지 않고 잘 긴장되어 있는 것이 좋다. 백색의 아스파라거스는 발아 직전에 배토를 해서 희게 연화시킨 것이며, 녹색의 아스파라거스는 배토를 하지 않고 엽록소를 생성하게 한 것이다.

백색은 수확 후에 변질이 빨라서 섬유질이 되고 쓴맛이 생기며 변색하므로, 냉장하든지 가공하여야 한다.

어린 순을 삶아서 먹거나 통조림, 병조림으로 가공하여 조리에 이용한다.

(4) 수 확

보통 수확은 파종 후에 3~4년이 지나서 4월 상순부터 9월까지 수확하나, 7월 이후까지 수확을 계속하면 다음 해의 수량에 영향을 끼친다. 연백용일 경우는 18~21cm 정도로 하고, 그린일 경우는 20~25cm로 아래 부분을 잘라서 출하한다.

7-4 과채류(果菜類, Fruit-bearing vegetables)

1. 토마토 (*Lycopersicum esculentum* Mill)

토마토(tomato)는 가지과 토마토속으로 남미의 페루, 에콰도르가 원산지이다. 우리나라도 수요가 급격히 증가하고 있는 채소이다. 16세기에 처음 관상용으로 도입되었으나, 이탈리아를 중심으로 품종개량이 진행되고 영국에서는 저온과 일조량이 적은 곳에서 잘 견디는 조생품종이 육성되었다.

미국에는 19세기에 도입되어 교배에 의해 다양한 품종이 육성되어 병해저항성 품종의 개발에서도 선두를 달리는 등, 토마토 육종의 중심이 되고 있다. 미국계인 폰데로자 등은 단맛이 풍부하며, 토마토 냄새가 적기 때문에 이를 기본으로 복숭아색의 알이 큰 토마토 품종이 육종되어 보급되었다.

(1) 품 종

1) 미국계 복숭아색 토마토

미국에서 폰데로자, 프루츠, 글로브 등이 도입되었다. 폰데로자는 만생(晩生)이지만 단맛이 풍부하며 토마토 특유의 냄새가 적고 알이 커서 호평을 받았다. 대형복수, 신풍옥 2호, 신율원(新栗原), 동해 3호, 영관, 오광, FR-I 등이 있다.

2) 복숭아빛 조생품종

복수 2호, 보관 1호, 동양, 욱(旭), 미수(米壽) 등이 있으며, 열매는 소형이다.

3) 적색 품종

홍양, 적복 2호, 욱홍 2호

4) 황색 품종

코로나, 쥬비리, 황수

5) 미니 토마토

과거에는 항공기의 기내식용으로 국제공항 주변에서 소규모로 재배되었으나, 1980년대에 와서 급속하게 보급되어 현재에는 보통 토마토의 10% 이상의 보급률을 차지하고 있다.

단맛이 많고 알은 작으며 여러 형태, 즉 둥근 모양, 서양배 모양, 자두형 등이 있으며, 또한 색깔도 적색, 복숭아색, 오렌지색, 노란색 등 다양하다. 현재 미니 토마토의 주류는 둥근형이며 적색으로 무게는 약 15g 정도이다.

그림 7-25
둥근형의 미니토마토(왼쪽)와 서양배형의 미니 토마토(오른쪽)

6) 가공용 토마토

퓨레, 주스, 케첩 등의 가공용은 적생종으로서 착색이 좋고 가공수율이 높아야 하며, 착과가 좋고 단시일에 수확이 끝나는 다수품종이 요구된다.

(2) 성 상

식물 전체에 황록색의 샘털이 총총하게 나 있고, 누른 점액을 분비하여 독특한 냄새를 풍긴다. 초여름부터 가을에 걸쳐 가지 중간에서 황색의 꽃을 피운다.

과실의 크기는 재배형태나 수확시기에 따라 차이가 있으나 보통 60~300g이다. 색깔은 주로 붉은색과 복숭아색이며, 등홍 및 황색도 있다. 또한 20°C에서 인공적으로 색을 짙게 한 것도 있다.

(3) 일반성분

과실의 복숭아색은 리코핀(함유량 7~12mg%)이다. 20~25°C에서 가장 선명하게 착색되며, 30°C 이상이나 12°C 이하에서는 카로틴이 많아져서 과실은 적등색이 된다.

토마토의 열량은 67KJ(16kcal)/100g이다.

표 7-18 토마토의 일반성분(100g 중)

성 분	함 량	성 분	함 량	성 분	함 량
수 분	95.0g	비타민 A	220IU	칼 륨	230mg
단백질	0.7g	비타민 B_1	0.05mg	나트륨	2mg
지 질	0.1g	비타민 B_2	0.03mg	철	0.3mg
탄수화물(당질)	3.3g	비타민 C	20mg	인	18mg
섬유소	0.4g	나이아신	0.5mg	칼 슘	9mg
콜레스테롤	–	비타민 E	0.8mg		

(4) 품질과 용도

꼭지의 아문 정도에 따라 신선도를 판정할 수 있다. 추숙(追熟)해서 착색이 된 것이나 과숙한 것, 온도가 높은 시기에 딴 것은 육질이 좋지 않다. 과실의 정수리(果頂)가 뾰족한 것은 호르몬 처리의 영향이며, 품질에는 별 영향이 없으나, 내부의 젤라틴상 물질이 녹색이거나 공동부(空洞部)가 있으면 좋지 않다.

생식하는 것이 보통이며 샐러드, 주스, 퓨레, 케첩 등으로도 많이 이용된다.

(5) 수 확

토마토의 과실은 꽃이 피고 30일 정도면 완전한 크기로 발육하고 45~50일이면 수확할 수 있다. 아침이슬이 있을 동안에 완전한 색상의 것을 수확한다. 우리나라 1998년도의 총 재배면적은 4,106ha이며 총 생산량은 166,047톤이다.

2. 가 지 (*Solanum melongena* L.)

가지(eggplant)는 가지과 가지속으로 다년생 초본이며 인도가 원산지이다. 6~9월에 많이 출하되는 대표적인 여름야채이다. 우리나라에서 재배되는 가지는 대부분 짙은 청자색이고, 주로 중장형과 장형이다. 최근에는 하우스 재배로 일년 내내 안정적으로 생산되어서 계절감이 없어진 야채 중의 하나이다.

(1) 성상과 성분

줄기는 길이가 60~100cm 정도이고, 꽃부리는 자줏빛이다. 열매의 모양은 대장형(大長形), 장형(長形), 중장형(中長形), 난형(卵形), 구형(球形) 등이 있고, 색은 청자색이 대부분이며 청색이나 담록색의 것도 있다.

성분은 당질, 무기물, 비타민 등의 함량이 다른 야채에 비하여 적으며, 영양가도 가장 낮은 것으로 되어 있다. 껍질의 색깔은 안토시아닌 색소에 의하며, 열량은 75KJ(18kcal)/100g 정도이다.

그림 7-26 가지의 여러 형태

(2) 품질과 용도

절임용 가지로는 과육이 질기고 과피가 연한 것이 좋다. 너무 성숙하면 종자가 단단해지므로 조기에 수확하여야 한다. 익혀 먹는 가지로는 비교적 크기며, 과육이 연한 것이 좋다.

용도로는 열매를 쪄서 나물로 만들고, 전도 부치며, 다진 고기에 양념을 넣어서 찜도 만든다.

가지를 조리할 때 색을 선명하게 유지하기 위하여 백반을 0.2~0.3% 용액으로 넣어 주기도 한다.

표 7-19 가지의 일반성분(100g 중)

성 분	함 량	성 분	함 량	성 분	함 량
수 분	94.1g	비타민 A	23IU	칼 륨	220mg
단백질	1.1g	비타민 B_1	0.04mg	나트륨	1mg
지 질	0.1g	비타민 B_2	0.04mg	철	0.4mg
탄수화물(당질)	3.4g	비타민 C	5mg	인	27mg
섬유소	0.7g	나이아신	0.5mg	칼 슘	16mg
콜레스테롤	1.0mg	비타민 E	0.3mg		

(3) 수 확

일반적으로 개화 후 15~20일 지나서 과실의 광택이 없어지지 않을 동안에 수확한다. 조생(早生)인 둥근가지나 중간크기 정도의 가지는 하나가 50~100g, 만생(晩生)인 큰 가지는 100~150g의 크기가 적당하다. 수확은 이른 아침에 하는 편이 좋으며, 육질도 부드럽다.

3. 고 추 (*Capsicum annuum* L.)

고추(red pepper, green pepper, sweet pepper)는 가지과 고추속으로 원산지는 남아메리카이다. 열대에서는 다년초이고, 온대에서는 일년초이다. 신대륙 발견 이후에 유럽으로 전해져 중요한 조미료가 되었는데 모두 매운종(hot pepper)이다.

맵지 않은 단맛종(sweet pepper)은 처음에는 단 고추로 불리우고, 후에 프랑스어에서 고추를 의미하는 piment에서 유래가 되어 큰 고추를 피망이라고 부르게 되었다.

그림 7-27 김상 고추

고추는 세계적으로 인기있는 향신료이다. 매운맛을 내는 품종은 레드페퍼(red pepper), 칠리페퍼(chill pepper) 등이 있으며 품종에 따라 그 정도가 다르다. 우리 나라에는 1614년 임진왜란 때 일본으로부터 전래된 것이 처음이라는 설과 1710년경에 중국으로부터 도입되었다는 설이 있으나 아직 확실하지 않다.

옛날부터 재배되어 오던 재래종은 강한 매운맛을 지닌 것들이었으나, 근래에는 채소용으로 그다지 맵지 않고 대형인 단맛 종류 즉 스위트페퍼(sweet pepper)가 많이 재배되고, 대형이며 맵지 않은 피망(piment)이 많이 이용된다.

우리나라에서 고추를 많이 생산하는 곳은 경상북도 영양, 충남 천원, 충북 음성 등이며 1998년도 고추 총 생산면적은 70,152ha이며 총 생산량은 157,141톤이다. 우리나라 한 사람당 평균 고추 소비량은 5g이 넘으며 부족한 양은 멕시코, 파키스탄, 인도, 태국, 중국 등에서 수입하고 있다.

① 마른 고추

재래종, 소팔방(小八房), 장팔방(長八房), 고신(高信)고추, 본응(本鷹)

② 풋고추용

재래종(2640B, 2520), 핫 포르투갈(hot portugal), 찰황조생(札幌早生), 일광(日光), 불암(佛岩) 하우스 풋고추

③ 피 망

흥농의 거대피망, 영광피망, 요로원더, 캘리포니아원더, 동경피망 등이 있으며, 완숙하기 전에 먹는 대과계 녹색 대형피망은 캘리포니아원더가 대표적이고, 고기와 함께 조리는 요리에 적합하다.

그림 7-28
피망(piment)

중과종(中果種)인 피망을 완숙시킨 붉은 피망은 피망 냄새가 나지 않아 생식에 적합하다. 또한 점보(jumbo)피망도 미숙과는 녹색이지만 완숙되면 적색 또는 황색계가 되며 단맛도 강해서 생식으로 이용되고 있다.

(1) 성 상

유근화서(有根花序)로 일반적으로 착화부에서 가지가 둘로 나뉜다. 분지된 제1절에 착화되며, 그 부분부터 다시 분지된다. 이것을 계속하여 고추수가 많아지

며, 영양상태가 좋지 못하면 분지를 이루지 못하고 그대로 착화를 계속한다.

재래종은 10cm 내외의 길이와 1~2cm 정도의 굵기를 가진 뿔 모양이며, 색깔은 녹색이던 것이 익으면 붉은색이 된다.

(2) 화학적 성분

고추의 매운맛 성분은 캡사이신[capsaicin($C_{18}H_{27}NO_3$)]으로서 약 0.3%가 함유되어 있다. 과피의 적색색소는 캡산틴[capsanthin($C_{40}H_{58}0_3$)]으로 0.41%, 카로틴 0.06%를 함유하고 있다.

유기산은 푸마르산(fumaric acid), 호박산(succinic acid)과 시트르산이 총 산 함량의 80% 이상을 차지하고 있다. 씨에는 약 30% 정도의 지질이 함유되어 있으며 주로 트리글리세리드가 대부분이고, 자극성의 독특한 향과 맛을 가지고 있다.

마른 고추의 일반성분은 단백질 9%, 당질 32%, 지방 14%, 회분으로 칼슘 120mg%, 인 130mg%, 철 10mg%, 비타민 A 7,000IU, B_1 0.2mg%, B_2 0.15mg%, C 200mg%를 함유하고 있다. 특히 비타민 A, C의 함량이 높고, 생고추에도 비타민 C는 100mg% 이상 들어 있다.

고추의 열량은 88KJ(21kcal)/100g이다.

(3) 품질과 용도

꼭지가 단단하게 붙어 있으며, 빛깔이 맑고 진하고 껍질이 두껍고 윤이 나는 것이 좋다. 하얗게 변한 병소(病巢)가 없어야 하며, 씨도 적은 것이 좋다. 수확 후 수분함량이 14%가 되도록 잘 건조하면 저장에 유리하다.

우리나라에서 고추는 고추장, 김치, 실고추 등으로 다양하게 이용되며, 서양에서는 육류와 핫소스, 카레, 채소요리 등에 사용하고 있다.

(4) 수확과 저장

우리나라 재래종 고추는 7, 8월에 꽃이 피고 47일 정도가 되면 완전히 빨간색이 된다.

수확한 고추의 건조는 햇볕에 말리기도 하나, 오랜 시간이 소요되므로 근래에는 화력건조로 50~70°C에서 약 2일간 실시한다.

저장은 15~18°C 조건에서 하는 것이 좋다.

4. 오 이 (*Cucumis sativus* L.)

그림 7-29 오이

오이(cucumber)는 박과 오이속으로 인도의 히말라야 지방이 원산지이다. 근래에는 온실, 비닐하우스 등에서 재배되어 일년 내내 공급되는 대표적인 채소이다.

오이는 일년생으로, 줄기에는 거친 털이 있으며 무엇이든 감아 올라가면서 자란다. 자웅이주로 보통은 수꽃과 암꽃이 다른 마디에서 핀다. 현재 재배되는 오이는 다른 야채와 마찬가지로 실용 품종은 거의 F_1이다.

(1) 오이의 품종과 성상

과실은 원통형의 액과(液果)로 품종에 따라 그 길이가 다양하다. 주로 중국 중부와 남부에서 도래한 화남형과 중국 북부와 중부로부터 도래한 화북형, 피클형 등 3종류가 재배되고 있다.

1) 화남형

저온에 신장성과 착과성이 있으며, 조숙재배와 시설재배에 이용되었다. 열매는 짧고 굵으며 녹색이 많고, 상부는 녹색이며 하부는 흰색인 종류도 있다. 껍질은 단단하며 과육은 짐질로 품질은 과히 좋지 않나.

2) 화북형

조생종으로 호온성이며 여름용 재배에 이용되었다. 열매는 가늘고 길며 껍질은 녹색이고 또 얇다. 흰가시가 덮여 있으며 육질은 씹히는 맛이 좋다.

3) 피클형

피클용 오이는 미국이나 구소련에서 여러 품종으로 분화되었고, 과실은 작은 달걀형이며, 황록색으로 생오이는 쓴맛이 나지만 절이면 없어진다.

1년생 덩굴식물로 암꽃과 수꽃이 한 덩굴에 달리며 여름에 노란색의 통꽃이 핀다. 열매는 보통 15~30cm 정도로 어릴 때는 표면에 작은 가시와 같은 돌기가 생긴다.

(2) 성 분

96%가 수분이고 열량은 46KJ(11kcal)/100g으로 비교적 낮은 편이며, 영양

성분으로보다는 식욕을 증진시키기 위한 야채로서 이용된다.

고미성분은 쿠쿠르비타신(cucurbitacin, $C_{32}H_{46}O_8$)이라고 하는 일종의 배당체인데, 수용성인 이 물질은 오이를 잘라서 묽은 식초나 피클로 만들면 없어진다. 이 쓴맛 성분은 재배기간 중 질소의 과다, P, K의 부족, 햇볕이 강하여 높은 온도가 되었을 때에 많이 생성된다.

표 7-20 오이의 일반성분(100g 중)

성 분	함 량	성 분	함 량	성 분	함 량
수 분	96.2g	비타민 A	85IU	칼 륨	210mg
단백질	1.0g	비타민 B_1	0.04mg	나트륨	2mg
지 질	0.2g	비타민 B_2	0.04mg	철	0.4mg
탄수화물(당질)	1.6g	비타민 C	13mg	인	37mg
섬유소	0.4	나이아신	0.2mg	칼 슘	24mg
콜레스테롤	–	비타민 E	0.4mg		

(3) 품질과 용도

신선하며 고유의 색깔을 나타내는 것은 좋고 지나치게 익어 누렇게 되어 있는 것은 좋지 않다. 신선도는 오이 끝에 있는 꽃이 시든 정도에 따라 판정하는 것이 좋다.

특유의 풍미가 있기 때문에 생식용 또는 김치, 장아찌, 피클, 오이소박이, 냉국, 샐러드 등으로 이용된다.

(4) 수확과 저장

수확은 꽃이 핀 후에 10일 내외로 실시한다. 보통 품종은 생육초기에는 약 70~80g 정도이고, 크기가 18~25cm, 무게는 90~150g 정도인 최대로 성숙된 시기에 수확한다. 우리나라에서 오이 저장은 별로 하지 않는다. 우리나라 1998년도 재배면적은 7,894ha이며 총 생산량은 236,820톤이다.

5. 호 박 (*Cucurbita* spp.)

호박(pumpkin)은 박과로 중앙 아메리카 또는 멕시코 남부의 열대 아메리카가 원산지이다. 고온다습지대에 적응하여 온 동양계 호박(*C.moschata* DUCH.)과 페루, 볼리비아, 칠레 북부의 지대에 적응하여 온 서양계 호박(*C.maxima* DUCH.), 멕시코 북부와 북아메리카 서부를 원산지로 하는 페포계 호박(C.pepo L.) 및 믹스타(C. mixta) 등 4종이 재배되고 있으며, 이는 식물분류학상의 이름이다.

호박속의 이들 4종은 상호 교잡하여도 종자는 생기기 어렵다. 그러나 야채로서의 성질, 재배방법, 조리방법 등이 유시하기 때문에 오래 전부디 이들을 하나의 종으로 취급하였다. 그 중 우리나라의 호박은 동양계 호박에 속한다.

호박의 명칭이 영국이나 미국에서는 pumpkin, summer squash, winter squash, marrow, cushaw 등이다. 이 때 성숙한 호박을 이용할 경우 pumpkin, 미숙한 호박을 이용할 때는 squash라 한다고도 한다.

서양계 호박은 녹말이 많아 숙과용으로 쩌서 먹는다. 근래에 도입된 페포계 호박에 속하는 주키니 호박은 덩굴이 뻗지 않는 특성을 가지고 있으며, 청과용으로 재배된다.

(1) 주요 품종

1) **동양계 호박** : 불암 사철 애호박, 서울 나나기, 서울 바니호박

2) **서양계 호박** : 합바이드(Hubbard), 딜리셔스(Delicious)

3) **페포계 호박** : 주키니

(2) 성상 및 성분

품종에 따라 크기, 색, 형태가 다양하다. 동양계 호박의 과육은 황색이고, 육질은 점성이 높은 것이 많으며, 서양계 호박은 방추형, 편원형 등의 모양을 가지고 있다.

당질 11.9%, 단백질 1.1%, 칼슘 24mg, 인 37mg, 칼륨 370mg, 비타민 A 470IU, 비타민 C 39mg 등을 함유하고 있다. 열량은 서양계 호박이 305KJ(73kcal)/100g이다.

호박씨는 단백질 23%, 지질 38%로 높은 함량을 나타내며, 특히 레시틴과 필수아미노산이 많이 들어 있다. 호박의 황색은 카로틴, 잔토필(xanthophyll)에 의한다.

(3) 품질과 용도

과경(果梗)이 단단하고, 잘 익어서 과면(果面)이 충실하고 형태가 반듯하며 잘 퍼져 있는 것이 좋다. 서양호박의 경우에 과면이 충실하고, 광택이 있으며, 중량감이 있는 것이 좋다. 특히 과경 절단부와 화흔부(花痕部)가 코르크화되었거나 상해가 있는 것은, 병해나 수확한 후에 여러 날이 지난 것일 수 있으며 또한 풍미도 떨어진다.

어린 호박은 나물, 전, 찌개용으로 쓰고, 늙은 것은 국거리, 파이, 엿의 제조에 쓰며, 호박고지떡으로 만들어 먹기도 한다. 또 품종에 따라 사료용, 관상용으로도 쓴다.

(4) 수확과 저장

보통 동양계와 페포계통의 호박은 촉성재배를 할 경우에 7~10일이면 생식용으로 사용할 수 있고, 20~30일이면 황갈색으로 익어 가공에 쓸 수 있다. 서양계통은 개화 후 50~70일이 경과하여 과피가 황갈색이 될 때 수확한다. 우리나라 1998년도의 호박 재배면적은 7,701ha에 총생산량은 141,698톤이었다.

저장은 익힌 다음 4~8°C의 낮은 온도와 70% 이하의 습도에서 저장하며, 상온에서도 2~3개월은 저장할 수 있다. 서양계 호박이 저장성이 더 높다.

6. 수 박 (*Citrullus vulgaris* SCHRAD)

그림 7-30 수 박

수박(water melon)은 박과 수박속으로 원산지는 열대 아프리카이다. 과실은 수분이 많고 시원한 맛으로 예로부터 참외와 함께 여름철 과실로서 인기가 높다. 주요 품종으로는 도(都) 2호, 도 3호, 대화(大和) 3호, 신대화 2호, 가보(嘉寶) 신대화 3호, 욱대화(旭大和)수박, 신팔보(新八寶), 신흥감로수박, 부연(富研), 소옥(小玉) 등이 있다.

우리나라 1998년도의 수박 생산량은 738,732톤이다.

(1) 성상과 성분

열매는 둥글거나 타원형으로 껍질색은 녹색바탕에 검은 줄무늬가 있는 것이 대부분이며, 겉껍질이 검고 살은 빨간 블랙 볼 같은 품종도 있다. 과육은 물이 많고 붉으며 감미가 많다.

씨의 색깔은 갈색 혹은 흑색이다. 소량의 사과산과 알기닌을 함유하며, 적색의 색소는 라이코펜(lycopene)으로 카로티노이드계 색소이다.

성분은 수분 94%, 당질 5.2%로 감미가 높고, 또 당분은 과당과 포도당이어서 쉽게 흡수되며 피로 회복에 도움이 된다. 수박에는 시트루린(citrulline)이라는 성분이 있어서 이뇨작용이 크기 때문에 옛부터 신장병에 효과가 있다고 알려져 있다. 열량은 130KJ(31kcal)/100g이다.

(2) 품질과 용도

수박은 완숙한 것이 우량품이다. 꽃이 피고 완숙되기까지는 품종마다 조금씩 다르나, 보통은 조생종 20일, 중생종 30일, 만생종 35일 정도가 필요하다.

다른 과일과는 달리, 수박은 그 숙성도를 색깔의 변화나 향기로 구분하기는 매우 어렵다. 따라서 일반적인 숙성과의 기준을 다음 몇 가지로 한다.

① 두드려서 맑은 소리가 나는 것

② 과실의 색깔이 광택이 나는 것

③ 과실자루 부분이 벌어지고 골이 생긴 것

④ 결실절(結實節) 위의 덩굴손이 황변하여 말라 죽는 것

⑤ 미숙과의 비중은 1.0이고 완숙된 수박의 비중은 0.96이다.

우리나라에서는 주로 여름 과일로 생식하나, 일본의 경우 껍질을 절임으로 먹기도 한다.

(3) 수확과 저장

수박의 수확은 겉으로 보아서는 판별이 곤란하고, 일반적으로 숙달된 사람이 두들겨 보고 판단하나 쉽지 않다. 정확하게 하려면 암꽃이 핀 다음 표찰을 붙여서 소형품종은 숙성까지 25일 전후, 대형 품종은 30~35일 전후로 수확하면 좀더 확실하다.

저장성은 매우 낮고, 그늘지고 저온의 장소에서 저장하는 것이 좋다.

7. 참 외 (*Cucumis melo* L.)

참외(melon)는 박과 오이속으로 동아시아형의 멜론이며, 서양계 멜론(melon)과 당분이 없는 월과(越果)와 동일종이다.

원산지는 동아프리카로 야생종이 아프리카 북부를 거쳐 중근동에서 재배화되어, 동서로 전해졌다는 설이 유력하다. 우리나라에는 삼국시대에 만주를 거쳐 들어온 것으로 여겨진다.

참외의 품종은 매우 다양하여 춘향참외, 코로나 참외, 은천(銀泉)참외, 노랑참외, 청사과(青沙瓜), 백사과(白沙瓜), 서울참외, 성환참외 등이 있다. 1998년도의 전국 참외 재배면적은 노지 1,047ha, 온실 9,365ha로 총 생산량은 187,936톤이다.

서양계 멜론은 최근에 재배되어 판매되고 있으나, 재래종인 참외보다 인기가 없다. 품종은 프린스멜론, 선타이스멜론, 나폴레온멜론, 뉴멜론, 장수멜론 등이 있다.

(1) 성상과 성분

열매의 형태는 대부분 타원형이고, 품종에 따라 그 크기와 무늬, 빛깔, 맛 등이 각각 다르며, 또한 독특한 향기와 단맛을 가지고 있다.

성분은 수분 91%, 당질 6.4%를 함유하며, 강한 향과 단맛이 있다. 향기의 성분은 디에틸 세바케이트(diethyl sebacate)가 주성분이고, 꼭지의 쓴맛성분은 쿠쿠르비타신(cucurbitacin)이다.

(2) 수확과 저장

참외의 수확은 저온기의 경우 개화 후 35일만에, 저온기와 고온기 사이의 것은 개화 후 28~30일 정도에서 수확하는 것이 좋다. 수확은 과실의 품온이 낮은 오전에 하는 것이 단기간의 운송이나 저장에 잘 견딘다. 참외의 저장성은 그다지 높지 않으며, 단기간의 저장은 그늘지고 서늘한 곳이 유리하다.

(3) 품질과 용도

참외가 완숙되면 품종 고유의 색과 향기가 짙어지고, 감미도 높아진다. 용도로는 여름의 생과로 널리 사랑받고 있으며, 참외의 꼭지는 한방에서 최토약(催吐藥) 및 완하제(緩下劑)로 쓰인다.

8. 딸 기 (*Fragaria grandiflora* EHRH.)

딸기(strawberry)은 장미과 오란다 딸기속으로, 현재의 재배딸기는 북아메리카가 원산지인 버지니아 딸기와 남아메리카가 원산지인 칠레 딸기가 17세기 중기 유럽에서 교잡하여 미국까지 확산된 것이다. 우리나라의 1998년도 노지재배 면적 600ha와 시설 재배면적 5,953ha를 합쳐서 총 생산량은 89,514톤이다.

주요품종은 온도, 일조량, 휴면의 정도 등에 따른 생태적 특성에 따라 분류하면 다음과 같다.

① 촉성형 (促成型)

호타완다(hotta wanda), 복우(福羽), 홍학(紅鶴), 구류미(久留米) 103호 the sun, 4계성(四季成), 에셀쇼오(exelsior)

② 난지형 (暖地型)

마샬(marshall), 궁기(宮崎), 아메리카, 샤플리스(sharpless)

③ 중간형 (中間型)

돈너(donner), 대학 1호, 행옥(幸玉), 홍부사(紅富士)

④ 한지형 (寒地型)

페어팩스(fair fax), 노스웨스트(northwest), 도세트(dorsett)

⑤ 가공용 품종

방옥(芳玉), 궁기, 천곡(千曲), 어목원(御牧原) 1호

(1) 성상과 성분

숙근성(宿根性) 초본으로 열배는 적색이고, 열매 표면에 흑색의 작은 씨가 산재하여 있다. 5~6월 경에 잎 사이로부터 꽃대가 나와 흰 꽃이 핀다. 열매는 꽃이 진 뒤에 달걀 모양의 붉은 가과(假果)가 된다. 향기가 짙으며 맛이 달고도 시다.

복우는 장방추형의 대과로 색깔은 선명한 홍색으로 맛도 좋고, 속성재배의 고급품으로 육종모로도 사용되어, 여홍(麗紅), 추향(秋香), 방옥 등이 육성되었다.

돈너는 미국 캘리포니아 대학에서 육성된 품종으로 단방추형의 대과이다. 색깔은 짙은 홍색이고 단맛과 신맛의 조화도 좋다. 또한 보관성이나 수송성이 좋으며 반속성 재배용이다.

그림 7-31 딸기의 종류

성분에는 비타민 C 함량이 높고, 사과산, 구연산, 주석산 등의 여러 유기산과 높은 당을 함유하고 있다. 딸기의 가식부 100g의 열량은 146KJ(35kcal)이며, 일반성분은 다음 표 7-21과 같다.

표 7-21 딸기의 일반성분(100g 중)

성 분	함 량	성 분	함 량	성 분	함 량
수 분	90.1g	비타민 A	–	칼 륨	200mg
단백질	0.9g	비타민 B_1	0.02mg	나트륨	1mg
지 질	0.2g	비타민 B_2	0.03mg	철	0.4mg
탄수화물(당질)	7.5g	비타민 C	80mg	인	28mg
섬유소	0.8g	나이아신	0.3mg	칼 슘	17mg
콜레스테롤	–	비타민 E	0.4mg		

(2) 수확과 저장

촉성재배에 있어서는 개화 후에 50~60일, 노지재배에 있어서는 35~40일에 수확할 수 있다. 저장성은 매우 약하다. 장기간 보존하려면 0°C에서 24시간동안 예냉시킨 후 −9°C 이하의 저온에서 저장하면 된다.

(3) 요구되는 품질과 이용

과형이 바르고 전체가 고르게 착색되어 있는 것이 좋다. 과육은 백색, 홍색 등이 있으며, 홍색인 것은 풍미가 좋다. 그러나 육질이 치밀하며, 선상(線狀)이 되었거나 공동(空洞)이 생긴 것은 과숙된 것으로 좋지 않다.

대부분 신선한 상태의 생과로 이용되고 있으며, 그 외에 잼(jam), 젤리(jelly), 시럽(syrup), 아이스크림, 딸기술, 과자 등의 원료로 이용된다.

7-5 화채류 (花菜類)

1. 꽃양배추 (*Brassica oleracea L.var.botrytis* L.)

꽃양배추(cauliflower)의 야생종은 유럽이 원산으로, 북해, 지중해, 대서양 연안에 널리 분포한다. 처음에는 야생종이 채취되어 이용되었으나 이것은 불결구성이었다. 그 후 재배가 발달되는 가운데 잎의 수가 많아지고 또 형태가 커졌으며, 잎이 말리게 되어 결구양배추가 생기는 등 다양하게 진화하였다.

현재 식용으로 재배되고 있는 양배추류의 변종은 다음과 같다.

① 결구양배추(양배추) ② 케일, 코라이드 ③ 축면(縮面)양배추
④ 싹양배추 ⑤ 콜리플라워(cauliflower) ⑥ 브로콜리(broccoli)
⑦ 콜라비(kohlrabi) ⑧ 개람(芥藍)

이들은 모두 식물학적으로 var.botryjtis에 포함되며 B.cretica에서 개량된 것이다. 우리나라에는 최근에 와서 조금씩 재배되고 있는 실정이다.

(1) 성상과 성분

줄기가 자라서 주걱형의 외엽(外葉)이 커지면, 줄기의 꼭대기에 미숙한 꽃봉오리의 집합체가 생긴다. 이것이 성숙되면 식용으로 하는 것이며, 색깔은 주로 백색 및 유백색이고 그 외 녹색 및 자색 등도 있다.

그림 7-32
cauliflower

꽃봉오리의 크기는 직경이 8~15cm, 무게는 200~400g 정도로 꽃봉오리뿐만 아니라 줄기의 상부 유연한 부분도 식용으로 한다.

생 꽃봉오리 100g의 열량은 180KJ(43kcal)이다.

탄수화물 약 7%와 단백질 6%, 비타민 A, B, C, D, E 등을 함유하고 있는데 특히 비타민 C가 많이 함유되어 있다.

(2) 요구되는 품질과 이용

꽃봉오리가 크고 깨끗하며 싱싱한 것이 좋다. 솜털이 일어났거나 작은 잎이 돋아있는 것은 순조롭게 자란 것이 아니어서 품질이 떨어진다. 건조하고 단단하지 않은 것은 과숙한 것이거나 또는 수확 후 오래된 것으로 보아야 한다.

일반적으로 삶은 후에 샐러드에 넣거나, 수프, 화이트소스(white sauce), 볶아서 튀김 또는 절임 등으로도 이용한다.

(3) 수확과 저장

꽃봉오리가 크게 부풀어오르고 봉오리 사이에 빈 틈이 생기기 시작하면 겉잎 3~4장을 붙인 채로 수확한다. 일반적으로 저장은 하지 않으나, 최근에는 플라스틱 필름으로 포장하여 1~2°C의 저온으로 저장한다.

2. 브로콜리 (broccoli)

그림 7-33 브로콜리(broccoli)

꽃봉오리, 꽃줄기를 먹는 양배추의 부류의 원형으로 콜리플라워는 이것에서 발달한 것이다. 일찍부터 남유럽에서 이용되었으며 20세기에 들어 미국에서 급속히 소비가 증가되었다.

꼭대기에 큰 꽃봉오리만 나는 것, 차례차례로 꽃봉오리를 분기하는 것과 그 중간형이 있다. 꽃봉오리는 푸른색이 주체이며 황록, 백색, 자색 등의 품종도 가끔 있다. 샐러드나 무침 및 볶음 등으로 많이 이용되며 비타민 함량이 높고 특히 비타민 C 함량이 높다.

표 7-22 브로콜리의 일반성분(100g 중)

성 분	함 량	성 분	함 량	성 분	함 량
수 분	84.9g	비타민 A	400IU	칼 륨	530mg
단백질	5.9g	비타민 B_1	0.12mg	나트륨	6mg
지 질	0.1g	비타민 B_2	0.27mg	철	1.9mg
탄수화물(당질)	6.7g	비타민 C	160mg	인	120mg
섬유소	1.1g	나이아신	1.2mg	칼 슘	49mg
콜레스테롤	–	비타민 E	1.8mg		

Chapter 8

과실류(果實類)

과실은 풍요로운 현대의 식생활에서 기호 및 식후 디저트(dessert)용 식품재료로 그 소비량은 날로 증가하고 있는 실정이며, 또한 수입 과실의 증가로 그 양이나 종류는 매우 다양해졌다. 과실은 기호성이 높은 식품인 반면, 비타민과 무기물의 공급원으로서 영양적 가치가 높은 재료이다.

과실류의 분류는 여러 가지 분류법이 있다. 그러나 일반적으로 인과류, 준인과류, 핵과류, 장과류, 견과류로 분류하는 것이 보통이다.

1. 과실류의 식품재료적 가치

일반적인 식품재료와는 달리, 과실은 신선한 것을 그대로 생식하는데, 풍부한 당분과 유기산을 함유하고 있으며 특유의 색과 풍미를 가지고 있으므로 많은 사람들에게 기호품으로도 사랑받고 있다. 또 높은 함량의 비타민과 무기물을 함유하고 있어서 알칼리성 식품으로도 그 가치가 높다. 특히 과육에는 많은 섬유소(cellulose)가 들어 있어 사람의 장(腸) 운동작용에도 좋아서 건강미용식으로도 인식되고 있다. 과실은 생식 이외에도 주스, 과실주, 통조림, jam 등 각종 가공품 제조에 이용되고 있다.

2. 과실의 성상과 분류

과실은 자방(子房)과 그 부속조직이 비대하여진 것이다. 과실의 구조는 외과피, 종자와 과육부로 구성되어 있다.

(1) 인과(仁果, kernel fruits), 준인과(準仁果, quasic kernel fruits)류

사과나 배 등이 여기에 속하며, 과실은 꽃받이가 성장 발육한 것이고 씨방(房) 안에 종자가 있다. 과실의 꼭지는 배꼽의 반대편에 있다.

감 및 감귤 등은 그 구조가 인과류와 비슷한 점이 많으나, 과실은 씨방이 발육성장한 것이므로 인과류와는 구별된다.

그림 8-1 과일의 분류(단과, 單果)

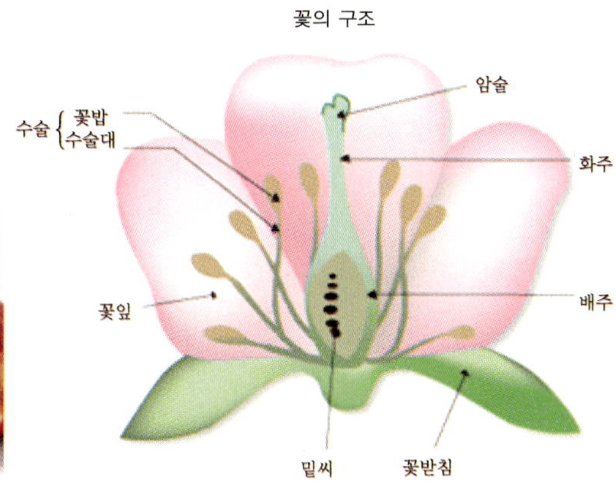

그림 8-2 꽃 각부의 명칭

(2) 핵과류 (核果類, stone fruits)

복숭아 · 매화 · 살구 등의 과실은 자방(子房)이 생장 발달한 것이며, 한 가운데에 딴딴한 핵층이 있고, 그 속에 종자가 있다.

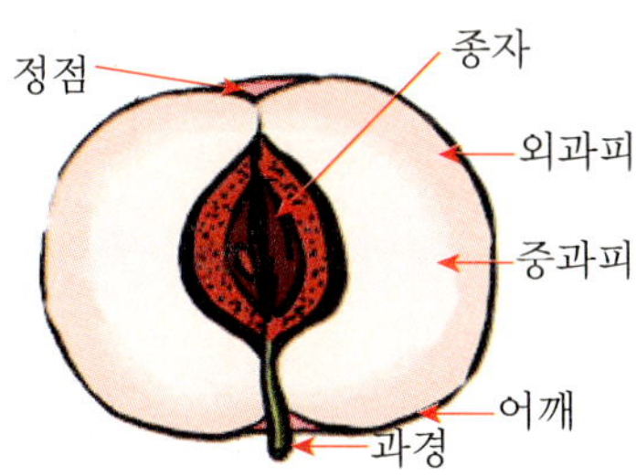

그림 8-3 핵과류

그림 8-4 berries

(3) 장과류 (漿果類, berries)

포도나 딸기 등의 과실은 중과피와 내과피가 유연하고 과즙이 많은 육질로 되어 있으며, 그 속에 종자가 있다.

(4) 견과류 (堅果類, nuts fruits)

밤이나 호두 등은 다른 과실류와는 달리 곡류나 두류와 마찬가지로 종실을 식용으로 한다.

3. 과실의 성분

과일의 성분은 그 종류나 숙성정도, 재배조건 등에 따라 많은 차이를 나타낸다. 과일의 성분은 일반성분보다 특수성분이 중요하며 맛, 향, 색깔을 비롯한 펙틴 물질 효소 등이 그 과일의 특성을 나타내는 성분으로 중요하게 생각된다.

과실의 가식부는 수분이 약 86~90%, 단백질 0.5~1%, 지질 0.3% 정도 함유하고 있다. 탄수화물은 당분이나 섬유 등으로 10~20%이다. 무기질은 K, Ca이 많고 회분의 평균은 0.4%이다. 비타민은 대체적으로 비타민 C 함량이 높고, 등색(橙色) 과육의 과실에는 carotene을 함유하고 있다. 견과류는 곡류나 두류와 마찬가지로 비타민 B군을 함유하고 있고, 감귤의 과피나 과육부에는 비타민 P를 함유하고 있다.

(1) 맛성분

과실의 맛은 단맛과 신맛의 조화에 있다. 단맛을 내는 당분은 포도당(glucose), 과당(fructose), 자당(sucrose) 등이 있다. 과실이 익어 감에 따라 단맛이 증가하는데, 그 이유는 전분의 분해에 의한 당의 생성과 포도당으로부터의 과당생성 등에 의한 것이다. 신맛을 제공하는 유기산에는 구연산(citric acid), 사과산(malic acid), 주석산(tartaric acid), 호박산(succinic acid) 등이 있다. 과실 종류에 따라 그 구성비가 다르다. 토마토 등과 같이 특이한 유기산, 즉 초산(acetic acid)을 함유하는 과실들도 있다.

(2) 향기성분

과실의 향기는 어느 식품의 경우보다 더 큰 비중을 차지하는 요소로 수많은 휘발성 방향성분(精油)이 서로 혼합되어 있고 그 조성은 매우 복잡 다양하며 미량이다. 식물의 정유(精油, essential oil)성분은 진정한 의미의 유지(油脂)가 아니라, 여과지 등의 종이에 기름과 같은 얼룩을 만든다는 것으로 이름 지어졌으며, 또 유지와 구분되는 점은 수증기에 거의 모두 휘발된다는 점이다.

거의 모든 정유성분은 보통의 온도에서 액체상태로 혹은 짙은 액상으로 존재하며, 유기용매인 무수(無水)알코올, 에테르, 클로로포름, 벤졸 등에 잘 용해된다. 따라서 이들 용매를 이용하여 식물로부터 정유성분을 추출한다.

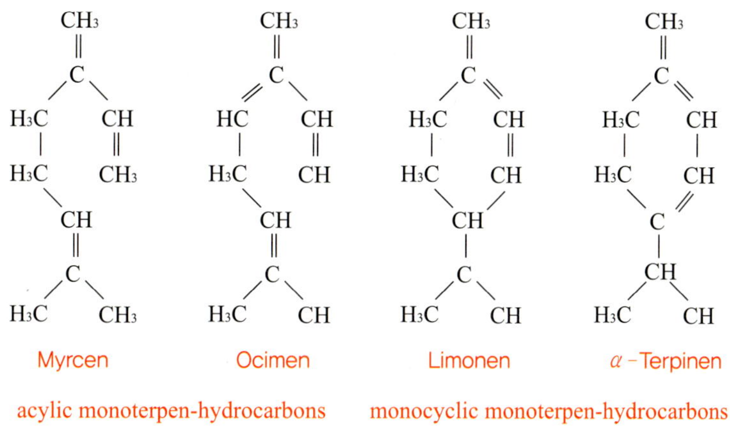

그림 8-5 terpen 류

식물의 정유성분은 크게 테르핀 계열 및 n-알칸 계열의 탄화수소류, 이들 탄화수소류의 산소화 유도체(oxygenated derivatives), 벤젠 고리를 가지고 있는 방향족 화합물, 질소 또는 황을 함유하고 있는 화합물 등으로 분류된다.

식품의 향미, 즉 flavor라는 표현은 방향, 향기, 향, 냄새 등과 유사하지만, 냄새를 나타내는 영문표기는 aroma, fragrance, odor, per fume, scent, smell 등이 있어 서로 다르게 표현된다.

식품을 코로 맡을 때의 향(香)을 aroma, 입안에 머금었을 때의 풍미(風味)를 향미(香味, flavor)라고 표현할 수 있으며, 하나의 식품에서 검출되는 휘발성 향기성분의 수는 수십 내지 수백 종에 이르며 그 농도는 매우 낮다.

과실의 향기는 그 종류에 따라 정유성분의 조성도 매우 다르고 미량이므로, 향기성분을 분석 · 동정하는 것은 쉽지 않다. 향기성분은 일반적으로 알코올류, 에스테르류, 휘발성 산류가 많으며 카보닐 화합물 등도 검출되고 있다.

Guide

인간이 감지할 수 있는 냄새의 최저농도는 10^{-7}ppb 정도이며, 역치 최소감미량(threshold value)이라고 한다.

(3) 색 소

식물성 색소들은 ① 주로 식물체의 원형질체(protoplasts)에서 유색체(有色體, plastid)에 존재하며, 물에 녹지 않는 색소들(water insoluble plastid pigments)로 클로로필(chlorophylls)과 카로티노이드(carotenoids)들이 있으며 ② 수용성으로 세포액에 녹아 있는 색소들(cell sap water soluble pigments)의 안토잔틴들, 즉 소위 플라보노이드(flavonoids)와 안토시아닌(anthocyanins) 들이 있다.

보통 무색투명의 교질상태(colloid)로 존재하던 탄닌(tannins)들은 쉽게 산화되어 흑갈색의 불용성 물질로 변한다. 이것을 불용성 색소에 포함시키는 학자도 있다. 과실의 색소는 외과피의 색소물질, 주로 탄닌과 펜놀계와 과육의 색소물질로 구분하는데, 외과피 색소가 그 과실의 색깔을 결정한다.

과실의 색깔은 미숙상태에서는 chlorophyll이 많으나 성숙하면서 감소하고 다른 색소량이 많아져서 적색 또는 황색으로 점점 변한다. 이렇게 녹색에서 황색으로 변하는 과실은 바나나 · 사과 · 배 등이며, 녹색에서 붉은 색으로 변하는 과실은 토마토 · 망고 · 오얏 등이 있다.

(4) 펙틴(pectin) 물질

펙틴질은 과실이나 야채류의 세포막이나 세포막 사이에 결착물질(cementing materials)로 존재하면서 조직(texture)이나 가공품의 품질에 영향을 주는 다당류 물질이다.

펙틴질은 세포벽을 구성하는 중요한 물질로는 ① 불용성 protopectin ② 가용성 펙틴인 pectinic acid ③ pectin ④ pectic acid 및 그 염류로 구분된다.

미숙과실에서는 펙틴이 불용성 상태이지만 성숙하면 가용성으로 변하면서 조직은 부드럽고 식감(食感)도 좋게 된다. 각 과실의 펙틴량은 과실 종류에 따라 다르고 같은 과실류라도 재배장소에 따라 다르다.

4. 저장 중 과실의 성분변화

생과실을 저장하는 목적은 일정기간 동안 과실의 신선함을 유지하고 품질, 맛, 영양소 등이 저하되지 않도록 하는 데 있다. 따라서 과실의 품질 저하 원인을 알아내고 적절한 조치를 할 줄 알아야 한다.

또 일반적으로 과실의 당도가 높으면 저장성이 약하고, 산이 많으면 반대로 저장성이 강하므로, 과실의 종류에 따라 적절한 저장조건을 결정하여야 한다.

과실은 즙(汁, juice)이 많기 때문에 수확에서 소비되기까지 신선도 유지가 힘들며 성분변화도 빨리 일어나는 편이다. 특히 비타민 C의 감소와 산화, 천연색소, 당, 산, 펙틴질 등의 변화로 품질적 재료가치가 상실되는 경우가 많다. 이러한 변화는 다음과 같은 요인 때문에 일어난다.

(1) 증산작용(evaporation)

과실의 호흡과 대사작용에 의하여 과실수분 일부가 증발하게 되는 것을 말한다. 증산작용은 저장온도 · 습도 · 공기의 유동 · 기압 및 포장상태 등 환경요소에 따라 변하며, 온도가 올라가면 증산량도 커진다. 따라서 증산량을 적게 하기 위해서는 낮은 온도에서 저장해야 한다.

보통 사과나 귤 등은 온도가 낮아지면 증산이 잘 일어나지 않으며, 오렌지나 복숭아나 비파 등도 온도가 낮아지면 증산량이 적어진다. 그러나 앵두, 포도, 딸기의 경우에는 온도와 관계없이 어떠한 온도에 저장하여도 증산은 심하게 일어난다.

(2) 호흡작용(respiration)

과실은 수확 후에도 생명유지를 위하여 호흡을 계속하게 되며, 이런 호흡작용에 의하여 성분의 분해대사가 계속되므로 성분변화가 일어나게 된다. 이런 호흡작용은 과실의 종류와 저장환경, 즉 온도와 습도 및 저장실의 가스농도에 따라 달라진다.

온도에 관해서는 온도계수(Q_{10}=온도가 10°C 상승하는 데 따른 호흡량의 변화)값으로 호흡정도를 표시하며, 과실 종류에 따라 그 값은 다르다. 또 호흡과 가스조성의 관계는 탄산가스가 호흡작용에 영향을 주며, 고농도의 탄산가스 조건에서의 저장은 호흡을 크게 감소시킨다.

이러한 원리를 이용하여 저온 CA(controlled atmosphere)저장을 한다. 그러나 너무 낮은 산소 농도와 너무 높은 탄산가스 농도로 저장하면 과실의 혐기호흡(발효)이 일어나서 여러 가지 장애를 일으킨다.

(3) 후 숙(after ripening)

수확하기 전의 과실은 점점 익어가며 단맛의 증가와 신맛의 감소 등의 성분변화를 일으키고 맛이 좋은 완숙상태로 된다. 그러나 토마토, 복숭아, 바나나 등은 어느 정도 미숙한 상태로 수확하여 적당한 온도와 습도로 후숙시키면 완숙과실에 가까운 상태로 되는데 이러한 조작을 후숙 또는 추숙이라고 한다.

(4) 호흡률 급상승 (climacteric rise)

과실은 수확 후에 일정기간이 경과하면 호흡량이 급격히 증대하여 성분변화와 함께 품질저하 현상이 일어나게 되는데, 이러한 호흡작용의 급상승 현상을 호흡률 급상승(climacteric rise)이라고 한다.

이 현상의 이전기간을 미숙단계(preclimacteric phase), 그 뒤의 기간을 과숙단계(post climacteric phase)라 한다.

사과 · 배 · 바나나 · 살구 · 밀감 · 오렌지 · 복숭아 · 토마토 · 망고 · 아보가도 등의 과실은 수확한 다음, 저장 중에 호흡률 급상승 현상을 나타내는 전형적인 과실이므로, 호흡률 급상승 이전에 출하(出荷)하는 것이 유리하다.

5. 과실의 품질측정

과실은 기호적 요소가 중요하게 생각되는 식품으로 생식 또는 가공 등의 용도에 따라 품질의 규격이 각기 다르다. 그러나 일반적으로 과일의 형상, 크기, 색깔, 맛, 육질 및 숙성 등으로 품질을 판별한다.

품질의 판별을 위한 방법은 다음과 같다.

(1) 물리적 측정

육질의 경연(硬軟)은 과실 경도계(硬度計)를 써서 측정하고, 과육피와 과육부의 색깔은 색도(色度), 색차계(色差計)를 써서 측정한다. 형태는 노니우스(nonius)를 써서 직경을 측정한다.

(2) 화학 분석시험

그림 8-6 굴절 당도계

과즙의 당도, 산(酸)도, 비타민 함량, pectin 함량, 색소함유량 등을 분석 시험한다. 당도는 굴절 당도계에 의하여 손쉽게 측정한다.

(3) 맛(味覺)의 관능검사

품종 특성을 결정하는 데에는 미각적인 검사로 기호도를 측정하는 것은 매우 중요하다.

관능검사는 인간의 감각기관을 사용해서 행하는 검사법으로 검사항목은 감미, 산미, 지미(旨味), 방향(芳香, flavor) 등이다. 검사목적을 위해 선택된 특정한 식별능력이나 자격을 가진 사람의 집단인 관능검사원(panel)이 효과적인 실험계획에 의거하여 시료를 검사한 후에 통계적 처리로 그 유의차(有意差) 판정을 한다.

6. 과실의 저장방법

(1) CA-저장

과실은 채소와 마찬가지로 그 저장 중에도 호흡작용에 의해 당질 및 그밖에 분의 소모가 발생하여 품질이 떨어지게 된다. 이런 작용은 저온에 의하여 어느 정도 억제가 되지만, CO_2 및 질소가스 등에 의해서도 억제된다. 이런 것을 응용하여 저장하는 것을 CA-저장, 즉 controlled atmosphere라고 한다. 과실을 가스저장을 하면 추숙이 서서히 진행되어 오랜 저장이 가능하게 되며, 또 과실 본래의 색깔과 굳기를 유지하게 한다.

과실을 저장실에 넣게 되면 실내의 산소량은 감소하고, 상대적으로 탄산가스 생성량은 증가한다. 효과적인 CA-저장을 위해서는 보통 탄산가스는 2~5%, 산소는 2~3%, 온도는 0~4°C로 유지하는 것이 가장 좋다. 어느 경우나 상대 습도는 85~90%가 좋다.

그런데 CA-저장은 가스농도를 조절하기 위해 완전히 밀폐할 수 있는 곳과 상당한 시설비용을 필요로 한다.

근래에는 투과성이 있는 polyethylene film으로 과실을 싸서 방치하면 과실의 호흡작용으로 CO_2가 증가하고 산소가 줄기 때문에 어느 농도에서 평형이 되어 CA-저장에 적당한 환경이 된다. 이런 방법은 CA-저장보다 훨씬 비용이 적게 든다.

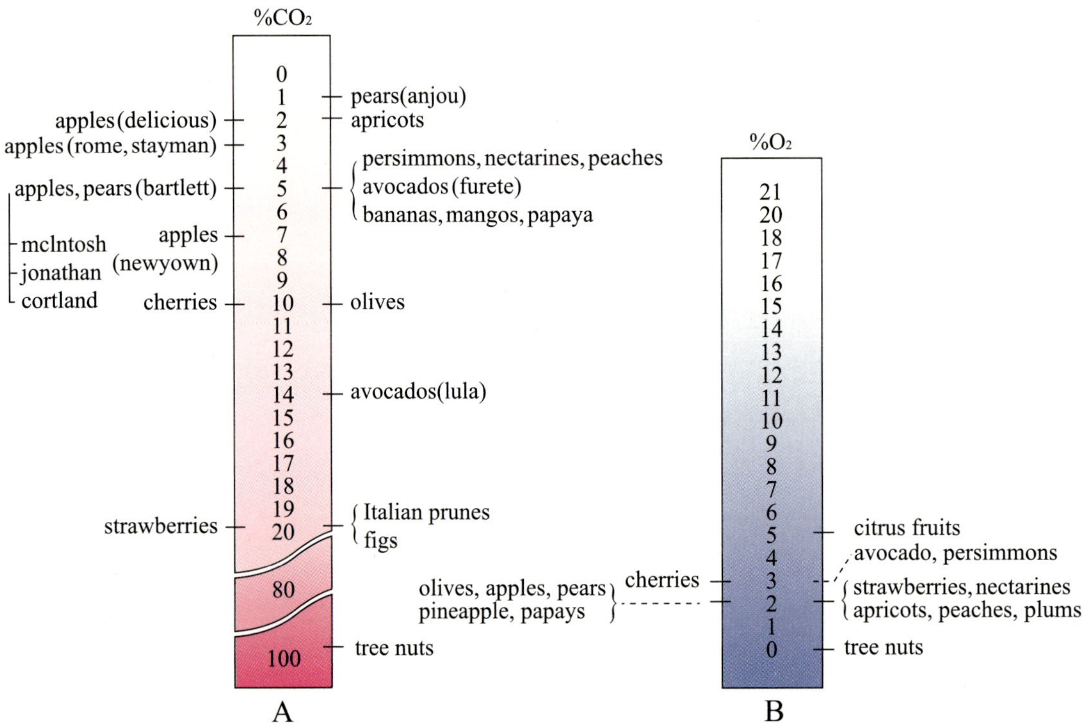

그림 8-7 각종 과실의 CA-저장 가스 적정농도표

예를 들어 사과를 두께 0.03mm의 폴리에틸렌 포장지로 포장하여 두면, 며칠 후 CO_2 2.5%, O_2 3% 정도로 평형이 유지되어 오랫동안 신선한 상태로 보존할 수 있다.

(2) 감압 저장

감압저장은 CA-저장보다 더 우수한 효과를 얻었으며, 200mgHg가 가장 효과적이라 한다. 감압저장에서도 저 O_2농도와 CO_2농도의 조절로 CA-저장효과를 얻을 수 있다.

(3) 그 밖의 저장방법

과실의 또 다른 저장방법은 급속냉동 처리하는 경우와 식용납(wax)으로 표면을 피복(coating)하는 방법이 이용되고 있다. 그러나 냉동방법은 연화현상이 일어나며, 수분의 얼음결정화로 육질을 손상시키므로 특별히 주의해야 한다. 과실변화에 관여하는 여러 효소들의 활성을 억제하는 것은 매우 어려운 일이다.

8-1 인과(仁果), 준인과류(準仁果類)

1. 사 과 (*Malus domestica* BORKH.)

사과(Apple)는 원산지가 카프카즈(Kavkaz, 코카서스) 북방지대라고 알려져 있다. 유럽과 중부지방에서 발견된 호서(湖棲)시대의 유물 중에서 발견된 것으로 미루어 보아 그 재배역사는 대단히 오래 되었다고 여겨진 장미과 사과속은 약 25종(種) 정도가 분포되어 있고, 현재 재배되고 있는 품종은 주로 유럽과 서부 아시아에 분포된 원생종 중에서 개량된 것이다.

사과품종의 개량은 주로 유럽 중부 이북에서 이루어 졌으며, 17세기에는 미국에 전파되어 오늘과 같은 큰 산업으로 발전되었다. 우리나라에는 옛날부터 사과의 일종인 능금(Malus asiatica)을 재배하였다. 현재 재배하고 있는 개량종 사과가 도입되어 경제적 재배를 시작하게 된 역사는 길지 않다.

(1) 재배현황

우리나라는 온대 북부에 위치하고 있어서 기후적으로 사과재배에 알맞으며, 사과재배가 가능한 유휴경사지(遊休傾斜地)가 많기 때문에 2006년도 현재 전 과수재배면적 175,708ha의 19%에 해당하는 34,692ha를 차지하고 있다. 생산량은 459,010톤이다.

우리나라의 사과품종은 사과재배가 시작된 이래로 국광(國光), 홍옥(紅玉), 축(祝), 왜금(倭錦) 등이 주종을 이루었지만, 그 후에 인도, 델리셔스(Delicious), 골든델리셔스(Golden Delicious) 등의 품종도 재배되기에 이르렀다. 최근에는 후지(富士)나 쓰가루 등의 신품종이 점차 주종을 이루어가고 있다.

표 8-1 사과의 성분함량 (가식부 100g 중)

성 분	함 량	성 분	함 량	성 분	함 량
수 분	85.8g	비타민 E	0.2IU	칼 륨	110mg
단백질	0.2g	비타민 B_1	0.01mg	나트륨	1mg
지 질	0.1g	비타민 B_2	0.01mg	철	0.1mg
탄수화물(당질)	13.1g	나이아신	0.1mg	인	8mg
섬유질	0.5g	비타민 C	3mg	칼 슘	3mg

사과의 소비상황은 일부 와인이나 주스 등의 가공용으로, 일부는 생과일로 수출되며, 나머지 대부분은 국내에서 생식용으로 소비된다.

현재로 국내시장의 사과가격이 국제시세보다 높기 때문에 수출에 대한 의욕도 적고, 가공업도 활발하지 못한 실정이다.

(2) 사과의 성분 및 용도

사과의 주성분은 탄수화물이고, 단백질과 지방은 적으며, 비타민 C와 무기염류의 함량은 다른 식품에 비하여 특히 많다. 사과 가식부(加食部)의 수분함량은 85.8%이므로 각종음료와 양조의 원료로도 이용되며, 그밖에 잼, 건과, 분말, 통조림 등의 가공품으로 이용된다.

열량은 209KJ(50kcal)/100g으로 상당히 높으며, 소화 및 흡수되기 어려운 섬유와 펙틴이 많아 정장작용을 하여 변비해소, 혈당치의 정상화, 칼륨에 의한 혈압강하, 사과산의 소염효과 등이 있다고 한다.

또 사과에 함유되어 있는 펙틴질은 수확 시기가 늦어질수록 그 함량이 낮아지며, 잼 및 젤리 제조 시에 중요한 역할을 한다. 외과피(外果皮)의 적색색소는 안토시안계 색소이며, 방향성분은 caproic acid의 amyl ester, butyl alcohol, ethyl alcohol, 개미산(formic acid) 등이 있다. 이들 물질들이 서로 결합하여 방향을 형성한다.

사과는 생식하는 외에 다음과 같은 가공품이 제조된다.

1) 과즙 이용 가공품

① 착즙 주스 : 사과 주스, 사과 젤리

② 착즙 후 발효 : 사과주(cider), 사과초

2) 과육 이용 가공품

① 파쇄 사과 : 사과 pulp, 사과 잼, 사과 소스

② 고형과육 : 사과통조림, 건조사과, 설탕절임사과

(3) 우리나라의 사과품종

1983년에는 국광과 홍옥이 전체 사과품종의 32%를 차지하였으나, 최근 몇 년 사이에 사과품종의 구성비가 많이 달라지고 있다. 국광 대신 저장력이 강하고 품질이 우수한 후지 품종의 재배면적이 급속도로 증가하고 있으며, 그 밖에

도 쓰가루, 조나골드(Jonagold) 등의 고급 품종의 재배면적이 증가하고 있다.

1) 조생종

① 축(祝, American Summer Pearmain)

② 스퍼 얼리블레이즈(spur EarliBlaze)

③ 미광(美光, Vista Bella)

④ 몰리스 델리셔스(Mollie' s Delicious)

⑤ 쓰가루(律輕)

2) 중생종

① 홍옥(紅玉), Jonathan)

② 델리셔스(Delisious)

③ 스타킹 델리셔스(Starking Delicious)

④ 스타크림손(Starkrimson)

⑤ 스퍼 골든 델리셔스(Spur Golden Delicious)

⑥ 왕령(王鈴)

그림 8-8 홍옥 사과와 사과꽃

⑦ 추홍(秋紅, Vance Delicious)

⑧ 홍월(紅月)

⑨ 천추(千秋)

⑩ 조나골드(Jonagold)

3) 만생종

① 국광(國光, Ralls Genet)

② 후지(fuji)

③ 육오(陸奧)

④ 세계일(世界一)

⑤ 혜(惠)

⑥ 인도(印度)

⑦ 북두(北斗)

(4) 사과의 수확과 저장성

사과는 품종에 따라 저장일수가 각기 다르다. 대체적으로 조생종에 비하여 만생종이 더욱 저장력이 강하다. 현재 우리나라의 주요 사과의 품종별 저장방법 간의 저장력 차이를 보면 다음 표 8-2와 같다.

표 8-2 사과 품종별, 저장방법간의 저장력 차이(단위 : 일)

구 분	상온저장	저온저장	구 분	상온저장	저온저장
스퍼얼리블레이즈	15~20	30~40	골든델리셔스	70~90	90~120
쓰가루	20~30	50~60	육 오	80~90	120~150
스타크림손	30~40	60~80	혜	90~120	150~240
세계일	30~40	60~90	국 광	90~120	150~240
홍 옥	60~80	60~90	후 지	120~180	150~270

2. 배 (*Pyrus communis* LINN, var. *ussuriensis* MAXIM)

배(pear)는 그 원산지에 따라 동양종과 서양종으로 대별되고, 동양종은 다시 한국고유종, 일본종, 중국종으로 구별된다. 서양종은 주로 유럽 및 서부 아세아에서, 동양종은 주로 아세아 동부의 원산종(原産種)이다. 2006년 현재로 우리나라의 배 재배면적은 24,612ha이고 총 생산량은 259,770톤이다.

(1) 배의 원산지와 분포

1) 일본배

일본의 중부 이남, 우리나라의 남부 및 중국의 양자강 연안에 분포되어 있는 돌배(山梨, *Pyrus pyrifolia* BURM.)를 기본종으로 하여 일본에서 주로 개량된 품종군이다. 현재 우리나라에서 주로 재배하고 있는 품종은 모두가 일본에서 개량 육성된 일본 배의 품종이며, 그밖에 품종은 거의 재배되고 있지 않다.

2) 중국배

중국배는 중국의 화북지방, 만주, 몽고, 우리나라의 북부지방 등지에 분포되어 있는 산돌배(北支山梨, *Pyrus ussuriensis* MAXIM.)를 기본종으로 하여 중국에서 주로 개량된 품종군인 중화이(中和梨)와 중국소이(中國小梨)로 크게 구분된다. 이들 중에서 우수한 품질을 지닌 품종으로는 압이(鴨梨), 홍이(鴻梨), 자이(慈梨), 홍이(紅梨) 등이 있다.

3) 서양배

서양배는 유럽 중부와 동남부 및 아시아 서부 일대에 분포되어 있는 야생종(*Pyrus communis* L.)을 기본종으로 개량된 품종군으로, 라프랑스(La France), 바틀릿(Bartlett), 키이퍼(Kieffer) 등이 있으며, 이들은 현재 세계적으로 가장 많이 재배되고 있다.

그림 8-9 배꽃(梨花)그림

그림 8-10 중국배(鴨梨)

(2) 우리나라 배의 품종 구성

우리나라 배품종의 주종을 이루고 있는 장십랑(長十郎) 및 만삼길(晩三吉)의 구성비율은 점차 감소되고 있으며, 그 대신에 신고(新高), 행수(幸水), 풍수(豊水) 등의 재식비율이 증가되고 있다. 대체적으로 대전 이남의 남부지방에서는 만삼길이 많이 재배되고 있고, 중부지방이나 북부지방에서는 장십랑 등의 중생종 품종이 많이 재배되고 있다.(표 8-3 참조)

표 8-3 우리나라 배품종의 구성비율

구 분	재식비율(%)		구 분	재식비율(%)	
	2000년	2006년		2000년	2006년
장십랑	31.8	26.4	신 수	0.39	0.3
만삼길	23.0	17.8	행 수	0.24	0.4
신 고	29.2	34.9	풍 수	0.34	0.7
금촌추	6.3	4.6	단 배	0.56	0.4
이십세기	0.83	0.5	기 타	6.11	13.2
신 흥	1.23	0.8	계	100	100

(2008년 농수산부 과수실태조사 보고)

1) 장십랑

중생종으로 과실의 모양은 편원형 또는 원형이고, 빛깔은 황갈색이며, 무게는 250~300g 정도이다. 과육은 백색으로 과즙이 많고, 단맛도 많지만 약간 단단하고 거칠며, 품질은 중간 정도이다. 수확기는 9월 중 · 하순으로 병충해에 비교적 저항성이 강하지만 저장력은 낮다.

2) 만삼길

재배역사가 오래된 저장용 배로서 재배면적이 넓지만, 기원이 불분명하다. 과실의 모양은 원형이며 빛깔은 녹황갈색으로 무게가 400~600g으로서 크고, 품질은 중급에 속한다. 수확기는 11월 상순으로 숙기가 늦고, 저장성이 강하여 이듬해 5~6월까지 저장할 수 있다.

3) 신 고

과실의 모양은 장원형으로 빛깔은 담황갈색이고 무게는 400~500g으로 대과에 속한다. 과육은 백색이며 당도가 12도 정도이지만 과즙이 많으므로 품질이 상급에 속한다.

수확기는 10월 상순경이고 약 2개월간 저장할 수 있다. 동양배 중에서 개화기가 가장 빠르고 잘 착과되며 꽃가루가 거의 없기 때문에 다른 품종과 섞어 심어야 한다.

(3) 배의 성상 및 성분

일본배에는 과육 세포 중에 석세포(石細胞, stone cell)가 많으며 거칠거칠한데 그것의 많고 적음은 혀의 촉감과 맛에 영향을 준다.

서양배는 혀의 촉감이 좋고 향기가 있으며, 또 석세포가 적어서 품질이 매우 좋다. 수확 후 7~20일 정도의 추숙이 필요하다. 또 다른 배의 종류와는 달리 당질이나 칼륨이 많다.

배의 주요성분은 포도당, 과당, 서당이다. 품종, 산지, 숙기(熟期)에 따라 당의 함량과 조성이 다르다. 유기산은 구연산(citric acid)이 주로 많지만, 그 함량은 0.12~0.31%로 적다. 비타민류는 전체적으로 사과보다 약간 적다. 서양배에는 카로틴류가 20IU 정도 함유되어 있으나 일본배에는 거의 없다.

석세포는 pentosan으로 되어 있고, 분해하면 xylose와 arabinose가 생긴다.

향기성분으로는 acetaldehyde가 대부분이며, 그밖에도 각종 알콜, 휘발산 등이 있다. 열량은 167KJ(40kcal)/100g이다.

표 8-4 배의 성분함량 (가식부 100g 중)

성 분	함 량	성 분	함 량	성 분	함 량
수 분	88.6g	비타민 E	0.1mg	칼 륨	140mg
단백질	0.3g	비타민 B_1	0.03mg	나트륨	2mg
지 질	0.1g	비타민 B_2	0.01mg	철	0.1mg
탄수화물(당질)	10.1g	나이아신	0.2mg	인	11mg
섬유질	0.6g	비타민C	3mg	칼 슘	3mg

(4) 품질과 용도

일본배의 품질은 과육의 경도와 관계가 깊고, 그것은 석세포의 밀도에 의하며, 과육이 희고 즙이 많은 것이 좋고 대부분 생식한다. 통조림을 하면 목재취(木材臭)가 나므로 적합하지 않다. 최근에는 이십세기라는 품종으로 통조림과 넥타를 제조한다.

중국배는 과피에 광택이 있고 방향을 가진 것이 좋다. 서양배는 알맞게 후숙(後熟)되어 과육이 끈적하고 향기가 나는 것이 좋다. 서양배의 약 40%가 가공용으로 이용되며 통조림 외에 잼, 배술, 주스, 건과 등을 제조한다.

돌배(石梨)현상은 장십랑에서 많이 발생하며, 과실이 딱딱하고 과즙이 적어서 심한 것은 먹을 수 없는 경우도 있다. 정확한 발생요인은 밝혀져 있지 않지만 수분부족이 주원인으로 생각되며, 칼슘 및 마그네슘의 부족, 칼륨의 과다사용 등과도 관련이 있는 것으로 추정된다.

(5) 수확과 저장

배의 수확기 판정은 주로 과실의 빛깔에 의하여 결정되는데, 숙성기에 달하면 청배는 담황록색이 되고, 황갈색 배는 과면에 녹색이 없어지고 적색을 띠며 빛깔이 짙어진다. 수확할 때에 주의할 점은 온도이다.

과실은 온도가 높을 때 수확하면 당분의 소모가 많아지고, 빛깔이 나빠지며 저장력도 떨어진다. 따라서 아침이슬이 마른 후부터 시작하여 오전 10시 또는 오후 늦게 수확하는 것이 좋다.

비가 오는 중이나 비온 직후에 젖은 과일을 상자에 담아두면 금촌추 같은 품종은 과피흑변현상이 나타나기도 한다.

동양배의 저장성은 품종에 따라 차이가 많은데 10월 이후에 수확되는 신고, 금촌추, 만삼길 등의 품종 중 신고는 저장력이 약하며, 금촌추와 만삼길은 장기 저장품종으로서 보통저장고에서 금촌추는 3월까지, 만삼길은 5월까지 저장할 수 있다.

8-3 감 (*Diospyros kaki* THUNB. var. *domestica* MAK.)

세계에 분포되어 있는 감과의 감나무(*Diospyros* LINN.)속 식물은 약 190종으로 대부분 열대나 아열대에 분포되어 있고, 온대에 분포되어 있는 것은 비교적 적다. 이들 중 과수로서 이용되는 것은 4종이며, 그 중에서도 재배가치가 있는 것은 감나무[시(柹), *Dios pyros kaki* T.] 뿐이며, 고욤나무(*D. lotus* L.) 등이 약간 이용되고 있지만 거의 가치가 없다.

식용으로서 재배가치가 있는 감나무의 원산지는 한국, 중국 및 일본이며, 일본에서 우량품종들이 많이 선발되어 오늘에 이르렀다. 동아시아 지역국 외에도 미국의 일부, 브라질, 이스라엘, 뉴질랜드 등에서 재배되고 있으며, 유럽에서도 kaki로 통하고 있다.

> *Guide*
> 우리나라의 감나무 재배역사는 고려 명종(明宗, 1138) 때 고욤에 대한 기록이 있고, 조선 성종(成宗, 1470) 때에는 건시(乾柹), 수정시(水正柹) 등의 기록이 있는 것으로 보아 고려시대부터 감나무가 재배된 것으로 추측된다.

식용종 감에는 떫은 감과 단감이 있는데, 우리나라의 재래종 감은 대개 떫

그림 8-11 단감 부유(富有)

은 감이고, 외래종 단감은 1970년대에 도입되어 남부 일부 지역에서 재배되고 있다.

우리나라 지역별 재배현황은 경남이 가장 많고 그 다음이 전남, 경북의 순서로 되어 있으며, 총 재배면적은 2006년 현재 30,031ha이며 총 생산량은 260,671톤이다.

1. 우리나라 품종

우리나라에서 재배되고 있는 고유품종은 떫은 감으로서 이 중 몇 가지 유망한 품종은 ① 사곡시(舍谷枾) ② 단성시(丹城枾) ③ 고종시(高種枾) 등이 있고 ④ 그밖에 재래품종으로는 경산반시(慶山盤枾), 청도반시(淸道盤枾), 월하시(月下枾), 장둥이, 풍기고종시(豊基高種枾), 분시(盆枾), 조홍시(早紅枾) 등의 품종이 있다.

주요 도입된 품종은 다음과 같다.

(1) 단 감

① 부유(富有)　② 차랑(次郎)
③ 송본조생부유(松本早生富有)　④ 감백목(甘百目)
⑤ 선사환(禪寺丸)　⑥ 구(口)-19
⑦ 서촌조생(西村早生)　⑧ 준하(駿河) 등이 있다.

(2) 떫은 감

① 평핵무(平核無)　② 횡야(橫野)
③ 부사(富士)　④ 회진신부지(會津身不知)
⑤ 당상봉옥(堂上蜂屋) 등이 있다.

2. 감의 성상 및 성분

감꽃은 자웅이화(雌雄異花)로 대부분의 품종은 암꽃만 피고, 숫꽃을 함께 피우는 품종은 적으며 우수품종은 웅성기관이 퇴화하여 자성기관의 완전한 암꽃만을 착색하는 경우가 많다. 재배품종 중에는 종자가 생기지 않아도 결실을 맺는 종류가 있는데, 결실을 위해서는 종자가 생기도록 화분(花粉)이 공급되어야 한다.

인공수분을 하거나, 수분수와 함께 섞어 심는 방법이 있다.

감의 단맛은 포도당, 과당 및 서당에 의하며, 그 함량은 14~16% 정도로 높고, 그 조성은 포도당 6%, 과당 2~3%, 서당 5% 비율이고, 단감 표면의 백분(白粉)은 mannit에 의한다.

유기산 함량은 품종에 따라 달라서 0.1%(pH 6.3)에서 0.15% (pH 5.8)의 범위이고, 펙틴의 함량도 품종에 따라 1.3~1.8%의 범위이다.

과육의 색은 carotene, cryptoxanthin 등의 카로티노이드류 함량이 많기 때문이고, 떫은 맛의 성분은 탄닌성분인 shibuol($C_{14}H_{20}O_9$)이며, 그 함량은 0.39~0.77%이다.

비타민 함량은 다음 표 8-5와 같으며, 비타민 C의 함량은 비교적 매우 높으며, 또 감잎에는 800mg% 정도가 함유되어 있다. 감의 가식부 100g의 열량은 251KJ(60kcal)로 매우 높다.

표 8-5 감의 성분함량 (가식부 100g 중)

성 분	함 량	성 분	함 량	성 분	함 량
수 분	83.1g	비타민 A	65IU	칼 륨	170mg
단백질	0.4g	비타민 E	0.1mg	나트륨	1mg
지 질	0.2g	비타민 B_1	0.03mg	철	0.2mg
탄수화물(당질)	15.5g	비타민 B_2	0.02mg	인	14mg
섬유질	0.4g	나이아신	0.3mg	칼 슘	9mg
콜레스테롤	–	비타민 C	70mg		

3. 품질과 용도

신선하고 색깔이 고르며 얼룩이나 변색된 부분이 없는 것이 좋고, 씨는 적은 것이 좋다. 단감의 경우에 과경부가 작은 것일수록 탈삽(脫澁)이 잘 된다.

단감은 잘 익은 것은 생식하고, 떫은 감은 떫은 맛을 없애는 방법으로 탈삽하여 식용을 하거나 또는 가공하여 건시(乾柹, 곶감)로 만들어 상용한다. 그밖에 수정과 및 통조림을 만들며, 감잎은 차로 끓여 마신다.

4. 수확과 저장

단감류는 충분히 탈삽된 후에 수확하며, 떫은 감은 착색(着色)이 충분해지면 인공적으로 탈삽한다. 감은 다른 과실과 달리 생과로서의 저장은 곤란하며, 보통 1개월 이상 넘기면 과육이 물러져서 홍시(紅柹)가 된다. 그러므로 장기간 저장을 위해서는 다음과 같은 저장법을 이용한다.

(1) 일반저장법

아가리가 좁은 항아리에 생과를 넣고 밀봉하여 차가운 곳에 두면 50일 정도는 저장된다. 또 항아리에 성숙된 과실을 넣고 그 안에 이산화탄소를 넣으면서 촛불을 켰을 때에 불이 꺼지면 밀봉하는데, 소량의 생석회 또는 염화칼륨을 넣고 곧 비닐 등으로 밀봉한 후 저온의 곳에 저장하면 연중 식용할 수 있다.

(2) 냉동저장법

수확한 생과를 −20°C 이하의 저온에 1~2주 처리하여 충분히 동결시킨 다음, −10°C 정도의 온도로 저장하면 냉동된 과실로 연중 이용할 수 있고, 비타민 C의 함량도 보존된다. 떫은 감을 탈삽하지 않고 냉동하면 떫은 맛이 그대로 남는다.

(3) 폴리에틸렌필름저장법

polyethylene film의 봉지에 몇 개씩 넣고 2±1°C에 저장하면 저장효과가 좋다.

5. 탈삽(脫澁) 방법

감이 떫은 것은 탄닌을 함유하고 있기 때문이며, 탈삽되어 단맛이 나는 것은 탄닌이 당분으로 전화된 것이 아니라, 불용성이 되어 떫은 맛을 내지 않기 때문이다. 인공 탈삽법은 다음과 같다.

(1) 온탕 탈삽법

독이나 나무통 부피의 70~80%에 감을 넣고 40°C되는 더운 물을 채우거나, 비닐주머니에 넣은 감을 15~24시간 더운 물에 담그어 두는 방법이 있다. 주의할 점은 너무 온도가 높으면 감이 데어 상하고, 너무 낮으면 완전히 탈삽되지 않는다.

(2) 알코올 탈삽법

대량 탈삽에 이용하는 방법으로, 떫은 감을 0.1mm두께의 폴리에틸렌 주머니에 넣은 후 나무통이나 독 혹은 골판지 상자에 넣어 탈삽한다. 과실의 꼭지가 위로 향하게 쌓고 35~40%의 에틸알코올을 분무한 후, 20°C의 온도를 유지하면 4~5일 만에 탈삽된다.

(3) 이산화탄소 탈삽법

밀폐된 공간에 공기의 50% 이상을 이산화탄소로 채우고, 떫은 감을 넣은 다음, 25~30°C에서 7~10일이면 탈삽된다. 고온일 경우에는 빨리 탈삽되지만 품질이 저하된다. 저온일 경우에는 시일이 오래 걸린다. 감 15kg을 폴리에틸렌 주머니에 넣은 후 dry ice 300~350g을 운반상자에 넣고 밀봉하여 탈삽하기도 한다.

(4) 에스렐 탈삽법

Ethrel 1,000ppm을 처리하면 7~10일이면 탈삽된다는 보고도 있다. 그러나 과실의 빛깔이 주홍색으로 변화하는 단점이 있다.

(5) 수상(樹上) 탈삽법

나무에 매달린 감을 작은 폴리에틸렌봉지로 씌우고 40% 에틸알코올을 과실 한 개당 3mL씩 과실에 묻지 않도록 주머니 속에 주사기로 주입하면 3일 후에 완전히 탈삽되며, 봉지 하반부를 잘라내고 그대로 착색시키면 2주 이내에 수확할 수 있다고 한다.

수확 전에 유지(유채기름, 올리브유 등)나 지방산을 살포하면 8~10일 후에 성숙 탈삽되었다는 연구보고도 있다.

8-4 감 귤 (柑橘, *Citrus* LINN.)

감귤류란 운향과(芸香科, Rutacae) 감귤아과(柑橘亞科)에 속하는 식물을 말한다. 감귤류로 취급되는 것은 감귤속(Citrus), 금귤속(金橘屬, Fortunella), 탱자나무속(Poncirus) 및 클리메니아(Clymenia)의 4속이나 재배대상은 앞의 3가지 속이다.

감귤의 원산지는 인도로부터 중국 중남부에 이르는 아시아 대륙의 동남부와 그 주변으로 추정되고 있다. 우리나라에서 감귤이 재배되기 시작한 것은 오래된 듯하지만, 옛 기록이 없기 때문에 재래귤의 도입경로나 도입연대는 분명하지 않다. 일본의 야사(野史)를 보면, 금귤, 감자(柑子), 유자(柚子), 탱자 등이 우리나라를 거쳐 일본에 도입되었다고 기록되어 있다.

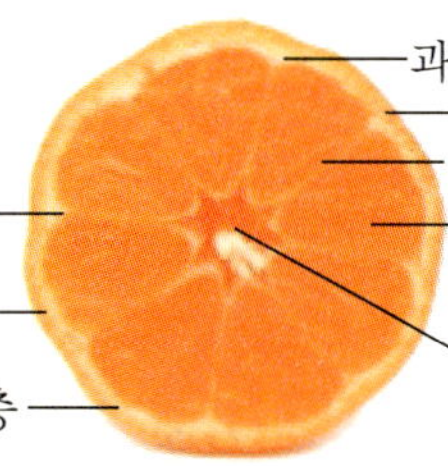

그림 8-12 온주밀감의 단면도

귤(Citrus fruits)은 감과 함께 준인과류에 속하며 우리나라에서는 기후적으로 보아서 그 재배지역이 제주도 및 남해지방으로 극히 한정되어 있고, 그 재배방법도 일반 낙엽과수(落葉果樹)와 다른 점이 많다. 귤의 대표적 품종인 온주(溫州)밀감은 연평균 기온이 15°C 이상이고 연간 최저기온이 −5°C 이하로 내려가지 않는 곳이라야 경제적 재배가 가능하다.

2006년도에 우리나라의 감귤 재배면적은 25,800ha이고, 총생산량은 511,872톤이다. 우리나라에서 재배될 수 있는 밀감류(Mandarins)는 온주밀감(Satsuma Mandarin)이며 제주도에서만 주로 재배되었는데, 최근 일부 남부지역에서도 재배하고 있다.

1. 감귤의 주요 품종

(1) 온주밀감 (溫州密柑)

내한성이 강한 감귤의 대표적 품종으로, 근래의 96%가 이 품종이다. 온주밀감의 재배 구성비는 조생온주가 44%이고, 보통온주가 56%이지만, 조생온주의 재배면적이 더욱 증가될 추세이다. 과실의 겉껍질은 황색 혹은 등황색으로 가운데 껍질은 흰솜처럼 되어 있으며, 속껍질은 여러 개의 콩팥 모양의 주머니로 나누어져서 마늘쪽처럼 방사상으로 배열되어 있다.

(2) 여름밀감(夏橘)

온주밀감 다음으로 많이 재배하는 중요한 귤이다. 열매가 크고 편원형(扁圓形)이며, 껍질이 두껍고 우툴두툴하다. 그 과피를 하피(夏皮)라고 한다.

(3) 와싱톤 네이블오렌지(Washington navel orange)

귤의 변종으로 과실은 구형 내지 타원형으로 빛깔은 짙은 등색(橙色)이다. 맛은 감산미(甘酸味)가 적당하고 육질이 유연하고 주스가 많으며 향기가 강하여 품질상 높게 평가를 받는다.

그림 8-13 네이블 오렌지(navel orange)

(4) 레 몬(lemon)

대표적인 것에 유우레카(eureka), 리스본(lisbon)이 있다. 오래 전부터 비타민 C의 보급원으로 이용되었다. 육류나 생선에 즙을 짜서 끼얹거나 청량음료나 파이, 케이크의 향기를 내는 데 이용가치가 높다.

(5) 금 감(金柑, 낑깡)

영파(寧波)금감이 대표적이고 중국 절강성이 원산지이며, 과실은 원형이고, 중량은 10~15g 정도인데, 과피와 함께 먹을 수 있고 향기가 높다. 설탕 조림이나 마멀레이드에 이용된다.

2. 귤의 성상 및 성분

귤은 두꺼운 외과피에 의해서 과육부가 보호되고 있고, 과육부의 내부는 여러 방으로 나뉘어져 있다. 외과피에는 정유(精油, essen tial oil)를 함유한 유포(油胞)가 있다. 가식부는 종류에 따라 상당한 차이가 있다. 밀감은 76%, 네이블오렌지는 71%가 가식부이다.

성분은 과당과 포도당 및 서당이 주성분이며, 그 전당량은 8~12%이다. 유기산은 구연산을 1~2% 함유하고, 사과산과 호박산도 소량 함유한다.

산과 당의 함유량은 성숙도(成熟度)에 따라 달라지며 미숙과에 산이 많고 당분이 적으나, 숙성되면 산은 적어지고 당분이 많아지게 된다.

외과피에는 펙틴질이 많아서 마멀레이드 제조에 이용되고 있다. 비타민은 비타민 C가 평균적으로 35mg/100g으로 많고 특히 비타민 P는 과피에 많아 2,030mg%나 된다.

밀감의 쓴맛은 hesperidin과 naringin에 의하며, hesperidin은 비타민 P의 효과를 나타내지만 통조림 제조시에는 백탁(白濁)의 원인이 된다. 가식부 100g 밀감의 열량은 184KJ이다.

표 8-6 감귤의 성분함량 (가식부 100g 중)

성 분	함 량	성 분	함 량	성 분	함 량
수 분	87.5 g	비타민 A	65IU	칼 륨	150mg
단백질	0.8g	비타민 E	0.4mg	나트륨	1mg
지 질	0.1g	비타민 B_1	0.10mg	철	0.1mg
탄수화물(당질)	10.9	비타민 B_2	0.04mg	인	17mg
섬유질	0.3g	나이아신	0.3mg	칼 슘	22mg
콜레스테롤	–	비타민 C	35mg		

3. 수확 및 저장

온주밀감은 10~11월에 따서 12~3월에 식용하고, 네이블오렌지는 11~12월에 따서 바로 식용한다. 수확은 조기출하용과 저장용은 그 시기를 달리해야 한다. 조기출하용은 과피가 완전히 착색된 후에 수확하여야 과실의 맛이 좋다.

저장용은 과피의 착색율이 70~80%일 때에 수확하여야 부피(浮皮)현상이 적고 산의 함량이 많아 저장에 유리하다.

레몬은 완전착색까지 그대로 두면 과실이 너무 커지고 향기와 신맛이 감소되어 상품가치가 저하되므로 과실의 지름이 5.5cm 정도일 때에 푸른 과실로 수확하여 아세틸렌(acetylene)이나 에틸렌(ethylene) 등의 가스로 착색을 촉진시킨 후에 출하하는 것이 좋다.

4. 용 도

대부분 생식을 하나 통조림용으로 많이 쓰고 주스, 넥타, 젤리, 잼, 마멀레이드(marmalade), 과자류, 밀감주 등을 만들기도 한다. 과피에서는 펙틴, 정유 등을 얻으며 과숙과나 미숙과에서는 구연산(citric acid)을 얻는다. 과피를 건조한 것은 진피(陳皮)라고 하여 한약재로 기침과 감기에 쓰인다.

8-5 핵과류 (核果類, stone fruit)

1. 복숭아 (*Prunus persica* SIEB. et ZUCC. var. *vulgaris* MAXIM.)

복숭아(peach) 나무는 원예학적으로 핵과류에 속하지만, 식물학적으로는 도이과(桃李科)의 도이속(*Prunus* LINN.) 도아속(桃亞屬, *Amydalus*)에 속한다. 복숭아의 원산지는 중국 서부라고 하며, 현재 우리나라에서 사과 · 배 · 포도 다음으로 많이 재배하는 과수이다. 2006년도 현재 총 재배면적은 12,012ha이며 총 생산량은 151,313톤이다.

복숭아는 고온 다습한 시기에 수확되고, 과실 자체가 저장력이 없기 때문에 가공업이 크게 발전하기 전에는 대규모 재배가 어렵다. 그러나 최근 복숭아통조림은 외국으로부터의 호평 속에 수출이 잘 되고 있고, 앞으로 좀더 넥타(nectar) · 잼 · 술 등에도 많이 이용될 수 있을 것으로 기대된다.

(1) 복숭아의 분류

1) 형태적 분류

① 과실의 털의 유무에 따른 분류

유모(有毛)종과 무모(無毛) 품종이 있으며, 무모종은 유모종에 비하여 유전적으로 열성(劣性)이다.

② 과육의 빛깔에 의한 분류

과육의 빛깔에 따라 대부분 식용으로 하는 백육종(白肉種), 주로 통조림에 이용되는 황육종(黃肉種) 및 홍육종(紅肉種)이 있는데, 백육종의 홍색소가 많은 계통으로 혈도(血桃, blood peach)라고도 부르며, 백육종에 포함시키고 있다. 유전적으로 백육이 황육에 대하여 우성이다.

③ 과육의 육질에 따른 분류

완숙시에 과육의 연화성(軟化性)에 따라, 과육이 연하고 과즙이 많아 주로 생식용으로 하는 것과 육질이 치밀하고 고무질성이 있는 품종으로 주로 가공용으로 이용되는 품종으로 분류한다.

④ 핵과 과육의 분리 난이에 따른 분류

핵이 잘 분리되지 않는 점핵(粘核)종과 핵이 쉽게 분리되는 이핵(離核)종으로 분류되며, 이는 통조림 제조원료로 할 때에 관계가 있다.

2) 생태적 분류

재배연혁과 품종유성지 및 풍토적응성 등에 의하여

① 화북(華北)계 품종군

② 화중(華中)계 품종군[우리나라에서 재배되는 복숭아 품종은 거의 상해수밀도계(上海水蜜桃系)에 속한다.]

③ 유럽계 품종군

④ 미국 동부계 품종군

⑤ 일본 품종군 등으로 나누기도 한다.

(2) 복숭아의 성분

핵 주위의 과육부에는 anthocyan 색소를 함유하며, 그 부분이 붉은 복숭아는 통조림 제품으로 만든 후에 그 부분이 자색(紫色)으로 되기 때문에 상품가치를 떨어뜨린다.

전 당함량은 7.6~11.5% 정도로 서당, 과당, 포도당이 주성분이다. 유기산은 백육종에는 적어서 사과산으로 0.15~0.21%이고, 황육종에는 많아서 0.65~0.83%를 함유하고 있다.

방향성분은 초산(acetic acid)이나 카프릴산(caprylic acid) 등의 유기산과 리날로올(linalool)과의 ester를 비롯하여 acetaldehyde 등이 있다. 씨에는 단백질과 지질도 많이 함유하고 있고, 한약에서 도인(桃仁)이라 하는데, 진해(鎭咳)효과가 있다고 알려져 있다.

2. 자 두 (*Prunus salicina* LIND. 동양종)

자두(plum)는 중국이 원산지로 자두나무는 약 30여 종이며, 이 중 이용되는 것은 18종이다.

일명 '오얏' 이라고도 하는 자두는 과즙이 많고 맛이 달며, 모든 과실에 앞서 일찍 수확되고 대중적으로 널리 소비된다. 경제적으로 재배되는 품종은 뷰티(beauty), 솔담(soldam), 대과품종인 산타로사(Santa Rosa), 일본계 자두인 갑주대파단행(甲州大把旦杏)과 사전(寺田) 등이 있다.

우리나라 자두의 재배면적은 2006년 현재 3,615ha로, 총 생산량은 39,006톤이다.

(1) 자두의 성상과 성분

꽃이나 과실은 살구와 유사하지만 껍질에 털이 없다. 열매는 공 모양이고 과피는 황 · 홍 · 황백색 등으로 익으며, 과육은 주스가 많고 황색 혹은 적색이다.

과육의 주성분은 포도당(3~8%), 과당(3~6%), 서당(1~5%) 등으로 전 당함량은 6~14%이다. 유기산은 1~2%로 사과산이 주가 된다. 탄닌은 0.1~0.2% 정도 함유하고 있으며, 비타민 A는 27IU이고 비타민 C는 4mg%로 비교적 적게 함유되어 있다. 가식부 100g의 열량은 192KJ(46kcal)이다.

(2) 용 도

생과는 과즙이 풍부하여 여름의 과일로서 좋아 주로 생식하지만 유럽에서는 건과나 잼, 젤리, 넥타, 자두술 등에 이용된다.

3. 살 구 (*Prunus armeniaca* LINNE)

살구(apricot)나무는 식물분류학상 도이과(桃李科, Drupaceae), 도이속(*Prunus* LINN.), 이아속(李亞屬, *Euprunus* KOEHNE)에 속하며, 동부아시아

가 원산지이다. 중국에서 페르시아 및 유럽으로 전파되어 적응 개량된 것이 우리나라를 비롯하여 일본, 유럽 등에 널리 분포되어 있다.

우리나라에서는 예로부터 부락 근처에 정원과수로 몇 그루씩 심거나 마을이나 산지에 자생하고 있는 정도에 불과하다. 우리나라에서 재배되는 품종은 동양계에 속한다. 품종은 재래종, 평화호(平和號), 동아(東亞), 경대환(鏡臺丸), 심병위(甚兵衛), 무어파크 등이 있다.

(1) 성상과 성분

숙기는 6월 중순부터 7월 중순이고, 무게는 30~40g 정도로 원형이며 표면에 잔털이 있고 익으면 황색이 된다.

주요성분은 포도당 · 과당 · 서당 등의 전 당함량이 약 7% 정도이고, 유기산은 사과산이나 구연산 등이 약 2% 정도가 들어 있다. 비타민 A는 550IU 정도로 많으나 비타민 C는 약 3mg으로 비교적 적다. 과육의 색소는 carotenoid류이고 β-carotene의 비율이 많다.

(2) 수확과 용도

품종고유의 색깔이 나타나고 과육이 물러지기 시작할 때 수확하여야 하며, 품종 중에 어떤 것들은 잘 익지 않으면 신맛이 강하므로 완숙기를 잘 선택하여 수확하여야 한다.

용도로는 잼, 프리저브(preserve ; 시럽 등으로 절임한 것), 통조림, 건과 등으로 한다.

4. 매 실 (*Prunus mume* SIEB. et ZUCC.)

매실은 원산지가 중국 강남지방이며, 우리나라에서는 신라 때부터 관상용으로 재배되어 왔고, 생식용으로는 부적당하여 과수로서 재배한 예는 극히 적었으나 최근에는 매실차를 비롯한 매실주, 매실 에키스, 매실 장아찌 등 건강 식품으로 각광받고 있다.

품종 중에서 대표적인 것은 백가하(白加賀), 소매(小梅), 화향실(花香實), 풍후(豊後) 등이 있다. 백가하와 풍후 등은 알이 크고, 소매는 알이 작다.

(1) 성상과 성분

주성분은 유기산으로 주로 구연산이며 4.8~6.8% 정도 함유하고 있다. 당은 0.7~1%, 비타민 C는 10mg, 단백질과 지질 함량은 비교적 많다.

미숙 과실의 씨에는 시안배당체(cyanogenic glycosides)인 아미그달린(amygdalin)이 들어 있으며, 효소 등의 작용으로 분해되어 시안산(hydrocyanic acid, HCN)이 분리됨으로써 위험한 독성물질을 생성하는데, 성인에 대한 치사량은 200mg으로 추정된다.

(2) 수확과 용도

수확시기는 6월 중순부터 7월 상순경이며, 매실은 저장성이 없으므로 과육이 물러지기 전에 수확하여야 한다. 매실주(酒)나 에키스를 위한 매실은 빛깔이 누렇게 변하기 시작하고 과육이 물러지기 전에 수확하여야 한다.

산이 많아서 생식하는 경우는 거의 없으며, 일본에서는 매실절임(우메보시) 및 매실주 등으로 이용한다. 또 훈제(燻製)한 것은 조매(烏梅)라고 하는데, 예로부터 한방약으로 이용되어 왔다.

5. 앵 두 (*Prunus tomentosa* THNBERG)

앵두(cherry)는 원산지가 동양종은 중국이고, 서양종은 유럽이다. 동양종(chinese bush fruit)은 알이 잘고 품질이 좋지 않아 과수로서 재배가치가 적은 반면, 서양종은 알이 비교적 굵고 품질이 좋은 것이 특징이다.

현재 우리나라에서 재배되는 품종은 일본에서 개량 보급된 나폴레옹, 황옥(黃玉), bing, 일출(日出) 등이 있다.

(1) 앵두의 성상 및 성분

꽃은 엷은 분홍색을 띠며 열매는 지름 1cm 정도의 원형 또는 심장형이며 과피는 두껍다. 과즙은 달며 껍질의 색은 황, 적, 적자색 등이다.

주성분은 포도당, 과당이고 전당량은 7.8~8% 정도이고 유기산은 주로 사과산으로 0.4~0.6%를 함유하고 있다.

(2) 품질과 용도

알이 비교적 굵고 과경이 시들지 않고 신선한 것, 감미와 산미의 조화가 적당한 것이 좋다. 식용 혹은 프리서브(preserve), 통조림으로 이용하는 외에 주스 및 과실주의 원료로도 한다.

(3) 수확과 저장

수확시간은 아침 일찍부터 10시 경까지고, 비가 오는 중에는 따지 않는다. 생식용은 완숙 직전에 따며, 가공용은 이보다 좀 일찍 수확한다. 0°C에서 저장하면 15~30일 동안 원상태로 보존할 수 있다.

6. 대 추 (*Zizyphus jujuba* MILLER)

대추(jujube)나무속 식물에는 중국대추(*Zizyphus jujuba* MILLER), 인도대추(*Z.mauritiana* LAM.) 및 이스라엘대추(*Z.spina-christi*)의 3종이 있다.

대추나무는 특별한 재배기술이 없이도 재배할 수 있을 뿐만 아니라, 수익성도 높다. 우리나라의 대추재배 면적은 2006년도 현재 8,913톤 정도로, 수요량에 비하여 공급량이 부족한 실정이다.

다른 과실에 비하여 작업량이 적고, 농약살포 및 시비량이 현저히 적으며, 또 생과를 건조하여 장기간 저장할 수 있으므로 항상 높은 시장성을 유지할 수 있다.

(1) 대추의 성상과 성분

과실은 구형 혹은 타원형으로 길이가 2~3cm 정도이고 가을에 완숙되면 황갈색이 된다. 과육은 희고 아삭아삭 씹는 맛이 나며 달고 약간 새콤하다.

주성분은 당질로 43% 정도이고, 그밖에 단백질 1.5%, 지방 0.8 %, 회분 4.2%, 비타민 C 60mg% 등이 함유되어 있다.

(2) 용 도

대추는 길흉사(吉凶事), 요리, 제과 및 약용으로 널리 이용되므로 매년 그 수요가 증가되고 있다. 특히 최근에는 약용으로 많이 이용되고 있는데, 이는 대추의 주요 영양소 이외에 비타민 K, P, 루틴(rutin), 사포지닌(sapogenin) 및 30여 종의 알칼로이드 성분이 확인됨으로써 뇌출혈과 고혈압의 예방 등 순환기 계통의 건강유지에 그 약리효과가 기대되기 때문으로 풀이된다.

8-6 장과류 (漿果類)

1. 포 도 (유럽종 : *Vitis vinifera* L.)
(미국종 : *Vitis labrusca* L.)
(구미 잡종 : *Vitis labruscana* B.)

포도(grape)재배의 역사는 유사(有史) 이전부터라고 하며, 수천 종의 품종이 분화되었는데, 이들은 어느 것이나 아시아의 서남부가 원산지인 유럽종과 북아메리카의 동부가 원산지인 미국종에서 유래되었다.

포도나무속 식물은 갈매나무(Rhamnales), 포도과(Vitaceae)에 속하는 넝쿨성 식물로서 주로 열대 및 아열대지방에 자생하지만, 온대지방에도 일부 분포하고 있다. 포도과는 11속에 약 700여 종이 있는데, 그 중에서 경제적으로 이용할 수 있는 것은 포도속뿐이며 재배종 포도는 모두 이에 속한다.

(1) 원산지와 품종

1) 유럽종

유럽종의 원산지는 아시아에서 소아시아에 이르는 지방이고, 서쪽으로 지중해를 따라 그리스, 로마, 이집트 등지에 전파되었다. 유럽의 기후조건이 포도 재배에 알맞고 포도가 그들의 기호에도 맞아서 포도나무의 재배면적은 유럽전역에 확장되었고 오늘날에는 세계적으로 유럽종 포도의 대산지를 이루게 되었다.

2) 미국종

아메리카대륙에 자생하던 야생종 포도를 신대륙발견 후 이주민들이 개량한 것으로, 처음부터 여러 종이 분포되어 있었고, 또 품종개량에 힘써 그 동안에 많은 품종이 육성되었다.

3) 구미잡종

유럽종이 미국으로 도입되어 미국 야생종과 교잡을 통하여 수많은 새로운 품종들이 육성되었는데 이것이 구미잡종이다.

(3) 우리나라 재배 포도품종의 구성

우리나라에는 2006년 현재 약 29,871ha가 있고, 397,784톤의 포도가 생산되고 있다. 유럽종은 겨울의 저온 때문에 재배가 극히 제한되어 있어서 대부분이 구미잡종이 재배되고 있다.

우리나라의 주요 재배품종은 전배배면적의 60% 정도가 캠벨얼리(Campbell Early)이고 그 다음이 거봉(巨峰), 타노레드(Tano Red), 시벨9110(Seibel 9110) 등의 순이다. 과거에는 주로 생식용으로 이용되었으나, 현재에는 가공기술의 발달로 인해 깐포도, 주스, 포도주 등으로 점차 용도가 다양해지고 있으며, 수요가 증가함에 따라 겸용종 및 양조용 품종의 재배면적이 증가되고 있다.

1) 캠벨얼리(Campbell Early)

내한성과 내병성이 강하며, 과육의 당도는 13도 정도이고 신맛이 많은 편이며, 육질이 질긴 편이지만 과피와 쉽게 분리되고 과즙이 많다. 숙기(熟期)는 8월 중 · 하순경이며 과피가 두껍고 단단하여 수송력도 좋으나 착색기간이 길어서 숙기판단을 잘못하여 조기수확을 하면 맛이 저하된다.

2) 거 봉(巨峰)

일본에서 4배체 품종인 석원조생(石原早生)에 센테니얼(Centenial)을 교배하여 얻은 4배체 구미잡종 품종으로서 개화기에 웃자라는 성질이 있고, 내한성이 약하다. 숙기는 9월 상순 경이고, 탈립 및 꽃떨이현상이 심한 것이 이 품종의 가장 큰 단점이다.

3) 타노레드(Tano Red)

일본에서 육성된 품종으로 교배양친이 알려지지 않고 있다. 내한성이 약하여 추운 겨울에는 땅에 묻어 두어야 한다. 육질이 연하고 신맛이 적으므로 먹기에 좋다.

4) 시벨 9110(Verdelet)

프랑스에서 육성한 품종으로 우리나라에서 가장 많이 이용되는 백포도주용 품종이다. 내한성이 약하고 과육의 당도가 18도 정도로 육질이 연하며, 과피는 얇지만 수송성이 좋은 편이다. 그러나 완숙되면 탈립이 심한 것이 단점이다.

(3) 포도의 성분

포도의 주요성분은 대부분이 포도당, 과당으로 10~18%를 함유한다. 유기산은 주석산, 사과산이 주이고, 그밖에 미량의 구연산을 함유하며 이들 유기산의 총량은 0.4~0.95% 정도이다. 떫은 맛은 탄닌성분에 의하며, 색소는 안토시안계 적자색 색소인 oenin과 그 분해물이다.

(4) 수확 및 저장

양조용의 포도는 생식용 이상으로 완숙한 것이 요구된다. 수확은 날씨가 좋은 날 아침의 이슬이 마른 다음에 딴다. 원래 포도는 장기저장이 어렵다.

(5) 용 도

생식하는 외에 포도주, 주스(grape juice), 젤리(grape jelly), 건포도, 잼 등의 제조에 이용된다.

2. 바나나 (*Musa* spp.)

바나나는 열대 및 아열대지방의 대표적인 과수로, 말레이반도 또는 인도의 아샘지방과 인도지나에 걸친 고온 다습한 열대아시아가 원산지로 추측된다. 생식용 바나나는 브라질, 인도, 필립핀 등지가 주산지이고, 요리용 바나나는 우간다, 콜롬비아, 르완다, 자이레 등지가 주산지이다.

우리나라에서는 1978년부터 제주도 서귀포에서 시설재배가 시작되었으며, 한 때는 고소득작물로 인식, 재배면적이 300ha가 넘었으나, 현재에는 값싼 외국산 수입으로 경쟁이 되지 않기 때문에 거의 재배를 포기한 상태이다.

그림 8-14 요리용 바나나

(1) 바나나의 분류

린네(LINN.)는 바나나를 왜성종(矮性種, *Musa cavendishii*), 고성종(高性種, *M.sapientum*) 및 요리용(*M.paradisiaca*)으로 분류하였지만, 지금은 모든 바나나가 M.*acuminata*(A-게놈)와 *M.balbisiana*(B-게놈)에서 유래된 것임이 밝혀졌다.

A-게놈의 3배체(AAA)를 바나나라 하고, 이것을 그로미셸(Gros Michel)형과 캐번디시(Cavendish)형으로 나누며, 요리용 바나나(plantain)는 A와 B의 잡종이다. Musa(AAA group, Cavendish subgroup) 'Robusta' 등으로 명명법이 바뀌는 추세에 있다.

(2) 바나나의 성분

과육은 약 60%이고, 수분이 비교적 적다. 수용성의 당이 많고, 당질은 전분을 포함하여 21% 정도이다. 후숙한 것에는 구연산과 사과산이 있지만 신맛은 거의 없다. 미숙과육에는 없지만 완숙과육에는 α-carotene이 많아서 담황색을 띠고 있으며, 펙틴은 0.7~1.2% 정도이지만, 완숙되면 반감한다. 바나나 특유의 향기 성분은 초산 amyl이 주가 된다.

바나나 100g의 열량은 약 364KJ(87Kcal) 전후이며, 식이섬유가 비교적 많다. 생식용 바나나에 함유되어 있는 당질은 소화흡수가 잘 된다.

(3) 바나나의 결실 및 비대

재식 후에 9~12개월이 지나 영양생장에서 생식생장으로의 전환이 일어나는데, 생장점에서 발생한 꽃눈(花芽)원기는 진경의 신장과 더불어 꽃송이로 발달하면서 가경(假莖) 내부로부터 나온다. 재배종에는 6~15개의 화포(花苞, floral bract)가 달리고, 각 화포에는 15~20개의 암꽃이 착생하여 과실로 발달하며, 성숙할 때까지는 95~150일이 걸린다.

과실의 비대는 일정하게 진행되며, 과피비율은 초기에 80%이다가 완숙기에는 33%로 된다. 당과 전분은 성숙과 더불어 증가하지만, 성숙 후기에는 전분의 가수분해가 발생한다.

(4) 수확 및 저장

과장(果掌)의 첫 과실이 황변할 때 수확하며, 수량은 품종별로 차이가 크다. 냉장선에 의해 수입된 완숙 전의 바나나는 가공장에서 1단계로 17~20°C에서 1~2일간 호흡작용을 거친 다음, 2단계로 냉각시켜 성숙의 진행을 억제하는데, 여름에는 5일 정도, 겨울에는 7~8일이 걸린다.

(5) 요리용 바나나

지역에 따라서는 주식의 하나가 된다. 유럽인들은 요리용 바나나 전체를 플랜테인(plantain)이라고 하는데, 과육이 단단하여 우엉류와 유사하다.

요리방법은 껍질채로 쪄서 굽거나 껍질을 벗겨서 굽거나 튀긴다. 조려도 좋다. 또 건과로 하거나 전분과 같은 건조분말로 하기도 한다.

8-7 파인애플 (*Ananas comosus* MERR.)

파인애플(pine apple)은 아메리카 열대지방이 원산지로서 파인애플과에 속하는 다년생 상록초본이다. 하와이, 태국, 브라질에서 많이 생산되고, 열매는 장과(漿果)가 많이 모인 원통형의 집합과이며, 성숙하면 적갈색이 된다. 과육은 즙이 많고 강한 단맛과 적당한 산도를 가지고 있어서 좋은 맛과 방향을 나타낸다.

우리나라에서는 1964년에 최초로 제주도에서 비닐 하우스를 이용하여 시도한 재배가 성공됨에 따라 남해안과 중부지방까지 재배가 확대되기도 하였다.

그림 8-15 파인애플

1. 형태와 분류

파인애플은 외떡잎(單子葉) 초보식물로서 짧고 굵은 줄기 위에 70~80개의 잎이 나선형으로 배열되며, 잎 가장자리에 가시가 있는 것(有刺種)과 없는 것(無刺種)이 있다.

파인애플은 다음과 같이 크게 5군으로 나눈다.

가시가 있는(有刺種) ① 스페니시(Spanish)군, ② 퀸(Queen)군, ③ 아바칵시(Abacaxi)군과, 가시가 없는(無刺種) 군으로 ④ 카이옌(Cayenne), ⑤ 마이푸르(Maipure)군 등이 있다. 세계에서 가장 많이 재배되는 품종은 카이옌군의 가시가 없는 스므드카이옌(Smooth Cayenne)이다.

2. 성 분

주성분은 수용성 당으로 10~15%이고, 유기산으로는 구연산 및 소량의 사과산함량이 0.8~1.2%, 또한 가식부 100g 중에는 칼륨이 100mg, 칼슘 17mg, 비타민 C 10~30mg이 함유되어 있다. 과육의 황색은 주로 β-carotene때문이고, 과육 중에는 단백질 분해효소인 bromelain을 함유하고 있기 때문에 외피 부분에는 수산칼슘을 함유하고 있어 너무 먹으면 입안이 거칠어진다. 파인애플 가식부 100g의 열량은 243KJ이다.

3. 용 도

일부는 생식도 하지만, 숙성된 과실의 품질은 2~3일 내에 떨어지므로 주로 통조림, 주스, 건과 등으로 가공한다.

8-8 견과류 (堅果類)

1. 밤 (*Castanea crenata* SIEB. et ZUCC.)

밤(chestnut)은 종류에 따라 원산지가 다른데, 밤나무속 식물은 아시아, 유럽, 북아메리카, 북부 아프리카 등지의 온대지역에 자연 분포되어 13종에 달하고 있으나, 그 중 과실로 이용되는 주요 밤으로는

한국밤(Castanea crenata var. dulcis NAKAI),
일본밤(C. mollissima BLUME),
중국밤(C. crenata SIEB. et. ZUCC),
유럽밤(C. sativa MILLER), 미국밤 등이 있다.

현재 우리나라에서 많이 재배되고 있는 일본밤은 한국밤과 계통이 같은 것으로 알려져 있어, 원산지가 우리나라일 것으로 추정되고 있다.

1970년대부터 산지의 효율적 이용을 위하여 정부에서 적극적으로 장려함에 따라 재배면적이 급격히 증가하여, 1985년경에 생산된 밤은 국내수요를 충족시키고도 남아서 일본에 수출을 하기도 하였다. 밤재배의 수익성은 생산량의 증가에 따라 가격도 많이 떨어졌으므로 경영에 어려움을 주고 있다.

2006년도에 밤 총 생산량은 109,956톤이다.

(1) 품 종

예로부터 우리나라에서 재배되어 온 밤은 중국밤과 한국밤이다. 중국밤은 과립(果粒)이 작고 속껍질이 잘 벗겨지며 단맛이 많아 군밤용으로 품질이 우수하지만, 밤나무혹벌에 대한 내충성(耐蟲性)이 약해서 현재 거의 재배되지 않고 있다. 근래에 우리나라에서 재식되고 있는 것은 국내의 재래종 중 내충성이 높은 우량품종과 일본에서 육성된 내충성 품종들이다.

(2) 성분 및 용도

밤에는 풍부한 탄수화물과 각종 염류와 비타민이 함유되어 있고, 독특한 맛과 단맛이 있어서 군밤, 삶은밤, 밤밥, 황률(말린밤), 각종 과자(불란서 과자로 마론그랏세는 유명하다), 통조림 등으로 가공되고 있다. 밤나무는 철도 침목, 가구재, 조선재, 토목용 갱목 등으로 널리 이용된다.

표 8-7 밤의 성분함량 (가식부 100g 중)

성 분	함 량	성 분	함 량	성 분	함 량
수 분	60.2g	비타민 A	26IU	칼 륨	500mg
단백질	2.7g	비타민 E	0.2mg	나트륨	2mg
지 질	0.3g	비타민 B_1	0.32mg	철	0.8mg
탄수화물(당질)	34.5g	비타민 B_2	0.11mg	인	65mg
섬유질	1.0g	나이아신	0.8mg	칼 슘	23mg
콜레스테롤	–	비타민 C	22mg		

밤의 가식부 100g의 열량은 653KJ이며, 일반성분은 다음 표 8-7과 같다.

(3) 요구되는 품질

가공용의 품질조건은 갈라지지 않은 것이어야 하고 맛이 좋아야 한다. 또 쉽게 부패되지 않아야 하며, 비교적 알이 크고 쭉밤 같은 것이 없어야 한다.

(4) 수확과 저장

밤의 개화(開花)에서 성숙까지 조숙종은 90~100일, 중숙종은 108~115일, 만숙종은 120일 이상을 필요로 한다. 수확은 노동력이 가장 많이 소요되는 작업이며, 수확방법으로는 자연낙과 채취, 익은 밤송이 채취 등이 있다.

수확된 밤은 과피의 수분을 제거하기 위하여 반드시 실내 그늘에서 말려야 한다. 저장하기 전에 과립에 침입한 명나방, 밤나방, 바구미 등을 구제해야 하고, 구제방법은 여러 가지가 있으나 대량소독할 경우에는 이황화탄소(CS_2)로 훈증한다.

밤의 저장온도는 2~6°C가 적당하고 관계습도는 80%가 적당하다. 저장 중의 밤은 12월경까지는 저온으로 인하여 발아되기 어렵지만, 그 후 10°C가 되면 발아되기 시작하므로 주의해야 할 필요가 있다. 또한 저장온도가 0°C 이하가 되어 전분질이 파괴되면 부패되므로 얼지 않도록 주의해야 한다.

2. 호 두 (*Juglans regia* LINN.)

호두(walnut)는 호두나무과에 속한다. 세계적으로 가장 많이 재배되고 있는 *Juglans regia* L.은 흔히 페르시아호두(Persian walnut) 또는 영국호두(English walnut)로 불리는데, 우리나라에서는 이 계통의 호두를 고려 중엽에 중국으로부터 도입된 것으로 추측하고 있다.

페르시아호두의 변종인 한국호두는 흔히 천안호두라고도 불린다. 2006년 우리나라 호두의 총 생산량은 1,037톤이다.

(1) 호두의 성상 및 성분

한국호두는 방임재배(放任栽培)에도 적합할 정도로 수세(樹勢)가 강건하며, 일반적으로 핵의 껍질은 두꺼운 편이지만, 주름이 적고 인(仁)이 충실하여 인중률(仁重率)이 60%에 가까운 것도 있다.

주성분으로 지질이 50~60%로 많고 양질의 건성유에 속한다. 단백질은 20~30% 정도이며, 이 중 60%는 glutein이고, 그 구성아미노산은 트립토판이 많아서 양질 단백질에 속한다. 비타민 B_1이 특히 많고, 무기염류도 풍부하다.

(2) 수확 및 저장

호두는 개화일로부터 조숙종은 110일, 만숙종은 150일 전후에 성숙한다. 다 익으면 겉껍질이 갈라져서(개열되어) 자연히 낙과된다. 그러나 30% 정도 익어서 갈라지면 흔들어 떨어뜨리거나 장대 등으로 가볍게 두들겨서 떨어뜨린다.

호두는 건조의 양부(良否)에 따라 저장하지만 품질에 큰 차이가 있다. 수량이 적을 때는 천일건조를 하나, 수량이 많을 때는 화력건조기를 사용하여 단시간에 할 수도 있다.

(3) 용 도

생식용 외에 호두떡, 호두과자 등에 쓰고, 또 기름은 고급요리에 이용되는 외에도 향료, 화장품, 그림 물감을 녹이는 데에도 사용된다.

3. 잣 (*Pinus koraiensis SIEB. et.* ZUCC.)

잣(pine nut)은 소나무과로 소나무는 약 100여 종이 있으며 북반구에 널리 분포한다. 6월 경에 새 가지의 기부(基部)에 자홍색의 수꽃이 피며, 앞 끝에 2~3개의 구상(毬狀)의 암꽃이 핀다. 익년 가을에 길이 10~15cm 정도의 구과(毬果)에서 날개를 가진 종자가 낙하한다.

식용부분은 종자의 배유(胚乳)조직이다. 외국의 포르투갈 소나무, 콜로라도 소나무, 멕시코 소나무 등이 식용으로 이용된다. 2006년도에 우리나라의 잣 생산량은 800,300kg이다.

(1) 성분과 용도

잣은 지질이 많아서 칼로리가 높을 뿐만 아니라, 비타민 B군 외에 비타민 E를 풍부하게 함유하는 것이 특색이며, 많은 Fe이 들어 있어 빈혈에 좋다고 한다. 그러나 P이 많고, Ca이 적어서 산성 식품이다.

9~10월경에 채취하여 생식도 하고, 과자나 요리에 쓰기도 하며 술을 담그기

도 한다. 한방에서는 잣을 백자(栢子), 송자(松子), 해송자(海松子)라 하여, 성질이 온후해지고 영양을 도우며 대변을 부드럽게 하는 데 사용한다.

(2) 저 장

일반적으로 저장성을 좋으나 봄철이 지나면 기름이 절어 맛과 영양가가 떨어진다. 저장실은 어둡고 서늘한 곳이 좋으며, 오래 저장할 것이면 껍질을 까지 않고 저장하는 것이 좋다.

4. 은 행 (*Ginkgo biloba* L.)

중국이 원산지로, 자웅이주의 유성생식을 하는 것으로 유명하다.

(1) 성상과 성분

5월 경에 새잎이 돋아나고 꽃이 피며, 구형(球形)의 과실이 10월에 익으면 노란색의 살이 많은 외종피로 둘러싸이고, 그 속에 씨가 들어 있게 된다.

외종피(外種皮)는 즙이 많고 악취가 나며, 옻을 타기 쉽기 때문에 피부에 닿지 않도록 주의하여야 한다. 내종피는 딱딱하고 흰색이며 그 속에 씨가 들어 있다.

은행에는 전분이 약 68%로 대부분을 차지하고 단백질 및 지방은 적다. 무기물로는 K와 P이 많으며, 카로틴 및 비타민 C를 함유하고 있다.

(2) 용 도

식용부위는 외종피를 제거한 껍질 안의 황록색을 띤 배유조직으로 간식용으로 구어서 먹거나 볶아서 먹는다. 특히 신선로 요리에 없어서는 안 될 진품이다.

한방에서는 기침과 천식을 그치게 하는 데 사용된다.

5. 아몬드 (*Prunus communis* FRITSCH)

아몬드(almond)는 장미과로, 기원전부터 재배되어 서아시아, 지중해 연안, 그리스 북아프리카 등으로 확산 재배되었다. 복숭아와 유사한 꽃이 피며, 길이 3~6cm의 장구형(長球形)의 과실이 열린다.

열매가 성숙하면 개열되어 핵이 나오며, 핵 속의 인(仁)을 식용으로 한다. 관상용의 경핵종(硬核種)과 과수용의 연핵종(軟核種)이 있으며, 연핵종에는 식용의 sweet almond와 에센스용의 bitter almond가 있다. bitter almond로부터 bitter almond oil을 추출하여 향미재료로 사용한다.

주산지는 지중해 연안 제국과 미국의 캘리포니아주이다. 식용부분은 단단한 핵 속의 알맹이로, 달고 향기로우며 초콜릿이나 과자, 술안주로서 이용되고, 다진 알맹이는 튀김옷으로 사용된다.

그림 8-16 아몬드의 꽃, 개열된 열매, 핵 및 인

Chapter 9

버섯류

9-1 버섯 총론

버섯류는 식물학상으로 곰팡이와 같은 종류로 담자균류에 속하며, 엽록소를 가지지 않은 균류 중에서 대형의 자실체(fruit body)를 형성하는 것을 일반적으로 버섯이라 한다.

버섯의 본체는 토양이나 나무 속으로 뻗어있는 균사로 이루어져 있고, 또 독립적 영양을 하지 못하므로 기생(寄生) 또는 부생(腐生) 생활을 하며, 적당한 시기가 되면 번식한 포자를 형성하기 위한 기관으로 자실체인 버섯을 형성한다.

버섯은 자실체의 주름살(gills)에 생긴 담자기 위의 담자포자(basicliospore)가 바람 또는 자연조건에 의해서 적당한 장소로 옮겨져서 발아(發芽)하여 균사를 형성하고, 이 균사가 모여서 균사체(mycelium)를 이루며, 이것을 기본으로 자실체인 버섯을 형성한다.

균사는 땅 속이나 나무 속 등으로 뻗어 영양분을 흡수하는 종류와 공기 중으로 뻗어 나가는 기균사가 있는데 이들 기균사가 균사체를 형성한다.

담자포자는 발아하면 1핵균사(monocaryon)인 1차 균사로 되고, 일반 곰팡이와 같은 균사 균총(菌叢, colony)을 만든다. 1차 균사는 서로 융합하여 2핵균사(dicaryon)인 2차 균사가 되고 이 균사는 2핵이 동시에 분열하면서 2핵상을 유지하게 된다. 이 균사가 적당한 영양, 온도 등의 환경조건이 갖추어지면 3차 균사로 된 자실체인 담자기과(basidiocarp)가 된다.

균사조직의 분화로 균사의 말단이 담자기가 되고 조직화되어 그림 9-1에서와 같이 자실층(hymenium)을 형성하며, 그 위에 많은 담자기가 형성된다.

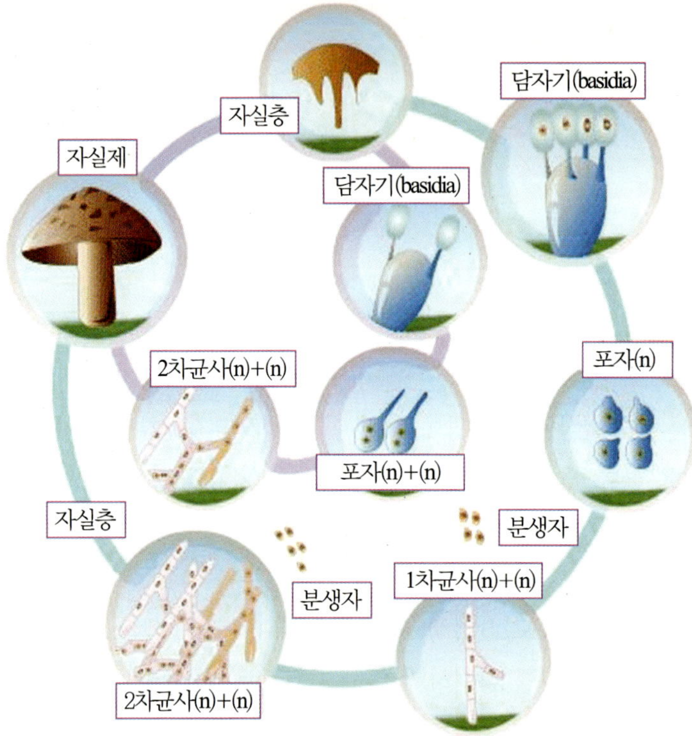

그림 9-1 버섯의 형성과 생활사

담자기는 2핵이 융합한 후에 감수분열(meiosis)로 보통 4개의 핵이 생기고, 경자(梗子) 끝에 생긴 담자포자로 옮겨간다.

버섯이라는 명칭은 자실체가 육안으로 볼 수 있을 정도로 삿갓 모양으로 크게 발달한 것의 총칭이며, 이것을 채취하여 식용 또는 약용으로 활용하고 있다.

식용버섯으로 알려져 있는 것은 대부분 동담자균류의 송이버섯목에 속하며 약 600여 종이 있다. 또한 이들은 갓, 주름, 자루, 균륜의 형상에 따라 약 13과(科) 90여 속(屬)으로 분류된다.

전 세계적으로 약 18,000여종의 버섯들이 있으며 우리나라에 현재 알려져 있는 식용버섯의 종류는 약 200여 종 정도이나 그 중에서 일반인이 식용하는 버섯은 20~30종에 불과하다.

버섯은 일반적으로 식용이 가능한 식용버섯과 일부 제한적으로 식품재료로 활용이 가능한 약용버섯, 그리고 유독하여 식용이 금지되고 있는 독버섯으로 앞의 표 9-1과 같이 구분한다. 버섯은 식별이 매우 어렵기 때문에 조심해야 한다.

표 9-1 버섯의 종류

구 분	종 류
식용버섯	느타리버섯, 표고버섯, 송이버섯, 양송이버섯, 팽이버섯, 목이버섯, 싸리버섯, 능이버섯, 만가닥버섯, 노루궁뎅이버섯, 버들볏집버섯, 잎새버섯, 달걀버섯, 개암버섯, 기와버섯, 독청버섯아재비, 망태버섯, 먹물버섯, 벚꽃버섯, 큰갓버섯 등
약용버섯	영지버섯, 상황버섯, 선령버섯(아가리쿠스), 동충하초, 장수버섯, 천마버섯, 구름버섯 등
독 버 섯	갈색고리버섯, 개나리광대버섯, 노란다발버섯, 담갈색송이, 독우산광대버섯, 두엄먹물버섯, 마귀광대버섯, 배불뚝이광대버섯, 붉은싸리버섯, 삿갓외대버섯, 어리알버섯, 화경버섯 등

식용버섯 중 표고, 느타리, 목이, 양송이는 인공재배에 의한 생산이 많다. 버섯은 향미(香味)가 좋고 영양가가 풍부하며 약용가치도 있으므로 즐겨 식용하고 있다. 그러나 일반적으로 버섯은 부패 · 변질되기 쉽고 저장이 어려워서 통조림, 병조림, 염지(塩漬), 건조 등을 하여 저장한다.

버섯의 식품가치

버섯은 거의 100%가 가식부이며 특유의 향미를 가지고 있다. 동 · 서양 모두에서 좋은 식품재료로 활용되고 좋은 비타민 공급원이 된다. 가공한 버섯은 오랫동안 저장이 가능하여 실용적이다.

일반 성분으로는 수분이 90% 이상이고, 단백질이 1.5~2.0% 정도 함유되어 있는데, 그 절반 정도는 비단백태이다. 지질은 0.2~0.4%로 비교적 적고, 탄수화물은 3~6% 정도로 pentosan, mannit, glucose, trehalose, dextrin 등이 들어 있으므로 버섯요리의 맛을 돋우는 원인이 된다.

비타민으로는 비타민 B_1, B_2를 비롯하여 비타민 D의 모체인 에르고스테린(ergosterin)이 0.2~0.3% 정도 들어 있다. 특히 표고버섯에 들어 있는 핵산성분인 구아닐산(guanylic acid)은 버섯 특유의 감칠맛을 내는 성분으로 핵산 복합 조미료의 원료로 사용되고 있다.

버섯의 지미성분은 글루타민산, 로이신(leucine), 알라닌(alanine) 등의 아미노산과 구아닐산과 같은 핵산물질도 있다.

9-2 버섯 각론

1. 표고버섯 (*Cortinellus edodes* 〈BERK〉)

표고버섯(oak mushroom)은 송이목(Agaricales)으로 송이과에 속하며, 우리나라에서 그 생산량이 가장 많은 버섯이다. 봄, 여름, 가을에 걸쳐서 참나무, 밤나무 등에서 발생하는 버섯으로 1957년 이후부터 농촌 부업의 하나로 장려되었으며, 현재 제주도의 한라산, 지리산, 오대산 등 각지에서 활발히 재배되고 있다.

그림 9-2 천연의 표고버섯

(1) 성상 및 성분

갓의 지름은 5~10cm 정도로 원형 또는 콩팥형에, 빛깔은 다갈색 또는 흑갈색이 비늘 모양으로 덮여 있다. 육질은 두껍고 백색이며, 균병(菌柄)은 1~5cm 정도로 갈색을 띤다.

비타민, 특히 프로비타민 D를 많이 함유하며(90IU), 비타민 B_1과 B_2도 상당량 들어 있다. 지미성분은 구아닐산이고, 방향성분은 유황을 가진 화합물인 레티오닌이다. 무기질로는 칼륨이 170mg% 정도로 많고, 인(P)도 210mg%로 비교적 많은 편이다.

에르고스테롤은 곰팡이나 효모에서 발견되는 대표적인 미코스테롤(mycosterol)로 버섯 등에서도 발견된다. 에르고스테롤은 자외선 조사에 의하여 그 B환(環)이 쉽게 개열되어 칼시페롤(calciferol), 즉 비타민 D_2가 되므로 에르고스테롤은 프로비타민 D이다.

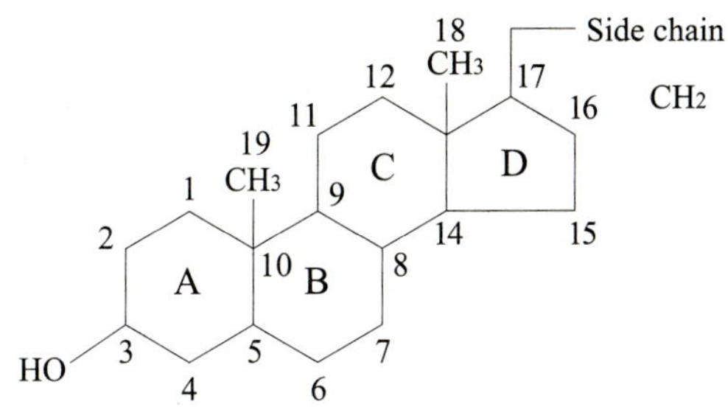

그림 9-3 스테롤(Sterol)류의 일반 구조

(2) 품질과 용도

봄 표고버섯은 살이 두껍고 향기가 좋으며 3~5월에 수확된다. 가을에 나오는 버섯은 일반적으로 잎이 얇고 향기가 약하다.

생표고버섯은 볶음, 튀김 등으로 사용한다. 말린 것은 물에 불려서 조림, 오곡밥, 육수용, 버섯전, 솥밥, 전골 등에 이용된다. 중국요리에는 없어서는 안 되는 재료이다.

(3) 수확 및 저장

버섯은 보통 봄과 가을에 돋아나며, 3~4년에 많이 생산되고 그 후부터는 차츰 수확이 준다. 버섯은 10~20°C의 온도와 충분한 습기가 있으면 돋기 시작하여 1~2주일이면 수확할 수 있다. 버섯은 보통 70~90%의 수분을 함유하고 있어서 부패하기 쉽다. 수분함량이 10% 정도 되도록 건조하면 저장이나 수송에 유리하다.

특히 표고버섯은 건조에 의해서 맛을 내는 성분이나 향기성분이 증가하며, 건조방법은 일광(햇볕)건조법과 화력(火力)건조법이 있다. 일광건조법으로는 5~14일 정도 걸리나, 기계적 화력건조로는 거의 하루면 된다. 그러나 화력건조에서는 말린 표고버섯 특유의 비타민 D 생성이 적기 때문에 다시 햇볕에 말리기도 한다.

2. 송이버섯 (*Armillaria matsutake* ITO et IMAI)

송이(pine mushroom)는 주로 소나무숲에서 가을철 한때에 발생하는 향기가 좋은 버섯이다. 발생장소는 매년 10~15cm 이동한다. 우리나라의 1998년도 생산량은 278,323kg이었다. 아직까지 인공재배는 하지 못하고 있다.

(1) 성상과 성분

갓의 지름은 5~20cm이고 빛깔은 엷은 다갈색이며 갈색 섬유 모양의 가는 털로 덮여 있다. 주름(gill)은 흰색으로 조밀하고, 자루(rhabdus)는 원통형이고 갓의 빛깔과 같으며, 육질은 백색으로 섬유질이다.

송이 특유의 향기성분은 계피산 메틸(methyl)과 matsutakeol이 혼합한 것이고, 송이버섯의 가식부 100g 중 비타민 B_1은 0.10mg, B_2는 0.50mg, 비타민 D는 140IU, 비타민 C는 2mg, 나이아신은 8.0mg 등이 함유되어 있다.

그림 9-4 송이버섯

(2) 품질과 용도

일반적으로 좋은 송이는

① 육질이 은백색으로 두껍고, 오점(汚點)이나 충해(蟲害)가 없는 것

② 갓의 빛깔이 선명하고 신선한 것

③ 자루가 굵고 갓이 반쯤 펴진 것이어야 한다.

용도는 담백한 요리에 적합하며 구이, 수프, 솥밥, 전골 등에 쓰인다. 서양요리 및 중국요리에도 사용되며, 조미통조림으로 가공하기도 한다.

(3) 수확과 저장

송이의 발생시기는 대체로 9월 상순부터 10월 중순까지 불과 30~40일 간이다. 채취시기는 버섯이 발생하여 갓이 반쯤 펴지기 전이 가장 적당하다.

송이는 일부 통조림으로 하거나 염장 및 냉동법으로 저장하며 그 밖에 CA 저장법도 이용된다.

3. 양송이 (*Agaricus bisporus* 〈Lannge〉 SING)

그림 9-5 양송이

양송이(mushroom)는 유럽이 원산이며, 세계적으로 널리 재배되고 있는 송이과의 버섯으로 유럽에서 많이 식용되고 있다. 향기는 송이보다 못하지만 아주 연하고 독특하다. 우리나라에서도 근년에는 대량으로 생산되어 통조림으로 수출을 하고 있다.

(1) 성상과 재배

갓은 직경이 5~12cm 정도의 만두 모양이고 가운데는 편평하며 갓 둘레가 밑으로 말린다. 균습은 빽빽히 나 있고, 어릴 때의 빛깔은 백색인데 자라면서 담홍색, 갈색, 흑갈색으로 변한다. 자루는 흰색이며 원통형이다. 육질은 갓이 자루보다 연하고 흰색이지만 채취해 두면 다갈색으로 변한다. 따라서 식염수에 담가 변색을 방지한다.

양송이의 재배에는 말똥, 볏짚, 화학비료 등을 쌓아서 만든 합성퇴비를 사용한다. 저온에서 잘 발육하는 화이트종, 육질이 단단해서 상처가 잘 나지 않는 브라운종, 농산종인 크림종이 있다. 주요 생산국은 미국, 중국, 네덜란드, 프랑스 등이다.

(2) 주요 성분

양송이는 단백질 함량이 표고버섯보다 약 2.5배 많고, 무기질 함량 역시 높으나, 섬유는 극히 적다. 유리아미노산으로는 아르기닌, 히스티딘, 이소류신, 리신, 페닐알라닌, 프롤린 및 티로신이 있다. 또 비타민 B_1, B_2, 니아신, 에르고스테롤 등이 함유되어 있다.

소화효소가 되는 트립신, 아밀라아제, 말타아제, 프로테아제 등이 함유되어 있고, 버섯을 채취한 후에 방치하면 암갈색으로 변하게 되는데, 이는 인체의 혈압강하에 좋은 티로시나아제(tyrosinase)라는 효소의 작용 때문이다.

이 버섯의 독특한 향기는 주로 유기염기에 의한 것으로 생각되고 있다.

(3) 수확 및 품질

포자 접종 후 1~5개월이 지나면 균상(菌床)면 전체에 버섯이 발생하는데, 온도와 습도가 적당하면 5~7일 경과 후에 채취한다. 수확된 버섯은 변질되기 쉬우므로 바로 시장에 출하하거나 통조림으로 가공해야 한다.

품질은 생식용과 통조림용에 따라 다소 다르게 선택한다. 통조림용으로는 백색소형의 것이 좋다.

(4) 용 도

독특한 풍미로 수프, 샐러드, 버터볶음 등의 양념요리에 이용되며, 고기요리에 쓰인다.

4. 목이버섯 (*Auricularia auricula judae* 〈Lunnalus〉 SCHROETER)

목이버섯(juda's ear)은 온대에 널리 분포하며 여러 가지 활엽수(참나무, 오리나무, 미루나무, 포플라, 팽나무, 버드나무 등)에 연중 계절을 가리지 않고 발생한다. 검은색 목이버섯과 흰색 목이버섯이 있는데, 중국에서는 흰 목이버섯을 인간을 장수불로하게 하는 귀한 버섯으로 여겨 왔다.

그림 9-6 목이버섯

우리나라 자연생 목이의 주산지는 강원도, 전라북도 및 경상북도로 현재(2006년도) 27,080kg 정도 생산되고 있으며, 이중 일부가 수출되고 있다.

(1) 성상 및 성분

목이의 자실체는 귀 모양이고, 폭이 2~6cm 정도이며 주름이 있다. 습할 때는 반투명의 젤라틴질로 부드럽고 탄력성이 있으며 질긴 편이다. 건조하면 피혁상이 된다.

표면은 담적갈색이며 매끄러운 편이나, 건조되면 흑갈색의 광택이 난다. 포자는 자실체 윗면에 형성된다.

목이버섯은 다른 식용버섯에 비하여 조섬유가 많은 편이나, 조단백질 만니트 등이 적게 포함되어 있기 때문에 그 맛이 산뜻하다.

(2) 수확 및 저장

어린 버섯이 발생한 후에 채취할 때까지 약 10~15일 정도 걸리나, 장마철은 발육속도가 더 빠르다. 수분함량이 8.5~10% 정도 되도록 말려서 폴리에틸렌 주머니나 나무 상자에 넣어 밀봉한 다음에 저장한다.

(3) 용 도

건조된 버섯은 수축되어 단단해지므로 조리할 때에는 물에 불려서 사용한다. 독특한 씹는 맛이 있으며, 수프나 볶음 등 각종 중화요리에 많이 이용된다. 우리나라에서도 표고나 송이 다음으로 많이 식용하고 있다.

한방 약재로서 치질이나 이질에 효과가 있다고 한다.

5. 느타리버섯 (*Pleurotus ostreatus* 〈Jacq.〉 SACCARDO)

느타리버섯(oyster mushroom)은 송이과에 속하며, 형태가 굴껍질과 유사하다 하여 구미(歐美)에서는 oyster(굴) mushroom이라고 한다. 늦은 가을에 각종 활엽수에 발생하며, 생버섯으로 비교적 오랫동안 보존된다. 재배는 원목이나 균상에 의한 재배법이 있으며, 병을 이용한 균상재배가 주류를 이룬다.

(1) 성상과 수확

갓은 지름이 3~15cm로 부채 모양 또는 반달 모양을 이루고 겉면은 밋밋하며 회백색이다. 자루는 대개 짧고 굵으며 백색의 원통형이고 밑동 겉면에는 털이 빽빽하게 나 있을 때도 있다. 주름은 백색이며 자루에 뚜렷하게 내려 붙는 것이 특징이다.

수확은 대체로 3 · 4월에 접종하면 10월경에 어린 버섯들이 발생하기 시작한다. 1회 발생에 약 1주일 정도 계속되고 한 철에는 2~4회 발생하는 것이 보통이다. 채취는 갓의 직경이 3~6cm 정도 되었을 때 한다.

(2) 용 도

국, 찌개, 버섯밥, 소금구이, 기름구이, 수프, 반찬 등으로 이용한다.

6. 팽이버섯 (*Flammulina vclutipes* 〈CurexFr.〉 SING)

송이과에 속하는 것으로 velvet-stemmed agaric이라고 불린다. 천연 팽이버섯은 늦은 가을부터 겨울에 걸쳐서 활엽수의 마른 나무에 발생하여 황갈색이나 밤색을 띤다. 감나무, 팽나무, 뽕나무 등에 야생하나 병재배로 인공재배가 가능하다.

갓이 백색, 중심부가 담갈색이고, 살이 두꺼운 것일수록 품질이 좋다. 재배버섯은 어두운 실내에서 생육하기 때문에 줄기가 길고 흰 콩나물 형태로 천연 팽이버섯과는 전혀 다른 형상이다.

팽이버섯을 주 4~5회 이상 먹고 있는 재배농가에서는 암에 의한 사망률이 낮다는 역학조사 결과가 일본에서 발표되었다.

(1) 성상과 수확

갓은 2~10cm. 처음은 반후형이지만 편형이 된다. 갓 뒤의 주름은 약간 거칠고 백색이나 담황색이다. 균병은 2~10cm에서 황갈색 또는 암갈색이고, 포자는 백색이다.

늦가을에서 다음해 봄까지 활엽수의 고목 줄기나 그루터기에 기생한다. 나무재배 또는 균상재배를 실시한다. 균상 재배에 의한 것은 콩나물 모양으로, 갓이 열려 있지 않고 자루는 길다.

(2) 용 도

단 향기가 나며, 씹는 느낌이 좋고 찌개, 국, 튀김 등에 이용된다.

그림 9-7 팽이버섯

Chapter 10

해조류(海藻類)

10-1 서 론

해조류(algae, sea weed)는 바다에 분포하는 식물로 클로로필(chlorophyll)을 가지고 자가영양을 하며 독립영양생활을 하는 바다에 분포되어 있는 식물을 총칭한다. 우리나라 근해에 서식하는 해조류는 400여 종이 있으며 이중 식용할 수 있는 것은 50여 종이다.

이것을 서식하는 바다 깊이에 따라 분류하면, 얕은 곳으로부터 ① **녹조류**(綠藻類 ; 파래, 청각, 클로렐라), ② **갈조류**(褐藻類 ; 미역, 다시마, 톳), ③ **홍조류**(紅藻類 ; 김, 우뭇가사리) 순으로 수직분포하고 있다. 식품으로 이용되는 해조류는 다세포의 엽상체(thallus)를 가식부로 한다.

우리나라 해조류의 생산은 다시마류와 미역류가 약 66%를 차지하고 있다. 보통 생식보다 건조한 다시마, 다시마 조리품, 마른 미역 등으로 가공하고, 김 역시 건조한 김으로 이용한다. 국민 1인당 섭취량은 평균 17.87g으로 무기질, 특히 요오드의 급원으로 영양상의 의의가 크다.

식용 외에 추출물을 이용하는 해조공업(한천, 알긴산, 만니트, 카라기난 등의 원료), 사료, 비료, 약용 등 다양하게 이용된다.

1. 식품적 가치

해조류는 일반적으로 소화율은 낮으나 비교적 비타민, 무기질 함량이 많기 때문에 영양적 가치가 높다.

① 생것이나 건조한 것을 높은 저장기술 없이 저장하며 먹을 수 있다.

② 종류나 색깔이 다양하여 계절감과 장식용으로 좋다.

③ 소화율은 낮은 반면, 정장작용을 하며 다이어트식으로 이용된다.

④ 해조류 추출물은 다양하게 이용할 수 있다.

알긴산과 카라기난 등은 식품첨가물로 아이스크림이나 콜로이드상 식품의 증점제, 안정제 등으로 이용되며, 우뭇가사리는 한천의 원료로 이용된다.

⑤ 높은 요오드 함량으로 갑상선종을 예방한다.

2. 해조류의 성분조성

해조류와 녹황색 채소에 대한 각 가식부 100g의 일반성분 비교분석표는 다음 표 10-1과 같다.

(1) 단백질

건조해조류의 단백질은 매우 양질이다. 김에는 아르기닌, 시스틴이 많고, 청태나 미역에도 시스틴이 많다. 다시마의 주성분은 글루탐산이다.

표 10-1 해조류와 녹황색 채소의 일반성분 비교(가식부 100g)

식품명		수분 (g)	단백질 (g)	지방질 (g)	당질 (g)	섬유 (g)	회분 (g)	Ca (mg)	P (mg)	Fe (mg)	비타민				
											A (IU)	B_1 (mg)	B_2 (mg)	Niacin (mg)	C (mg)
해조류	미역 (건조)	10.4	10.4	0.7	42.0	–	35.8	870	258	13.8	400	0.21	0.25	10.0	
	다시마	16.8	21.9	1.3	29.9	5.8	24.3	1,040	739	22	–	–	–	–	–
	톳	–	9.7	1.9	1.4	–	–	360	–	–	450	0.01	0.20	–	–
	파래 (건조)	17.4	19.7	1.4	36.5	2.3	18.1	403	512	129.5	35,018	0.11	0.30	12.2	27
	청 각	92.6	1.0	0.2	1.6	0.2	4.4	119	4	8.7	–	0.02	0.05	–	5
	김(건조)	12.9	32.7	0.8	39.2	1.7	7.7	196	500	17.6	45,000	0.40	1.50	5.4	20
	모자반 (건조)	10.2	15.2	1.7	43	2.7	27.2	935	233	67.3	7,350	0.21	0.61	2.5	2
	곰 피 (건조)	15.8	12.9	1.3	54.7	0	15.2	921	141	10.5	280	0.18	0.14	1.4	0
채소	당 근	88.7	2.0	0.5	7.2	0.6	0.8	43	34	1.6	30,340	0.06	0.10	5.6	11
	시금치	93.7	2.6	0.7	4.2	0.7	1.1	36	32	4.2	8,820	0.12	0.38	0.7	64
	상 추	94.1	1.8	0.4	2.9	0.8	0.7	49	27	4.8	3,250	0.08	0.28	0.8	4
	풋고추	83.2	2.4	0.5	1.4	12.7	0.8	15.3	57	1.1	13,500	0.20	0.34	1.2	103

(2) 지 질

함유량은 1% 이하로 매우 적으며, 그것은 트리글리세리드(triglyceride)가 아니고 카로티노이드(carotenoid)계 색소류가 대부분이다.

(3) 탄수화물

해조류의 탄수화물은 50% 내외이며, 해조 특유의 점성 다당류를 이루고 있다. 갈조류에는 탄수화물로서 알긴(algin) 20~30%, 만니톨(mannitol) 10~20%, 라미나린(laminarin) 1~10%, 후코이딘(fucoidin), 헤미셀룰로오스(hemicllulose) 등이 있으며, 녹조 · 홍조류는 한천을 주로 갖고 있고, 그 밖에 헤미셀룰로오스(hemicellulose), 소르비톨(sorbitol), 둘시톨(dulcitol) 등이 들어 있다.

말린 다시마의 표면에 붙은 흰가루의 대부분은 만니톨이다. 이들 중에서 만니톨과 같은 당알코올 이외의 것은 인체 내에서 소화되지 않는 것으로 생각된다.

(4) 무기물

해조류의 무기물 함유율은 10~40%로 좋은 영양급원이다. 무기질 중에는 Na, K, Ca, P, Fe 외에 I와 Br이 들어 있다. 해조류는 바닷물 중의 I, K, Ca 등의 특정한 성분을 축적하는 능력이 있다. K는 해수 농도의 4,000배, I는 수천~수만 배에 이르는 양을 농축한다고 한다. 따라서 해조류는 다른 식품에 비하여 훨씬 많은 양의 I를 함유하고 있다. 우리나라에서 갑상선 부종과 같은 요오드 결핍증이 없는 것은 해조류를 상식(常食)하기 때문이다.

(5) 색 소

해조류의 색은 엽록소와 카로티노이드에 의한다. 갈조류는 갈색의 푸코잔틴(fucoxanthin)이 많고, 녹조류는 엽록소가 많으며, 홍조류에는 붉은 색소인 피코에리트로빈(phycoerythrobin)이 함유되어 있다.

(6) 기 타

해조류는 독특한 냄새를 가지는데, 갈조류에서는 테르펜(terpene)계, 녹조 · 홍조류에서는 함황계 화합물이 주성분을 이룬다. 김의 냄새는 디메틸 설파이드(dimethyl sulfide)에 의한다. 갈조류는 당알코올이 있으므로 어느 정도 단맛을 띤다. 김의 구수한 맛은 글리신(glycin), 알라닌(alanine) 등의 아미노산에 의하고, 다시마의 구수한 맛은 MSG(monosodium glutamate)에 의한다는 것은 잘 알려진 사실이다.

10-2 각 론

1. 다시마 (*Laminaria* spp. 갈조류)

다시마(kelp, sea tangle)는 갈조류(Phaeophyta)에 속하는 2~3년생의 해조이다. 다시마류의 4과 14속 36종 가운데 식용으로 이용되는 것은 25~26종 정도인데, 중요한 식용은 다시마과 다시마속의 6종이다.

중요한 것은 진곤포(眞昆布, *L.japonica* ARESCHOUG)이고 그 밖에 *L.japonica* var. *L.angustata* KJELLMAN, *L.angustata* KJELLMAN var. longissima MIYABE 등이 있다.

다시마는 알긴산을 많이 함유하며, 먹으면 혈중 콜레스테롤치와 혈압을 내리는 작용이 있다. 음식물 섬유로서의 가치도 높다.

(1) 성상 및 성분

잎의 길이는 2~6m, 폭은 20~30cm 내외이다. 황갈색 또는 흑갈색의 띠 모양이다. 다시마는 외관상 잎, 줄기, 뿌리로 구분하며, 잎은 바탕이 두껍고 거죽이 미끄러우며 잎의 가장자리에 약간 쭈글쭈글한 무늬가 있다.

그림 10-1 몇 종의 갈조식물

A : 다시마 B : 모자반
C : *Hizikia* D : *Padina*
E : *Eisenia* F : *Nemacystus*

분포지역은 북아메리카 연안, 우리나라 동해안과 남해 도서지방이며 수심 20~30m, 수온은 물표면보다 3~7°C 더 낮으며 물살이 약한 바다 밑 바위에서 잘 자란다.

건조제품의 성분으로 단백질 5~7%, 지방 1.1%, 당질 51.9%, 섬유 3.0%, Ca 740~850mg%, Fe 5~10mg%, P 150mg%, I 200~500mg%, 비타민 A 10~560IU 등을 함유한다. 특히 칼륨과 요오드, 그 밖에 알칼리성 무기질이 많다.

구수한 맛의 주성분은 MSG로 420mg%를 함유한다. 이것의 함량과 다시마의 품질은 상관이 적다. 다시마에는 알긴산이라는 당질이 20%가량이나 들어 있는데, 이것은 점질물이어서 거의 공업용 풀이나 식품첨가물로 이용된다. 표면의 백분은 만니톨이며, 염분도 있어서 짠맛이 있다.

(2) 품질과 용도

다시마는 빛깔이 검고 반듯하게 겹쳐서 말린 것으로 두껍고 만니톨 가루가 하얗게 앉은 것이 질이 좋은 것이다. 빛깔이 붉게 변한 것이나, 잔주름이 간 것은 좋지 않은 것으로 취급된다.

다시마는 튀각, 다시마 산자, 다시마 조림, 다시마 차 등으로 널리 이용된다.

2. 미 역 (*Undaria pinnatifida*〈HARVEY〉SURINGAR)

그림 10-2 미역

미역(sea mustard)은 갈조류(Phaeophyta) 곤포과에 속하며, 일본 및 한국 특산으로 넓미역, 돌미역, 물미역, 보리미역, 양식미역 등이 있다. 우리나라에서는 서해안의 백령도에서 동해안 끝까지 분포한다.

바위나 돌에 착생하며 늦가을부터 이른봄까지 자라고 봄에서 여름에 걸쳐 성숙하는 일년생 해초로, 바다에 설치한 줄에 붙은 포자로부터 자라기 시작한다. 봄철에 미역이 자라면 줄기의 밑부분 가장자리에 주름이 생겨 포자엽(sporophyll)으로 변하고 거기에 유주자(遊走子) 주머니가 생긴다. 14°C 이상 되면 유주자가 방출되고 모체는 녹아버리는데, 이 현상이 22°C까지 계속된다.

가을이 되면 암수의 배우체(配偶體)에서 각각 알과 정자가 나와 수정하고 곧 발아하여 아포체(芽胞體)가 된다. 이것이 자라서 육안으로 볼 수 있는 엽상체가 되는데, 이것이 미역의 본체이다.

초봄의 미역은 생으로 판매되지만, 보통은 건조된 제품으로 판매된다. 식용

해조류 중 가장 생산고가 많으며, 특히 양식업의 발전과 더불어 생산량이 증가하고 있다.

(1) 성상 및 성분

미역의 내부구조는 표층과 피층 그리고 속 등의 3부분으로 구분된다. 표층은 작은 세포들로 치밀하게 배열되어 있고, 피층은 큰 세포로 된 유조직이며, 그 속은 사상세포로 되어 있다.

건조미역의 영양성분은 단백질 12.7%, 당질 52%, 지방 1.1%, Ca 1,300mg%, 비타민 A 470IU, B_1 0.11mg%, B_2 0.14mg%, C 15mg%, 니코틴산 10mg%를 함유하고 있다.

미역의 점질물질은 알긴(algin, alginic acid)인데, 이 물질은 점액선으로부터 분비되며 뿌리보다 잎이나 줄기에 많이 들어 있다. 미역의 다당류는 인체에 소화 흡수되지 않고 그대로 배설되므로, 열량원으로 이용되지 않는다. 그러나 알긴산과 같은 당류는 금속 흡수성이 강하여 유해금속 제거에 유효하다. 또 5~15% 정도 함유하고 있는 섬유질은 다당류와 함께 정장작용을 한다.

미량성분으로 Fe과 I 등과 같은 필수금속 외에 K, Ca, Na, Mg, P, S, Zn 등을 함유하여 좋은 영양소 공급원이 된다.

식품영양적으로 미역은 ① 비타민 및 무기질의 급원 ② 정장작용 ③ 알칼리성 식품 ④ 유해금속의 제거 ⑤ 항콜레스테롤 효과 등을 나타내는 좋은 식품재료이다. 예로부터 산후조리로 산모가 미역국을 먹는 이유도 Ca, 요오드, 무기질, 비타민 등의 효과 때문으로 보인다.

미역의 주요 색소는 카로티노이드계로 후코잔틴, 비올라잔틴(violaxanthin)이며 그 밖에 클로로필, 루테인, β-카로틴 등이 있다.

(2) 품질과 보장성

미역을 가공할 때 주로 블랜칭(blanching)을 하는데 보통 4~5%의 소금물에서 85°C로 행하며, 효소의 파괴나 조직의 보존에 가장 좋은 효과를 나타낸다.

생미역을 실온에 방치하면 3일만에 조직이 연화되거나 갈색으로 퇴색하며 7일째에는 황갈색으로 변하며 부패한다. 그러나 염장한 미역은 10°C에서 저장해도 77일 정도는 색깔, 품미, 조직에 별다른 변화를 보이지 않는다.

(3) 용 도

미역은 주로 염장 생미역 또는 염장 데친미역으로 판매된다. 염장 생미역은 미역 특유의 향기를 오래 보유하며, 이용할 때 물에 담가 탈염(脫鹽)하면 곧 생미역 상태가 된다. 양식미역은 70% 이상이 생미역으로, 자연산은 대부분이 마른 미역으로 이용되고 있다. 생미역은 무침, 튀각, 냉국, 된장찌개 등의 원료로 쓰이며 마른 미역이나 염장 미역은 물에 다시 불려서 이용한다.

3. 김 (*Porphyra tenera* KJELLMAN)

김(laver)은 홍조류(Rhodophyta) 보라털과에 속하는 해초로 홍자색 또는 흑자색을 띠고, 우리나라에서는 서 · 남해안과 제주도에 많이 분포되어 있다.

김 양식은 약 300여 년 전인 조선 인조 때에 대나무(竹)를 사용하여 처음으로 양식하다가 200여 년 전에 전남 완도에서 방염이라는 기구로 본격적인 양식을 시작했다고 한다.

김은 주로 해변가에 있는 돌, 막대기, 조개껍질 등에 붙어서 서식하는데, 양식방법으로는 대나무쪽을 엮은 대발(김발)이나 합성섬유 그물에 포자를 부착시켜 성장하도록 한다.

양식장소는 3~6m 깊이의 얕은 바다로 해저가 암초지가 아니고 파도가 없으며 조류의 소통이 잘되는 곳이 좋고, 춥거나 바람이 강한 곳은 부적합하다. 채취기는 1, 2월이 최성기(最盛期)이고 3, 4월을 넘어서면 맛과 품질이 떨어진다. 1월 중순에 채취한 김이 핵산을 가장 많이 함유하고 있다.

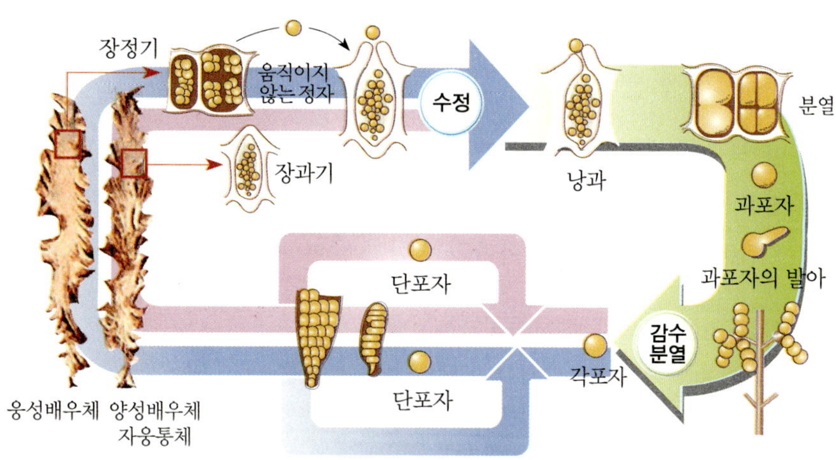

그림 10-3 김의 생활사

1. 김의 엽상체 2. 영양세포
3. 장정기 4. 웅정체
5. 조과기 6. 과포자
7. 전사체 8. 단포자

2. 성 분

(1) 김의 성상과 종류

자홍색 또는 암자색의 엽상체로, 몸은 부드러우며 긴 대나무잎 형태, 타원형, 더러는 선상(線狀) 혹은 난형(卵形)으로 길이는 10~30cm, 폭 5~10cm에 달한다.

양식되는 김의 종류는 참김(Porphyra tenera)과 방사무늬김(Porphyra yezoensis)이 있고, 돌김류, 모무늬김, 속김 등도 있다.

(2) 성 분

비타민류가 매우 풍부하며, 마그네슘, 인, 아연, 철분도 비교적 많은 알칼리성 식품이다. 그 밖에 육상식물에는 함유되지 않은 요오드도 중요한 영양소이다.

김에는 한천이 많이 들어있고, 셀룰로오스, 소르비톨, 둘시톨 등도 들어 있으며, 단맛과 지미를 가진 아미노산인 글리신, 알라닌 함량이 높아 김 특유의 감칠맛을 나타낸다. 또 김에는 독특한 향미가 있는데, 고소한 맛은 시스틴과 만니톨때문이다.

표 10-2 김의 일반 성분(구운김 100g 중)

성 분	함 량	성 분	함 량	성 분	함 량
수 분	6.2g	비타민 A	13,000IU	칼 륨	2.4mg
단백질	40.9g	비타민 B_1	1.10mg	나트륨	130mg
지 질	2.0g	비타민 B_2	3.20mg	철	12.7mg
탄수화물	41.7g	비타민 C	95mg	인	610mg
섬유소	1.9g	나이아신	9.0mg	칼 슘	410mg
콜레스테롤	22mg	비타민 E	4.6mg		

(3) 품질과 보장성

김을 보관할 때는 습기가 없고 어둡고 서늘한 곳에 밀봉하여 보존한다. 김의 변질은 미생물 오염, 광선, 산소, 온도, 수분, pH 등의 요인에 영향을 받는데, 수분이 10% 이상일 때에는 화학적 변화가 일어나기 쉽다.

만약 건조한 김의 수분함량이 많을 때는 열풍건조로 재건조하여 가공원료로 사용하며, 장기보관을 위해서는 40~60°C에서 4~10초 동안 구워서 수분을 제거한 구운김으로 저장해야 한다. 이때 구운김의 수분함량은 4% 정도이다.

(4) 품질과 용도

빛깔이 검고 광택이 나며 향기가 짙고 불에 구우면 청록색으로 변하는 것이 상품이다. 날김이 황색을 띠거나 파래 등이 섞이고 두꺼운 것은 질이 떨어진다.

김의 식품재료적 가치는 건조김으로 직접 식용하거나 조미액을 발라 가공한 맛김, 김에 찹쌀가루죽을 발라 말린 김부각 등이 있다. 김 고유의 향미를 맛볼 수 있는 것은 구이김이다.

4. 우뭇가사리 (*Gelidium amansii* LAMOURROUX)

그림 10-4 우뭇가사리

우뭇가사리(agar-agar)는 홍조류(Rhodophyta) 우뭇가사리과에 속하며 약 400여 종이 있다. 대부분이 다세포, 부채 모양이고 편모는 없으며 광선이 도달하는 최저 깊이까지의 모든 바위 위에서 생육한다.

엽록체는 홍색이고 엽록소 a와 피코빌린(pycobilin) 색소를 많이 가지며 저장물은 홍조전분이다. 보통 2~3년 생육하는 다년초이며 생활사는 배우체에 의한 무성세대가 매우 규칙적으로 반복한다.

우뭇가사리가 식품재료로서 중요시되는 이유는 한천의 원료가 되기 때문이다, 일본 등지에서는 우뭇가사리의 체세포 사이에 함유되어 있는 한천질을 끓여 추출한 뒤 식혀서 굳힌 것(우무)을 식용하기도 한다.

우뭇가사리는 보통 4~10월에 걸쳐서 채취한다.

(1) 성 분

단백질 2.3%, 지질 0.1%, 당질 74.6%, Ca 400mg%, Fe 5mg%를 함유하며 당질의 주성분은 갈락토오스이고 영양적 가치는 적다.

한천은 2종의 다당류, 즉 아가로오스(agarose) 70%와 아가로펙틴(agaropectin) 30%의 혼합물이다.

아가로오스는 겔화 능력과 겔 강도가 강하며 한천의 응고성을 부여하는 성분이며, 아가로펙틴은 겔화 능력은 크나 가수분해 되기 쉬우며 점도가 큰 성질을 가지고 있다.

(2) 용 도

식용으로는 양갱, 잼, 젤리 등에 펙틴 대용으로 사용된다. 또 요구르트의 유청 분리방지, 양조공업의 청징제 등으로 사용되고, 식품공업에서는 안정제, 겔 형성제, 증점제, 의약품공업에서의 정제 및 좌약의 기제, 완화제 등으로 이용된다.

화장품공업에서는 샴푸, 크림, 화장수 등에 이용된다. 실험실에서의 미생물 배지에 주로 사용되며, 분석 시에 전기영동의 아가로오스 겔 원료, 겔 여과 크로마토그래피의 지지체 등으로 사용되고 있다.

5. 파 래 (*Enteromorpha* spp.)

녹조류인 파래는 갈파래과로 세계 각지에 분포하고 민물이 흘러 바다로 들어가는 담수가 섞인 연안에 큰 군락을 이루면서 늦은 가을부터 초여름까지 번식한다. 몸은 대부분 원통형을 한 엽상체로 분지(分枝)되어 퍼져 있다. 선명한 녹색을 띠며, 엽상체 속은 빈 막질(膜質) 구조로 되어 있다.

그림 10-5 가시파래

파래는 강한 알칼리성 식품으로, 요오드와 위궤양 예방에 좋은 비타민 U가 양배추의 약 70배 이상 함유되어 있다. 현재 김 모양으로 가공하여 사용하거나 직접 식용하고 있다.

가시파래, 납작파래, 창자파래, 잎파래 등이 있는데 어느 것이나 우리나라 전 연안에 분포하고 겨울에서 봄에 걸쳐서 왕성하게 번식한다.

(1) 성상과 성분

파래류의 형태는 보통 관상(管狀)이지만, 길이는 가시파래가 10~100cm, 납작파래는 원통형이고 다소 납작하며 10~40cm 정도, 잎파래는 편평한 엽상체로 길이 5~50cm, 폭 1~5cm이다.

색소는 엽록소이며, 푸른 색깔을 띠고 광택이 나는 것이 좋다. 가식부 100g당 단백질 18.1g, 당질 및 섬유질 61g, 지질 0.3g, 비타민 A 12,000IU, C 40mg, B_2 1.90mg 등 상당량 들어 있고, 그 밖에 철, 칼슘 등이 다량 들어 있다. 파래류의 향기는 디메틸설파이드를 다량으로 함유하고 있기 때문이다.

(2) 용 도

어느 것이나 식용하며, 잎파래는 물김치, 건조파래는 국거리로 한다.

6. 클로렐라 (Chlorella spp.)

클로렐라는 라틴어의 작다는 뜻을 가진 chloros가 어원이며 녹조류(Chlorophyta)에 속하는 대표적인 조류이다. 단세포로 크기는 2~8μ 정도이고 형태는 구형이다. 분열에 의해서 무성생식을 하며 한 세포가 4~8개의 낭세포로 증식하며 편모는 없다.

고등식물과 같이 빛과 CO_2를 고정하여 광합성을 하면서 독립영양생활을 하는 번식력이 강한 조류이다. 클로렐라는 건조물 중 단백질을 52.2% 정도 함유하므로 오래 전부터 식량원으로, 또 우주식품으로 이용하기 위하여 연구되었다.

(1) 성 분

건조 클로렐라의 일반성분 조성은 단백질 52.2%, 지질 6.5%, 당질 20%, 섬유 10%, 회분 10.1% 이고, 비타민류로는 프로비타민 A, 비타민 C, 니코틴신 등이 풍부하여 영양가가 높다. 단백질은 대단히 양질이다.

특수성분으로 AMP, GMP, CMP 등의 뉴클레오타이드를 함유하고 있다. 몇 종의 클로렐라에는 독성물질을 생산하는 것이 있기 때문에 식용으로 선택할 때는 주의가 필요하다.

표 10-3 건조 클로렐라의 비타민 함량

비 타 민	농 도
Ascorbic acid(Vit.C)	14.6mg/100g
비타민 B_6	3.0μg/g
Thiamin(비타민 B_1)	7.7μg/g
Pantothenic acid	11.2μg/g
β-carotin(provitamin A)	50.2mg/g

(2) 이 용

식품재료뿐만 아니라 사료용, 의약용 등으로 이용범위는 넓다.

1) 식품첨가물 및 식량

배양에 세균과는 달리 비교적 넓은 장소를 필요로 하며, 비교적 단단한 세포벽으로 둘러싸여 있기 때문에 소화율이 식용 효모보다 낮다. 진한 녹색이고 특유의 냄새를 가지고 있어 탈색이나 탈취가 어렵다.

2) 정미용 extract의 추출

균체로부터 각종 아미노산과 핵산물질을 추출하여 식품의 풍미개신제로 이용한다.

3) 사 료

대량생산하여 동물의 사료로 이용된다.

4) 기 타

유산균(*L.acidophillus*)의 증식촉진 작용에 의한 유산발효에 이용되고 있다.

FOOD MATERIALS

Part 3 동물성 식품재료

Cchapter 11 식육류

12 식용수산 동물

Chapter 11

식육류(食肉類)

11-1 식육의 생산

우리나라의 식육수요는 국민의 소득증대와 영양지식의 보급, 기호의 변화 및 식생활의 서구화 등에 따라 점차 증가하고 있으며, 이에 따라 식육의 생산량과 가축사육도 점차 신장하고 있다.

2008년 통계청 조사에 따르면, 우리나라에서 사육되는 소는 2,915천 마리(한우 2,300천 마리, 육우 169천 마리, 젖소 445천 마리), 돼지 9,284천 마리, 닭 120,434천 마리이다.

1. 도축 및 해체

가축이나 가금은 도살장에서 도살 · 해체되는 과정을 거친다. 먼저 도살 직전에 생체검사를 하며, 이때 동물이 건강하고 영양상태가 좋으며 정상적인 활동을 하는지 등을 검사한다. 검사 후에 12~24시간 동안 안정한 상태에서 물만 먹이고 절식시키면서 소화기 내의 분해물 분비를 촉진시킨다. 소화기 내의 분해물이 많으면 이들의 냄새가 고기로 옮겨가서 육질을 저하시킨다.

도살 직전에는 가축이 흥분하거나 스트레스를 받지 않도록 한다. 이것은 도축 후에 방혈(防血)을 순조롭게 하고, 고기세포 중의 글리코겐이 많이 소모되지 않도록 하는 데 그 목적이 있다. 도살 후에 육질 속의 글리코겐 함량이 적으면 pH가 떨어지지 않으므로 미생물 번식에 좋은 조건이 되어 빨리 부패되는 결정적인 원인이 된다.

도축된 소는 방혈시킨 후에 가죽을 벗기고, 네 발, 머리, 꼬리를 절단한 다음 신장과 그 주위의 지방만 남기고 모든 내장을 떼어 낸다. 이와 같이 해체된 뼈째의 고기를 지육(枝肉) 또는 도육체(carcass)라 하고, 생체중량에 대한 지육중량의 비를 도육률(屠肉率)이라 한다.

도육률은 보통 소에서는 50~53% 정도이며, 비육우(肥肉牛)는 55~58% 정도이다.

지육은 척추(脊椎)의 중앙을 따라 좌우로 2등분한다. 이렇게 나뉘어진 지육을 각각 반도체 혹은 2분체라고 한다. 이분체는 다시 4분체로 한다.

이와 같이 해체된 지육을 도축검사원에서 지육, 두부(頭部), 내장 등을 정밀검사하고 합격하면 보라색의 검인을 찍어 준다. 그러면 비로소 법규에 의한 검사에 합격한 공중위생상 안전품으로 인정되어 반출이 허가되고, 소매상이나 도매상으로 판매할 수 있다.

돼지도 소의 경우와 대체로 비슷하게 처리되지만, 가축을 열탕에 넣어 탈모한 다음, 가죽을 벗기지 않고 그대로 해체하는 점이 다르다. 돼지의 지육수율은 평균 82.4%라고 한다.

닭은 보통 모이통이 비도록 하루 동안 굶긴 다음, 돼지와 마찬가지로 처리한다.

해체된 도체는 0~1°C의 냉장실에 저장하고 고기의 중심부가 3°C 정도 되게 한다. 일단 냉각된 도체는 용도별 · 부위별로 절단한다.

11-2 육류의 성상(性狀)

1. 조직학적 성상

동물의 조직은 세 가지 부분으로 크게 분류될 수 있다. ① 근육조직(muscular tissues) ② 골격조직(bone tissues) ③ 지방조직(fatty tissues) 등이다.

이 중에서 근육조직이 육류(meats)로서 식용에 사용된다. 이 근육조직(육류조직)은 다시 ① 근육 섬유조직(muscle fiber tissues)과 ② 결체조직(connective tissues)으로 구분되며, 결체조직의 함량이 많아짐에 따라 육질이 질겨지고 소화율도 떨어지며, 따라서 육류의 가치도 떨어진다.

또 육류 단백질도 근육섬유의 단백질과 결체조직의 단백질로 구분할 수 있다.

(1) 근육조직

근육은 근섬유(muscle fiber)의 기능에 따라 횡문근(橫紋筋), 평활근(平滑筋) 및 심근(心筋)으로 나눈다. 식육으로 이용되는 것은 횡문근이다.

횡문근은 근섬유, 결체조직(結締組織), 지방세포, 건(힘줄), 혈관, 신경조직, 임파 등으로 구성되어 있고, 그 중에서 근섬유가 가장 많다. 근섬유는 보통 지름이 10~100μ, 길이가 10~45mm 정도 되는 근육세포로서 근원섬유를 근초가 싸고 있으며, 교질용액인 근장(筋漿)으로 채워져 있다.

이와 같은 근섬유가 다발 모양으로 집합된 것을 결체조직이 싸서 제1차 근섬유속(筋纖維束)을 만들고, 이들이 다시 모여 제2차 근섬유속을 만들며, 이들이 모여 굵은 근육을 형성한다.

신선한 고기를 강하게 압착하면 60~80% 가량의 즙액이 나오는데, 이것을 육장(肉漿)이라 하고, 남은 고형물을 육기질(肉基質)이라 한다. 육기질이 많은 고기는 대개 질기다.

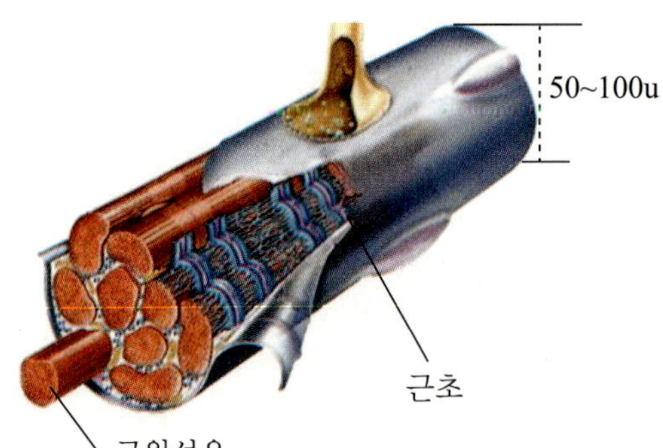

그림 11-1 근섬유의 구조

(2) 결체조직

거의가 섬유질로 몸 전체에 분포하여 조직이나 장기 사이의 빈틈을 채우고 근섬유 및 지방조직을 싸며 근섬유속을 묶어 그 말단을 힘줄에 의해서 골격과 연결하는 등, 근육과 다른 조직을 연결하거나 기관의 위치를 고정 · 보호하는 구실을 하고 있다. 결체조직이 모인 것이 이른바 근육의 섬유이며, 육안으로도 쉽게 볼 수 있다.

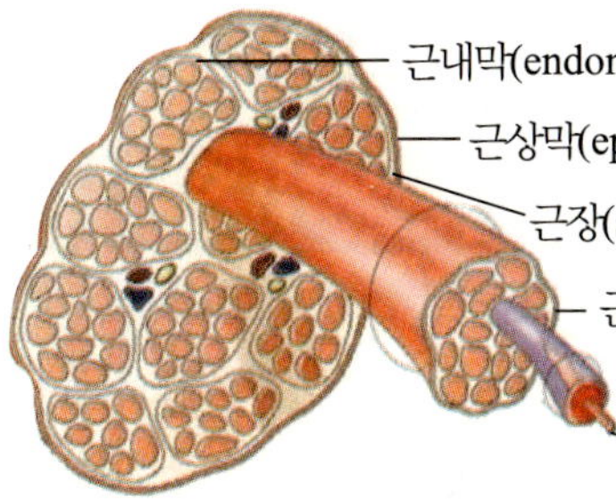

그림 11-2
근육단면의 구조

결체조직의 성분은 경성(硬性) 단백질인 콜라겐(collagen)을 비롯하여 엘라스틴(elastin), 뮤신(mucin), 뮤코이드(mucoid) 등의 단백질을 주성분으로 함유하고 있어서 질기다.

콜라겐은 주로 힘줄, 가죽, 근막에 많으며, 이것을 물과 함께 가열하면 젤라틴으로 변한다. 엘라스틴은 탄력성 섬유인데 인대나 혈관벽의 주성분으로, 콜라겐보다 매우 질기고 딱딱하며, 물과 함께 가열해도 연화되지 않으므로 식용으로는 적합하지 않다.

일반적으로 숫소 고기에는 엘라스틴이 많으므로 딱딱하여 식용으로서는 암소보다 못하다. 즉, 결합조직의 양과 분포는 식육의 질기고 연함(硬軟), 품질 또는 상품가치를 좌우하는 척도가 된다.

식품으로서 고기의 영양가는 단백질 함량만으로 결정되는 것이 아니라, 고기 중의 완전 단백질과 결체조직을 구성하는 불완전 단백질의 함량비에 의해서 결정된다.

(3) 지방조직

지방조직은 지방구를 갖는 지방세포가 모여서 결체조직으로 싸여 이루어져 있다. 지방조직은 어느 곳에나 산재하며, 특히 피하, 내장 중, 신장주변과 근육간층(筋肉間層)에 많이 분포되어 있다.

비육(肥肉)한 가축에서는 지방이 근육 중에 침강하여 대리석 무늬를 형성하여 고기의 풍미와 가치를 높여 준다. 이러한 지방조직은 원래 결체조직이 특이적으로 분화한 것으로, 영양분 흡수가 필요량을 초과하면 나타나는 현상이다. 이러한 지방조직의 분포 정도를 마블링(marbling)이라고 하며 육류의 등급기준에 매우 중요하다.

근내 지방도에 의한 등급기준

1++ 등급 : No8, No9
1+ 등급 : No8, No9
1 등급 : No8, No9
2 등급 : No8, No9
3 등급 : No8, No9

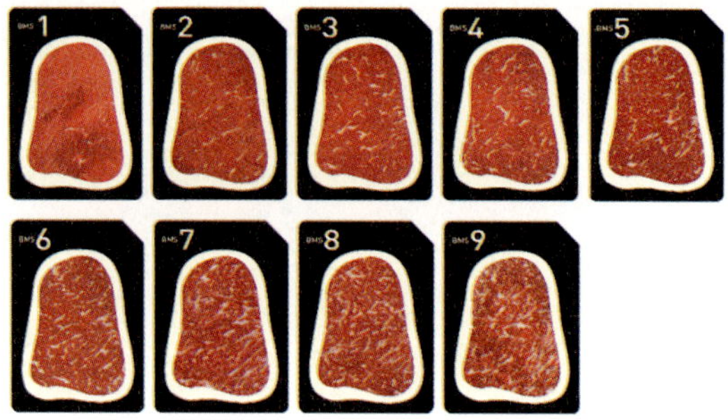

그림 11-3 마블링에 따른 육류의 등급

2. 육류의 성분

식육의 화학적 조성은 고기의 종류, 품종, 연령, 성별, 사료, 비육도, 모의 부위, 도살 후의 경과시간, 저장조건 등에 따라 차이를 보일 수 있다. 또 고기의 지방 함량에 따라 성분의 비율은 달라진다.

예를 들어, 지방층이 제거된 붉은 살코기의 평균 수분함량은 70%, 단백질 20%, 지질 9%, 무기질 1%이고 열량은 100g당 668KJ(160kcal)이다. 그러나 2cm의 지방층으로 덮여 있는 식육의 평균치는 수분 62%, 단백질 17%, 지질 20%, 무기질 1%이고 열량은 100g당 1,045KJ이다. 따라서 일반적으로 근육 조직의 기초 구성물질인 단백질이나 무기질은 함량의 변동이 적으나, 저장물질인 지방은 함량 변동이 크다.

(1) 단백질

식육의 단백질은 15~25% 정도로서 고형물의 80% 정도를 차지한다. 식육단백질은 근육 조직에 있어서의 구성 위치나 각종 염류용액에 대한 용해도에 따라 **육장**(肉漿) **단백질**과 **육기질**(肉基質) **단백질**로 나누고, 육장 단백질은 다시 **섬유상 단백질**(fibrous proteins)과 **구상 단백질**(globular proteins)로 나눈다.

이들의 함량 비율은 동물의 종류, 추출조건 및 방법 등에 따라 달라지나, 일반적으로 섬유상 단백질의 함량은 약 50%로 거의 일정하다(표 11-1 참조).

육장 단백질에서 **섬유상 단백질**은 근원 섬유(그림 11-1 참조)에 존재하는 단백질로서, 육기질과 함께 근육구조 단백질이라고 부르며, 살아있는 근육의 수축, 수분의 유지, 결착성 및 사후경직(死後硬直) 등과 관계가 있다.

표 11-1 고기 중의 육장 및 유기질 단백질의 함량비율(건물중량 %)

고기의 종류	육장 단백질		육기질 단백질
	섬유상 단백질	구상 단백질	
어린쇠고기	51%	24%	25%
돼지고기	51	20	29
말고기	48	16	36
집토끼고기	51	34	15

섬유상 단백질의 구성은 미오신, 액틴 및 액토미오신(actomyosin)으로 되어 있으며, 이 액토미오신이 중심이 되어 액토미오신 복합체(complex)가 형성되며, 이 복합체는 다시 여러 개가 모여 섬유(fibers), 즉 미오피브릴(myofibrils)을 형성한다.

액토미오신은 포스파타아제(phosphatase)로서의 기능도 가지고 있어 ATP (adenosine triphosphate)를 ADP(adenosine diphosphate)로 분해할 수 있다.

이 액토미오신에 의해서 ATP가 분해될 때 형성되는 에너지에 의해서 액토미오신 자체의 길이는 대폭 수축된다는 사실이 알려져 있으며, 이런 수축변화는 근육조직운동의 원동력이 된다.

구상 단백질은 육질의 주요 단백질로서 근원섬유 사이의 육장 중에 용존하며 물에 가용성인 미오겐(myogen), 미오알부민(myoalbumin), 글로불린(globlin) 등과 색소 단백질인 미오글로빈(myoglobin) 등으로 되어 있다. 미오글로빈은 일종의 근육 헤모글로빈으로서 산소의 보존 및 공급과 관련이 있다.

육기질(肉基質) 단백질은 결합(결체) 조직을 구성하는 것으로 경단백질에 속하는 알부미노이드(albuminoid)류인 콜라겐과 엘라스틴 등으로 되어 있다. 결체조직이 많은 고기는 질기고 엘라스틴이 많은 부분은 주로 힘줄이어서 식용하기 나쁘다.

콜라겐은 물과 함께 가열하면 연화되어 가용성인 젤라틴으로 변한다는 것은 전에 언급한 바 있다. 그러나 엘라스틴은 콜라겐처럼 가용화되지 않으며 소화도 잘 안 된다.

일반적으로 육류의 필수 아미노산의 조성은 다음 표 11-2와 같다.

표 11-2 육류 단백질의 필수 아미노산 조성(총 질소 1g당 mg)

아미노산 / 고기류	쇠고기	돼지고기	닭고기	양고기	토끼고기	말고기
tryptophan	73	87	76	81	–	63
threonine	276	290	266	286	304	244
isoleucine	327	321	330	324	322	406
leucine	512	460	452	484	487	590
lysine	546	513	549	506	541	625
methionine	155	156	163	150	161	175
phenylalanine	257	246	246	250	236	238
valine	347	325	307	308	304	313
arginine	403	383	393	407	350	–
histidine	217	216	180	174	141	–

식육 중의 비단백태 질소는 염기성 성분이 많아서 고기 추출물(extract) 또는 육염기(肉鹽基)라고도 불리는데, 영양가는 적으나 향기와 자극성이 있어 식육의 풍미와 관계가 있다. 이것은 어린 동물에는 적기 때문에 맛이 담백하다.

(2) 지 질

지방은 식육의 결체조직에 저장되어서 지방조직을 이루고 있는 축적지질과 근세포를 구성하는 조직지질로 되어 있다. 그 함량은 동물의 종류, 성별, 사육의 환경, 사료, 연령 등에 따라 차이가 난다. 일반적으로 암컷은 수컷보다, 겨울에는 여름보다, 또 성숙한 것은 어린 것보다 지방함량이 많고, 특히 돼지가 다른 동물보다 많다.

지방의 성질은 동물의 종류에 따라 다르고 지방의 융점에 따라 굳은 것과 연한 것이 있으며, 그것은 또 혀에 대한 미각과 느낌을 나르세 나타낸다.

지방의 종류는 주로 중성지방이고, 구성 지방산은 팔미트산(palmitic acid), 스테아르산(stearic acid), 올레산(oleic acid), 리놀레산(linoleic acid) 등의 고급 지방산이 대부분이며, 고도의 불포화 지방산의 함량은 적다. 또 중성지방 이외에 인지질, 콜레스테롤 같은 스테로이드, 탄화수소 등이 조금 함유되어 있다.

지방분은 식육을 저장할 때에 산화되기 쉬우며, 따라서 육질에 악영향을 주는 경우가 많다.

표 11-3 식육지질의 융점

종 류	융 점(°C)
소	40~50
돼 지	33~46
닭	30~32
양	44~55
말	30~43

(3) 탄수화물

식육 중에는 탄수화물이 조금 들어 있으며, 주로 글리코겐으로 존재하고, 그 함량은 생육 중에 0.5~1.0% 이하밖에 안 된다. 근육 중에서는 유리형 글리코겐과 단백질과 약하게 결합된 결합형 글리코겐의 두 가지 형태로 존재한다.

그러나 글리코겐은 도살 직후에는 해당작용(解糖作用)으로 짧은 시간 내에 감소되므로 입에 들어갈 때 즈음이면 거의 사라진다.

그 밖에 포도당(glucose), 과당(fructose), 갈락토오스(galactose), 이노시톨(inositol) 등이 0.01~0.25% 가량 함유되어 있다.

(4) 무기질과 비타민류

식육 중의 회분 함량은 대체로 1% 내외이고, 동물 사이에 별 차이가 없다. 그 중에서도 칼륨, 인, 유황이 비교적 많고 칼슘이나 마그네슘은 비교적 적은 편이다.

비타민은 대체적으로 함량이 적다. 비타민 A보다 B군이 비교적 많은 편이다. 특히 돼지고기에는 비타민 B_1이 다른 고기보다 훨씬 많이 함유되어 있고, 부위에 따른 차이도 별로 없다.

내장, 특히 간장 등에는 비타민류의 함량이 커서 비타민의 보고라고 할 수 있다.

3. 식육의 사후변화와 숙성

동물은 죽으면 근육 중의 여러 효소의 작용으로 근육 성상에 변화를 일으키는데, 그 중에서 처음에 일어나는 것은 경직현상으로, 근육이 수축하여 경직된다. 이러한 현상을 사후경직(rigor mortis)이라 한다.

다음 현상으로는 경직이 풀려서 연화되고, 자체 분해효소에 의해 분해되는 현상이 일어나는데, 이러한 현상을 자기소화(autolysis)라고 한다. 이러한 과정을 통해 고기가 숙성(aging)되고 연화현상이 나타난다.

(1) 사후경직

도살 직후의 고기는 휴식하는 생육과 흡사하나, 시간이 경과하여 근육 중의 글리코겐이 분해되어 젖산이 생성되면 pH는 산성으로 기울게 되고, 산성에서 활성화되는 ATPase(ATP를 ADP로 하는 포스파타아제)에 의해서 인산이 생겨서 더욱 산성이 된다. 그러면 미오신과 액틴이 결합하여 액토이오신이 생성되어서 경직을 일으킨다.

경직이 시작되는 시간이나 경직이 최대로 되는 시간은 동물의 종류 및 도살 전의 상태, 그리고 온도 등에 따라 다르다. 온도가 높으면 빠르고, 온도가 낮으면 늦게 나타나며, 도살 전에 운동량이 많아서 근육 중에 젖산량이 많은 것은 경직이 빨리 온다.

일반적으로 최대 경직이 일어나는 시기는 어물(魚物)이 1~4시간, 소와 말 12~24시간, 돼지는 3일, 가금은 6~12시간 정도이다.

(2) 숙 성(熟成)

경직된 고기는 가공 조리하여도 질기고 맛이 나쁘며, 소화도 잘 되지 않는다. 경직 기간이 지나면 경직이 차차 풀려서 연화되는데, 이러한 현상을 경직해제(rigor off)라고 한다.

pH 5.4 이하의 산성이 되면 젖산의 생산은 중지되고 산성 때문에 단백질은 서서히 응고현상을 일으키며, 산성에서 활성이 최적이 되는 단백질 분해효소(protease)가 작용하여 단백질 분해가 시작된다.

이와 같이 자체의 효소에 의하여 분해되는 현상을 자기소화라고 하며, 이 현상에 의해 가용성 단백질, 각종 아미노산, 펩타이드 등 수용성 질소화합물이 증가하여 고기가 연해지며 맛이 좋아져서 식용에 적합해진다. 이와 같은 과정을 숙성(aging)이라고 한다.

숙성에 소요되는 기간은 온도가 높을수록 단축되기는 하나, pH가 올라가고 유리아미노산 등이 증가하면 유해 세균이 증식하여 부패가 일어나기 쉽기 때문에, 일반적으로 고기는 저온으로 정상적인 자기소화를 거쳐 식용에 적합하게 숙성시킨다. 쇠고기는 무균상태의 10°C에서 도살 후 5일, 5°C에서는 8~10일, 0°C에서는 8~12일 정도 걸린다. 소매되는 고기류는 대부분 숙성을 거친 것이다.

(3) 식육의 인공 연화

굳은 고기를 효소로 연화시키는 방법으로 콜라겐은 파파인(papain), 피신(ficin), 브로멜린(bromelain), 곰팡이 프로테아제나 트립신(tripsin)으로 분해하고, 엘라스틴은 파파인이나 피신으로 분해할 수 있다. 따라서 이들 효소제 용액을 고기 표면에 뿌려서 60~70°C에서 몇 시간 놓아두면, 표면 1mm 내외가 연화된다. 생체 내에 이 효소액을 주사하는 방법도 있으나, 아직 실용화되지 않고 있다.

4. 육류의 냉장

식육의 품질을 손상시키지 않고 오래 보존하려면 저온상태에서 저장해야 한다. 저온상태에서는 미생물의 증식이 억제되고, 색이나 지방의 변화가 방지되며, 저장 중에도 건조와 중량 감소가 방지되기 때문이다.

(1) 냉각육

도살 후의 체온은 37~38°C 전후이므로 15°C 내외까지 예비냉각을 시키며, 이때 작업실 온도 혹은 저장실 온도는 10°C 이하로 유지해야 한다. 이런 냉각은 동결냉장(freeze storage)에 대해서는 예냉(precooling)이 된다.

냉각냉장(cooler storage : 0°C)에서는 바로 냉장온도까지 냉각한다. 동결하지 않은 상태의 냉장된 고기로서 일반 식육점에서 볼 수 있는 저장으로, 이때 고기의 숙성이 진행된다. 이런 상태로 약 10~14일 정도 저장할 수 있다.

표 11-4 보존온도와 육류의 보존능력과의 관계

종 류	보존온도(°C)	보존능력
쇠 고 기	16 4 0~1 −12 −18	3일 8일 21~30일 4~12개월 6~18개월
돼지고기	4 −1~−2 −12 −18	7일 14~21일 2~6개월 4~12개월
양 고 기	5 0~13 −12 −18	5일 7~14일 3~8개월 6~12개월

(2) 냉동냉장

4°C 정도로 예비냉각한 고기를 85~90%의 습도에서 −23~40°C의 저온으로 2~3일 방치하면 고기 표면으로부터 10cm 정도 되는 곳이 약 −10°C가 되는데 이것이 적당한 냉동냉장이다. 이때 동결속도가 빠를수록, 또 온도가 낮을수록 육질의 변화가 적은 우량 냉동육이 된다.

고기를 −1°C 이하로 동결한 것을 냉동육(frozen meat)이라고 하며, 고기를 냉각하다 보면 액체부분은 −0.5~−1.2°C에서 얼기 시작한다.

1) 동결방법

고기의 품질을 좌우하는 요인으로 고기를 급속하게 동결하면 근섬유속과 세포의 사이에 작은 얼음결정이 생겨, 근육의 조직에 큰 영향을 미치지 않고 해동(解凍)할 때에도 수분이 신속하게 세포에 흡수된다. 그러나 서서히 동결시키면 큰 얼음결정이 생겨 조직이 기계적 손상을 받음으로써 세포막까지 피해를 입을 수 있다.

또 다른 조직의 손상은 세포의 탈수작용에 의한 탈수 건조가 일어나기 때문에 감량은 물론이고 건조된 부분이 갈변하게 되는데, 이 부분이 마치 화상을 입은 것 같다고 하여 냉동화상(freeze burn)이라고 한다. 냉동화상은 외견뿐만 아니라 풍미, 맛도 저하시킨다.

한편, 동결한 고기를 오래 저장하면 심부에서 표층으로 수분이동이 멎어서 표층부는 건조해진다. 그래서 냉동육의 표면에는 수분이 없는 해면상(海綿狀)의 층이 생기고 이것을 통하여 수증기가 외부로 빠져나가는 대신에 외부 공기가 침투하여 산화반응이 진행되며 외부공기의 냄새를 흡수하게 된다.

따라서 고기의 품질에 악영향을 주지 않으려면, 물의 최대결정 생성대, 즉 온도범위 −1∼−5°C 사이를 되도록 단시간(약 30분) 내에 통과시켜 −50°C에서 동결시키는 급속냉각법을 이용하는 것이 유리하다.

동결육을 냉장할 때에는 20% 정도의 CO_2에 저장하는 것이 더 좋고, 유지의 산화방지 및 색깔의 변화(냉동화상) 등을 방지하기 위하여 알맞은 저장온도(−20∼−25°C)와 폴리에틸렌 등의 포장제가 사용되기도 한다.

2) 해 동(解凍)

동결할 때보다 효소적 변화가 더 잘 진행되며, 서서히 해동시키면 더욱 변화가 심하다. 해동할 때에는 고기의 액즙보지력(液汁保持力)이 떨어져서 다시 말하면 드립(drip) 현상이 심해지며 품질에 악영향을 준다. 그래서 완만해동법이 이용되었으나 최근에는 고주파를 이용한 급속해동법이 우수한 것으로 알려져 있다.

드립(drip)현상이란?

동결식품을 녹일 때 식품에 흡수되지 못하고 흘러나오는 물이 생기는데, 이 현상을 드립현상이라고 하며, 그 물을 드립(drip)이라고 한다. 드립이 유출되면 식품의 성분 중 수용성 성분, 즉 수용성 단백질, 염류, 비타민류 등이 빠져 나오고 풍미물질도 흘러나와 식품가치를 저하시키고 무게도 감소시키는 요인으로 작용하게 된다.

(3) 칠드육(chilled meat)

냉동육과 냉각육의 중간인, 고기의 표면만을 동결시킨 것으로 저장성이 냉각육보다 좋아서 약 30여 일 정도이다. 이것을 탄산가스나 질소가스로 저장하면 저장성은 더욱 커진다. 대규모로 육류를 수출하는 오스트레일리아, 뉴질랜드, 미국 등에서 이 방법을 쓰고 있다. 이런 고기를 칠드육이라고 한다.

5. 육류가공 원료

축산물을 가공식품의 원료로 사용하는 경우 축산물가공처리법의 도살 및 해체방법과 검사기준에 적합한 것이어야 한다. 또한 생지방은 축산물가공처리법에 의하여 검사에 합격한 소 또는 돼지로부터 식용을 목적으로 채취 · 취급 · 관리된 것으로 축산물가공처리법에 의한 도축업 또는 식육가공업 영업허가를 받았거나 축산물판매업 영업의 신고를 한 업소에서 위생적으로 채취한 것이어야 하며 정상의 유지성분 이외의 이물의 혼입이나 다른 동물의 지방조직 등이 혼합되지 아니한 위생적인 것이어야 한다.

(1) 정의

식육가공품이라 함은 식육(소, 돼지, 양, 염소, 토끼, 닭, 칠면조, 오리, 꿩, 메추리 등의 식생활 관습상 통상적으로 사용되는 고기와 식용 가능한 장기류 및 부산물)을 주원료로 하여 제조 · 가공한 햄, 소시지, 베이컨, 기타 이와 유사한 것을 말한다.

(2) 제조 · 가공기준

① 원료육은 전처리과정을 거침으로써 털 등과 같은 이물을 충분히 제거하여야 한다.

② 냉동원료육의 해동은 위생적으로 실시하여야 하며 물을 사용할 때에는 음용에 적합한 흐르는 물로써 하여야 한다.

③ 비가열식육제품(중심부의 온도를 63°C 이상에서 30분 간 가열하거나 또는 이와 동등 이상의 효력이 있는 방법으로 가열살균하지 아니한 제품)은 다음의 기준에 적합한 방법이나 이와 동등 이상의 효력이 있는 방법으로 관리하여야 한다(단, 건조식육제품은 제외).

- 원료육으로 사용하는 돼지고기는 도살 후 48시간 이내에 5°C 이하로 냉각 · 유지하여야 한다.
- 원료육의 정형이나 냉동원료육의 해동은 고기의 중심부 온도가 10°C를 넘지 않도록 하여야 한다.

④ 작업장의 실내온도는 15°C 이하로 유지 관리하여야 한다(다만, 가열처리 작업장은 제외).

⑤ 공정상 특별한 경우를 제외하고는 가능한 한 신속히 제조 · 가공하여야 한다.
⑥ 원료와 직접 접촉하는 기계 또는 기구류는 세척이 용이하고 내부식성 재질이어야 하며 작업 전 · 후에 위생적으로 세척 및 살균하여야 한다.
⑦ 가열식육제품(비가열식육제품과 건조식육제품 이외의 것을 말한다)은 그 중심부의 온도를 63°C 이상에서 30분 동안 가열하거나 또는 이와 동등 이상의 효력이 있는 방법으로 가열살균하여야 한다.
⑧ 멸균식육제품은 기밀성이 있는 용기 · 포장에 넣은 후 밀봉한 제품의 중심부 온도를 120°C 이상에서 4분 이상 멸균처리하거나 또는 이와 동등 이상의 멸균처리를 하여야 한다.
⑨ 식육제품은 미생물의 2차오염이 방지되도록 깨끗하고 위생적인 포장재 또는 용기로 밀봉포장하거나 진공포장하여야 한다.
⑩ 냉동은 가능한 한 개별 급속냉동하여야 한다.
⑪ 냉동제품의 용기 · 포장 또는 포장재는 냉동 시 충격에 쉽게 파손되지 않는 재질의 것을 사용하여야 한다.
⑫ 포장육은 일체 식품첨가물을 사용하여서는 아니된다.

11-3 식육 각론

1. 소 (*Bos taurus var. domesticus* GMELIN)

(1) 한 · 육우의 역사와 현황

소의 품종에는 육용(肉用), 유용(乳用), 역용(役用) 및 겸용종 등의 구분이 있다. 우리나라에서는 옛부터 고기 전용의 소 품종이 없었다가 1955년에 미국으로부터 육용종우(肉用種牛)로서 헤리퍼드(hereford)종과 쇼트혼(shorthorn)종이 축산시험장에 도입된 후, 계속 여러 가지 품종이 도입되었다.

현재 외국의 이러한 우수한 고기소와 한우를 교잡하여 우량 잡종을 얻으려 하고 있으나 아직은 크게 성공하지 못하고 있다.

표 11-5 한우 · 육우 사육수

(단위 : 천 두, 천 가구, 두/호)

구 분	2003. 12	2006. 12	2006. 12				2008		증 감			
			3	6	9	12	3	6	전분기	%	전년동기	%
마리수	1,480	2,020	2,043	2,179	2,220	2,201	2,241	2,448	207	9.2	269	12.3
– 한우	1,277	1.841	1,871	2,006	2,034	2,034	2,083	2,276	193	9.3	270	13.5
– 육우	203	178	172	172	169	167	158	172	14	8.9	0	0.0
가구수	188	190	190	191	188	184	188	190	2	1.1	–1	–0.5
호당 마리수	7.9	10.6	10.8	11.4	11.7	11.9	11.9	12.9	1.0	8.4	1.5	13.2

통계청, 2008년 6월, 가축통계조사 결과

2008년 현재, 한 · 육우 사육마리수는 244만 8천두로 송아지 생산 증가, 경기침체 · 광우병 논쟁으로 인한 소비부진 및 산지가격 하락에 따른 출하 기피 등으로 전분기보다 20만 7천두(9.2%), 전년동기보다 26만 9천두(12.3%) 증가하였으며 사육가구수는 19만호로 전분기보다 2천호(1.1%) 증가, 전년동기보다 1천호(−0.5%) 감소하였다. 또한 호당 사육마리수는 12.9두로 전분기보다 1두, 전년동기보다 1.5두 증가되고 있다.

발육이 끝난 한육우에 있어서 암소의 키는 125cm, 체중 370kg이고, 숫소의 키는 135cm, 체중은 460kg 정도이다. 털색은 황갈색으로 뿔은 거무스레하며 성질이 온순하고 비육성(肥肉性)이 좋으며 육질(肉質)이 좋은데, 도살률은 50~55% 정도로 낮은 편이다.

(2) 쇠고기

잘 비육된 암소와 거세(去勢)된 소의 고기는 선홍색이고 광택이 나며 특유의 방향이 있다.

근섬유는 결이 잘고 탄력이 크며, 백색지방이 여기저기 섞여 있어서 대리석 무늬를 이루고 있다. 그러나 너무 살을 찌운 소는 지방이 연하고 황색을 띤다. 또 늙은 소나 황소의 고기는 암적색이고 지방은 황색을 띠며 그 양도 적다. 황소고기는 근섬유가 거칠고 딱딱하며, 결체조직이 많이 섞여서 특유의 냄새가 강하다.

송아지 고기는 담적색이고 지방이 섞여 있지 않으며 근섬유는 가늘고 수분이 많아서 연하지만, 육장(肉漿)이 적어서 풍미는 덜하다. 또 숙성할 필요가 없으나, 다른 고기에 비하여 변패되기 쉽고 보존성이 적다. 구미(歐美)에서는 연한 고기로 귀하게 이용되나 우리 나라에서는 이용률이 낮다.

1) 쇠고기 부위와 용도

많이 이용되는 부위를 특징과 용도에 따라 분류하면 다음과 같다.

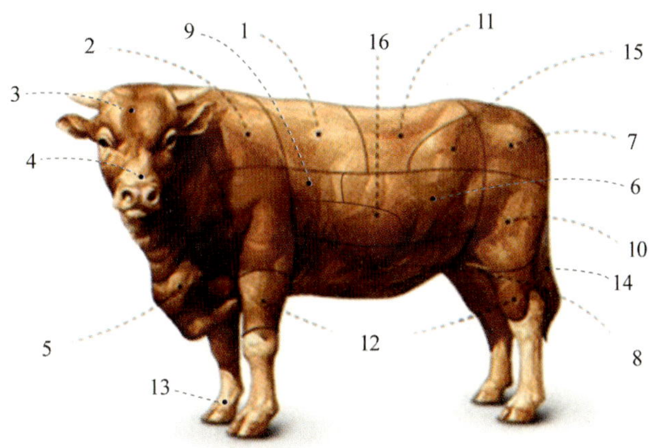

그림 11-3 쇠고기 부위명

1. 등심(loin)	2. 장정육(chuck)
3. 머리(head)	4. 소혀(cow's tongue)
5. 양지육(brisket)	6. 안심(tender loin)
7. 우둔육(round)	8. 업진육(plate)
9. 갈비(rib)	10. 대접살(shin shank)
11. 채끝살(strip loin)	12. 사태육(shank)
13. 족(beef feet)	14. 도간의(tail)
15. 홍두께살(eye round)	16. 쐬악지(chuck crest)

① 등 심

등골 뒤에 붙은 고기로 살코기에 지방이 종횡(縱橫)으로 가는 그물처럼 섞여 있어서 연하며, 불고기, 전골, 스테이크, 로스트 등에 이용된다.

② 장정육

지방이 적고 섬유가 섞여서 육질이 좀 질기다. 곰, 다진 고기요리, 편육, stew 등에 사용된다.

③ 양지육

섬유가 섞여서 질기다. 곰, 찌개 등에 사용된다.

④ 안 심

갈비 안쪽에 붙은 고기로, 육질은 등심과 비슷하나 고기 두께가 좀 얇다. 스테이크, 구이, 전골, 로스트, 튀김 등에 이용된다.

⑤ 우둔육

지방이 적으며 붉은 살코기로 맛이 좋다. 스테이크, 로스트, 장조림, 볶음 등에 이용된다.

⑥ 업진육

지방과 살이 세겹으로 되어 있고, 맛이 좋으나 좀 질기다. 편육, 국, 찌개, 볶음요리, 전골, 다진 고기 등에 사용된다.

⑦ 갈 비

찜, 탕, 구이 등에 사용된다.

⑧ 대접살

빛깔이 붉은 살코기로, 대체로 맛이 담백하다. 표면에 지방이 있으면 더욱 좋다. 두꺼운 곳은 연하고 얇은 곳은 질기다. 전골, 장조림, 육회, 포, 다진고기요리, 볶음 등에 사용된다.

⑨ 홍두깨살

지방과 살코기가 적절한 비율로 섞여 있어서 보기에도 좋고 질기지도 않다. 스테이크, 조림, 볶음, 불고기 등에 사용한다.

2) 살코기 이외의 식용부위

① 혀 (tongue)

소의 혀 무게는 약 1.5kg 전후이며, 육질이 치밀하고 지방이 섞여서 맛이 좋으며 영양가도 높다. 서양요리나 중국요리에도 잘 쓰이고 소시지의 제조원료로도 이용된다. 우리나라에서는 삶아서 썰어 먹기도 하고, 곰탕의 원료로 쓰기도 한다.

② 꼬 리 (tail)

수프 중에서 최고품으로 치는 것이 쇠꼬리 수프이다. 이 수프를 통조림으로 제조 판매하거나, 우리나라의 경우는 꼬리 곰탕에 많이 사용되고 있다.

③ 간 (liver)

단백질, 비타민 (A, B군, C, D) 등이 풍부하여 영양가가 높다. 여러 요리에 사용되고 소시지, 페이스트의 원료, 의약용으로는 증혈강장제로 사용된다.

④ 머 리

요리나 헤드 치즈(head cheese)에 사용되며 우리나라에서는 예로부터 쇠머리를 고아서 무럼을 만들어 먹는다.

> Guide
> **무럼** : 푹 곤 액을 식혀 뼈없이 물렁물렁하게 한 것

⑤ 내 장 (內臟)

염통, 콩팥, 창자, 생식기 등은 내장요리나 소시지의 원료로 사용된다.

3) 소고기 가공품

식생활의 향상과 기호식의 변화로 정육(精肉)의 소비량 증대는 물론 그 가공품의 생산과 소비가 증대되고 있다. 가공품으로는 햄, 베이컨, 소시지, 콘드 비프, 통조림 등의 다양한 상품이 있다.

① 염지육

염지육(鹽漬肉)은 소금, 향신료, 설탕 및 질산염을 혼합한 염지액에 고기를 담그거나, 혹은 고기와 혼합 버무리는 방법으로 세균의 의한 변패를 막으면서 숙성이 되게 하는 한편 색깔을 좋게 한다.

② 콘비프 (corned beef)

소 어깨, 목, 가슴의 힘줄과 섬유를 제거한 살코기를 소금에 절인 다음 삶아서 롤러로 뭉갠 후에 조미료, 향신료, 지방 등을 조합하여 통에 눌러 넣고 살균한 것을 콘비프라고 한다.

③ 육 포

쇠고기를 얇게 썰어서 갖가지 양념을 바른 후, 햇볕에 말린 저장식품이다.

④ 건조고기

콘비프 같은 쇠고기를 훈연(燻煙)하여 휴대용이나 보존용으로 만든 것이다. 또 급속냉동건조하여서 복원이 가능하게 한 것도 있다.

⑤ 건조고기 가루

지방이 적은 살코기를 조미하여 바짝 졸여서 건조한 후 기계적으로 잘게 다져서 열풍건조한 가루형의 소고기이다.

2. 돼 지 (*Sus scrofa var. domesticus* BRISSON)

(1) 돼지의 용도와 사육현황

돼지(pig)의 품종은 크게 중국종과 서양종으로 분류되는데 현재는 양자를 교배시켜 얻은 개량종이 사육되고 있으며, 그 용도에 따라 정육용이나 가공용으로 적합한 품종을 선택하여 사육하고 있다.

2008년도 돼지 사육마리수는 915만 3천두로 배합사료 가격급등에 따른 경영악화로 전년동기보다 30만 9천두(−3.3%) 감소하였으나, 호당 사육마리수는

1,139두로 전분기보다 6두, 전년동기보다 242두가 증가되어 꾸준한 규모화 추세이다.

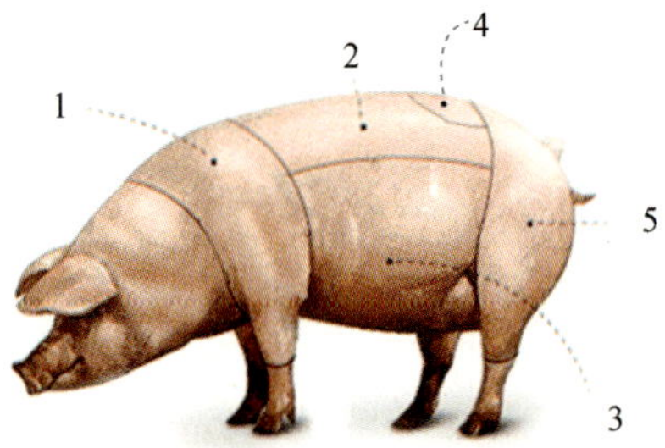

그림 11-4 돼지고기 부위명

1. 어깨살(picnic, shoulder) 2. 등심(rib)
3. 삼겹살(bacon) 4. 방앗살(back ribs of beef)
5. 뒷다리(ham)

(2) 돼지고기(pork)

부위별 돼지고기의 색깔은 다르며, 일반적으로 담홍색 또는 회적색, 암적색이다.

돼지고기는 연하고 근섬유는 가늘며 지방은 세립상(細粒狀)으로 순백색이고 방향이 있으며 고기 사이에 적절하게 침착되어 있다. 특히 피하에 두꺼운 지방층을 형성한다. 돼지고기는 대리석 무늬가 뚜렷한 것이 특징이다.

돼지고기의 품질은 기르는 방법, 사료, 성별 등에 따라 차이가 있다. 암퇘지는 살이 많고, 고기와 지방의 비율이 알맞으며 지방의 질이 좋다. 수퇘지는 근섬유가 거칠고 딱딱하고 특유의 취미(臭味)가 있고 지방의 긴장도(緊張度)가 좋지 않다. 거세한 돼지는 암돼지보다 지육의 수율이 좋기는 하나, 과비육(過肥肉)되기 쉽고 넓적다리살이 적으며 고기가 약간 딱딱하고 근섬유도 좀 거칠다.

1) 돼지고기의 성분

돼지고기는 쇠고기의 대리석 무늬를 가진 로스 고기를 제외하면 다른 어느 식육보다 지방 함량이 많다. 따라서 상대적으로 단백질(12~19%)과 수분(43~50%)의 함량이 적으며, 부위에 따른 조성의 차이가 심하다. 예를들어 복부살의 지방함량은 넓적다리살의 2배 정도에 이른다.

지방은 올레산(oleic acid), 리놀레산(linoleic acid) 등의 불포화지방산 함량이 높아서 산화 · 변질되기 쉽다. 특이한 점은 비타민 B_1이 0.4~0.6mg% 정도로 다량 함유되어 있기 때문에, 비타민 B_1의 급원이 될 수 있는 식품이다.

2) 돼지고기 부위와 그 용도

① 어깨살

어깨부분의 살로, 근육 사이에 지방이 있어서 맛이 진하다. 목부분은 단단하기 때문에 갈거나 찜, 구이, 볶음, 편육, 불고기 등으로 사용된다.

② 등 심

어깨살에 이어지는 등의 중앙 부분으로, 살의 결이 곱고 지방량이 적당하며, 부드러운 근육으로 되어 있고 살맛의 냄새가 없다. 철판구이, 구이, 찜, 볶음, 불고기, 로스트포크(roastpork), 돈까스, 스테이크 등으로 이용된다.

③ 삼겹살(배살)

베이컨, 조림, 수프, 편육, 구이, 바비큐, 찜 등과 뼈붙은 살을 사용한 요리에서는 스테어리브 등이 유명하다.

④ 방앗살 : 튀김, 구이

⑤ 뒷다리 : 구이, 다진 고기요리

3) 돈육(豚肉)가공품

① 햄 (ham)

돼지 허벅다리살에 소금, 초석(硝石), 아질산염, 조미료, 향신료 등을 섞어서 절인 다음, 훈연하여 포장한 것이다. 방부성과 특수한 풍미를 가진 제품으로 호평받고 있다. 그 밖의 고기부분도 이와 같은 방법으로 햄을 만들기도 한다.

햄의 종류는 다음과 같다.

- regular ham : 허벅다리 살을 뼈가 붙은 채로 가공한 것
- boneless ham : 뼈를 빼고 살코기로만 갈아서 만든 것
- roast ham(lacks ham) : 로스고기(어깨살과 이어지는 등의 중앙 부분)와 그 밖의 살코기를 잘게 갈아서 만든 것
- shoulder ham : 어깨살로 만든 것
- press ham : 햄이나 베이컨을 만들고 남은 고기조각이나 그 외의 식육을 잘게 잘라서 이들을 혼합 · 압착시켜 만든 것으로 햄과 소시지의 중간적 가공품이다.

② 베이컨 (bacon)

돼지 배의 측면에 위치한 고기로, 빨간살과 지방이 층으로 되어 있는 고기를 소금에 절여서 정형한 다음 건조하고 훈제한 것이다. 제법은 햄과 마찬가지이나 베이컨은 햄보다 지방이 많다.

③ 소시지 (sausage)

지육(枝肉)에서 햄, 베이컨 등을 얻고 난 다음 나머지 고기류, 즉 빰살, 내장 등을 다져서 소금, 초석, 설탕, 향신료를 섞은 후, 케이싱(casing)에 담아서 훈연하고 물에 삶고 건조하여 만든 육제품이다. 소시지의 종류와 케이싱(casing)은 다음 표 11-5와 같다.

표 11-6 소시지의 종류

종 류		품 명	주원료	케이싱(casing)
domestic sausage (보존성이 별로 좋지 않다)	flesh sausage	pork sausage	돼지 어깨 살코기, 돼지 잔등 지방	돼지 소장(小腸)
	smoke cooked sausage (훈연, 삶은 것)	pork sausage Bologna sausage	돼지 어깨 살코기, 돼지 잔등 지방 소 어깨 살코기, 돼지 빰 살코기, 심장 등	돼지 소장 소 대장, 소장
		Wiener sausage	소 허벅다리 살코기, 돼지 어깨 살코기, 돼지기름	양의 소장
		Frankfurter sausage Lyoner sausage	돼지 붉은 살코기, 베이컨 소 허벅다리 살코기, 돼지 어깨 살코기, 돼지기름을 잘게 썰은 것, 그린피스	돼지의 소장 소의 맹장
	smoke sausage (훈연)	blood sausage liver sausage	소, 돼지의 빰살, 심장, 혀, 돼지기름, 피 및 가죽 돼지의 간, 잔등 기름 등	소의 맹장, 결장(結腸) 소의 소장
dry sausage (보존성이 좋다)	훈연, 건조한것	Salame sausage Cervelat sausage	소의 어깨 살코기, 돼지의 복부살 소의 어깨 살코기, 돼지의 붉은살, 돼지기름	소나 돼지의 결장, 직장

3. 닭 (*Gallus domesticus* BRISSON)

식육용 가금(家禽)은 닭이 대표적이고, 그 밖에도 집오리, 칠면조, 꿩 등이 있다. 닭은 육용종, 난용종과 육란겸용종으로 구분되지만 육용종의 알도 난용종의 고기도 식용한다.

(1) 닭의 품종과 특징

① 로드 아일랜드 레드(rhode ireland red)종

우리나라에서 기르고 있는 대표적인 육란겸용종의 하나로 체질이 튼튼하여 추위에 강하고 거친 사료에도 잘 견딘다. 수탉의 무게는 3.7kg이고 암탉은 2.8kg이다.

② 뉴햄프셔(new hampshire)종

주로 육용종으로 개발된 것으로, 오늘날의 브로일러(broiler) 산업의 기초가 된 품종이다. 부화 후 3개월 미만에 출하된다. 몸무게 1.35kg 내외의 것을 브로일러로서 널리 쓰고 있다.

③ 백색 코니시(cornish white)종

미국에서 육종된 육용잡종으로 온 몸이 백색이고, 피부와 정강이는 황색인데 발육과 비육이 잘 되며, 특히 가슴 부분의 발달이 두드러져 살이 많이 찐다. 다 자란 수탉의 무게는 4.5kg 정도이다.

(2) 닭고기(chicken)

닭고기는 다른 가축고기에 비하여 값이 싸다는 장점, 즉 적은 모이로 많은 살코기를 단기간에 생산하는 특징을 가지고 있다. 고기는 지방이 적고 맛이 담백하다. 닭고기의 섬유는 가늘고 치밀하며 연하다.

닭의 가슴살은 백색이고 지방이 적으며 맛이 담백하나, 다리살은 붉은색이고 특이한 풍미가 있다. 지방은 피하나 복강에 많고 근육 사이에는 적으며, 선황색이고 비타민 함량이 많다. 껍질은 결체조직이 주체로 되어 있으나 지방이 많고 연하므로 식용으로 한다.

거세한 닭이나 2~3개월 된 어린 닭은 고기가 연하고 맛이 좋으나, 늙은 닭이나 수탉의 고기는 질기다.

브로일러(Broiler : 굽기용) 닭은 어릴 때 발육이 특히 빠른 닭의 유전적 특성을 개발 및 이용한 것인데 고기가 연하고 색이 엷으며 껍질도 미끈하고 연하여 맛이 좋으나, 일반 비육성계(肥肉成鷄)에 비하면 얕은 맛이 없다고 할 수 있다.

닭고기는 다른 육류에 비해서 저칼로리, 고단백질로 필수아미노산을 조화롭게 함유하고 있다.

4. 오 리 (*Anos platyrhynhos domestica* L.)

(1) 오리의 특징

오리(duck)는 용도에 따라 육용종, 난용종, 애완용종 등으로 구분되며, 육용종은 다음과 같다. 오리고기는 새고기 중에서도 가장 맛있다고 하며, 동서양을 불문하고 고급 식품재료로 취급되고 있다. 특히 겨울에 추위가 심해진 후가 지방이 붙어서 맛이 좋다.

영양성분적으로 집오리와 야생오리의 차이는 별로 없다. 고기는 단백질이 풍부하고 지방이 적으며, 비타민 B_1, B_2의 함량이 비교적 높다.

(2) 오리의 품종

1) 북경(peking)종

중국 북부지방 원산의 육란겸용종이지만 미국, 영국 등지에서 개량되어 육용가치가 향상된 품종이다. 털색은 희지만 부리와 정강이는 오렌지색이며, 체질이 튼튼하여 각지의 기후 풍토에 잘 적응한다. 고기의 맛과 질이 좋고 오리 특유의 냄새가 극히 적다. 체중은 수컷이 3.9kg이고, 암컷은 3.6kg이다.

2) 에일즈 버리종

털이 순백색이고 다리는 밝은 등색인데, 체질이 튼튼하여 기후나 풍토에 적응성이 강하다. 빨리 자라고(早熟性) 비육성(肥肉性)이 좋으며 가슴고기가 많다. 고기는 희고 맛이 좋다. 수컷의 체중은 4.1kg, 암컷은 3.6kg 정도이다.

3) 그밖의 종

그밖에 오오팅튼종, 루안종, 마스코비종, 케이유우거종 청수오리 등이 있다.

그림 11-5
수컷오리와 암컷오리

5. 칠면조 (*Meleagris gallopago* LINNE)

그림 11-6
칠면조 개량종

칠면조(turkey)는 털색에 따라 흑색종, 청동색종, 버프색종 등이 있으나 우리나라에서는 청동색종과 백색종의 두 가지가 사육되고 있으며 육용종은 청동색종이 주로 많다.

청동색 칠면조는 흑색종과 야생종을 교배시켜 얻은 잡종개량종으로 몸집이 크다. 커서 암컷이 9.0kg, 수컷이 16.2kg 정도이다.

칠면조는 살이 많은데, 닭고기와는 달리 가슴살이 많다. 겨울이 가까워짐에 따라서 지방이 많이 붙어 맛이 좋아진다. 구미 각국에서 크리스마스나 감사제 및 결혼식 등의 축하용으로 쓰인다. 다른 가축에 비하여 단백질 함량이 높고, 저칼로리 식품이다.

근래에는 품종개량을 하여 깃털이 흰 칠면조를 사육하게 되었다.

6. 그밖의 가금류 고기

1) **가금류고기** : 부착된 지방 및 표피를 포함하는 가금류 도체의 근육조직으로 닭, 꿩, 오리, 거위, 칠면조, 메추리 등의 고기를 말한다.

2) **가금류지방** : 가금류의 지방조직에서 얻어진 가공되지 않은 지방으로 닭, 꿩, 오리, 거위, 칠면조, 메추리 등의 지방을 말한다.

3) **가금류부산물** : 고기 및 지방을 제외한 도살된 가금류의 식용조직 및 기관으로 닭, 꿩, 오리, 거위, 칠면조, 메추리 등의 간, 심장, 모래주머니, 표피, 발 등 식용 가능한 부위를 말한다.

11-4 가금의 알

1. 우리 나라의 알류의 생산

달걀은 모든 알 중에서 가장 많이 소비되는 알로서 영양가가 높아 일반가정의 조리재료나 급식원으로, 또 제과나 그 밖의 식품재료로서도 다양하게 이용된다. 알은 가금류로부터 생산되는 달걀, 오리알, 메추리알 등의 껍질을 제거한 부위를 말한다.

표 11-7 닭 사육수

(단위 : 만 마리, 가구)

구 분	2003. 12	2006. 12	2007				2008		증 감			
			3	6	9	12	3	6	전분기	%	전년동기	%
마리수	9,902	11,918	12,626	15,111	12,178	11,937	13,178	14,440	1,262	9.6	−671	−4.4
− 산란계	4,835	5,724	5,653	5,654	5,512	5,609	5,785	5,972	187	3.2	318	5.6
− 육계	4,480	5,538	6,335	8,736	5,995	5,623	6,701	7,785	1,084	16.2	−951	−10.9
가구수	144,000	3,559	3,722	4,149	3,627	3,420	3,761	3,761	139	3.8	−388	−9.4

통계청, 2008년 6월, 가축통계조사 결과

2008년도 조류독감이 종료되고 여름철 삼계탕 수요 증가 기대로 육계 사육 마리수는 전분기보다 1,084만 마리(16.2%) 증가한 7,785만 마리, 산란계는 전분기보다 187만 마리(3.2%) 증가한 5,972만 마리이다. 닭 사육가구수는 3,761호로 전분기보다 139호(3.8%) 증가한 반면, 전년동기보다 388호(−9.4%) 감소하였으며, 호당 사육마리수는 육계 4만 3천 마리, 산란계 3만 5천 마리이다.

닭은 부화하여 약 150일 이내에 산란을 개시하는데 산란수는 초년도에 가장 많고 차차 감소한다. 보통 2~3년간 채란(採卵)한 다음 폐계(廢鷄)로 육용이다. 알은 대개 오전에 낳으며, 계절별로는 겨울에서 봄에 걸쳐 많이 낳고 여름에서 가을에는 감소되는데, 이것은 일조시간과 사료조건 등과 관련이 깊다고 생각된다.

2년째부터는 가을에 털을 가는데 그 기간 중에는 산란을 멈추며, 암탉이 호르몬의 작용으로 취소성(就巢性)을 나타내는 기간 중에는 산란을 멈춘다. 이와 같이 여러 가지 요인이 산란에 영향을 주므로 산란계는 조숙하여 산란을 일찍 시작하는 것, 비교적 털갈이 기간이 짧은 것, 취소성이 약한 것 등의 품종이 요구되고, 인공조명이나 사료배합에 유의할 필요가 있다.

우리나라에서 달걀은 대규모로 가공되지 못하고 단지 제과, 연제품 재료, 마요네즈 등의 가공식품에 사용되며, 가정에서 삶거나 부침으로 소비되는 것이 전부이다. 앞으로 증산과 가공범위, 규모가 확대되어 농가의 소득증대에 도움이 되기를 기대한다.

2. 난용 가금 (卵用家禽)

(1) 난용계 (卵用鷄)

① 레그혼종

이탈리아 레그혼항(港)이 원산이며, 후에 다산인 난용계로 개량되었다. 우리나라에서도 백색 레그혼(white leghorn)이 많이 사육되고 있다. 전신의 깃털은 백색이고 알도 희지만, 피부, 부리와 다리는 황색이다. 발육이 좋아서 부화 후에 6개월 정도면 산란을 시작하고 취소성이 없으며, 연평균 산란수는 220~300개이지만, 300개 이상이 되는 것도 있다.

② 미노르카종

스페인의 미노르카(Minorca)섬이 원산이며 부리, 정강이, 발가락 등은 흑색이고 피부는 회흑색이며 알껍질은 백색이다. 부화 후 6~7개월이면 산란을 시작하여 연평균 산란수는 150~160개 정도이다.

③ 가로무늬 플리마드록종

미국에서 개량된 육용과 난용계의 겸용종으로, 산란능력이 비교적 좋지만 백색 레그혼보다는 떨어지고 특히 산란 제2년도에 산란율이 20%가량 떨어지는 것이 결점이다. 비교적 일찍 성숙하여 170~200일 내외가 되면 산란을 시작하여 연간 200~300개 정도를 낳는다. 알껍질의 색깔은 적갈색이다.

(2) 오 리

카아키 · 캠블종, 인디안 · 란나종이 있으며, 그 외에 난용오리로는 버프오핑톤(buff orpington)종이 있다.

(3) 메추리 (*Coturnix coturnix* L.)

꿩과의 새이며 야생인 것을 개량하여 몸집이 크고 산란능력이 높도록 가금화한 것이다. 메추리의 수정란은 17~18일이면 부화되며 성장이 빨라서 부화 후에 8~9주이면 성조(成鳥)가 되고, 평균 70일이면 산란을 시작한다. 알은 평균 11~12g이고 대녹(帶綠)백색이며 흑갈색의 반점이 있다.

3. 달걀의 구조와 이화학적 성상

(1) 달걀의 구조

달걀의 구조는 그림 11-7과 같다. 외각부(外殼部)는 알껍질, 안팎 2장의 껍질막(卵殼膜), 기공으로 되어 있고 그 내부에 3층의 흰자와 노른자 막에 둘러싸인 노른자로 되어 있다.

알껍질의 표면은 난관에서 분비된 점액이 부착 · 건조한 각피(cuticula)층(유색란은 이 곳에 색소가 함유되어 있다) 때문에 광택이 없고 거칠거칠하다. 2장의 껍질막은 둔단부(鈍端部)에서 떨어져서 기실(氣室, air space or air cell)을 형성하는데, 이 기실은 알이 체외로 출산된 후에 온도차로 냉각되어서 생기는 것이다.

내막 흰자는 점도가 낮은 묽은 흰자(약 40%)와 점도가 높은 짙은 흰자(약 60%)로 구분되고, 묽은 흰자는 다시 짙은 흰자를 끼고 내외 2층으로 나뉘어져 있다.

노른자는 흰 노른자와 노란 노른자가 서로 교대하여 층을 이루고 있으며 중심부에 봉상(捧狀)의 라테브라(latebra)가 있다. 노른자의 표면 상부에는 직경 3mm 정도의 백색 원반상의 배반(胚盤)이 있는데 이것은 발생할 때 배로서 발육하는 부분으로 육안으로도 볼 수 있지만 무정란에서는 난핵의 흔적이 있을 뿐이다.

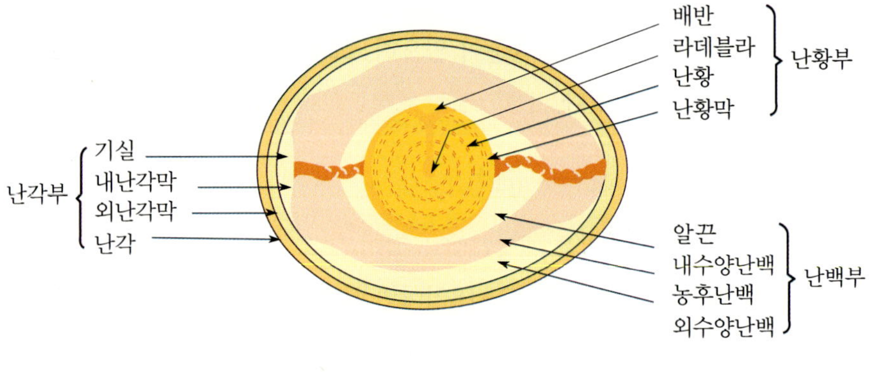

그림 11-7 달걀의 구조

흰자의 양쪽에 나선상으로 달걀의 장축과 평행하게 흰색의 칼라자(chalaza, 알끈)가 붙어 있으며 이것이 노른자를 고정시켜 주고 있다.

달걀각부의 중량비는 알껍질과 껍질막이 10~12%, 흰자가 45~64%, 노른자가 26~36%이다.

(2) 달걀 각부의 성분과 화학적 성상

① 알껍질

탄산칼슘을 주로 하는 98%의 무기질과 유기물로 되어 있다. 안과 밖의 두 층으로 되어 있으며, 바깥층은 얇고 분말상이며 흰색 또는 적갈색이다. 안층은 흰색의 탄산칼슘이 규칙적으로 배열되어 있다. 알껍질(egg shell)에는 9,000~12,000개의 작은 기공이 있어서 껍질막의 섬유에 있는 틈과 함께 공기의 유통, 수분의 조절작용을 한다.

알껍질의 두께는 0.30~0.36mm 정도인데, 두께와 경도는 사료 중의 칼슘함량에 좌우된다. 연란(軟卵), 무각란(無殼卵) 등의 이상란은 사료 중에 칼슘, 비타민 D가 부족하거나 외계의 온도가 너무 높을 때 생기기 쉽다.

② 껍질막

난각막(egg shell membrane)은 두께가 0.045~0.061mm인데 알껍질과 반대로 둔단부가 두껍다. 둔단부의 안껍질과 바깥껍질막의 두 층이 분리되어 형성된 기실은 저장하는 동안에 차차 커지므로 달걀의 선도측정의 지표가 된다.

껍질막은 케라틴(keratin) 섬유로 된 망눈(網目) 구조이고, 그 속은 뮤신(mucin), 알부민(albumin) 등으로 채워져 있는데 공기 등의 기체나 세균이 충분히 통과할 수 있는 틈이다. 뮤신은 외부로부터의 세균오염에 저항성을 가지고 있다.

③ 흰 자 (egg white)

흰자의 고형성분은 12% 전후로 미량의 탄수화물도 포함되어 있지만, 대부분은 단백질이다. 흰자 단백질은 단순단백질과 당단백질로 대별되지만 주성분은 알부민태(態)의 단백질인 오보알부민(ovoalbumin)으로서 전 단백질의 60% 이상을 차지하고 있다. 그 다음으로는 콘알부민(conalbumin : 9~14%), 오보뮤코이드(ovomucoid : 13~14%) 오보글로불린(ovoglobulin) 등이 주요한 것이며 그 밖에 오보뮤신(ovomucin), 아비딘(avidin) 등도 미량 함유되어 있다.

흰자에는 항 프로데아제 작용이 있는 콘알부민, 오보뮤코이드 등과 세균의 증식을 억제하는 리소자임(lysozyme), 아비딘 등 생리활성을 갖는 여러 가지 단백질이 함유되어 있다. 이것은 부화할 때 영양원이 될 뿐 아니라 내부보호작용과 외부로부터의 세균침입을 막는 역할도 담당하고 있다. 이 점은 알껍질이나 껍질막의 세균저지 기능과 함께, 달걀이 비교적 장기저장에 견디는 원인으로 작용한다.

삶은 달걀의 노른자 주위에서 볼 수 있는 녹흑색은 가열할 때 흰자 중의 함황화물이 흰자의 염기성 때문에 황화수소를 발생시키고 이것이 노른자의 철(Fe)과 작용하여 흑변한 것이며, 일부는 카로티노이드 색소와 작용하여 나타나는 것이다.

④ 노른자

노른자(yolk)의 고형분은 약 50%인데 그 중 약 60%는 지질이고 나머지 대부분은 단백질이며 비타민의 함량도 크다. 특히 지용성 비타민인 A, D, E가 많으며 수용성의 B군도 흰자보다 많다.

노른자의 단백질은 비텔린(vitellin), 비텔레닌(vitellenin) 등의 인단백질과 인지질이 결합한 리포단백질이 70% 이상을 차지하며 포스비틴(phosvitin), 리베틴(livetin) 능도 소량 함유되어 있다.

지질은 중성지질 62~63%, 인지질 약 33%, 불검화물(unsafonifiable) 약 5%로 되어 있다. 인지질의 주성분은 레시틴(50~60%)과 세팔린(cephalin)이다.

레시틴은 불포화지방산이 많이 함유되어 있어서 광선, 효소 등에 대단히 불안정하고 산화 분해되어서 악취가 나는 물질이 생기기 쉽다. 그러므로 노른자 가공품을 저장할 때는 유의하여야 한다.

노른자의 색소는 카로티노이드 색소에 의한 것인데, 색의 짙음과 옅음은 닭의 품종과는 관계가 없고 사료의 성분조성에 좌우된다.

⑤ 노른자막

3층으로 된 엷은 탄성막(彈性膜)으로 무색투명하다. 당단백질인 뮤신 외에 keratin 등을 함유하고 있으며, 날이 갈수록 탄성이 감소되어 찢어지기 쉽게 된다.

(3) 달걀의 물리적 성상

① 중 량

달걀의 중량은 보통 평균 55g 내외이며, 그 중 알껍질은 11~14%를 차지하고 나머지 가식부는 86~89%로, 이 중에서 흰자가 약 2/3, 노른자가 1/3을 차지한다.

② 비 중

신선한 달걀의 비중은 1.088~1.095이지만 날이 갈수록 차차 감소되어서 10일 후에는 1.070, 20일 후에는 1.053 전후가 된다. 이러한 성질을 이용하여 선도를 감별할 수 있다.

③ pH

신선한 달걀 흰자의 pH는 6.0~7.7이지만 오래되면 CO_2를 잃어 pH가 상승한다. 28°C에서 20일 동안 저장하면 9.5~9.6이 된다. 또 pH가 상승함에 따라서 흰자도 차차 묽어진다. 신선한 노른자의 pH는 약 6.3인데 이것은 흰자와는 달라서 오래되어도 별로 변하지 않는다.

④ 동 결

달걀전체는 0~−1°C, 흰자는 −0.42~−0.46°C, 노른자는 −0.56 ~0.60°C에서 각각 동결하며, 동결된 것을 해동하면 흰자는 점도가 저하되지만 노른자는 점도가 증가하여 겔(gel)화하고 목적에 따라서는 사용할 수 없게 된다. 따라서 공업적으로 동결란을 제조할 때에는 소금, 설탕 등을 첨가하여 겔화(gel)를 방지하는 경우가 많다.

⑤ 응 고(凝固)

흰자를 가열하면 약 60°C에서 응고하기 시작하여 약간 혼탁해진다. 62~63°C에서는 젤리화하여 유동성을 잃고 70°C에서 거의 완전하게 응고되지만 완전히 고화시키려면 80°C 이상이 되어야 한다.

노른자는 약 65°C에서 겔화하기 시작하고 70°C에서 완전히 응고된다.

달걀을 끓는물 속에서 노른자의 중심까지 완전히 응고시키려면 약 12분 이상이 필요한데, 이 시간을 3~5분으로 단축시키면 반숙란이 된다. 그러나 달걀을 65~67°C로 장시간 처리하면 이와 반대로 고형분이 많은 노른자가 유동성을 잃고 겔화하며, 수분이 많은 흰자는 반유동성을 유지하는 반숙란을 얻게 되는데, 이것을 온천란(溫泉卵)이라 한다.

흰자나 노른자는 열 이외에도 산, 알칼리, 염류, 방사선 등의 작용으로 변성되어서 응고를 일으킨다.

⑥ 유화성(乳化性)과 포립성(泡立性)

유화성은 노른자나 흰자 모두 가지고 있으나 노른자가 훨씬 더 강하다. 그래서 노른자는 마요네즈를 제조할 때 유화제로 이용되고 있는데, 그 유화력은 리포단백질(lipoprotein)에 기인되는 것이다.

포립성은 흰자에서 나타나는 성질이며 마요네즈나 케이크를 제조할 때 달걀이 이용되는 것은 이 성질 때문이다.

⑦ 점도(粘度)

신선한 달걀은 흰자의 비점도(比粘度)가 3.5~10.5이고, 노른자의 비점도는 110.0~250.0인데, 날이 갈수록 감소된다.

4. 달걀의 영양가치와 이용

(1) 달걀의 영양가치

달걀의 배(胚)가 병아리로 부화될 때까지의 영양원이 되므로 영양가가 높은 우수한 식품이다. 달걀 날것 100g의 열량은 678KJ(162Kcal)이며, 그 밖의 일반조성은 표 11-8과 같다.

표 11-8 달걀의 일반조성 (가식부 100g 중)

성 분	함 량	성 분	함 량	성 분	함 량
수 분	74.7g	비타민 A	640IU	칼 륨	120mg
단 백 질	12.3g	비타민 D	40IU	나트륨	130mg
지 질	11.3g	비타민 E	1.1mg	철	1.8mg
탄수화물(당질)	0.9g	비타민 B_1	0.08mg	인	200mg
섬 유 질	–	비타민 B_2	0.48mg	칼 슘	55mg
콜레스테롤	470mg	나이아신	0.1mg		

일반적으로 고품질 단백질을 섭취하면 체내 단백질의 합성에 크게 이용되므로 체내에 남는 양이 많으며, 저품질 단백질을 섭취하였을 때는 필수아미노산의 분포가 균일하지 않거나 혹은 절대량이 부족하기 때문에 그 이용률은 낮고, 변으로 배설되는 양은 많아진다. 따라서 섭취한 단백질 중 소화되어 체내에 흡수·유지된 단백질의 % 비율을 생물가(biological value, BV)라고 한다.

표 11-9 달걀의 아미노산 조성 (가식부 100g 중 mg)

아미노산의 종류	전란(全卵)	흰 자	노른자	아미노산의 종류	전란(全卵)	흰 자	노른자
isoleucine	779	564	835	arginine	824	599	1,175
leucine	1,127	906	1,409	histidine	330	274	392
lysine	859	718	1,253	alanine	721	633	809
methionine	396	393	339	aspartic acid	1,174	1,009	1,409
cystine	309	325	287	glutamic acid	1,627	1,439	1,958
phenylalanine	717	667	679	glycine	412	376	470
tyrosine	494	308	653	proline	515	410	679
threonine	622	462	783	serine	927	667	1,200
tryptophan	218	171	248	protein	12.9g	10.7g	16.3g
valine	900	735	887				

달걀은 필수아미노산의 함량이 크며 특히 메티오닌(methionine), 시스틴 등의 함황아미노산의 함량이 다른 식품에 비하여 크다. 달걀단백질의 생물가는 어른에서 94~97이다.

무기질로는 유황과 인의 함량이 큰 것이 특징이고, 특히 철은 가열의 영향을 받지 않고 흡수가 잘 되어서 거의 100%가 혈색소의 형성에 이용된다. 노른자는 우수한 철의 급원이고, 각종 비타민이 함유되어 있어서 달걀 중에서 비타민류의 급원으로서 중요하다.

그러나 탄수화물과 비타민 C를 함유하고 있지 않은 것과 흰자와 노른자의 조성에 큰 차이가 있는 점은, 이용상 주의하여야 한다. 또 노른자의 지질에 콜레스테롤의 함량이 비교적 높은 것도 동맥경화증의 치료식 등에는 유의하여야 할 점이다.

소화율에서 노른자의 단백질은 생것이나 가열한 것이나 별 차이를 보이지 않지만 흰자의 단백질은 생리활성물질을 함유하기 때문에 날것은 소화율이 50~70% 정도밖에 되지 않으나 가열하면 소화율이 약 96%로 향상된다. 그러나 지나치게 가열, 응고시키면 소화액의 작용이 골고루 미치지 못하여 오히려 소화율이 떨어진다.

비타민류도 고열로 장시간 가열을 하는 경우 외에는 큰 손실이 없다고 하며, 아비딘의 항비오틴 작용은 가열에 의하여 없어진다.

달걀 흰자의 아비딘은 비오틴과 결합하는 성질이 있다. 따라서 미생물 생육에 절대적으로 필요한 비오틴과 결합함으로써 미생물에 의한 오염을 방지한다.

날달걀에는 병아리설사(백리증)의 병원균인 살모넬라(Salmonella)속 세균이나 그 밖의 세균이 침입해 있는 경우가 있어서 인체감염의 원인이 된 예가 있으므로 날달걀의 이용은 주의가 필요하다.

(2) 달걀의 품질과 신선도 감별법

1) 달걀의 품질

달걀의 품질은 형태의 크기, 껍질의 색, 내용물의 신선도, 내용물에 이상이 있는 이상란 등에 의해서 결정되는데 특히 신선도는 품질을 좌우하는 중요한 요소이다.

현재 우리나라에서 시판되고 있는 달걀에 대해서는 아직 품질에 관한 등급기준이 규정되어 있지 않다. 그러나 달걀중량에 따라 분류하여 대란 60~65g, 중란 50g 이상 60g 미만, 소란 45g 이상 50g 미만으로 구분하고, 동일품종 12개를 한 단위로 하여 심사한다.

품종의 특징을 구비하지 못하고 달걀의 중량이 위의 범위를 벗어난 것이나 부패란, 연각란(軟殼卵), 이중란(二重卵), 기형란(畸形卵) 등은 불합격으로 하며 그 밖의 내용물에 있어서 혈반(血斑), 반점(斑點) 및 이물을 포함한 것, 또는 대단히 심하게 오염된 것 등은 농업 관련기관의 심사표준에 비추어 채점하여 어느 항목이든지 전점수가 감점된 것들은 불합격으로 처리된다.

2) 달걀의 신선도 감별

① 외관이나 손으로 만져 볼 때 거칠거칠한 것은 신선하고, 반들반들하고 윤이 나는 것은 오래된 것이다.

② 달걀의 양끝에 혀끝을 대어보면 신선한 것은 예단부(銳端部)가 차고 둔단부(鈍端部)는 온감이 있으나 오래된 것은 양쪽 모두 차다.

③ 투시법 : 암실이나 반암실에서 검란기에 알을 놓고 한쪽으로부터 광선을 쪼이고 달걀을 회전하면서 투시하여 알껍질, 노른자, 흰자, 기실(氣室) 등의 상태를 검사하는 방법이다.

④ 할란검사(割卵檢査) : 평판 위에 달걀을 깨어 놓고 흰자의 묽어진 상태와 노른자의 편평해진 상태 등을 검사하는 방법이다.

⑤ 비중법 : 달걀을 공기 중에 저장하면 수분의 증발에 의해서 기실이 커지므로 비중이 1.03 이하가 된다. 따라서 비중 1.027인 6% 식염수에 달걀을

집어넣었을 때, 그 부침상태에 따라서 신선도를 판정할 수 있다.

- 산란 직후의 알은 옆으로 누워서 가라앉는다.
- 일주일 후의 것은 둔단부를 조금 들고 가라앉는다.
- 보통알은 둔단부를 위쪽으로 하고 가라앉는다.
- 묵은 알은 둔단부를 위쪽으로 하고 떠오른다.
- 아주 오래 묵은 알이나 썩은 알은 둔단부를 물 표면 위로 내밀고 떠오른다.

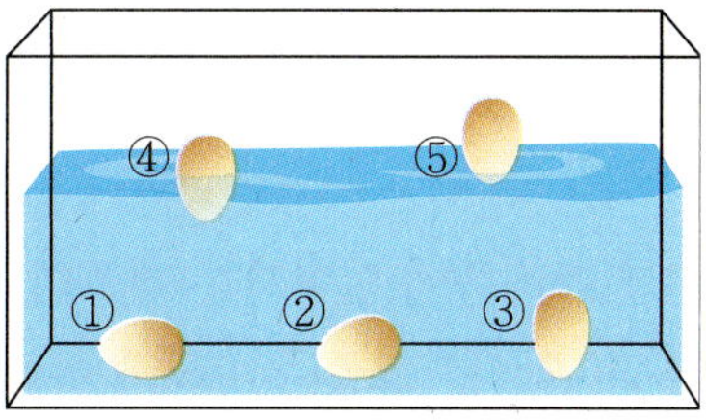

그림 11-9 비중에 의한 달걀의 감별법

1. 산란직후 2. 일주일 후
3. 보통알 4. 매우 오래된 알
5. 부패된 알 〈소금물의 비중 : 1.03〉

(3) 달걀의 저장

달걀은 저장성이 좋아서 그대로도 상당히 오랫동안 보존가능하다. 달걀의 저장법은 냉장법, 냉동법, 가스저장법, 피복법 등이 있으나, 일반적으로 냉장법과 냉동법이 가장 많이 이용되고 있다.

① 냉장법

2~3개월 정도의 단기저장은 15°C가 적온(適溫)이고 습도는 80~85%로 한다. 장기저장일 경우는 0~5°C가 좋다.

② 냉동법

가공원료로서의 달걀은 깨서 껍질을 제거하고 내용물을 흰자와 노른자별로 또는 전체를 급속냉동하여 −15~−18°C로 저장한다.

5. 달걀의 가공품

(1) 알가공품

1) 정의

알가공품이라 함은 알이나 알의 내용물에 식품 또는 식품첨가물 등을 가하거나 분리, 건조, 냉동, 가열, 발효 · 숙성 등의 방법으로 가공한 것을 말한다.

2) 제조 · 가공기준

① 원료알은 표면에 묻은 이물이 제거되도록 세척 · 소독하여야 한다.
② 할란은 오염되지 않도록 구획된 작업장에서 위생적으로 실시하여야 한다.
③ 살균란에 있어서는 여과, 균질 및 살균공정을 거쳐야 한다.
④ 제품의 특성에 따라 살균온도 및 시간관리를 철저히 하여야 한다. 특히 가열성형제품에 있어서는 90°C에서 20분 또는 이와 동등 이상의 효력이 있는 방법의 열처리 공정(살균공정)을 거쳐야 한다.
⑤ 냉동 시에는 냄새가 많이 나는 다른 식품 등과는 분리하여 취급하여야 한다.
⑥ 건조제품에 있어서는 제품의 변색 · 변성 등이 방지되도록 알 중의 당성분을 제거한 후 건조하여야 한다.
⑦ 비살균 제품은 할란 후 2시간 이내에 5°C 이하로 냉각하여야 한다.
⑧ 살균 후 잔존 미생물의 성장을 최대한 억제할 수 있도록 신속히 5°C 이하로 냉각하여야 한다.

3) 용어의 정의

① **전란액** : 알의 전 내용물이거나 이에 식염, 당류 등을 가한 것 또는 이를 냉동한 것을 말한다.
② **난황액** : 알의 노른자이거나 이에 식염 및 당류 등을 가한 것 또는 이를 냉동한 것을 말한다.
③ **난백액** : 알의 흰자이거나 이에 식염 및 당류 등을 가한 것 또는 이를 냉동한 것을 말한다.
④ **전란분** : 알의 전 내용물을 분말로 한 것을 말한다.
⑤ **난황분** : 알의 노른자를 분말로 한 것을 말한다.
⑥ **난백분** : 알의 흰자를 분말로 한 것을 말한다.
⑦ **가열성형제품** : 알의 응고온도 이상으로 가열, 살균 등의 열처리공정을 거쳐 성형시킨 것을 말한다.
⑧ **피단** : 알껍질 외부로부터 조미 · 향신료 등을 알 내용물에 침투시켜 특유의 맛과 단단한 조직을 갖도록 숙성한 것을 말한다.
⑨ **기타 알가공품** : 알을 주원료로 하여 가공한 것으로서 위의 것 이외의 것을 말한다.

11-5 유 류(乳類)

포유류로부터 생산되는 우유, 양유, 염소유 등의 원류를 말한다. 유즙(milk)은 인류에 있어서 태고적부터 중요한 양식의 하나이었고, 음용 이외에도 건조유 및 발효유로서 보장(保藏)하며 이용하여 왔다.

유즙을 제공하던 가축은 소, 양, 말, 염소 등이었으며, 원래 동물의 신생아에 있어서는 유일한 양식이어서 발육에 필요한 모든 영양소를 과부족(過不足)없이 포함한, 단일식품으로는 성분의 소화 흡수도 아주 잘된다.

1. 우 유(牛乳)

소 유방의 구조는 그림 11-10과 같다. 소의 유방은 4개의 젖꼭지가 있어서 각각 한 개씩의 독립된 유선이 연결되어 있다. 유즙은 선포세포(腺胞細胞)에서 만들어진다. 유선은 성 성숙기에 도달하면 프롤락틴(prolactin), 에스트론(estrone), 프로게스테론(progesterone) 등 호르몬의 공동작용에 의해서 급속하게 분화 · 발달된다. 그리고 임신하면 자성(雌性)호르몬과 뇌하수체호르몬의 상호영향을 받아서 크게 발달하고, 임신말기부터 분만 후에는 호르몬 작용이 더욱 강해져 유방이 커진다. 분만을 하게 되면 유즙을 분비한다.

(1) 유즙의 합성과 분비

사료 중의 각 성분은 소화흡수되어 혈액과 임파관 내에 들어가서 유선동맥, 임파관으로부터 각선포세포로 보내진다.

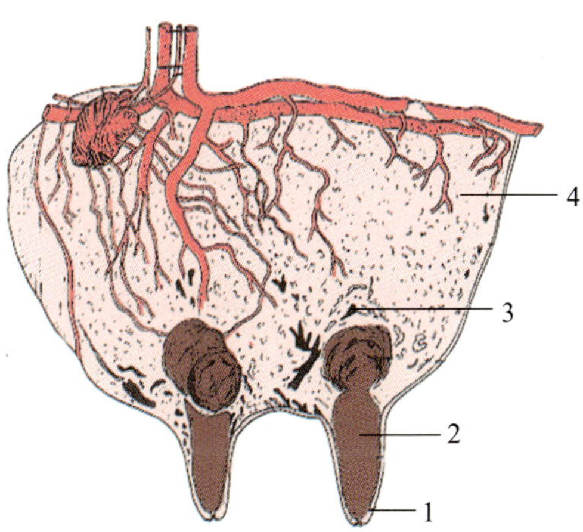

그림 11-10 소 유방의 단면도

1. 유두관
2. 유두
3. 유두조(乳頭槽)
4. 선엽부(腺葉部)

유선세포는 이들 영양소와 산소를 이용하여 유즙을 합성하는데, 유즙성분 중에는 유선에서 새로 합성되는 것과 혈액성분이 그대로 이행되는 것이 있다.

1) 유선에서 합성되는 물질

단백질 중 α-카제인, β-카제인, α-락토알부민, β-락토글로불린은 혈액에 의해서 운반된 아미노산으로부터 합성되고 지방과 유당은 포도당이 변하여 생성되는데, 반추동물에서는 제1위(第一胃)에서 많이 생성되는 저급지방산인 초산, 프로피온산, 낙산이 오히려 포도당보다 잘 이용된다고 보고되고 있다.

2) 혈액에서 이행되는 물질

유청알부민(혈청알부민), 면역 글로불린, γ-카제인 등의 단백질, 유리 아미노산 같은 비단백태 질소화합물 등이다. 또 혈액 중의 백혈구도 상피세포 간극(間隙)을 통해서 유즙으로 이행하며, 또 사료 중의 색소나 겨자유 등이 유즙에 이행하는 사실도 보고된 바 있다.

선포세포에서 만들어진 각 성분은 먼저 선포중앙의 공동(空洞)에 분비되어 유즙이 된다. 이 유즙은 수축에 의해서 유조(油槽) 내에 배출되어 잠시 저장된다. 분만하거나 유산하면 유즙분비 억제호르몬의 작용이 없어져서 유즙이 분비되기 시작한다.

분만 후 유즙의 분비량은 소의 품종에 따라 조금씩 다르며, 같은 품종에서도 개체차가 있다. 실제로 젖소는 대개 1년에 한 번 분만해서 10개월 간 착유하고 2개월 간 휴지가 되풀이된다.

표 11-10 젖소의 품종별 평균비유량(平均非乳量)

품 종	1마리 평균연간비유량(kg)
Holstein	3,800
Jersey	2,250
Guernsey	3,000~4,000
Ayrshire	3,500~4,500
Brown-Swiss	3,000~4,000
Simmenthal	4,000~4,500
Shart horn	2,700

2. 우유의 성상(性狀)

(1) 화학적 성상

1) 일반조성

우유의 일반조성은 다음 표 11-11과 같고, 일반조성 중에서 가장 변동이 큰 것은 지방으로, 원료유의 매입가도 유지율에 의해서 좌우되는 경우가 많다.

분만 직후의 젖을 초유(colostrum)라 하는데, 이것은 보통우유(常乳, normal milk)와는 그 성상이 크게 달라서 진한 황색을 띠고 점조(粘稠)하여 고형분의 함량이 20%에 이른다. 고형물 중에서 글로불린, 알부민의 함량이 대단히 크고 염화물, 칼슘, 지용성 비타민류의 함량도 크지만, 카제인이나 지방의 함량은 일반 우유와 별 차이가 없고 유당함량은 적다. 또 이취(異臭)가 있고, 가열하면 응고된다.

분만 후 5일 이내의 것을 식용 또는 가공원료유로 사용하지 못하도록 법적으로 금지한 나라도 있다.

표 11-11 각 동물 젖의 화학적 조성(가식부 100g 중 %)

동 물	고형분	지 방	단백질	유 당	회 분
인 간	12.33	4.03	1.76	6.25	0.25
소 Holstein	12.26	3.40	3.32	4.87	0.68
Jersey	14.91	5.57	3.92	4.93	0.71
염 소	17.31	6.31	5.53	4.58	0.91
양	12.63	3.98	3.83	4.40	0.83

표 11-12 젖소의 품종별 평균유지율

품 종	평균유지율 (%)
Holstein	3.41
Jersey	5.05
Guernsey	5.05
Ayrshire	4.03
Brown-Swiss	3.85
Simmenthal	4.00
Shart horn	3.63

지방의 함유량도 착유시기에 따라 다르다. 즉, 비유 말기에는 지방과 고형물의 함량이 크고, 아침에 착유한 우유는 저녁에 착유한 우유보다 지방함량이 적다. 젖소의 품종별 평균유지율은 표 11-12와 같다.

2) 단백질

우유의 단백질 함량은 2.5~3.3%인데, 이 중 카제인이 78% 내외이고 락토알부민 약 10%, 락토글로불린 약 3%, 그 밖의 단백질과 질소화합물 약 9%이다.

① 카제인

우유에 산을 첨가하거나 자연적으로 산성화되어 pH가 4.6이 되면 카제인은 등전점으로 응고 현상이 일어난다.

카제인은 많은 인(P)과 황(S)을 함유하여 인단백질에 속하지만, 균질이 아니고 전기영동법에서 뚜렷한 차이를 보이는 세 종류의 주 단백질로 구성되어 있다. 즉 75%의 α-카제인, β-카제인 22%, γ-카제인 3%로 이루어져 있다.

이들은 우유 중에서 칼슘과 결합한 카제인 칼슘(Ca-caseinate)이 되고, 그 일부는 인산칼슘과 결합하여 카제인 칼슘-인산칼슘복합화합물(Ca-caseinate phosphate complex)을 형성하여 양자는 모두 콜로이드 입자를 이루고 분산되어 있다.

② 유청(whey) 단백질

우유에서 카제인을 산(酸)이나 또는 레닌(rennin) 등의 응유효소로 응고·침전시켜 제거한 용액을 유청(milkserum, whey)이라 하는데, 카제인 이외의 세럼 단백질은 여기에 함유되어 있고, 전체의 약 20% 가량 된다.

- **락토알부민**

  유청 단백질(Milkserum-protein) 중에 50%가 함유되어 있으며, 트립토판(tryptophan)을 많이 함유하는 유청 단백질(serum-protein)로서, 혈청 알부민은 어미소의 혈액으로부터 이행된 유청 단백질로 추정되고 있다.

- **락토글로불린**(면역 글로불린)

  일반 우유에는 아주 적게 함유되어 있으나 초유에는 많이 함유되어 있어서 면역체의 단체(担體)가 된다.

• 비단백성 질소화합물

유청 중에 약간 함유되어 있는 프로테아제, 펩톤, 유리아미노산, 크레아틴, 크레아티닌, 요소, 요산, 암모니아 등이 있는데, 이들 중에서 프로테아제, 펩톤 등을 제외한 여러 물질은 혈액 중에서 이행한 것으로 추측된다.

3) 지 질

우유의 지질함량은 일반적으로 3~4% 정도로, 트리글리세리드(triglyceride) 외에도 인지질, 스테린류, 지용성 비타민 등으로 이루어져 있으며, 함량의 변동이 가장 크다.

지질의 대부분은 구상(球狀)의 지방구 에멀젼(乳狀)을 형성하며 그 크기는 0.1~10μ(평균 2~3μ)인데, 그 주위는 주로 리포단백질(lipoprotein)로 된 피막(에멀젼 상태를 유지하는 친수성층)에 싸여 에멀젼 상태를 유지하고 있다(그림 11-10). 따라서 지질을 정량할 때는 이 피막을 파괴하여야 하며 이를 위하여 암모니아나 황산 등으로 전처리를 한다.

① 트리글리세리드

우유의 지방은 여러 가지 포화지방산, 불포화지방산의 트리글리세리드로 된 지방의 복잡한 화합물이다. 구성지방산은 탄소수가 우수(짝수)인 낙산(C_4), 카프로산(C_6), 카프릴산(C_8), 카프르산(C_{10}), 라우르산(C_{12}), 미리스트산(C_{14}), 팔미트산(C_{16}), 스테아르산(C_{18}), 아라킨산(C_{20}) 등이 대부분을 차지하고, 그 중 함량이 가장 큰 것은 팔미트산이다.

그림 11-10
우유의 지방구

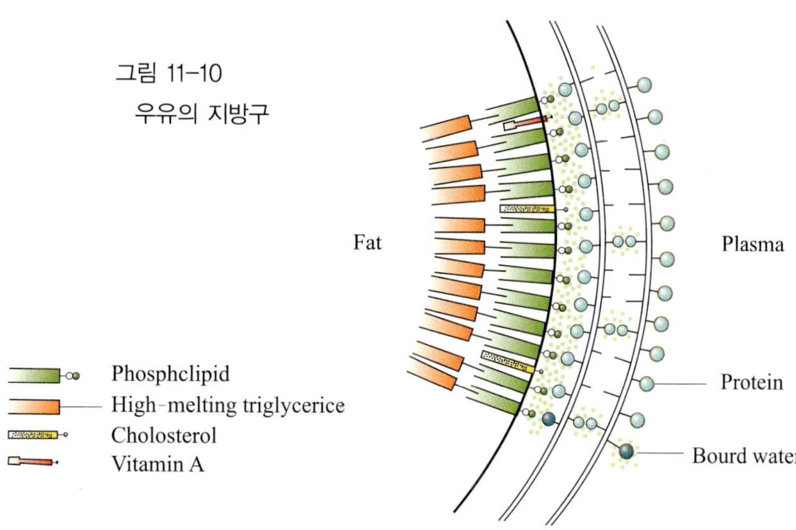

불포화지방산으로는 올레산(C_{18}), 리놀렌산(C_{18}), 헥사데센산(C_{16}) 등이 중요한 것이고, 그 밖에 데센산, 도데센산, 테트라데센산 등도 함유되어 있다.

유지방의 특성은 다른 지방과 다르게 탄소수가 적고, 분자량이 작은 휘발성 저급지방산이 비교적 많이(7~8%) 함유되어 있다는 점이며, 이들은 우유나 버터나 치즈 등의 유제품 특유의 풍미 형성과 밀접한 관계가 있다. 특히 낙산(lactic acid)은 우유지방을 특징짓는 지방산이다.

② 인지질

우유지질 중의 약 1%를 차지하는 인지질은, 지방구의 피막에 주로 분포되어 있고, 이 중 레시틴(lecithin)과 세파린(cephalin)이 주요하다. 인지질은 유지의 에멀젼을 안정화하는 데 도움이 되지만, 반면에 고도불포화 지방산으로 구성되어 있으므로 유제품의 가공이나 저장 중에 산화변패하여 품질을 저하시키는 원인이 되기도 한다.

③ 스테롤(sterol)류 및 지용성 비타민

검화(鹼化)되지 않는 지방질(unsaponifiable lipids)의 대부분을 차지하는 것은 스테롤이고, 또 그 대부분을 차지하는 것은 콜레스테롤이다. 스테롤류는 검화(鹼化)될 수 있는 지방질과는 전혀 구조가 다른 물질로 이들은 강한 생리적 작용(physiological activity)을 가진 것이 많다. 스테롤류의 기본적 구조는 그림 11-11과 같고, 탄소 3번에 수산기(−OH)를 가진 것이 특징이며, 환상 알코올(cyclic alcohol)이라고도 불려진다.

그밖에 일부의 지용성 색소인 카로티노이드 색소와 비타민 A, D, E, K 등도 함유되어 있다.

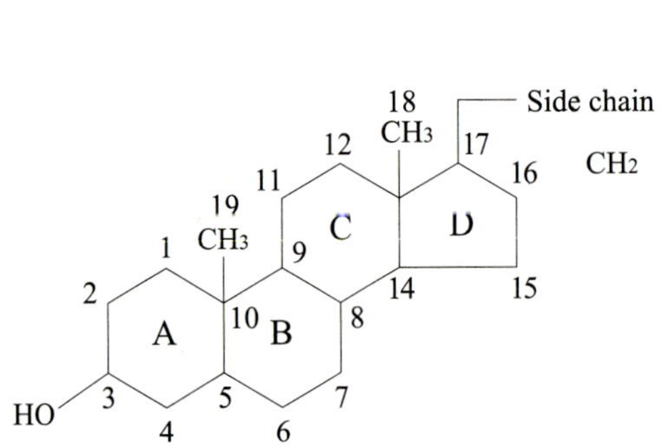

그림 11-11 스테롤의 일반적 구조

4) 당 질

우유의 당질로 주요한 것은 유당(lactose)이고, 그 함량은 4.0~5.0% 정도이다. 그 밖에 미량의 포도당, 헥소사민(hexosamine)과 유기산인 구연산(citric acid) 등이 함유되어 있다. 유당은 우유의 고형분 중에서 그 함량이 가장 많으며, 천연에서는 우유에만 포함되어 있다.

감미는 설탕의 1/6 정도밖에 되지 않지만, 그 구성성분인 갈락토오스(galactose)는 유아의 뇌수발달에 필요한 세레브로사이드(cerebroside), 뮤코다당류(mucopoly saccharide) 등의 생성에 불가결한 성분이고 Ca나 Mg 등의 흡수에도 도움이 되므로 유아의 지능, 골격, 근육 등의 발달과 관계가 깊은 탄수화물이다.

유당에는 2종의 입체이성체인 α-형과 β-형이 있어 우유 중에서 평형을 이루며 용존하는데, 그 비율은 1 : 1.25 정도이며, pH, 온도, 공존물질의 종류에 따라 약간씩 변화한다.

우유 중의 포도당은 혈액으로부터 이행된 것으로 생각되고, 구연산은 칼슘염으로서 약 0.15% 함유되어 있으며, 여름철에는 그 함량이 증가하고 건조사료를 먹이는 겨울에는 감소하는 경향이 있다.

구연산은 버터의 중요한 풍미성분인 디아세틸(diacetyl)의 전구물질(precursor)로, 유가공 기술에 있어서 중요하게 생각된다.

5) 회 분(灰分)

우유의 회분함량은 0.6~0.8% 정도이며 칼슘과 인의 함량이 많은 것이 특징이고 그 비율도 10 : 8~9로 적절하다. 그 밖에 K, Na, Mg, Cl 등도 비교적 많이 함유되어 있다. 미량성분으로는 Zn, Fe, Ca, Mn, Si, F, I 등이 있다.

Fe과 Cu는 유아영양상 중시되는 무기물이지만, 반면에 지방이나 비타민 등의 산화를 촉진하는 작용이 있어서 우유의 가공상 문제가 되는 경우가 종종 있으며, 기구나 기계, 용기 등에서 용출된 이들의 이온도 문제가 되고 있어 주의가 필요하다.

무기질이 우유 중에 존재하는 형태는 상당히 복잡하여 Na, K, Cl 등은 이온으로서 용존되어 있으나, Ca, P, Mg은 용액으로서 존재하는 부분이 Ca의 40%, P의 60%, Mg의 30%이고, 그밖에는 불용성 상태인데, 이는 다시 콜로이드(colloid)상 무기염으로 존재하는 부분과 단백질과 결합하는 부분으로 구분된다.

6) 비타민

우유는 동물의 성장과 건강에 필요한 비타민을 거의 다 함유하고 있다고 볼 수 있으며 이들 비타민은 크게 지용성 비타민과 수용성 비타민으로 나눌 수 있다.

① 지용성 비타민

- 비타민 A(A_1 Axerophtol. Provitamin : α-, β-, γ-carotene)는 사료에 많은 영향을 받으며, 여름에 싱싱한 풀이나 감자 등의 사료 등을 섭취하면 비타민 A의 함량은 높아진다. 반대로 겨울철에는 사료에 따라 그 함량이 적어진다. 비타민 A는 가열에는 잘 파괴되지 않으나 산소와 빛에는 쉽게 영향을 받는다.
- 비타민 D(D_2 ergocalciferol, calciferol, ergosterin)는 구루병(곱사등이병)과 매우 밀접한 관계가 있다. 우유만을 먹인 유아에서는 발병되는 사례가 많으나, 모유를 수유하는 경우는 발병 빈도가 극히 적거나 발병 상태가 약하다는 연구 결과가 있다. 젖먹이의 1일 섭취 요구량은 약 10μg 정도인데, 우유 500mL는 겨우 1μg을 함유하고 있다. 우유의 가열에 의한 비타민 D의 손실은 약 10% 정도이다.
- 비타민 E(α-, β-, γ-tocopherol)는 우유에 0.2~0.6mg/L로 극히 적은 양이 함유되어 있으며, 항산화제로 작용한다고 알려져 있다.

그밖에도 비타민 F, 비타민 K 등이 극미량 함유되어 있다.

② 수용성 비타민

- 비타민 B_1(thiamin)의 작용은 신경계통과 관계가 깊으며, 우유에 300~400mg/L이 함유되어 있다. 저온살균(pasteurisation : 65°C에서 30분간)에서 10%가 소실된다. 고온살균과정(sterilisation)에서는 50%가 파괴된다. 그러나 고온순간(High Temparature Short Time) 살균법이나 감압에서의 균질화 등의 과정에서는 파괴되지 않는다.
- 비타민 B_2(riboflavin, lactoflavin)는, 여름에는 1.5mg/L, 겨울철에는 1.1mg/L가 발견된다. 우유의 살균이나 분말화 등에는 파괴되지 않으나, 병우유의 경우 햇빛에는 파괴된다.
- 비타민 B_6(pyridoxine, pyridoxal, pyridoxamine, pyridoxal-phosphate)는 성장소이며, 우유에서의 함량은 0.6~1.5mg/L이다. 저온살균이나 멸균에

는 별다른 영향을 받지 않지만, 빛에는 매우 민감하다.

- niacin(니코틴산과 니코틴산아미드의 총칭)의 함량은 0.5~ 4mg/L이고, 가열에 민감하지 않으나 미생물들에게 쉽게 이용된다.
- 판토텐산(pantothenic acid)은 코엔자임 A(transacethlase)의 한 부분으로 우유에 2.8~3.6mg/L이 함유되어 있다.

그밖에도

- 콜린(choline)
- 메소이노시트(mesoinosit)
- 비타민 H(biotin)
- 비타민 B_{12}
- 비타민 C(ascorbic acid)

는 우유에서 환원형으로 존재하고, 11월부터 다음 해 5월까지는 15~25mg/L 정도가 함유되어 있으나, 6월에는 10mg/L 이하가 들어 있다. 가열살균처리를 한 시판 우유에는 거의 남아 있지 않다.

7) 효 소

우유 중에는 산화환원효소인 페록시다아제(peroxidase), 잔틴 옥시다아제(xathine oxidase), 카탈라아제(catalase)와 가수분해효소인 리파아제(lipase), 포스포타아제, 프로테아제, 아밀라아제 등이 함유되어 있다. 그 밖에도 리턱타아제(reductase), 하이드로게나아제(hydrogenase), 락타아제(lactase) 등의 존재가 알려져 있으나, 락타아제의 존재유무는 아직도 논란이 되고 있다. 이들 각종 효소의 유래는 유선에서 생성된 것, 백혈구의 붕괴로부터 유래된 것, 세균으로부터 유래된 것 등이 있다.

효소는 영양적으로 특별한 의의는 없지만, 유가공 공정 중에서 의미를 갖는다. 예를 들면 유지분해 효소인 리파아제는 지방분해취(rancid flavor)나 쓴맛 등을 일으키는 원인이 된다.

페록시다아제나 포스포타아제는 가열에 예민하여, 우유의 가열살균 효과를 검사하는 데 지표물로 이용된다. 리턱타아제는 세균이 분비하는 효소이기 때문에 우유의 세균 오염도를 검정하는 지표로, 카탈라아제는 유방염이 있는 소의 우유를 검사하는 데 이용된다.

(2) 이화학적 성상

1) 우유의 외관

우유는 우유 중에 분산되어 있는 카제인 입자와 지방구의 크기에 따라서 복잡한 유백색을 나타낸다. 카제인 입자 비교적 큰 것에 의해서 광선이 반사되면 백색 불투명해지나, 카제인 입자가 작아질수록 푸른 기운이 더해진다. 또 지방구가 클수록 황색을 띠고 작을수록 백색 불투명하게 된다.

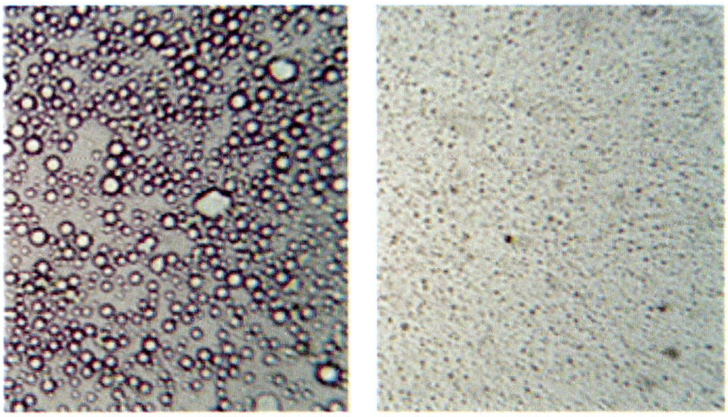

그림 11-12
우유 지방구의 균질화 전(좌측)과 후

지방구는 카로틴이나 크산토필 등에 의해 황색으로, 유청은 비타민 B_2에 의해서 황녹색으로 착색되어 형광을 나타내나, 우유의 외관에는 별로 영향을 미치지 않는다.

2) 우유의 교질(膠質) 성상

우유가 백탁(白濁)하여 있는 것은 콜로이드상의 카제인 입자, 불용성 무기염류 등이 가시광선을 받아서 반사광을 일으키기 때문이고, 교질상태는 각 성분이 물을 분산매(分散媒)로 한 단일의 분산계가 아니고 복잡한 분산계의 혼합물이다.

3) pH와 산도

신선한 우유의 pH는 6.5~6.6이고 페놀프탈레인(phenolphthalein)을 지시약으로 한 적정산도는 0.15~0.16%(젖산으로 환산)인데, 이 산도는 우유 중의 산성구연산염, 인산염, 탄산가스, 카제인 등에 의한 것이다.

세균이 증식하면 산도가 떨어지는 경우가 많아서 산도의 측정은 우유의 신선도 판정과 세균오염도를 측정하는 지표로 이용된다. 적정산도가 0.8%를 초과하면 세균오염이 심한 것으로 인정한다.

4) 비중, 점도, 빙점 등

15°C에서 우유의 비중은 1,027~1,035이고 평균 1,032이다. 이는 우유의 지

방 및 고형물의 함량과 일정한 관계가 있어 지방이 증가하면 비중은 작아지고, 지방 외 고형분이 증가하면 비중이 커진다. 점도는 0°C에서 물을 100으로 하면 우유는 220인데, 온도가 올라감에 따라서 떨어진다. 빙점(氷點)은 −0.55°C이고, 비점(沸點)은 100.55°C이며, 비열은 15°C일 때가 0.938이다.

(3) 우유의 처리에 의한 성상의 변화

1) 가열처리에 의한 변화

① 피막의 형성

우유를 40°C 이상으로 가열하면 표면에 엷은 피막(ramsden)이 형성되는데 그 성분의 70% 이상이 지방이고, 20~25%는 단백질이다.

② 색의 변화

우유를 고온으로 장시간 가열하면 갈색화 반응(browning reaction)을 일으키는데, 이 반응은 단백질의 아미노기(NH_2)와 유당(lactose)이 아미노카르보닐(aminocarbonyl) 반응을 일으켜서 갈색물질을 생성하는 것이다.

③ 가열취(加熱臭)

우유는 75°C로 15분 이상 가열하면 특이한 가열취가 생성되는데, 이는 락토글로불린이나 지방구, 피막단백의 열변화에 의한 활성화와 SH기에 의해서 일어나는 형상이다.

2) 냉동에 의한 변화

우유를 서서히 동결하면 지방구는 유화력을 잃으며, 지방 덩어리가 떠올라서 외관이 나빠진다. 그러나 급속동결하면 상태가 좋으며, 저장 온도를 −30°C 이하로 두면 단백질의 변화도 적다.

3) 우유의 응고(凝固)

우유는 산(酸), 열(熱), 알코올 등에 의해서 응고물이 생성된다. 이 때 응고 침전되는 것은 주로 단백질이지만, 지방도 상당량 함께 침전된다.

① 산에 의한 응고

우유 중에 젖산균이 증식하여 생성된 젖산이나 미량의 염산 등에 의해서 카제인이 응고된다. 이러한 성질을 이용하여 치즈, 요구르트, 카제인 등의 생산에 쓰인다.

② 열에 의한 응고

우유의 알부민, 글로불린태 단백질은 100°C 이하 60°C, 30분 이상의 가열로 응고하지만, 카제인은 130~150°C로 가열하여야 응고된다. 그러나 젖산이 생긴 오래된 우유는 자비(煮沸)에 의해서 카제인이 응고된다.

③ 알코올에 의한 응고

우유와 70% 알코올(alcohol)을 같은 양으로 혼합하면 신선한 우유는 변화하지 않으나, 선도가 떨어져서 산도가 0.21% 이상이 된 것은 카제인이 응고된다. 산도가 낮더라도 칼슘의 함량이 많거나 유방염유 등도 응고된다. 이와 같은 알코올에 의한 응고성은 원료우유의 검사에 이용되고 있다.

④ 레네트(rennet)에 의한 응고

송아지나 유아(乳兒) 등의 위액에 함유되어 있는 프로타아제인 레닌(rennin)에 의해서 카제인은 응고된다. 적당한 pH에서 우유의 응유효소인 레닌에 의해서 수용성인 카제인(aoluble casein)이 수용성인 파라카제인(soluble paracasein)이 되었다가 우유 속의 칼슘이온과 결합하여 물에 녹지 않는 불용성인 파라카제인의 칼슘염(insoluble calcium paracaseinate)을 형성하기 때문이다.

이런 성질을 이용하여 송아지의 위벽(胃壁) 등을 원료로 하여 만든 레네트는 치즈 제조 등에 쓰인다.

3. 우유의 미생물

(1) 우유 중에 증식하는 미생물

우유는 유선에서 분비되어 나올 때는 무균상태이지만 착유할 때나 또는 유방에 침입한 외부의 세균이 우유에 이행되어 오염되어 있는 것이 보통이다.

우유는 영양가가 높아서 세균에게도 좋은 배양기가 되므로 그대로 방치하면 세균들은 단기간에 증식하여 우유를 변질, 부패시킨다.

우유에서 흔히 발견되는 미생물은 세균, 효모, 곰팡이 등이 있다. 그러나 착유 직후의 세균수는 비교적 작아서 1mL 중에 300~600 정도이지만, 그 후의 오염으로 짧은 시간 안에 5×10^3/mL 정도의 세균수로 증가한다.

생우유 중의 세균류는 55% 정도가 젖산구균, 24%가 젖산간균으로 젖산균이 주이며, 그 밖에 *Micrococcus*속 세균 6.3%, 대장균군 3.4%, *Bacillus*속 세균

9.2% 등이다. 젖산균의 주된 균종은 *Streptococcus lactis subsp.lactis(Str. lactis), Str.faecalis* 및 *Lactobacillus casei*이다.

(2) 우유의 주된 변패

1) 산 패

우유가 쉬고 응고(curdle)하는 변패이며, 처음에는 산취(酸臭)가 생기고 젖산의 생성으로 고형의 젤리상의 커드(curd) 또는 유청을 분리하며 약한 커드(curd)를 형성한다.

10~37°C의 우유에서는 주로 *Str.lactis*가 산패의 원인이 되며 그 밖에 대장균군, 장구균, *Lactobacillus*속 및 *Micrococcus*속 세균도 일부 관여한다.

37~50°C의 높은 온도에서는 *Streptococcus thermophillus* 및 *Str.faecalis*가 약 1%의 산을 생성하고 이어서 *Lactobacillus bulgaricus*와 같은 *Lactobacillus* 속에 의해서 더 많은 산을 만든다. *Lactobacillus*속의 일부 균주는 50°C 이상의 온도에서도 잘 생육하지만 산 생성량은 감소한다.

우유의 저온살균(pasteurization)은 활발한 산생성균을 사멸시키지만 내열성 젖산균인 장구균, *Str.thermophillus, Lactobacillus* 등이 살아 남아서 보존온도가 높으면 젖산발효가 시작된다.

젖산균에게 부적당한 조건이 되면 젖산균 이외의 많은 세균이 젖산발효의 원인균이 될 수 있다. 대장균은 젖산과 상당량의 H_2, CO_2, 초산 및 알코올과 같은 휘발성 물질을 생성하고 *Micrococcus, Microbacterium* 및 *Bacillus*속 균종에 의해서도 젖산을 주로 한 산 생성을 볼 수 있으나, 젖산균에 비하면 대단히 약하다.

*Clostridium*속 세균은 열처리를 한 우유에서 내열성인 포자가 생존되어 낙산(butylic acid)발효를 일으키기도 한다.

2) 가스생성

세균에 의한 가스생성은 산 생성에 수반되고, 일반적으로는 우유나 유제품에 있어서 바람직하지 못한 현상이다. 주된 가스생성균에는 H_2와 CO_2의 양자를 생성하는 대장균군, *Clostridium*속 균종, *Bacillus*속 가스생성 균종과 CO_2만을 생성하는 효모, 프로피온산균 및 헤테로(hetero) 젖산발효균이 있다.

가스생성과 그 원인균의 종류는 우유의 처리조건과 보존온도에 따라 달라질 수 있고, 원유(raw milk)에 있어서는 대장균이 주된 가스생성균일 때가 많다. 헤테로 젖산발효균도 가스를 생성하지만, 우유에 있어서는 일반적으로 그 작용이 명확하지 않다.

3) 단백질분해 (proteolysis)

미생물에 의한 우유단백질의 가수분해는 일부 펩티드에서 유래되는 고미물질의 생성이 수반된다. 단백질분해성 세균에 의한 변질에는 다음과 같은 것이 있다.

① Acid proteolysis

산의 생성과 단백질분해가 동시에 일어난다. 수축한 커드가 형성되고 유청(whey)이 분리된다. 이어서 커드가 서서히 소화되어 처음에는 반투명한 것이 반투명해지고, 최후에는 완전히 용해된다. 원인균인 *Micrococcus*속의 여러 균은 젖소의 유방 안에서도 생육하며 acid proteolysis의 원인이 된다. 장내세균인 *Str.faecalis*도 acid proteolysis를 하는 젖산균이며 내열성이므로 저온살균한 우유에서 살아남아 acid proteolysis의 원인이 되는 일도 있다.

② 산을 생성하지 않는 단백질분해

산을 생성하지 않으며 도리어 알칼리성으로 되는 단백질분해이다. 단백질분해로 카제인이 강력하게 분해되는 경우로서 주로 젖당을 발효하지 않는 세균에 의하고, 산을 거의 생성하지 않으며 보통 단백질의 분해물로 우유는 점차 알칼리성이 된다.

강력한 단백질분해성 세균으로서는 *Micrococcus*, *Alkaligenes*, *Pseudomonas*, *Proteus*, *Flavobacterium* 및 *Serratia*속 등의 무포자균과 *Bacillus* 및 *Clostridium*속의 포자형성균이 있다. *Micrococcus*, *Alkaligenes*, *Pseudomonas*, *Flavobacterium* 및 *Bacillus*속의 일부 균종은 저온균으로서 저온에 저장한 우유에서 단백질 분해와 고미(苦味) 생성의 원인이 되기 쉽다.

③ 균체 내 효소에 의한 단백질 분해

세균의 자기소화로 균체 내 효소가 우유 중으로 용출되어 일어나는 완만한 단백질분해이다. 보통의 우유에 있어서는 중요하지 않으나 치즈의 숙성과 같은 장기간 세균의 작용이 지속되는 경우에는 영향을 미친다.

④ 내열성 단백질분해효소(proteinase)에 의한 단백질분해

*Pseudomonas fluorescens*는 저온살균에 의해서 사멸되나 이 균이 생산하는 내열성 단백질분해효소의 활성은 지속되어 일어나는 단백질분해가 있다.

4) 점질화 (ropines 및 sliminess)

우유, 크림, 유청에 있어서 점질화가 일어나고 특히 우유와 크림에 있어서 그 피해는 크다. 세균에 의한 점질화는 세균이 균체 밖에 형성하는 점조성의 협막물질에 의해서 나타난다. 일반적으로 저온저장 시에 잘 발생하고 우유나 크림의 산도가 증가하면 점질화는 감소한다.

세균에 의한 점질화는 우유의 표면이 점조하는 형과 우유 전체가 점조하는 형이 있다. 표면의 점질화는 대개 *Alkaligenes viscolactis*에 의한 것이며, 또 *Micrococcus freudenreichii*와 같은 내열성의 *Micrococcus*속도 원인균이다.

우유전체의 점질화는 *Enterobacter aerogenes*, *Eschrichia cloacae*, *Klebsiella oxytoca*, *Streptococcus lactis var.*hollandicus, *Lactobacillus casei*, *L. bulgaricus*, *L.plantarum* 등과 드물게는 *Escherichia coli*에 의해서 일어난다.

5) 알칼리 생성

세균을 포함하는 알칼리 생성균은 단백질분해 없이 우유 중에서 알칼리 반응을 나타낸다. 알칼리 반응은 요소(urea)로부터의 암모니아 생성, 구연산과 같은 유기산으로부터의 탄산염 생성의 결과이며, 이들 세균의 대부분은 중온~저온에서 생육하고 저온살균에 의해서도 생존할 수 있다. *Pseudomonas fluorescens* 및 *Alkaligenesviscolactis*는 알칼리 생성균이다.

6) 풍미의 변화

미생물에 의해서 다음과 같은 쉰맛, 쓴맛, 탄맛, 그 밖에 여러 가지 맛이 생긴다.

① 쉰맛

*Str. lactis*에 의해서 생성되는 맛, *Streptococcus*속 젖산균과 *Leuconostoc*속이 함께 생육했을 때의 맛, 불쾌한 것으로 취급되는 대장균군, *Clostridium*속 균종에 의해서 생성되는 휘발산에 의한 맛 등으로 다양하다.

② 쓴맛

일반적으로 단백질분해에 의해서 생기며, 유지의 분해 또는 젖당의 발효에 의해서도 생성된다. 비유기의 끝부분의 우유도 때때로 약간 쓴맛을 나타낸다.

③ 그 밖의 냄새

*Enterobacter oxytocum*의 헛간냄새, *Pseudomonas sapolactica*의 비누냄새, *Escherichia coli*와 *Pseudomonas fluorescens*에 의한 순무냄새, *Micrococcus* 속에 의한 맥아냄새, *Pseudomonas fragi*에 의한 과일냄새, *P. mucidolens*에 의한 감자냄새, *Aeromonas hydrophila* 등에 의한 생선비린내, 방선균에 의한 흙냄새, 효모에 의한 과일냄새, 에스터(ester) 냄새 및 알코올냄새, 그 밖에 부패세균에 의한 부패취 등의 다양한 냄새가 생긴다.

7) 변 색

① 청변유 (blue milk)

*Pseudomonas syncyanea*가 생성하는 색소에 의한 변색이나 이 균 단독으로는 청회색 내지 갈색색소를 생성하고, *Streptococcus lactis*와 같은 산 생성균과 함께 생육하면 짙은 청색을 나타낸다. 이와 같은 변색은 방선균 또는 *Geotrichum*속 균종에 의해서도 드물게 나타난다.

② 황변유 (yellow milk)

*Pseudomonas synxantha*는 지방질 및 단백질의 분해와 동시에 우유의 크림층을 황색으로 변하게 하며 *Flavobacterium*속 세균에 의해서도 우유가 황색을 띠게 된다.

③ 적변유 (red milk)

*Serratia marcescens*에 의해서 우유가 붉은색으로 되지만, 보통 다른 균의 생육이 빨라서 적색색소생성균을 압도하게 되므로 적변유가 생기는 일은 드물다. *Brevibacterium erythrogenes*는 우유의 표면에 붉은 층을 만들며 Micrococcus roseus는 생육하며 붉은 침전으로 된다.

④ 갈변유 (brown milk)

Alteromonas putrefaciens(*P. putrefaciens*)에 의해서 갈색으로 되거나 *Pseudomonas fluorescens*에 의한 tyrosine의 효소적 산화로 갈변한다.

4. 우유의 살균

현재 각국에서 공업적으로 실시하고 있는 우유의 살균법은 다음과 같은 것이 있다.

(1) 저온 장시간 살균법 (Low temperature long time pasteurization, LTLT) 또는 보지살균법(保持殺菌法, holding pasteurization)

우유를 62~63°C로 30분 동안 가열하는 것으로 주로 유해미생물을 사멸시키는 방법이다. 우유 중의 세균 90% 이상이 살균되고, 병원미생물은 전부 사멸되지만, 유산균의 일부는 잔존한다.

(2) 고온 단시간 살균법 (High temparature short time Pasteurization, HTST)

우유를 엷은 층으로 하여 72~75°C로 15초 동안 가열하는 방법으로, 유산균도 거의 대부분 사멸된다.

(3) 초고속 가열살균법 (Ultra high temperature short Pasteurization, UHT)

120~140°C로 수초(예 : 135°C로 2초)간 살균하는 방법으로 미생물을 완전히 살균하여 무균으로 할 수 있다.

5. 우유와 인유(人乳)의 조성 비교

우유는 인유와 조성상 상당한 차이가 있다. 우유는 인유에 비하여 단백질과 회분이 많고 유당이 적다. 단백질에서는 카제인이 많고 알부민과 글로불린성 단백질이 적다. 칼슘은 대단히 많으나, 철분은 적다.

지방산 조성에서는 비타민 F인 필수지방산이 약간 적고 비타민 D와 니코틴산도 유아의 필요량에 비해서 적으며, 비타민 C는 생유에는 함유되어 있지만 처리과정에서 거의 없어지므로 인유보다 적다.(표 11-13)

우유를 이용함에 있어서 유아영양상 우유의 결점을 보완하는 수단이 필요하다. 특히 우유를 인공유로 사용하는 데는 보통 희석유(우유 2 : 물 1)를 이용하는 점에 유의할 필요가 있다.

표 11-13 우유와 인유의 일반조성 비교

식품명	회분 (g)	무기질				비타민							
		칼슘 (mg)	나트륨 (mg)	인 (mg)	철 (mg)	A			D (IU)	B_1 (mg)	B_2 (mg)	니코틴산 (mg)	C (mg)
						효력 (IU)	A (IU)	카로틴 (IU)					
우유(牛乳)	0.7	100	36	90	0.1	100	80	20	–	0.03	0.15	0.1	–
인유(人乳)	0.2	35	15	25	0.2	200	100	20	–	0.02	0.03	0.2	5

6. 유제품

(1) 시판 우유

시유는 생유를 여과, 살균, 냉각 등의 처리를 하여 용기에 넣어 포장한 후에 살균처리한 우유이다. 이런 보통우유 외에 성분의 일부를 가감하거나 미량 영양소를 첨가하거나 한 가공유가 있다. 가공유에는 고지방 우유, 미네랄 첨가 우유, 비타민 강화 우유, 환원 우유 등이 있다. 최근에는 커피우유, 과일우유, 초콜릿우유, 바나나 우유 등의 유음료에 대한 소비도 늘어나고 있다.

1) 균질 우유 (homogenized milk)

크림의 분리를 방지하기 위하여 고압 상태에서 극히 미세한 간극(間隙)을 통해서 밀어내고, 기계적으로 유지방을 잘게 만들어 소화되기 쉽게 한 우유이며, 이러한 조작을 균질화(homogenization)라고 한다.

2) 강화 우유

우유에 비타민, 무기질, 아미노산 등을 적당량 첨가한 것이다.

3) 환원 우유

분유나 농축유에 물, 유지방을 혼합하여 그 조성을 우유와 같게 조정하고 살균처리한 것이다.

(2) 연 유 (煉乳)

우유의 수분을 증발시켜 농축한 것으로, 가당연유(加糖煉乳)와 무당연유(無糖煉乳)가 있다.

1) 가당연유

우유에 설탕을 가하고 약 1/2.5로 농축한 것으로, 제품 중에 설탕이 40~45% 정도 함유되어 있기 때문에 보존성이 있다.

2) 무당연유

우유를 약 1/2로 농축한 것으로 그대로는 보존성이 없기 때문에 농축한 다음 관(罐)에 담아서 115~118°C로 살균한다.

(3) 분 유 (粉乳)

생유를 농축, 건조하여 수분함량 5% 이하로 만든 분말로, 보존성이 있다. 품질이 좋은 것은 용해도가 크고 혼화성(混和性)이 좋으나, 보존 중 풍미가 변한 것, 갈색화한 것 등은 영양가가 저하되어 있으므로 좋지 않다.

분유의 종류에는 다음과 같은 것이 있다.

1) **전지분유** (全脂粉乳) : 우유를 그대로 농축한 후에 분무건조한 것으로, 원우유 성분이 그대로 함유되어 있다.

2) 전지가당분유 (全脂加糖粉乳)

우유에 설탕을 가하여 가열 용해하고 농축한 다음, 분무건조한 것이다.

3) **탈지분유** (脫脂粉乳) : 탈지유를 분무건조한 것이다.

4) 조제분유 (調劑粉乳)

유유아(乳幼兒)의 유아식 완전식을 목적으로 제조된 것이다. 인유(人乳)와 우유의 조성 차이를 고려하여 유당, 탄수화물, 무기질, 비타민 등을 배합하고, 유지방의 일부를 식물지방으로 대체하는 등의 조제를 한 분유이다. 보존 중에 흡습 산화에 의한 변질을 방지하기 위하여 질소가스 충진을 하는 제품이 많다.

(4) 크 림 (cream)

우유에서 크림 분리기(cream separater)로 분리된 지방함량이 높은 크림으로 사용목적에 따라 지방률을 조절하여 제품을 만든다. 크림은 주로 버터와 아이스크림 제조에 사용되는데 버터 제조에는 지방률 40% 정도의 것이 사용되고, 아이스크림용으로는 필요에 따라 지방함량을 조절한다. 커피용으로는 지방률이 18~20%, 양생과자용으로는 지방률이 40~50%인 것이 사용된다.

크림의 보존온도는 약 4°C이고, 독특한 향미와 높은 열량 및 비타민 A의 급원으로 영양가가 높은 식품이다.

(5) 버 터

우유의 크림에서 지방분을 분리하여 만든 것으로, 원료크림에 따라 발효 크림버터와 스위트 크림버터로 구분된다.

① 발효 크림버터는 스타터(starter)를 가하여 유산발효시킨 크림으로 만든 것으로 풍미는 좋으나 만드는 데 손이 많이 간다.

② 스위트 크림버터는 발효시키지 않고 산도가 낮은 크림으로부터 직접 만들므로 무발효 버터라고도 한다.

그 밖에 가염버터와 무염버터, 크림에서 지방 이외의 성분을 제거하여 거의 순수한 유지방(지방함량 99.3% 이상)으로 한 버터오일이 있다.

버터의 보존은 광선과 공기의 접촉을 가능한 피하고 냉장한다. 장기보존은 −17°C 이하에서 해야 한다.

(6) 치 즈 (cheese)

우유 중의 단백질과 지방을 응유효소나 유산발효에 의해서 응고시키고, 이 응고물을 모아서 식염이나 향료, 향신료 등을 첨가하여 발효숙성시킨 것이다.

주성분인 단백질과 지방 이외에도 칼슘, 비타민 A와 B군이 많이 함유되어 있어서 영양가가 대단히 높으며, 특유의 풍미가 있고 소화흡수도 잘 되는 식품이다.

치즈는 그 종류가 많아서 500여 종 이상이 되며, 치즈 제법이나 성질에 따라 분류하면 다음과 같다.

1) 자연치즈 (Natural cheese)

① 경질(硬質) 치즈

- 가스공(孔)이 있는 것 : 체다치즈(chedar cheese), 고다치즈(gouda cheese), 에담치즈(edam cheese)
- 가스공(孔)이 없는 것 : 에멘텔러 치즈(emmenthaler cheese), 파머산 치즈(parmesan cheese)

② 반경질 치즈

- 푸른곰팡이로 숙성 : 로크포트 치즈(roquefort cheese)
- 세균으로 숙성 : 브릭치즈(brick cheese)

③ 연질(軟質) 치즈

- 숙성시키는 것 : 카망베르 치즈(camenbert cheese), 림버거 치즈(limburger cheese)
- 숙성시키지 않는 것 : 코타지 치즈(cottage cheese), 크림치즈(cream cheese)

2) 가공치즈(process cheese)

자연치즈 1종 혹은 2종 이상을 분쇄하여 유화제를 가하고 가열 · 교반 · 혼합하여 균질하게 한 다음 성형한 것이다. 보통 경질치즈를 원료로 하여 제조하는데, 살균되어 있어서 위생적이고 보존성이 좋으며 풍미도 부드럽다. 그러나 치즈 특유한 풍미가 조금 떨어진다.

① 체다치즈(chedar cheese) : 영국 원산의 경질 치즈로, 미국, 뉴질랜드, 오스트레일리아 등에서 많이 생산한다.

② 고다치즈(gouda cheese) : 네덜란드에서 처음으로 제조된 경질치즈이다. 가공치즈 제조용으로 이용된다.

③ 에담치즈(edam cheese) : 네덜란드 원산인 경질 치즈로 풍미는 고다치즈와 비슷하며, 비교적 부드럽다. 모양은 구형이고 표면은 적색으로 착색하고 아마인유(亞麻仁油)나 파라핀으로 피복한다.

④ 에멘탈러치즈(emmenthaler cheese) : 스위스의 대표적인 치즈로 숙성 중 젖산균의 발효에 의해서 생기는 탄산가스가 커드 중에 머물러 많은 구멍이 생긴다.

⑤ 파머산 치즈(parmesan cheese) : 이탈리아의 대표적인 치즈로 굳은 커드를 장기간 숙성시켜 단단해지면 기계로 눌러서 분말로 식용한다.

⑥ 로크포르 치즈(roquetfort cheese) : 프랑스의 대표적 치즈로, 양유(羊乳)에서 제조되며, 푸른 곰팡이(Penicillium roquetforti)로 숙성시키는 반경질 치즈이다. 맛은 좋으나 푸른 곰팡이에 의한 지방 분해취가 강하다.

⑦ 브릭 치즈(brick cheese) : 미국 원산의 반경질치즈로, 벽돌모양의 틀에 curd를 넣고 유청의 제거를 위해 눌림돌을 사용하였기 때문에 브릭치즈라는 명칭이 붙었다. 젖산균으로 숙성시킨 치즈이다.

⑧ 카망베르 치즈(camenbert cheese) : 프랑스의 카망베르에서 제조되며 세계적으로 유명한 치즈이다. 커드 표면에 흰곰팡이(P.camenberti)로 숙성시킨 연질치즈로, 매끄러운 조직과 특유의 풍미를 갖는다.

⑨ 림버거 치즈(limburger cheese) : 벨기에 원산으로 전지유(全脂乳) 또는 일부 탈지유로부터 제조되고, 유산균으로 숙성시키는 연질치즈이다.

⑩ 코티지 치즈(cottage cheese) : 탈지유, 탈지분유, 환원우유를 원료로 하여 제조되며, 연질이고 숙성시키지 않은 치즈이다.

⑪ 크림치즈(cream cheese) : 숙성하지 않은 짙은 크림 상의 연질치즈이다.

(7) 아이스크림류

크림을 주체로 하여 여기에 연유, 탈지분유, 설탕, 유화제, 안정제, 향료 등을 넣고 교반혼합한 것을 동결시킨 것이다. 교반할 때 공기를 연입(練入)시켜 작은 기포가 많이 분포되게 함으로써 혀에 매끄럽고 부드러운 촉감을 주고, 온도에 비하여 차가운 느낌이 나지 않는다.

아이스크림은 보통 아이스크림, 아이스케이크, 아이스셔벗, 아이스밀크 등으로 분류하고 있다.

7. 유산음료와 요구르트

주로 탈지유를 원료로 하여 유산균으로 발효시킨 발효유의 제품 중에서 제품에 생균(生菌)이 함유되어 있는 것이 요구르트이다.

원료로서 농축유나 탈지유가 사용되므로 영양가가 높은 단백질, 무기질, 비타민이 함유되어 있고, 젖산발효에 의해서 소화흡수도 좋으며, 살아 있는 젖산균을 함유하고 있어서 장내를 산성화하여 부패균의 증식을 저지하므로 정장작용을 한다.

유산음료는 발효유에 많은 양의 설탕을 기하고 가열살균한 음료이다. 그러나 발효법에 의하지 않고 탈지유에 젖산, 구연산(citric acid), 주석산(tartaric acid) 등의 유기산과 향료, 설탕 등을 가하여 만들기도 하는데 제품의 풍미는 발효법보다 못하지만 단시간에 제조할 수 있다는 이점이 있다.

유산음료는 냉장보존할 필요가 없으나, 요구르트는 냉장하여야 한다.

Chapter 12

어패류

서해, 남해 및 동해로 형성된 우리나라는 해산물이 풍부하고 그 종류가 다양하다. 어패류(fish & shell fish)는 서식지에 따라 바다에서 생활하는 해수어와 강, 호수 및 저수지에 사는 담수어로 구분할 수 있다.

어패류는 식재료로서 인체에 유용한 영양원이 풍부하며 무기질로서 요오드(I), 칼슘(Ca) 및 인(P) 등이 많고 철분(Fe)은 다소 적게 함유되어 있다. 식재료로서 어패류는 신선도가 중요하며, 그 이유는 냄새와 풍미에 영향을 미치기 때문이다.

일반적으로 해수어는 담수어와 비교하여 지방함량이 많아 맛이 좋으며 산란 1~2개월 전에 지방이 증가하고 이때가 맛이 가장 좋은 것으로 알려져 있다. 어패류의 일반성분은 색체부위, 연령, 크기, 계절, 어장에 따라 다소 성분의 차이를 보이며 지방함량은 계절별 그리고 부위별 차이를 나타낸다.

해수어 중 등이 푸른 생선은 인체에 유용한 고도불포화지방산이 풍부하며, 지방함량에 따라 지방 5% 미만인 흰살생선(white fish)과 지방함량이 5~20%인 붉은살생선(red fish)으로 구분할 수 있다.

12-1 어패류의 분류

1. 어 류

어류(fish)는 서식장소에 따라 담수어(淡水魚)와 해수어(海水魚)의 2종류로 구분할 수 있다. 담수어는 산간의 맑은 계류에 서식하는 산천어나 곤들매기, 계류의 진흙탕이 많은 상류에 서식하는 버드락지 그리고 하류 또는 연못에 서식하는 잉어나 붕어 등이 있다.

은어 등은 어릴 때 바다에서 서식 후 크면 하천으로 올라오며, 뱀장어는 하천에서 서식 후 깊은 바다로 나아가 산란(産卵)한 다음에 다시 하천으로 올라온다.

해수어로서 숭어와 농어는 연안에 서식 후 일시적으로 하천으로 올라가며, 전어, 뱅어, 보리멸 등은 내만(內灣)이나 연안에 서식한다. 성대, 가자미 등은 외해의 약간 깊은 곳에서, 그리고 금눈돔이나 아귀 등은 깊은 바다 밑에 서식한다. 또 바다에서 생활하다가 산란은 하천에서 하는 연어, 송어, 철갑상어 등이 알려져 있다.

어류는 서식장소에 따라 체색의 차이가 있다. 수면 가까운 곳에서 생활하는 어류는 등 쪽이 푸르스름하고, 배 쪽은 은백색에서 황백색을 띤다. 약간 깊은 곳에 사는 어류는 황색, 갈색, 적색인 것이 많고, 더 깊어짐에 따라 선홍색, 흑색, 흑자색을 나타낸다.

해변 근처에서 잡히는 어류는 여러 가지 얼룩무늬나 아름다운 색채를 띠며, 이는 표피층 밑의 진피층에 있는 색소세포의 분포상태와 세포 중의 색소에 의한 것으로 알려져 있다. 어류는 연골어와 경골어로 구분할 수 있으며, 가식부(加食部)는 주로 근육(muscle)으로 등뼈 양쪽에 붙어 있다. 등 쪽의 근육은 두껍고 배 쪽의 근육은 얇아서 내장을 감싸고 있다.

어류의 조직은 여러 층의 표피세포로 되어 있는 표피(epidermis)와 여러 층의 결체조직으로 된 진피(dermis)로 구성되어 있다. 진피에는 석회질이 침적해서 생긴 비늘(scale)이 존재한다. 어류의 근육은 수육(獸肉)과 마찬가지로 세게 압착하면 육장(肉漿)과 육기질(肉基質)로 분리되는데 육장이 육기질보다 훨씬 많다. 따라서 어육은 연하고 사후 변화하기 쉽다.

2. 갑각류

갑각류(crustaceae)는 절족동물문(節足動物門)에 속한다. 이들은 대부분 바다에서 서식하며, 하구같은 담수와 해수가 섞이는 곳과 담수에도 살고 있다. 종류로는 새우류, 곡미류(曲尾類, 왕게), 단미류(短尾類, 털게, 꽃게, 닭게), 구각류(口脚類, 갯가재) 등이 있다.

갑각류는 딱딱한 껍질로 덮여 있어 가식부인 근육은 약 50% 정도로 알려져 있다. 새우류는 주로 복부의 근육을 식용하며, 게류는 가슴과 다리의 근육을 식용으로 하고 있다.

3. 연체동물

연체동물(mollusca)은 그 종류가 매우 많아서 6만 종 이상으로 알려져 있다. 식용으로 중요한 것은 두족류(頭足類, 문어, 오징어, 낙지, 쭈꾸미, 꼴뚜기 등), 부족류(斧足類, 대합, 바지락 등) 등 조개류와 복족류(腹足類, gostropoda)인 전복, 소라 등이 있다.

두족류는 바다 연안에 사는 것이 많으며, 문어는 암초지대의 동굴 같은 곳에 살고, 낙지, 주꾸미, 오징어, 살꼴뚜기, 창꼴뚜기 등이 있다. 이들의 몸통을 둘러싸고 있는 잘 발달된 외투근(外套筋)과 다리의 근육을 식용으로 한다.

오징어의 몸통 근육은 어육과는 크게 달라서 근섬유는 직경 5μ 정도의 극히 가느다란 평활근(平滑筋)이 몸통을 가로 자른 면에 병행하여 차곡차곡 쌓여서 뻗어 가고 200~500μ의 간격마다 근(筋)모양의 조직으로 칸막이가 되어 있는데다 다시 겉껍질과 안껍질을 잇는 방향으로 가느다란 섬유가 뻗어 있다. 삶거나 말린 오징어의 근육이 체축에 대하여 직각으로 찢어지기 쉬운 것은 이와 같은 특수한 구조 때문이다.

부족류는 조개류가 있으며, 해수산인 것이 많다. 종류는 ① 진변새목(眞辯鰓目)에 속하는 바지락, 백합, 개량조개, 북방대합, 재첩(갱조개) ② 하등근목(下等筋目)의 굴, 가리비, 진주조개, 새조개, 피조개 등이 있다. 부족류는 조개껍질의 내부에 있는 족발의 근육을 주로 하고, 폐각근(조개관자)과 내장부의 전부를 식용으로 한다.

복족류는 원시복족목에 속하는 전복, 소라, 우렁이 등이 있다. 우렁이는 논이나 웅덩이 등에 산다. 복족류는 큰 각축근(殼軸筋, 족발, 조개관자)을 식용으로 한다. 이들의 근육은 어류나 갑각류의 근육과 비슷하다.

4. 극피동물

극피동물(echinodermata) 중에서 식용으로 가치가 중요한 것은 성게류와 해삼류이며, 주요 서식환경은 연안의 모래 섞인 진흙 위나 암초 사이인 것으로 알려져 있다.

12-2 어패류의 성분

어패류는 가식부와 비가식부로 구분하며, 가식부는 주로 근육 부위를 말한다. 어패류의 일반적 성분은 수분이 70~85%, 단백질 17~20%, 지질 1~6%, 탄수화물 1% 이하, 회분 1~2% 정도로 축육과 큰 차이가 없으나 색채 부위, 연령, 어체 크기, 계절, 어장에 따라 다소 성분의 차이를 보이고 있다.

머리근육은 꼬리근육에 비하여 수분 및 단백질이 적고 지질이 많으며 지방은 복부에 많고 등근육에는 적으며 표층근육 쪽일수록 지질이 많다. 연령이 많고 큰 어류일수록 지질이 많고 수분이 적으며, 지방 축적량이 많은 시기일수록 어패류의 맛이 좋다.

1. 단백질

단백질의 조성은 수육과 비슷하여 근원단백질(구상 단백질), 구조 단백질인 근원섬유단백질(섬유상 단백질), 육기질(肉基質)단백질(세포외 단백질)로 되어 있으나, 그 구성비율은 달라서 수육에 비해 육기질 단백질이 매우 적은 것이 특징이다.

근원단백질의 양은 25% 내외로 수육과 큰 차이가 없으나, 구조단백질인 근원섬유단백질은 수육이 50%인 반면에 어육은 70%로 압도적으로 많고, 육기질단백질은 수육이 15%인 데 대하여 어육은 3%로 매우 적다. 따라서 어육단백질은 경질(硬質)인 육기질단백질이 적으므로 수육에 비하여 훨씬 연하고 소화도 빠르다. 또 수육에 비하여 사후경직과 자기소화도 빠르다.

표 12-1 주요 어육의 단백질 조성(%)

어 종	근육질단백질	구조단백질	기질단백질
고등어	30	67	3
대 구	21	76	3
명 태	30	67	3
별상어	20	69	11
가오리	26	64	10
오징어	10~20	77~85	2~3
토 끼	28	52	16

상어나 가오리 같은 판새류(板鰓類)는 육기질단백질이 10%나 되어서 일반어류보다 많다. 주요한 어육의 단백질 조성은 다음 표 12-1과 같다.

단백질은 대부분의 어육이 17~20% 함유하고 있는데, 그 주성분은 미오신(myosin)과 미오겐(myogen)이다. 그러나 혈합육 성분은 히스티딘이 풍부하고 라이신이 부족한 편이다.

비단백질소로는 크레아틴, 퓨린, 콜린 염기류, 이노신산 등이 들어 있으므로 맛이 좋으며 콜라겐(collagen) 단백질 같은 경우에는 가열한 후에 식히면 투명한 젤라틴 젤리 상태로 된다. 육질이 흰 어류는 붉은 어류보다 collagen을 많이 함유하고 있으므로 빨리, 쉽게 굳는다.

2. 지 질

어류의 지질함량은 1~6% 범위인데, 지방이 적은 것은 담백한 맛을 내며, 지방이 많은 어류는 농후한 맛을 느끼게 한다. 지방은 피하지방 조직이나 복부조직에 포함된 저장지방과 세포 내에 들어 있는 조직지방으로 구분하는데, 저장지방은 트리글리세리드이고 조직지방은 인지질이며, 보통 어류의 지방은 저장지방을 말한다.

저장지방의 지방산 조성은 포화지방산 20%, 불포화지방산 80%이므로 상온에서는 액상이고 산화되기 쉽지만, 어유(魚油)는 콜레스테롤 축적효과를 저해하는 것으로 알려져 있기 때문에 중요하게 취급하고 있다.

어유의 고도불포화지방산의 양은 연령, 어기(漁期)에 따라 차이가 있으며, 어종, 계절에 따라 변동이 있다. 예를 들어 정어리, 가다랑어, 꽁치, 참다랑어 등과 같이 바다의 표층을 활발히 돌아다니는 어류에는 고도불포화지방산의 양이 많고, 가자미나 넙치같이 해저에 사는 물고기나 담수어 등에서는 적다.

대구, 상어 등의 어종은 내장, 특히 간장에 지질을 축적하는 타입으로, 이를 간유(肝油)라고 한다. 비타민 A와 D를 많이 함유하나 깊은 해저에 사는 상어류의 간유에는 탄화수소가 함유되어 있다. 중요한 것은 스쿠알렌(squalene)인데, 이것은 심해어에게는 유효한 에너지원이 되는 것으로 추측된다.

이 물질은 포유동물의 간장에는 극히 미량밖에 함유되어 있지 않으나, 상어의 간유에는 85%나 함유되어 있다.

어패류의 지질은 불포화지방산이 많아서 불안정하고 산화되기 쉬우며, 그 결과에 의해 생성된 과산화물은 독성이 큰 것으로 밝혀져 있는데, 특히 건제품의 제조과정이나 보존 중에 어유의 산패로 중독을 일으킬 수 있기 때문에 조심하여야 한다. 어육의 선도측정은 어유의 산패에 의해서 판정할 수 있다.

3. 당 질

어패류에는 글리코겐, 글루코오스, 프락토오스 등의 당질이 극히 소량(1% 미만) 함유되어 있다. 갓 잡은 어육에는 0.2~1%의 글리코겐이 있으나, 시간이 경과함에 따라 차차 없어져 시판품에는 거의 발견되지 않는다.

4. 어육의 추출물

어종, 어장, 어기 등에 따라 추출물의 양은 달라지나, 일반적으로 어류는 1~5%, 연체동물은 7~10%, 갑각류는 10~12% 정도이다. 그 중에서 지미(旨味)성분으로 핵산계 화합물인 이노신산, 구아닐산(guanylic acid)과 아미노산계 화합물인 글루담산(glutamic acid), 유기산계 화합물, 염기성 화합물 등이 전체 유기물의 대부분을 차지하고 있다.

5. 비타민

어패류에는 여러가지 비타민류가 함유되어 있는데, 그 중에서 가장 풍부한 것은 비타민 A와 D이다. 비타민 A는 주로 간에 많이 함유되어 있어 간유를 분리하여 비타민유(油)로 이용하고 있다.

프로비타민 A는 어육이 붉은색인 연어, 송어와 지방의 함량이 많은 어류에 함유되어 있다. 비타민 D 역시 간유 중에 많고 참다랑어의 간유 1g 중에는 25,000~60,000IU, 가다랑어에는 25,000~250,000IU, 고등어에는 100~2,000 IU가 함유되어 있다.

비타민 B_2는 물고기의 눈알이나 난소 등에 많이 함유되어 있다. 그 밖에 수용성 비타민은 대사에 필요한 만큼 언제나 함유되어 있으나, 지용성 비타민처럼 고농도로 축적되어 있지는 않다.

6. 색 소

어패류의 근육에 함유되어 있는 색소는 수용성인 색소단백(色素蛋白)과 지용성인 카로티노이드(carotenoid) 색소로 구분된다.

어육의 붉은색은 일반동물의 근육색과 같이 헤모글로빈(hemoglobin)으로 되어 있는데, 신선도가 떨어진 고기는 그 색깔이 다소 변한다. 그것은 헤모글로빈이 산화되어 메트헤모글로빈(methemoglobin)이 되기 때문이다.

가다랑어나 참다랑어 등의 몸이 붉은 어류(dark-fleshed fish, 赤身魚)의 근육, 특히 혈합육에는 주로 색소단백인 미오글로빈이 함유되어 있고, 일부 혈액에서 유래되는 헤모글로빈이 함유되어 있다. 미오글로빈도 역시 산소를 운반하는 역할을 하며, 신선한 어육에서는 약간 검은기가 있는 적색을 띠나, 어획 후에 잠시 저장하면 선홍색이 되는 것은 산소와 결합하여 옥시미오글로빈(oxymyoglobin)이 되기 때문이다.

어체 표피의 여러 가지 색은 생활환경에 따라 달라지나, 푸른 표피는 담즙색소에 기인되며, 흑도미나 대구 등의 흑색표피의 색소는 멜라닌(melanin)이고, 도미의 홍색표피는 카로티노이드 색소에 의한 것이다.

갑각류는 회녹색 껍질의 색소 아스타잔틴(astaxanthin)이 가열되면 산화되어 선홍색인 아스타신(astacin)으로 변화한다. 한편, 전복이나 소라 같은 패류의 청색은 구리(Cu)를 함유하는 청색혈색소인 헤모시아닌(hemocyanin)에 의한 것이다.

7. 독성물질

어패류는 간혹 유독물을 함유하는 경우가 있는데, 다음과 같이 세 종류로 구분할 수 있다.

(1) 생물학적 독물

어류 중 복어에는 신경독물인 테트로도톡신(tetrodotoxin)이, 연체동물인 오징어에는 티라민(tyramine)과 그 외의 독물이 함유되는 수가 있으며, 극피동물인 해삼에는 스테로이드 사포닌(steroid saponin)과 비슷한 유독물이 함유되어 있는 경우가 있다.

(2) 변패에 의해 생성된 독성물질

식중독의 원인이 되기도 하는 미생물에 의한 부패로 생긴 아민류들, 예를들면, 히스티딘이 히스타민으로, 티로신이 티라민이 되어 독성물질로 작용하는 경우와 지방이 산화되어 생성되는 독성물질 등이 있다. 그러나 자주 발생하는 패류에 의한 중독이나 방게의 중독은 그 원인이 복잡하다.

(3) 환경오염에 기인한 독성물질

바다생물의 먹이사슬에 의하여 독성물질을 체내에 다량 축적하는 특성이 있는데, 그 중의 한 예가 공장폐수의 수은(Hg)이 원인이 되었던 어패류에 의한 중독사건이었던 미나마타병이다.

수은 외에도 중금속, PCB(염소화 바이페닐의 총칭), 방사성 물질에 의한 하천 및 해양의 수질오염 역시 광역환경오염의 주범으로 생각된다.

12-3 어패류의 사후경직과 자기소화

어패류의 사후경직은 어종과 어획 후 처리조건에 영향을 받으며, 어획 직후 저장온도를 낮게 할수록 사후경직의 개시 시간을 늦출 수 있으므로 얼음물이나 쇄빙에 저장하면 선도를 오래 유지할 수 있다. 고등어나 가다랑어와 같이 회유성(回遊性)이고 운동량이 많은 어종은 운동량이 적은 어종에 비하여 사후경직이 빨리 시작된다.

어패류는 일반적으로 어획 직후부터 사후경직 중에 있는 것까지를 선도가 좋다고 표현하는데, 신선한 생선은 눈에 생기가 있고 몸 전체가 윤이 나며 복부가 단단하고 아가미가 선홍색을 나타내는 것을 말한다. 그러므로 어육의 선도를 유지하려면 가능한 경직상태를 오래 유지하도록 할 필요가 있다.

어육의 pH는 죽은 직후에는 7.0~7.5이지만, 경직되면 6.0~6.6이 되는데, 어종에 따라서는 6.0 이하가 되는 것도 있다.

어류조직을 사후방치하면 각종 효소의 작용으로 점차 분해되는데, 이러한 변화는 무균적으로 방치해도 일어난다. 이 현상을 자기소화(autolysis)라 한다. 자기소화는 pH, 온도, 염류 등에 영향을 받으며, 선도가 저하되어 부패에 이르는 과정에서 근육, 내장, 소화기관 내에 존재하는 단백질은 카텝신(cathepsin)과 세균효소에 의해 분해되어 아미노산이 되며, 일부는 단백질로 그냥 남아 있다.

분해된 아미노산은 다음의 탈탄산 반응, 가수분해, 탈아미노 반응, 아미노산 발효 등을 통하여 생성된 각종 물질로 인해 부패취, 자극취, 신맛 등을 풍기게 되며, 경우에 따라서는 유독물질을 생성하기도 한다.

- 탈탄산반응 : $R-CHNH_2 \cdot COOH \rightarrow R-CH_2NH_2+CO_2$
- 가수분해 : $R-CHNH_2 \cdot COOH+H_2O \rightarrow R-CHOCOOH+NH_3$
- 탈아미노반응 : $R-CHNH_2 \cdot COOH \rightarrow R-CH_2COOH+NH_3$
- 아미노산발효 : $R-CHNH_2 \cdot COOH+H_2O \rightarrow RCH_2OH+NH_3+CO_2$

특히 H_2S와 메르캅탄(mercaptan), 메틸 메르캅탄(methyl mercaptan), 인돌(indol), 스카톨(skatol), 지방산의 산화생성물들은 냄새를 내는 유독물질들이다. 어류 특유의 비린내와 악취를 내는 성분은 TMA(trimethylamine)인데, 이것은 어류조직에 널리 분포되어 있는 TMAO(Trimethylamineoxide)의 환원물이다. 어류가 부패하면 TMAO의 양은 점차 감소하고 반대로 TMA는 점차 증가한다.

그 밖의 연골 어류에 많은 요소(urea)는 세균이 분비하는 우레아제(urease)에 의해 암모니아를 생성하며, 어류의 지방도 불포화도가 높기 때문에 산화되기 쉬워서 저장하는 동안에 저급지방산, 알데히드, 케톤 등을 생성하여 불쾌취를 형성한다.

어육 1g 중에 세균수가 10^5 이하이면 신선한 편이고, 10^5~10^6이면 부패 초기이며, 10^6 이상이면 부패단계에 이른 것으로 판정한다.

12-4 어패류의 저장

1. 냉동저장

어패류의 냉동저장은 생선상태의 유지를 주목적으로 하는 냉동품, 급속냉동품(−40°C 이하) 및 최종소비자가 사용이 용이하도록 가공조리한 냉동식품

(precooked frozen foods)으로 나눌 수 있다.

어류를 냉동하면 물이 얼어 전체 부피가 증가하고 얼음결정 생성으로 조직이 파괴되며 해동시에는 육즙유출(drip loss)에 의한 보수력(WHO, water holding capacity) 및 영양분 감소를 일으킨다. 따라서 미세한 얼음결정을 만들고 조직파괴를 감소하기 위하여 급속냉동한 후에 저온포장하는 것이 선도유지에 좋다.

지방함량이 높은 어류는 지방산패를 방지하기 위하여 저온에서 저장해야 하며 공기가 직접 동결식품과 접촉하지 않도록 식품표면에 얼음 글레이즈(glaze, 동결식품의 전체표면에 형성시킨 얼음막)를 형성하는 것이 좋다.

(1) 냉동수산물의 종류

① 어 류

- 대형어류 : 참다랑어류, 새치다래류, 상어류
- 중형어류 : 연어 · 송어류, 만세기, 가다랑어, 방어, 대구, 명태
- 소형어류 : 꽁치, 정어리, 도미류, 넙치류

② 새우, 게류 : 각시새우, 왕게

③ 오징어, 낙지류 : 오징어, 문어

④ 조개류 : 가리비, 소라, 전복

⑤ 그 밖의 조리 냉동식품 : 피시 스틱(fish stick), 빵가루 입힌 스틱(breaded stick)

12-5 어패류의 가공품

1. 건조품

어패류를 건조하는 것은 어패류의 자기소화효소의 작용억제와 부패세균의 활동에 필요한 자유수를 제거하고, 식품 중의 염분이나 내용물을 농축하여 제품의 수분활성(Aw; water activity)을 감소시켜 저장성과 상품성을 높이는 데 있다. 건조품에는 다음과 같은 것들이 있다.

(1) 소건품(素乾品)

어패류를 그대로 건조시킨 것이다. 마른 오징어, 마른 가자미, 마른 대구 등이 있다.

(2) 염건품(鹽乾品)

어패류를 1차 소금으로 절인 후에 건조시킨 것이다. 굴비, 대구 등이 있다.

(3) 자건품(煮乾品)

어패류 그대로를 혹은 소금에 절인 것을 익혀서 건조시킨 것이다. 가열에 의해 효소를 파괴하고 단백질을 응고시켜 보수성(保水性)을 저하시켜 건조 중의 변질방지와 저장성을 높이는 효과가 있다.

(4) 소건품(燒乾品)

어패류를 불에 쬐어 말린 것이다.

(5) 훈제품(燻製品)

1차 소금에 절인 것을 훈연 속에서 건조시킨 것이다.

(6) 조미건품(調味乾品)

어패류를 조리하여 말린 것으로 조미 오징어가 그 대표적이고, 그 밖에 조미 어포, 조미 패류 등이 있다.

(7) 동건품(凍乾品)

어류를 동결과 건조를 되풀이하여 건조한 것으로, 북어가 대표적이다.

2. 염장품

소금처리(염장)는 삼투압을 이용한 미생물 세포의 탈수, 원형질 분리에 의한 방부효과와 미생물이 분비하는 분해효소의 작용 억제효과, 그 밖에 산소의 용해도 감소, 해리된 소금의 염소이온(Cl^-)의 직접적인 방부효과도 얻을 수 있다.

어류의 소금처리는 육질의 탄성에 변화를 주기도 한다. 즉, 소금으로 처리하면 육질은 단단해지고 특유의 탄성을 가지는데, 그것은 단백질이 침투한 소금에 용해되어 졸(sol)을 만들고 이것이 엉켜 망상구조를 이루는 겔을 형성하기 때문이다. 이 현상을 세팅(setting)이라고 하며 계속 건조하면 탄성은 더욱 증가한다. 이러한 겔 성질을 이용한 것이 연제품인데, 어육을 소량의 소금과 같이 갈아서 만든 고기풀을 가열하여 겔화한 식품을 말한다.

3. 통조림

(1) 수자(水煮)통조림

원료를 그대로, 또는 물로 끓여 관에 담은 후에 맹물, 혹은 소금이나 설탕을 조금 첨가한 것이다. 꽁치, 바지락, 게, 굴, 참다랑어, 고등어, 새우 통조림 등이 있다.

(2) 조미통조림

간장이나 그 밖의 재료로 조미되어 있는 것이다. 연어, 송어, 참다랑어, 가다랑어, 정어리, 꽁치, 전갱이, 청어, 바지락, 피조개, 전복, 소라, 오징어 통조림 등이 있다.

(3) 유지(油漬)통조림

찐 원료를 조제한 후에 면실유나 올리브유 등을 부은 것으로 정어리, 꽁치, 청어, 전갱이 통조림 등이 있다.

(4) 토마토지(漬)통조림

토마토 퓨레(puree)나 토마토 페이스트(paste) 등을 부어서 조미한 것이다. 정어리, 꽁치, 전갱이 통조림 등이 있다.

4. 연제품(練製品)

어육에 소금을 첨가하고 갈아서 부원료를 섞어 조미한 후에 증자 또는 그 밖의 방법으로 가열 · 응고시킨 수산가공품이다. 어묵, 어단(fish ball), 어육소시지 등이 있다.

12-6 어 류 (魚類)

1. 해수어

(1) 참다랑어류

참다랑어류는 고등어과에 속하는 어류고, 참다랑어(blue fin tuna), 황다랑어(yellow fin tuna), 눈다랑어(big eye tuna), 날개다랑어(albacore) 등이 있으며, 어느 것이나 대형의 외양성(外洋性) 회유어로서 적도를 중심으로 한 남북 아열대 지역에 널리 분포한다.

이들 중 참다랑어(일명 다랑어, 참치)는 가장 온대성이어서 수온 20~30°C인 곳을 찾아서 회유하며, 다랑어류 중에서 가장 커서 보통 몸 길이가 1.5m, 무게 150kg가량이지만, 간혹 2.5m, 400kg에 달하는 것도 있다. 참다랑어는 고급 횟감으로 특히 지육은 으뜸으로 꼽히고 초밥 원료로도 사용된다.

눈다랑어와 황다랑어도 참다랑어를 대신해서 회감으로 쓰이지만 날개다랑어는 횟감으로 이용되지 않는다. 참다랑어를 제외한 다랑어류의 고기는 모두 통조림 원료로 이용되며, 특히 날개다랑어 통조림은 맛이 담백하고 닭고기와 비슷하여 sea chicken이라고도 불린다. 또 눈다랑어와 황다랑어는 어육소시지의 원료로도 이용된다.

그림 12-1 참다랑어(참치)

그림 12-2 날개다랑어

(2) 대구류

① 대구 (*Gadus morrhua macrocephalus* TILESIUS)

대구(cod)는 대구과에 속하는 한대성 어류로 동해 북쪽, 일본 북쪽 오호츠크해, 베링해 등에 분포한다. 수심 150~200m 전후에서 서식하고 몸길이가 60~100cm로 뒤쪽이 가늘지만 대체로 비대하여 명태보다 대형이고 머리는 크고 아래턱은 위턱보다 짧다.

등은 갈색 또는 회갈색이고 배는 희며 등이나 배에 많은 갈색 반문(班紋)이 산재하여 있다. 대구나 명태는 모두 겨울에 제맛이 나는데, 명태의 맛이 대구보다 좀 뒤진다.

대구의 간에는 지방이 많고 비타민 A를 많이 함유하고 있어서 간유(肝油)의 원료가 된다. 대구간유는 1g당 비타민 A를 1,000~10,000IU 함유하고 있다.

그림 12-3 대구

② 명태 (*Theragra chalcogramma* PALLAS)

명태(alaska pollack)는 우리나라에서 가장 많이 잡히는 생선으로 식용 외에 건제품, 염장품 등으로 가공하며 살보다 알이 더 유명한 생선이다. 겨울에 대량으로 어획되며 신선한 것은 살에 수분이 많고 가열하면 살이 흩어지므로 갈거나 말리는 등으로 가공해서 이용한다. 명란젓은 명태의 난소를 염장한 것이다. 간유의 비타민 A는 1g당 3,000~30,000IU를 함유하고 있다.

그림 12-4 명태

(3) 꽁 치(*Cololabis saira* BREVOORT)

꽁치(pacific saury)는 청어과에 속하는 냉수성 회유어로 우리나라 동서남부

연해의 표층에 분포한다. 등지느러미와 뒷지느러미가 후방부에 붙어있고 꼬리지느러미와의 사이에 많은 비늘이 있는 것이 특징이다.

수온 10~18°C의 수역을 좋아하고 플랑크톤(plankton)을 먹고 산다. 1년에 성숙하고 여러 번 산란하는데, 알에 부속사가 있기 때문에 흘러서 해조에 얽힌다.

대체로 10~12월경에 동북부에서 서남을 향해서 남하하는 것은 지방이 많아서 맛이 있고, 다음해의 난류의 이동을 따라서 다시 북쪽으로 올라오는 것들은 지방이 적어서 맛이 담백하다.

용도는 소금구이나 회 외에 통조림, 말린 생선으로 가공되며, 참치잡이의 먹이로 이용되기도 한다. 몸길이는 약 35cm 정도이다.

(4) 멸 치(*Engraulis japonica* HOUTTUYN)

멸치(anchovy)는 정어리과에 속하며 보통은 정어리류의 일종으로 분류된다. 비교적 몸집이 작아서 큰 것이라도 길이가 13cm 정도이다. 몸은 가늘고 길며 원통형으로서 등쪽은 암적색, 배는 은백색이다. 수온이 20~25°C인 곳에서 무리지어 서식하며, 플랑크톤을 주식으로 한다. 산란기는 초여름으로, 어린 단계부터 이용되고, 수명은 약 3년이다.

우리 나라에서는 충무 연안과 평안북도까지의 서해안, 강원도 통천 근처까지의 동해안 근처에 많이 서식하고 있고 연간 어획량이 12~18만 톤 정도로 명태에 이어 둘째 위치를 차지하고 있는 중요한 수산물의 하나이다. 마른 멸치를 만들어 일본을 비롯한 동남아 여러 나라에 수출하고 있다.

건조품은 크기에 따라 몸 길이 77mm 이상인 것을 대멸, 46~76mm인 것을 중멸, 31~45mm인 것을 소멸, 16~30mm인 것을 자(仔)멸, 15mm 이하인 것은 세(細)멸 등으로 구분하고 있다.

그 밖에도 멸치젓의 원료, 참다랑어의 먹이로 이용되고 유럽이나 미국에서 잘 먹는 엔초비(anchovy)는 멸치의 일종을 염장 숙성시킨 것이다.

(5) 정어리(*Sardinops melanostica* TEMMINCK et SCHLEGEL)

정어리(sardine, pilchard)는 멸치와 마찬가지로 정어리과에 속하고, 모양은 멸치와 비슷하나 멸치보다는 좀 커서 몸길이가 17~18cm이며 등 쪽은 청색이고 배 쪽은 은백색이다. 몸 양옆으로 7개 전후의 자흑색점이 한 줄로 늘어서 있다.

그림 12-5 정어리

우리나라의 동해 연안, 연해주, 사할린 남부, 일본의 전 연해, 중국 동해 연안 등 출현 범위가 넓어, 유럽에서 사할린까지 분포하며 어획량도 많다. 봄에는 북상하고 가을에는 남하를 반복하여 2년에 걸쳐 성숙하며 수명은 8년이다.

정어리는 일반적으로 지질의 함량이 몸집의 크기에 비례하나, 계절에 따라 차이가 있다. 가을부터 겨울까지는 지질함량이 15~16%에 달하여 고기의 맛이 가장 좋고 통조림이나 채유(採油) 등에 좋으나, 4월부터 9월에는 지질함량이 2~4%로 저하되기 때문에 고기맛이 떨어진다.

정어리의 지방에는 혈액응고를 억제하고 심근경색에 효과가 있는 지방산인 EPA(에이코사펜타엔산)나, 뇌를 활성화한다는 DHA(도코사헥사엔산)가 다량 함유되어 있다.

정어리는 선어로서 이용되는 것 외에 소건품, 자건품, 염건품 등으로 가공되며, 이 때에는 지방함량이 적은 것을 원료로 하여 지방의 변패에 의한 품질의 저하를 방지한다.

(6) 고등어류

고등어(chub mackerel, scomber)는 고등어과에 속하며, 주요한 것은 고등어(*Pneumatophorus japonicus* HOUTTUYN)와 망치고등어(*Pneumatophorus japonica tapeinocephalus* BLEEKER)의 2종이다. 어느 것이나 해면 가까이에서 활발하게 활동하는 표층어로, 세계의 온대해역에서 서식하며 산란이나 먹이를 구해서 회유하는 것 외에 월동을 위해 적온수(15~23℃)를 타고 남북으로 큰 무리를 지어 회유한다. 산란기는 3~8월경이고, 몸길이는 약 50cm, 무게는 약 1.1kg이다.

고등어류는 옆구리 밑부분의 살은 다른 부위의 살보다 색이 진하여 흑갈색을 띄고 혈합육이 많다(18% 정도). 혈합육은 담색인 보통의 살보다 미오글로빈(myoglobin), 지방 등이 많고 특이한 냄새를 가지고 있다.

가장 제맛이 나는 시기는 가을로서 지방 함량이 15% 전후이다. 고등어가 일반적으로 맛이 좋으나, 망치고등어가 제맛을 내는 여름철만은 고등어보다 더 맛이 있다.

고등어는 "살아서 썩는다."라고 하듯이 고등어 살에는 아미노산의 일종인 스티딘(stidine)이 많아서 선도가 떨어지면 산소에 의해서 히스타민으로 변화하여 알레르기를 일으킨다. 그러나 맛을 내는 글루탐산, 이노신산, 히스티딘 등도 많이 함유되어 있다.

(7) 청 어(*Clupea pallasi* CUVIER et VALENCIENNES)

청어(herring)은 정어리과에 속하는 한해성 회유어이다. 외형은 정어리와 아주 비슷하나, 몸길이가 정어리보다 약간 커서 30cm 정도이고 몸 색은 담흑색의 푸른 빛을 띠고 있으며 배쪽은 은백색이다. 우리나라 경북 이북의 동해안, 특히 포항 영일만이 산란장이다. 선어로 소비하는 것 외에 훈제품, 염장어, 건제품 등으로 가공하여 이용한다.

그림 12-6 청어

(8) 다랑어류

고등어과에 속하는 어류로서 가다랑어, 몽치다래, 물치다래, 점다랑어, 줄삼치 같은 것이 있다. 어느 것이나 온해성의 해면 회유어로 태평양, 대서양, 인도양 등의 열대해역에서 서식한다. 몸길이는 대개 가다랑어 90cm, 몽치다래 35cm, 물치다래 40cm, 점다랑어와 줄삼치는 각각 1m에 달한다. 전형적인 방추형의 어류로 가다랑어, 점다랑어, 줄삼치는 몸의 측면에 각각 특유의 줄무늬가 있어서 이것에 의해 대략 판별이 된다.

1) 가다랑어(*Katsuwonus pelamis* LINAEUS)

가다랑어(skip jack, bonito)의 줄무늬는 살아있을 때는 보이지 않는다고 하며, 다랑어류 중에서 맛이 가장 좋다. 그 다음이 줄삼치, 점다랑어, 물치다랑어의 순으로 좋은데, 몽치다래는 혈합육이 많다.

가다랑어의 등살은 수분 함량이 축육과 거의 비슷한 70~72%로 비교적 적고, 단백질이 많으며 지방도 적어서 질이 단단하다. 일본에서는 어포의 일종인 가쓰오부시의 원료로 이용한다. 그밖에 회감이나 자건품, 조림, 통조림 등의 재료로 이용된다.

그림 12-7 가다랑어

(9) 연어 · 송어류

1) 연어(*Oncorhynchus keta* WALBAUM)

연어(salmon, chum salmon, dog salmon) · 송어(cherry salmon)류는 연어과에 속하는 한대성 소하회유(溯河回游) 어류로서 북태평양에 널리 분포하는데, 어느 것이나 담수 중에 산란하고 해양에서 3~4년 성장해서 산란기가 되면 다시 자기가 태어난 하천으로 거슬러 올라가서 산란한다.

연어는 우리나라 경상북도 이북의 동해로 흐르는 하천에 올라와서 산란한다. 특히 함남고원, 적병강, 오심천 등에 많다. 송어는 주을천(朱乙川) 부근에 많다.

일반적으로 송어류는 연어에 비하여 눈알과 비늘이 좀 작은 편이다.

연어나 송어류의 근육색소는 지용성의 카로티노이드의 일종인 아스타잔틴이어서 살색이 홍색을 나타내며, 홍송어는 짙은 홍색이다.

연어와 송어류는 조리상 서로 구분하지 않고 이용되며, 소금구이, 튀김, 횟감, 염장품, 훈제품 등으로 한다. 특히 난소의 염장품은 별미 가공품으로 꼽힌다. 고기맛은 송어가 연어에 비하여 뒤진다.

(10) 쥐치류(file fish)

쥐치(file fish, fool fish, porky), 말쥐치(scraper), 객주리(unicorn file fish)들이 쥐치과에 속하며 쥐치는 우리나라 서남해역(부산, 제주도) 등에서 어획되고, 암초의 길이가 10~30m 정도가 되는 곳에서 서식한다.

1) 쥐 치(*Stephanolepsis* TEMMINCK et SCHLEGEL)

쥐치의 몸 길이는 30cm 전후이고, 쥐치류 중에서 가장 흔하다. 맛이 가장 좋을 때는 2~5월이며, 말쥐치와 비교하면 일반적으로 쥐치의 맛이 좀더 좋다. 살코기와 간장(肝臟)을 모두 먹는데 살은 약간 흙냄새가 나지만 담백한 맛이 있으며 생선탕, 회, 무니에르(meuniere) 등으로 먹는다. 간장도 맛이 좋아서 초간장에 찍어 생식한다. 우리나라에서는 쥐포가 많이 생산되고 있다.

(11) 가자미류

참가자미(flounhder, brown sole), 문치가자미, 돌가자미, 도다리, 노랑가자미, 갈가자미, 범가자미, 찰가자미, 용가자미, 홍가자미 등이 있다. 가자미는 넙치와 마찬가지로 몸이 납작하고 눈이 몸의 한쪽으로 모여서 눈이 있는 쪽을 위로 하여 몸을 옆으로 뉘우고 모래 위에서 살고 있다.

몸길이는 갈가자미가 20cm, 문치가자미, 도다리는 30cm, 참가자미, 돌가자미, 범가자미, 홍가자미, 찰가자미는 40cm 전후, 노랑가자미는 70cm에 달한다.

눈이 있는 쪽은 몸 빛깔이 갈색계통이고 눈이 없는 쪽은 백색이지만 몸 가장자리는 황색을 띠고 있다.

가자미류 중에서 가장 맛이 좋은 것은 돌가자미이고 참가자미, 문치가자미, 범가자미도 맛이 좋다. 일반적으로 담백한 맛을 가지며 찜, 구이, 프라이, 무니에르 등으로 한다. 돌가자미나 홍가자미는 선도가 좋을 때에 횟감으로 이용하기도 한다.

그림 12-8 가자미

(12) 넙치(*Paralichthys olivaceus* KEMMINCK et SCHLEGEL)

넙치(bastard halibut)는 일명 광어라 하며, 우리나라의 전 연해, 일본, 중국, 사할린 등의 연해에 분포하여 서식한다.

긴 타원형이고 납작하여 가자미와 비슷하나, 눈이 가자미와는 달리 왼쪽에 있고 입이 크다. 눈이 있는 쪽은 흑갈색이고 유백색(乳白色)의 반점이 많이 산재해 있으며, 눈이 없는 쪽은 백색이다. 몸 길이는 약 80cm 전후에 달한다. 넙치는 겨울에 맛이 좋으며, 회, 프라이, 무니에르 등에 많이 쓰이고 찜을 하기도 한다.

그림 12-9 넙치(광어)

(13) 민어 · 보구치류

부세(yellow croaker), 민어(croaker, brown croaker), 보구치(white corvenia), 참조기(yellow corvenia)는 민어과에 속한다. 부세 및 민어는 우리나라 서남연해에 많이 분포하는데 특히 민어는 경기도 덕적도 근해에 많고 부세는 전남 비금도(飛禽島) 근해에 많다.

참조기는 서남해 일대에 분포하며, 황해도 및 연평도에서 많이 잡히고 있고, 몸빛깔이 황색을 띠며 길이는 30cm 정도이다. 부세는 몸 빛깔이 황색을 띠며 몸 길이가 약 50cm에 달한다. 민어는 더 커서 몸 길이가 90cm에 이른다.

민어, 보구치류는 어느 것이나 백신어(白身魚)인데 맛은 부세, 민어 및 참조기가 좋고, 보구치는 맛이 좀 떨어진다.

조림, 찜, 소금구이, 찌개 등으로 식용하는 것 외에 건제품으로 하거나 연제품 원료로 이용된다.

보구치나 참조기는 원형대로 말린 것을 굴비, 등을 갈라서 말린 것을 등태기, 배를 갈라서 소금에 말린 것을 뱃태기 등으로 구분하고 있으며, 굴비 중에는 초봄에 전남 영광군에서 나는 오가재비 굴비가 제일 굵고 맛이 좋아 유명하다.

(14) 도미류

참돔(red sea bream), 황돔(yellow sea bream), 붉돔(crismon sea bream), 녹

줄돔(crison sea bream), 청돔(silver bream, tarwhine), 감성돔(brack sea bream), 새눈치(yellow fin bream), 돌돔(rock bream), 강담돔(spotted parrot fish, rock porgy) 등이 감성돔과에 속하는 어류로, 그 종류가 많다.

① 참 돔(*Chrysophrys major* TEMMINCK et SCHLEGEL)

참돔, 일명 도미는 우리나라 전 해역의 수심 30~150m의 암초에 산다. 몸빛깔은 적색에 녹색광택이 있고 등쪽에는 청록색의 반점이(도미) 있으며 몸길이는 1m에 달한다. 참돔은 맛이 좋으며 수산상 중요한 어종이다. 참돔과 붉돔은 아주 비슷하며, 일반적으로 30cm 정도의 것이 맛이 좋고 암컷이 수컷보다 더 맛이 좋다. 붉돔은 참돔보다 맛이 좀 떨어지지만, 참돔과 거의 같이 취급된다.

그림 12-10 참돔

참돔이 가장 맛이 좋은 시기는 겨울에서 봄, 붉돔은 초여름이다. 참돔은 초여름이 산란 직후가 되어 맛이 떨어지므로 이 시기에는 붉돔이 참돔보다 값이 비싸다. 참돔은 모나지 않는 좋은 맛이 있어서 횟감, 초밥재료, 소금구이, 무니에르, 찜, 찌개 등 거의 모든 조리에 사용할 수 있으나, 생식하는 것이 더 좋다.

감성돔은 갯냄새가 약간 나지만 맛이 좋으므로 생식용으로 오히려 적합하며, 돌돔, 강담돔도 고기살이 단단하여 횟감으로 적합하다.

(15) 농 어(*Lateolabrax japonicus* CUVIER et VALENCIENNES)

농어(common sea bass)는 농어과에 속하는 근해어로서 우리나라, 중국, 일본 연안에 널리 분포한다. 옆구리에 검은 점이 많이 있는 작은 고기를 포농어, 껄떠기(乞德魚, 완도)라 하고 껄떠기보다 작은 것은 보껄떠기, 30cm 전후의 것을 가세기라고 한다.

담백한 맛이 있는 흰살 물고기로 맛이 가장 좋은 시기는 여름이고 회감, 소금구이, 튀김 등에 사용한다.

(16) 갈 치(*Trichiurus haumela* FORSKAL)

우리나라 동서남연해 중에 특히 서남해에서 많이 나는 주요 어종으로 갈치과에 속하는 난해성(暖海性) 고기이다. 비교적 먼바다에서 서식하다가 8~9월 경에 산란기가 되면 다소 얕은 곳으로 이동해 온다. 몸길이가 아주 길어서 1.5m에 달하고 꼬리 쪽은 띠모양이며 꼬리 끝은 긴 끈과 같다.

비늘이 없고 몸빛은 은백색으로 맛이 좋은 물고기로 가장 맛이 좋은 시기는 여름이며, 구이, 절임, 튀김, 찌개 등에 이용된다.

선도가 좋은 것은 은분(銀粉)이 벗겨져 있지 않으나, 오래된 것은 벗겨져 있다. 은분은 유기염기인 구아닌박(箔)으로, 모조 진주의 원료로 쓰인다.

(17) 숭 어(*Mugil cephalus* LINNAEUS)

숭어과에 속하는 난해성의 물고기로 우리나라 전 해역과 하구 부근에 분포하며 특히 전남 영산강, 평북 청천강 하구 부근에 많이 분포한다. 숭어는 여름에 맛이 좋고 특이한 냄새가 있다. 소금구이나 찜으로 하여 먹는 것이 보통이다. 우리나라에서는 제사 때 숭어찜을 상에 올려놓는 풍습이 있다.

크기에 따라 부르는 이름이 달라서 10cm 내의 것을 동어, 30cm 내외의 것을 보생이, 45cm 내외의 것을 숭어, 70cm 내외의 것을 대다리, 80cm 내외의 것을 뚝다리, 산란 후 배가 홀쭉한 것을 격얼숭어 등으로 부른다.

(18) 갯장어(*Muraenasox cinereus* FORSKAL)

갯장어(silver eel, conger)는 갯장어과에 속하며, 우리나라 서남부 연해에 분포한다. 몸길이는 약 2m에 달하나 그다지 크지 않은 것이 맛이 좋다. 맛이 좋은 시기는 여름으로 덮밥 및 튀김 등에 쓰이고 포를 만들기도 한다. 지질과 비타민 A를 많이 함유하고 있으며, 지질의 함량은 12.5%, 비타민 A 함량은 2,000IU이다.

그림 12-11 갯장어

(19) 붕장어(*Astroconger myriaster* BREVOORT)

붕장어(conger eel, sea eel)는 먹붕장어과에 속하고, 우리나라 전 연해, 특히 목포, 제주, 부산, 포항 등에 많이 분포한다. 몸길이는 90cm 정도에 이른다. 지질, 비타민 A, 칼슘 등을 많이 함유하고 있으며, 일년 내내 맛이 좋다. 지질 8%, 비타민 A 5,000IU, 칼슘 15mg을 함유하고 있다.

그림 12-12 붕장어

(20) 준 치(*Ilisha elongata* BENNET)

준치(slender)는 청어과에 속하며 우리나라의 서남해역에 많이 난다. 몸길이는 50cm 이상에 달하여, 청어, 정어리류 중에서 가장 크다. 몸집이 밴댕이와 비슷하여 옆이 평편하다. 맛이 좋으며 우리나라의 주요 수산어종의 하나이다. 우리나라에서는 준치국을 끓여 먹으며 소금구이로도 이용된다.

(21) 밴댕이(*Harengula zunasi* BLEEKER)

밴댕이(big eyed herring, roud herring)는 정어리과에 속하며 우리나라 연안의 내항에 분포하며 몸길이는 약 15cm 정도이다. 횟감으로 이용하기도 하나, 우리나라에서는 주로 밴댕이젓을 담그어 김장에 사용한다.

그림 12-13 밴댕이

(22) 아 귀(*Lophiomus setigerus* VAHL)

아귀(anger fish, goose fish)는 아귀과에 속하며 황아귀와 아귀가 있는데, 우

그림 12-14 황아귀

리나라의 서남 및 동해 남부연안(부산, 제주도), 일본의 홋가이도, 중국, 아프리카, 멕시코 등의 연안에 분포하며 비교적 깊은 200m 전후의 바다 밑에 산다.

황아귀는 아귀보다 맛이 있다고 하지만, 보통은 구별하지 않고 모두 아귀로 취급한다. 몸길이가 1.5m나 되는데, 어획되는 것은 그 이하가 많다. 입이나 식도가 넓기 때문에 체장의 70%, 바닷장어라면 자신보다 긴 것도 먹을 수 있다. 한 번에 체중의 3분의 1 정도의 먹이를 잡아 먹으며, 한동안 먹지 않아도 된다. 아귀가 가장 맛이 좋을 때는 겨울이며, 살, 아가미, 내장, 난소, 꼬리지느러미, 껍질 등을 모두 먹을 수 있다. 살갗, 껍질, 난소는 아귀탕으로 쓰인다.

(23) 복어류(puffers)

우리나라에서 발견되는 복어류는 약 18종이 알려져 있는데, 식용에 있어 특히 주의해야 할 것은 맹독성 물질인 테트로도톡신(tetrodotoxin)이 함유되어 있어서 가열하여도 분해되지 않는다. 또 복어의 종류에 따라 독이 존재하는 부위가 다르며, 계절에 따라서 독성의 강도가 차이가 있다는 점이다. 초보자의 조리는 위험하며, 복어를 조리하기 위해서는 복어조리사 면허가 필요하다.

표 12-2 복어의 종류와 독성

복어의 종류	무 독(無毒)	강 독(强毒)	약 독(弱毒)
검 복	고기, 정소(精巢)	난소(卵巢), 간장(肝臟)	
자 지 복	고기, 정소, 껍질, 피(血)	난소, 간장	
자 치 복	고기, 정소, 껍질, 피	난소, 간장	
매 리 복	정소	난소, 간장, 껍질, 장(腸)	고 기
까 칠 복	고기, 정소, 장(腸)	난소, 간장	껍 질
눔불개독	고기, 정소	난소, 간장, 껍질	장
졸 복	고기, 피(血)	난소, 간장, 껍질, 장	정 소
까 치 복	고기, 정소, 껍질,	난소, 간장	장

복어의 육질은 지방이 적기 때문에 맛이 담백하다. 두껍게 썬 생선회는 감칠맛이 적어지기 때문에 얇게 썰어서 간장에 찍어 먹는다. 찌개도 뼈에 붙은 살에서 맛이 우러나서 좋다. 횟감, 복어탕, 건조물, 훈제 등으로 이용된다. 복어는 일반적으로 산란 전기부터 몇 개월 간은 식용하지 않는다.

복어의 종류로는 검복(swell fish), 매리복(vermiculated puffer), 자지복(tiger puffer), 졸복(globe fish, swell fish), 까치복(yellow finpuffer), 밀복(blow fish) 등이 있으며, 그 중에서 검복은 우리나라 중남부 부산, 포항 등에 분포하고, 자지복은 청진, 부산, 제주도, 인천, 진남포 등에 분포한다.

① 자지복(*Fugu rubripes rubripes* TEMMINK et SCHLRGEL)

복어류 중에서 가장 고급이고 많이 식용되는 것은 자지복이다. 겨울에 가장 맛이 좋으나 맹독성이다.

몸 길이는 70cm 정도이고 살, 껍질, 정소(精巢)에는 독이 없지만, 간장과 난소는 독성이 강하다.

그림 12-15 자지복

② 검 복(*Fugu vermicularis* TEMMINK et SCHLRGEL)

몸체 표면에 가시가 없고 미끄럽다. 측면에 황색선이 있으며, 가슴지느러미의 뒤에 검은색의 큰 반점이 있고, 맛은 자지복에 뒤진다. 고기살이나 정소(精巢)에는 독이 없다. 몸길이는 약 40cm 정도이다.

그림 12-16 검복

2. 주요 담수어(淡水魚)

(1) 뱀장어(*Anguilla japonica* TEMMINK et SCHLRGEL)

뱀장어(eel, common eel)는 참장어과에 속하고 몸이 가늘고 길다. 머리쪽은 둥글고 꼬리쪽은 납작하다. 등지느러미는 꼬리지느러미에 연결되어 있고, 몸길이는 1m에 이른다.

장어구이에는 보통 한 마리가 130~150g인 것이 좋다고 한다. 일년내내 맛이 좋으며, 지질과 비타민 A가 많은 것이 특징이다. 장어구이로 할 때에는 몸을 가른 다음 꼬챙이에 꿰어서 굽는다. 횟감으로도 이용된다.

(2) 잉 어(*Cyprinus carpio* LINNAEUS)

잉어(carp)과에 속하고 우리나라 전역에 분포되어 있는 담수어이다. 하천, 호수, 못, 늪 등에서 서식한다. 몸길이는 보통 50~60cm이지만, 1m에 달하는 것도 있다. 암회색이고 주둥이 주변에 4개의 큰 수염이 있다. 단백질 17.3%, 지질 6.0%, 콜레스테롤이 75mg 등이 들어 있으며 열량은 544KJ이다.

수명은 수십년에 이르고 오래 전부터 관상용으로도 사육되었다. 횟감이나 탕으로 이용된다.

그림 12-17 잉어

(3) 붕 어(*Carassius caracius* LINNSRUS)

붕어(crucian carp, gold fish)는 잉어과에 속하고 환경적응성이 강하며, 우리나라 하천, 호수, 못, 늪 등에 분포한다. 몸길이는 20~43cm에 이른다. 찌개, 조림 등에 이용되고 횟감으로도 사용되나 기생충 감염 위험이 있다.

(4) 메 기(*Parasilurus asotus* LINNSRUS)

메기(cat fish)과에 속하고 하천, 호수, 못, 늪에 널리 분포하며, 몸길이는 30cm 정도에 달한다. 머리가 크고 입가에 길고 짧은 수염이 있으며 우리나라에서는 메기탕으로 많이 이용한다.

(5) 쏘가리(*Siniperca scherzeri* STEINDACHNER)

우리나라 압록강을 비롯하여 서해와 남부연해로 흘러 들어가는 여러 하천의 중상류 수계에 분포한다. 농어과에 속하며 바다볼락과 비슷한 외형을 가지고 있다. 몸은 긴 편으로 측편(側偏)되어 있다.

빛깔은 머리와 등에 불규칙한 자회적색의 다각형 점이 모여서 금린상(錦鱗狀)을 나타내는 아름다운 물고기이다. 매운탕으로 유명하다.

(6) 미꾸라지(*Misguruns anguillicaudatus* CANTOR)

우리나라에 흐르는 하천수계와 그 유역을 비롯한 거의 전국적으로 분포되어 있으며, 물 흐름이 적고 깊은 곳에 산다. 바닥 흙속의 유기물이나 소형 동물을 먹고 산다. 산란기는 초여름으로 비가 온 뒤에 얕은 곳으로 이동해서 수컷이 암컷에게 몸을 말아서 산란시킨다.

몸집이 가늘고 길며, 약 18cm에 달하며 꼬리가 둥글고 콧수염이 5쌍 있는 것이 특징이다.

최근에는 양식도 성행하고 있다. 겨울에는 진흙 깊숙하게 파고 들어가 동면하므로 말라서 맛이 없지만, 봄부터는 살이 오르고 여름에 알을 배므로 가장 맛이 좋다. 살에서 흙냄새가 나므로 맑은 물에 넣어 며칠 간 두거나 소금으로 처리하고 씻어 냄새를 제거하여 이용한다. 우리나라에서는 주로 추어탕에 쓰인다.

12-7 갑각류 (甲殼類)

1. 새우류

(1) 대 하(*Penaus orientalis* KISHINOUYE)

대하(large shrimp, oreiental shrimp)는 보리새우과에 속하며 황해, 발해만, 동지나해에 분포하고 몸길이가 25~27cm에 달하는 큰 새우이며 꼬리에 검은 무늬가 있다. 7월에 발해만의 오지에서 산란되며, 새끼새우는 9월에 체장 15~20cm로 성장하며, 수온 저하와 함께 점차로 남하하여 제주도 서방의 약간 깊은 해저에서 월동한다. 수명은 1년이다.

2월부터 늦봄에 이르는 시기에 가장 맛이 좋다. 맛은 보리새우보다는 좀 떨어진다. 튀김이나 찜 등의 재료로 이용된다.

그림 12-18 대하

(2) 중 하(*Metapenaeus joyneri* MIERS)

보리새우과에 속하는 중하(medium shrimp)는 난해의 연안, 진흙모래 바닥이 있는 낮은 바다에 산다. 보리새우와 비슷하나 껍질이 얇고 몸길이가 12~15cm인 소형의 새우이다. 보리새우나 대하 등에 비하면 상품가치가 낮다. 튀김이나 중국요리의 재료로 이용된다.

(3) 보리새우(*Penaeus japonicus* BATE)

보리새우(tiger prawn)는 보리새우과에 속하는데 우리나라의 서 · 남해안에서 많이 잡힌다. 몸길이가 20cm 정도에 이르는 중형의 새우로 몸 표면에 흑색의 가로줄 무늬가 있다. 조직이 연하고 맛이 좋으며 튀김재료나 초밥재료 등으로 이용한다. 산란시기는 5월 하순부터 9월 상순으로 헤엄치면서 방란하고, 수명은 1년이다. 알에서부터 완전양식이 가능하여 대량으로 양식되고 있다.

그림 12-19 보리새우

(4) 점새우(*Sergestes lucens* HANSEN)

점새우(spotted shrimp)는 점새우과에 속하고, 우리나라 황해에서 많이 나는 소형의 새우이다. 몸길이는 4~5cm이며 껍질이 얇고 반투명한데, 담홍색이다.

새우젓을 담는 데 이용된다.

(5) 곤쟁이(*Neomysis japonica* NAKAZAWA)

곤쟁이(mysis)는 미시스과에 속하고, 우리나라 연안의 담수와 해수가 섞이는 곳에서 산다. 주로 곤쟁이젓을 담근다.

2. 게 류

바다에 사는 게류는 약 5,000여 종이며, 게는 일반적으로 단백질량이 대략 어육과 같으나, 지방이 적고 영양분은 그다지 많지 않으며 폐기율이 높다. 게류 특유의 맛은 베타민(betaine)과 아미노산류에 의한다. 이들 성분은 시간이 지나면 효소 등의 작용으로 자기소화되어 식중독 성분이 되므로 신선할 때 이용하여야 한다.

(1) 왕 게(*Paralithodes camtschticus* TILESIUS)

왕게(king crab)는 왕게과에 속하고, 우리나라 영일만 이북의 동해안에 흔하며, 대한해협까지 이른다. 또 홋카이도 연안, 러시아의 동해 연안, 북극해 캄챠카연안, 오호츠크해에 분포하고 있다. 수온 10°C 이하, 수심 30~360m의 해역에 서식한다.

연령이나 성, 계절에 따라서 회유하고, 봄의 생식기에 가장 얕은 장소로 모인다. 교미에 앞서 자웅이 마주 앉아서 3~7일 동안 수컷이 암컷의 집게다리를 잡고 있다. 10년째에 껍질 폭이 약 10cm가 되어서 성적으로 성숙한다. 수명은 수컷이 31년, 암컷이 34년 정도이다.

다리를 좌우로 펴면 135cm에 달하는 것도 있을 정도로 갑각류 중 가장 큰 종류의 하나이다. 조직은 거칠지만 맛이 있으며, 이들의 통조림은 여러 조리재료로 쓴다.

그림 12-20 왕게

(2) 닭 게(*Ranina ranina* LINNAEUS)

닭게(red frag crab, spanner crab)는 닭게과에 속하고, 우리나라 제주도, 대한해협 연해, 일본 남쪽 연해, 대만, 말레이제도, 인도양~남아프리카에 분포하며, 깊이 10~50m의 바다 모래바닥에서 산다. 몸 빛깔은 빨갛다. 모래 속에 파고들며 뒤로 가는 운동만 하고, 앞이나 옆으로는 가지 못한다. 살이 많고 희며 맛은 담백하다.

(3) 꽃 게(*Portunus trituberculatus* MIERS)

꽃게(swimming crab, blue crab)는 꽃게과에 속하며, 우리나라 동해의 강원도, 울릉도, 대한해협, 제주도, 황해의 전 연안에 분포하며 특히 황해 연안에서 많이 난다. 우리나라에서 가장 많이 식용되는 게로 연중 언제나 나온다.

껍질 폭이 25cm에 이르며 껍질의 앞쪽에 톱니바퀴가 9쌍 있으며 집게에는 날카로운 이빨이 나 있다. 껍질 폭 22cm의 암컷이 2백만 개 정도의 알을 낳는다. 알에서 새끼게까지 양식하고, 그것을 방류하여 천연자원으로 삼고 있다. 포란하고 있는 암컷은 고가이지만 수컷은 대부분 잘라서 판매한다.

싱싱한 것을 삶아서 먹거나 찌개 또는 튀김 등으로 조리하여 먹는다.

그림 12-21 꽃게

(4) 민꽃게(*Charybdis japonica* A. MILNE-EDWARDS)

민꽃게는 꽃게과에 속하고, 우리나라의 전 연안, 일본 남부 연안, 중국, 대만에 분포한다. 껍질 폭은 약 10cm 내외로 겉껍질은 매끄러우며 광택이 있고 독특한 문양이 있다.

수심 10~70m의 모래바닥에서 살며 껍질부 중앙부의 모양이 십자가를 연상시키기 때문에 그리스도 교도가 많은 구미에서는 식용하지 않는다.

(5) 털 게(*Erimacrus isenbeckii* BRANDT)

털게(hairing crab, horsehair crab)는 털게과에 속하고 우리 나라 동해북부에서 영일만에 이르는 연해, 일본 홋카이도 연안에서 센다이만에 이르는 연해와 동해 연안의 각지, 캄챠카, 베링해, 알래스카에 분포한다. 몸이 크고 맛이 좋으므로 동해에서는 중요한 수산자원이다. 왕게보다는 못하지만 맛이 좋은 편이어서 통조림을 만들어 수출한다.

그림 12-22 민꽃게

그림 12-23 털게

(6) 대 게(*Chionoecetes opilio O.* FABRICUS)

대게(snow crab, queen crab, tanner crab)는 물맞이게과에 속한다. 우리나라 동해의 주요 수산자원이며, 예로부터 영덕에서 많이 잡혔으므로 영덕게로 알려져 있다. 조직이 연하고 맛이 있으며, 통조림으로 가공되나 생것으로도 이용된다.

그림 12-24 대게

껍질 폭은 수컷 15cm 정도이고, 살아 있어도 홍적색이고 삶아도 거의 변하지 않는다. 연안의 수심 250~2,300m에 서식한다. 흑변이 빠른 면에서 수산적 가치는 낮다.

12-8 연체동물 (軟體動物)

1. 두족류(頭足類)

(1) 문어류

① 문 어(*Octopus dofleini* WULKER)

그림 12-25 문어

문어(octopus, poulp)는 문어과에 속하며 약 250여 종이 알려져 있으나 식용으로 이용되는 것은 5~10여종에 불과하다. 몸길이는 75cm에 달하는 것도 있으나 보통은 60cm 정도이고, 몸통의 길이는 11cm 정도이며 몸통에는 8개의 긴 다리가 붙어 있다.

일견 머리와 같이 보이는 둥근 주머니는 모체로 그 안에 내장이 들어 있다. 두부(頭部)는 눈이 있는 부분이다. 문어류는 낙지, 꼴뚜기가 3대 중요 어종으로 그 중에서도 낙지가 소비량의 80%를 차지한다. 우리나라 연안, 일본, 인도양, 태평양에 분포하며 낮은 바다의 암초에서 산다.

문어에는 아미노산의 일종인 타우린(taurine)이 풍부하게 함유되어 있으며, 지질 및 당질은 적고 단백질은 넙치류와 거의 동일한 정도로 함유되어 있다.

고기맛이 좋으며 특히 겨울에 제맛이 난다. 보통은 물에 데쳐서 초고추장에 찍어 먹거나 초밥 재료로 이용되지만 찌개, 볶음으로 이용되기도 하고 건조하여 가공하기도 한다.

② 낙 지(*Octopus minor*(*variabilis*) SAKAKI)

그림 12-26 낙지

낙지(poulp squid, common octopus)는 문어과에 속하며 동해안의 수심 100~1,000m인 곳에 살며, 몸 길이는 3m, 몸통 길이는 30cm 정도로서 문어류 중에서 비교적 크다.

고기는 물기가 많고 맛이 문어만 못하며 이용은 물에 데쳐서 횟감, 초밥재료 등으로 쓴다.

③ 주꾸미(*Octopus ocellatus* GRAY)

주꾸미(sea arrow)는 문어과에 속하고 우리나라 연안, 특히 서 · 남해안의 낮은 바다의 암초나 자갈바닥에 살며 몸길이 20cm, 몸통 길이 4cm 정도이다. 이른 봄 몸통에 난소가 꽉 차 있을 때 맛이 좋으며 보통 물에 데쳐서 초고추장에 찍어 먹거나 찌개, 꼬치요리의 재료로 이용하고, 주꾸미젓을 담그기도 한다.

(2) 오징어류

오징어류는 전세계에 약 500여 종이 있으며, 이 중 식용으로 중요한 것은 15~20여종이다. 세계의 연간 총생산량은 120~140만 톤 정도이다. 오징어류 중에서 가장 많이 잡히는 종류는 외양성인 네온 오징어류로 외투가 두껍고 육질도 부드럽기 때문에 생식하기보다는 가공용 원료로서 많이 이용된다.

• 오징어(*Todarodes pacificus* STEENSTRUP)

오징어(squid)는 오징어과에 속하고 우리나라 동해에서 많이 잡힌다. 몸통의 길이는 약 30cm, 다리의 길이는 몸통 길이의 약 반 정도이고 몸 후단에 마름모꼴의 살지느러미(肉鰭)가 있다.

그림 12-27 오징어

몸통에서 내장을 빼내고 말린 것이 마른 오징어이다. 물에 데쳐서 횟감으로 하거나 생으로 오징어젓을 담그는 외에, 가정요리에 이용되고 훈제품이나 통조림 등으로 가공된다.

오징어살은 어육과 별로 차이가 없으며 단백질도 양질이다. 식감이 단단하지만, 생육으로 비교하면 어육과 소화율은 거의 같다. 오징어, 문어의 살에는 콜레스테롤이 많은데 콜레스테롤의 저하작용을 가진 타우린(taurine)도 많이 함유되어 있다. 오징어 먹물의 성분은 멜라닌(melanin) 색소이고 방부작용이 있다.

2. 부족류(斧足類)

(1) 조개류

① 바지락(*Tapes* 〈*Amygdala*〉*philippinarum* ADAM et REEVE)

바지락(short neck clam, baby clam)은 백합과에 속하는 가장 흔한 조개로 우리나라 전 해안에 분포하고 특히 선재도 일대, 안면도, 출포만, 당진만, 사천만 등에서 많이 난다.

해변이나 하구의 몇 cm 모래 속이나 진흙 속에 살며 껍질의 색이나 무늬는 서식장소와 개체에 따라 다르다. 근년에는 양식도 하여 일년 내내 이용할 수 있다. 살코기의 무게는 10월경이 최소가 되고, 가장 맛이 좋을 때는 2~4월경이다. 어육의 약 반 정도는 단백질이며 그 질이 비교적 좋다.

지미 성분의 주체는 호박산이고, 그 밖에 글루탐산을 함유한다. 조개국이나,

된장찌개 등의 재료로 이용되고, 젓갈 및 통조림 등으로 가공되기도 하며 건조 조개도 있다. 바지락은 1~2% 소금물에 몇시간 동안 담가서 토사(土砂)를 토하게 한 후 써야 한다.

② 백 합(Meretrix lusoria RÖDING)

백합(hard clam, clam)은 백합과에 속하는 조개로, 바지락보다 온해성(溫海性)이며 조간대 혹은 낮은 바다의 모래나 진흙 속에 산다. 큰 것은 껍질 길이 8cm, 높이 6cm, 폭 4cm에 이르는 것도 있다. 조개껍질은 무늬가 참새의 깃털 모양과 비슷하고 다양하며 개체에 따라 다르고 표면은 매끈하다.

그림 12-28 백합

수산업상 중요한 조개로 서해안에서 많이 양식되고 있으며, 찜, 국, 찌개 등 여러 가지 가정요리에 이용된다. 비타민과 무기질의 좋은 급원식품이다.

③ 피조개(*Anadara* 〈*Scapharca*〉*brouhtonii* SCHRENCK)

피조개(ark shell)는 꼬막조개과에 속하며 진해만, 충무만, 벌교 등지는 천연 어장으로 많이 생산된다. 내만(內灣)의 조용한 수심 15~50m의 진흙에 살며, 식용으로 가치가 높다.

그림 12-29 피조개

꼬막, 새꼬막, 피조개는 서로 비슷하나 피조개가 가장 크다. 이들이 서로 다른 점은 방사늑수(放射肋數)이며, 꼬막은 17~18줄, 새꼬막은 30줄 내외, 피조개는 40줄 내외이다.

살은 헤모글로빈이 함유되어 있어서 짙은 적색이고, 단백질이 어육의 약 절반이며 칼슘이 비교적 많다. 껍질을 까서 소금물로 씻고 내장을 제거한 다음 횟감이나 초밥원료로 이용한다.

④ 새꼬막(*Anadara* 〈*Scapharca*〉*subcrenata* LISCHKE)

새꼬막(cockle)은 꼬막조개과에 속하며 크기는 꼬막과 피조개의 중간 정도이며, 껍질표면의 골이 30~34줄, 길이는 5cm 정도로 작다. 조간대부터 수심 10m의 진흙 갯벌에 살며 양식하기도 한다.

전남 승주군 해룡면이 주산지이고, 강진군 대구면 등지로 이식하여 양식하고 있으며 일명 꼬마피안다미조개라고도 한다. 살색은 피조개에 비하여 엷고 맛도 좀 덜하다. 용도는 피조개와 같으나 조림이나 찜 등으로 이용하는 수가 많고, 조미통조림 등으로 가공하기도 한다.

⑤ 꼬 막(*Tegillarca granosa* LINNÈ)

피막조개과에 속하며 보성만, 순천만 등이 주산지이다. 특히 벌교는 꼬막(boody clam, rock cockle)의 다산지로 벌교 어협을 '꼬막 어협'이라고도 할 정도이다. 꼬막은 조간대부터 수심 10m까지의 진흙 바닥에서 산다.

이용은 보통 껍질째 삶아서 조미하여 먹으며 건제품으로 수출되기도 한다. 우리나라 남부 지방에서 널리 식용되고 있다.

⑥ 새조개(*Fulvia mutica* REEVE)

새조개(egg cockle)은 새조개과에 속하며 우리나라의 마산만, 통영만, 고흥만 등의 수심 10~30m의 진흙이 많은 곳에 산다. 새조개라는 이름은, 살이 닭고기의 맛이 나서, 또는 발이 삼각형으로 새의 머리형을 상상시키기 때문이라는 두 가지 설이 있다.

껍질은 둥글고 길이 7cm 정도로 잘 팽창한다. 흑자색의 발은 단맛이 나며 단백질이 24%로 비교적 많다. 부족부(발)를 살짝 데쳐서 초밥재료로 하거나 초고추장에 무쳐 먹는다. 겨울에서 봄까지가 제철이다.

⑦ 홍 합(*Mytilus coruscus* GOULD)

홍합(mussel)은 홍합과에 속하는 조개로, 길이 130mm 정도의 칠흑색 광택이 있는 껍질을 가지고 있고, 조간대로부터 수심 20m의 암초에 붙어서 무리지어(群棲) 산다.

살은 황색 내지 홍색으로 입에 검은 털이 있다. 제철은 산란 전인 겨울부터 봄으로 맛이 좋아서 직접 조리하여 식용하는 것 외에 국이나 샐러드의 재료로, 또는 날것으로, 건조(生乾)하거나 통조림 등으로 가공한다. 생건물(生乾物)은 중국요리의 재료로 이용된다.

⑧ 키조개(*Altrina*《*Servatrina*》*pinnata* LINNÈ)

키조개(pen shell)는 키조개과에 속하며 조간대로부터 수심 20m의 모래나 진흙이 있는 곳에 사는 직삼각형의 비교적 큰 조개로 껍질 길이가 250~300mm이다. 껍질은 비교적 얇으며 살은 특이한 냄새가 나므로 별로 이용되지 않으나 조개관자가 크기 때문에 이를 식용으로 하는데, 값이 비싸다.

그림 12-30
키조개와 조개관자

조개관자는 회감, 초밥재료, 초무침 등으로 생식하거나 튀김, 찌개 등에 이용한다. 또 소금에 절여 건조하여 출하하기도 한다. 가장 맛이 좋을 때는 가을에서 봄에 이르는 기간이다.

⑨ 재 첩(*Corbicula fluminea* V. MÜLLER)

재첩(marsh clam)은 재첩과에 속하고 한강과 금강 이남에 분포하며 특히 낙동강 하류에 많이 서식하는 담수성 조개이다. 서식장소에 따라 껍질표면의 색이 다르며, 사질(沙質)의 것은 황갈색이고 사니질(沙泥質)에 사는 것은 칠흑색이며 강한 광택이 있다.

부산을 비롯한 낙동강 하류에서는 재첩을 껍질째로 삶은 국을 '재첩국' 이라 한다.

⑩ 가리맛조개(*Sinonovacula constrica* LAMARCK)

가리맛조개(razor clam)는 가리맛조개과에 속하고, 껍질 길이 약 10cm 정도의 직사각형의 조개로, 조간대의 갯벌 30~60cm의 조개 구멍을 만들고 산다. 서해 연안에 서식하나 근래에는 연안해수의 오염으로 전혀 서식하지 않는 곳도 있다.

그림 12-31
가리맛조개

연체부(軟體部)를 '맛살' 이라 하여 국이나 찌개 등의 재료로 쓴다. 그 염장품을 맛젓이라 한다.

⑪ 굴(*Crassostrea gigas* THUNBERG)

굴(oyster)은 굴과에 속하고, 전국 연안, 특히 서해 연안에 많이 나며, 대만 등 비교적 염도가 낮은 조간대의 암초에 붙어 서식한다. 11월과 4월 사이에 맛이 좋으며, 5월부터 8월 사이의 굴은 말라서 맛이 없을 뿐만 아니라 부패하기 쉬우므로 별로 먹지 않는다.

굴은 일반적으로 지방이 적고 글리코겐을 다량 함유하여 '바다의 우유' 라고 할 정도로 영양이 풍부하다. 굴에는 유기동이 많이 함유되어 있어 빈혈에 좋다. 또한 타우린(taurin)도 많아서 혈장 중의 콜레스테롤을 내리거나 혈압저하 작용도 기대할 수 있다. 생식 외에도 튀김, 전, 찌개 등에 이용하며 통조림이나 어리굴젓 등으로 가공하여 이용한다. 열량은 325KJ이다.

3. 복족류(腹足類)

(1) 전복류

① 전 복(*Nordotis discus* REEVE)

전복(abalone, ear shell)은 전복과에 속하고, 우리나라 전 연안에 서식하며 세계에 약 100종이 알려져 있다. 말전복(*Nordotis gigantea* GMELIN)도 전복과에 속하며 전복보다 분포 범위가 좁고 주로 제주도, 추자도, 경남, 전남 등 남해안에 분포한다.

전복류는 조간대부터 수심 20m까지의 암초에 살며 해조류를 먹고 산다. 껍질은 울퉁불퉁하고 물결같은 무늬가 있다. 각층(殼層)을 따라 여러 개의 흡수공이 있는데 전복과 말전복은 4~5개이며 이것이 껍질 위쪽으로 돌출되어 있다.

그림 12-32 전복

전복은 단백질이 어육보다 약간 많고 류신(leucine), 아르기닌(arginine), 글루탐산 등이 비교적 많아서 특유한 맛을 나타내므로 식용가치가 높다.

생것을 회 등으로 생식하기도 하고 전복죽을 만들어 먹기도 하며, 말린 것은 명포(明鮑)라 하여 중국요리의 귀중한 재료로 쓰인다. 또 껍질은 나전(螺鈿)의 재료로 이용된다.

전복의 내장에는 먹은 후 햇볕에 닿으면 독화하는 클로로필 유도체가 함유되어 있어서 특히 봄의 내장은 먹지 않는 것이 좋다.

② 소 라(*Batillus cornutus*, LIGHTFOOT, *Turbo cornutus* SOLANDER)

소라(turban shell, top shell)는 소라과에 속하고 우리나라의 전 연해에 분포하며 조간대하의 암초에 산다. 껍질에 뿔 모양의 돌기가 돋아 있는 것이 보통이지만 내해에 사는 것은 대개 돌기가 짧거나 없는 것이 많다. 소라도 전복과 마찬가지로 해조류를 먹고 산다.

소라의 발은 중앙의 세로홈에서 좌우 2장으로 나뉘어져 있으며, 이를 교대로 움직여서 걷는다. 야행성이며 내장 부분은 대부분 생식선이고 먹으면 쓰다. 녹색이 암컷이고 흰색이 수컷이다.

겨울부터 초여름이 제철이며 구이, 초무침, 통조림 등으로 이용되나 맛은 전복만 못하다. 소라의 단백질 함량은 어육과 거의 같으며 육질이 좀 단단하고 겉껍질에 쓴맛이 있으므로 이를 제거하고 먹는다.

그림 12-33 소라

12-9 극피동물 (棘皮動物)

1. 성게류

(1) 성 게

성게(sea ursin)는 우리나라 모든 연해의 암초에 분포한다. 모양은 둥글고 표면은 석회질의 딱딱한 껍질로 덮여 있으며 끝이 뾰족한 가시가 많이 돋아 있어서 마치 밤송이와 같은 모양을 하고 있다.

우리나라에 많이 분포되어 있는 성게류는 보라성게(*Anthocidaris crassispina* A. AGASSIZ), 말똥성게(*Hemicentrotus pulcherrimus* A. AGASSIZ), 분홍성게(*Pseudocentrotus depressus* A. AGASSIZ) 등이 있는데 말똥성게가 가장 많고 보라성게가 가장 적다. 성게의 식용부분은 난소인데, 이것을 생체로 초 또는 고추냉이간장에 찍어 먹거나 구워먹기도 하며 염장품으로 가공하기도 한다.

성게는 난소가 성숙하는 시기에 가장 맛이 좋은데, 보라성게는 6~8월, 말똥성게는 2~4월, 분홍성게는 8~10월이다. 말똥성게가 가장 맛이 좋다.

그림 12-34 말똥성게

(2) 해 삼(*Stichopus japonicus* SELENKA)

해삼(sea cucumber)은 해삼과에 속하며, 푸른 기를 띠는 쥐색의 청삼, 밤색과 갈색의 무늬가 있는 적삼의 두 종류가 있다. 영어이름이 나타내듯이 오이와 비슷하며 표면에 돌기가 돋아 있고 몸길이가 20~30cm에 폭이 6~8cm이다. 그 밖에도 해삼보다 좀 거무스레한 광삼이 있다.

해삼은 잘게 썰어서 초고추장에 찍어 먹거나 건조시켜 중국요리의 재료로 쓰고, 내장은 소금에 절여 술 안주로 쓴다.

그림 12-35 해삼

12-10 멍게과

멍 게(*Halocynthia roretzi* Von DRASCHE)

멍게(우렁쉥이, sea squirt)는 원색동물로서 멍게과에 속하며 우리나라 모든 연해의 암초에 서식한다.

몸은 타원형으로 10~15cm이며 등적색의 광택이 있는 단단한 껍질과 원추형의 돌기가 많이 나와 있다. 모양 때문에 바다의 파인애플이라고 하기도 한다. 단단한 외피를 벗기고 안쪽의 오렌지색 근막을 잘라서 생으로 초고추장에 찍어 먹거나 소금절임으로 가공하기도 한다. 초여름에서 여름이 제철이고 젓갈도 진미이다.

그림 12-36 멍게

FOOD MATERIALS

Part 4 기타 식품재료

Chapter 13

유지식품재료

유지는 식물의 종자나 동물의 조직에 축적되어 있는 성분으로서 탄수화물, 단백질과 함께 생체조직의 구성과 생장에 필요한 에너지를 공급하는 중요한 영양소이다. 영양적인 측면뿐만 아니라 조직감(body and texture)과 향미(flavor and taste)에 큰 영향을 미치고, 요리중에서 향미, 색소, 비타민 등의 용매역할 등을 하므로 매우 중요하다.

유지는 고체인 fat과 액체인 oil로 구별하며, 고체와 액체는 서로 지방산의 조성이 매우 다르므로 특성 또한 다르다. 유지는 포화 또는 불포화 직쇄구조이고, 짝수의 탄소수를 가진 지방산의 글리세릴 에스터(glyceryl ester)로서 에테르, 클로로포름, 벤젠과 같은 유기용매에는 녹고 물에는 녹지 않는다. 물보다 밀도가 낮고 고체상태에서는 미끈미끈(greasy)하고 액체상태에서는 점성(viscous)을 나타낸다.

보통 지질이라는 용어는 단순지질인 중성지질(neutral lipid)을 말하며 그밖에 복합지질과 유도지질(derived lipid)이 있다.

식품재료로서 유지가 중요한 이유는 에너지원, 세포막의 주성분, 장내에서의 유화작용, 지용성 비타민 운반체, 필수지방산 공급, 소화율 증진, 맛 상승 효과 등 다양한 기능을 수행하고 있기 때문이다.

유지를 생산하는 재료는 주로 식물종자 또는 동물조직이다. 동물조직은 유지를 가지고 있으나, 유지만을 생산하기에는 재료적 가치가 낮아 동물만을 대상으로 유지를 생산하는 것은 비경제적이다. 때로 소와 돼지의 비계 부위에서 추출한 유지가 공업용이나 식용으로 이용되고 있지만 전적으로 동물조직에서 유지를 생산 · 공급하는 것은 어려운 실정이다.

유지공업에서는 대부분 식물의 종자 특히 곡물의 배아 등을 원료로 적당한 방법에 의해 유지를 분리, 추출한 후에 정제하여 생산한다.

13-1 유지재료의 분류

동물조직에서 모든 유지를 생산 · 공급하는 것은 매우 어려운 실정이므로 비교적 값이 싸고 재배가 용이하면서 식품으로서 가치는 조금 적은 식물종자로부터 얻고 있다. 유지재료의 분류는 표 13-1과 같다.

유지 자원은 십자화과(*Cruciferae*)의 채종유(rape seed), 콩과(*Leguminosae*)의 콩 · 땅콩 등, 접시꽃과(Malvaceae)의 면실, 국화과(Compositae)의 해바라기 · 홍화 등, 야자과(Palmae)의 야자 및 코코넛 등, 참깨과(Pedaliaceae)의 참깨 등이 있다.

식물종자의 유지함량은 16~60% 정도인데, 참깨는 50~56%, 올리브 열매는 40~60% 가량의 유지를 함유하고 있다(표 13-2 참조).

유지는 식품 자체 또는 가공식품의 재료로 사용되는데, 식용유의 경우에는 식품에 직접 사용되는 동시에 튀김식품의 재료로 사용된다.

유지는 가공식품의 재료로서 마가린, 쇼트닝, 라드(lard), 식용 경화유 등의 제조에는 직접 원료로, 그 밖의 가공식품에는 조직감 향상, 영양가 보완, 미각, 향미 증진용으로 많이 사용되고 있다.

표 13-1 유지재료의 분류

<table>
<tr><td rowspan="4">식물성 재료</td><td rowspan="3">식물성(oil)</td><td>건성유(乾性油, drying oil)
(요오드값 130 이상인 것)</td><td>들기름, 아마인유,
호두기름, 잣기름</td></tr>
<tr><td>반건성유(半乾性油)
(요오드값 80~140)</td><td>대두유, 면실유, 미강유,
옥수수기름, 해바라기기름,
고추씨기름, 유채씨기름</td></tr>
<tr><td>불건성유(不乾性油)
(요오드값 80 이하)</td><td>땅콩기름, 올리브유,
동백기름, 참기름</td></tr>
<tr><td>식물성(fat)</td><td></td><td>야자유, 카카오버터,
팜핵유, 팜유</td></tr>
<tr><td rowspan="4">동물성 재료</td><td rowspan="3">동물성(oil)</td><td>해산동물유</td><td>어유, 간유, 고래기름</td></tr>
<tr><td>담수산동물유</td><td></td></tr>
<tr><td>육상동물유</td><td></td></tr>
<tr><td>동물성(fat)</td><td>해산동물유</td><td>돈지(豚脂), 우지(牛脂),
양지(羊脂)</td></tr>
</table>

표 13-2 식품재료의 유지함량

식 품 재 료	유지함량(%)	식 품 재 료	유지함량(%)
콩(soybean)	16~20	흰참깨(white sesame)	55~56
땅콩(peanut)	40~50	검은참깨 (black sesame)	50% 내외
채종(rape seed)	38~45		
미강(rice bran)	≥20	올리브 과실	40~60
해바라기(sunflower)	25	면실(cotten seed)	15~25
홍화(saffflower)	18	팜(palm, 과육)	33~37
옥수수 배아	20~30	야사	30~40

과실의 지방은 팔미트산(palmitic), 올레산(oleic acid)과 때로는 리놀레산을 함유한다. 종실지방은 포화지방산이 비교적 적고, 팔미트산 · 올레산 · 리놀레산 · 리놀렌산이 들어 있으며 때로는 채종유와 같이 에루크산(erucic acid) 등 고도의 불포화지방산이 많이 들어있다.

유지의 특성은 그 유지를 구성하고 있는 지방산의 종류와 유지성분에 녹아 있는 향미성분에 따라 좌우된다. 저급지방산은 융점이 낮고 휘발성이거나 냄새를 낸다. 고급 포화지방산은 비휘발성이고, 포화지방산은 상온에서 고체이며, 불포화지방산은 융점이 낮아서 좋기는 하지만 저장 중 산패가 일어나기 쉽다.

[구성 지방산별로 분류한 유지의 종류]

① **라우르산(Lauric acid)계 유지** : 땅콩기름, 코코넛 · 팜의 종자유 등의 유지는 불포화지방산이 적고 라우르산이 40~50% 함유되어 있으며, 그밖에 소량의 탄소수가 8~16개인 저급지방산을 함유하고 있다. 모든 유지 중 불포화도가 가장 적지만 저급 지방산이 비교적 많아서 융점이 낮다. 마가린의 원료나 제과용 등으로 쓰이며 값이 비교적 싸서 많이 이용된다.

② **올레산(Oleic), 리놀레산(Linoleic acid)계 유지** : 보통 기름으로 식물에서 얻는다. 구성지방산 중 포화지방산은 20% 이하이고, 불포화지방산으로는 올레산 · 리놀레산을 함유하며 리놀렌산은 함유하지 않는다. 이 유지는 불건성 혹은 반건성으로 식용으로 적합하여 튀김용이나 샐러드유로 사용한다. 참기름, 옥수수기름, 땅콩기름, 올리브유, 해바라기 기름, 홍화유, 면실유, 미강유 등이 있다.

③ **에루크산(Erucic acid)계 유지** : 글리세리드의 분자량이 크고 점도가 높으며, 에루크산이 대량 함유된 것이 특징이다. 주로 공업용 윤활유 등에 쓰이며

채종유, 겨자유(mustard oil) 등이 있다.

④ **리놀렌산**(Linolenic acid)**계 유지** : 올레산 · 리놀레산 외에 리놀렌산을 함유하는 것이 특징이고, 모두가 건성유로 페인트 · 왁스의 원료 등 공업용으로 주로 이용된다. 대두유, 아마인유, 들깨기름 등이 여기에 속한다.

⑤ **유지방**(milk fat) : 부틸산(butyric acid)을 함유한 유일한 유지로 크림 등으로 분리된다.

⑥ **동물지방**(animal fat) : 팔미트산 · 스테아르산 등 포화지방산을 많이 함유한 유지로 식물유지보다 값이 다소 비싸다.

식용유지는 추출 · 정제하여 그대로 사용하는 튀김용이나 샐러드, 조미료용 등으로 쓰이는 것과 일단 경화시켜 마가린이나 쇼트닝으로 가공하여 여러 용도로 쓰이는 것으로 구분된다.

식용유지를 오래 저장하면 냄새나 색소가 원료유와 같은 상태로 되돌아가는 경향이 있다. 산화가 더 진행되면 자동산화 등에 의하여 변패취를 내므로 산화방지제(antioxidants)나 항산화조제(synergist)의 첨가, 빛과 산소의 차단 등으로 산화를 억제함으로써 변질을 방지하여야 한다.

13-2 유지의 일반적 성질

유지는 지방산과 글리세롤이 에스터 결합한 물질로 분자내에 —OH, —C=O기를 가지고 있고, 지방산의 탄소수는 짝수로서 4~24개 정도이다.

유지의 성질은 지방산의 탄소수, 이중결합수에 따라 결정되는데, 주요 물리적 성질은 비중, 융점과 비점, 동질이상현상, 가소성, 과냉화, 굴절률, 발연점, 혼탁 정도이고, 화학적 성질에는 검화가, 요오드가, 산가 등으로 나타낸다.

(1) 물리적 성질

① **비중**(specific gravity) : 종류에 따라 다르지만, 보통 물보다 작은 0.90~0.96 범위의 값을 가진다. 유지의 비중은 보통 지방산의 탄소수가 클수록, 불포화지방산이 많을수록 커진다.

② **융점**(melting point) : 일반적으로 유지를 조성하고 있는 지방산의 탄소수가

증가할수록 융점과 비점이 높으며, trans-형이 cis-형보다, 포화지방산보다는 불포화지방산으로 된 유지가 융점이 높은 편이다. 또 탄소수가 짝수인 지방산은 그 수 다음의 홀수 지방산보다 융점이 높다.

③ **유지** : 온도에 따라 액체 혹은 고체로 존재하는데, 고체상의 유지를 가열하면 차츰 액체상으로 변하면서 고체-액체상이 공존하는 영역이 있다. 이 영역에서 유지는 부드럽고 가소성(plasticity) 및 탄성이 있다. 이런 상태에서 더욱 온도를 가하면 반고체상유지는 모두 액상유지가 되어 유체적 성질이 있다. 이러한 성질은 버터, 마가린, 쇼트닝 등에 잘 나타난다.

④ **유지의 굴절률** : 유지 종류를 식별하는 데 많이 이용되는 매우 유용한 물리적 성질로 보통 불포화도가 클수록, 지방산의 탄소수가 많을수록 굴절률이 크다.

⑤ **발연점**(smoke point) : 유지의 정제도, 순수성 등을 측정하는 데 유용하며 유리지방산 함량이 많을수록, 노출된 유지 표면적이 클수록, 불순물이 많이 혼입될수록 발연점은 내려간다.
발연점이 낮은 유지는 정제가 잘 되지 않은 상태를 의미하고 산패 가능성도 많으므로 좋은 유지라 할 수 없다. 발연점이 높은 유지는 인화점(flash point)도 높고 연소점(fire point)도 높기 때문에 정제가 잘되고 저장상태가 좋은 유지로 취급된다.

(2) 화학적 성질

유지의 화학적 성질은 유지의 정제상태, 산패정도를 쉽고 정확하게 판정할 수 있는 척도로, 유지의 품질관리에 유용하게 이용된다.

① **검화가**(saponification number) : 유지 1g을 비누화하는 데 필요한 KOH의 mg수로 나타내는데, 유지를 구성하는 지방산의 탄소길이를 간접적으로 추측하는 지표로 사용된다. 검화가가 클수록 저급지방산 함량이 많다.

② **요오드가**(iodine value) : 유지 100g과 반응하는 요오드의 g수로 표시되며, 유지의 불포화도를 나타내는 수치로 건성유, 반건성유, 불건성유를 분류하는 근거이다. 요오드가가 클수록 불포화도가 높다.

③ **산가**(acid value) : 유지 100g 중에 함유된 유리지방산을 중화하는 데 필요한 KOH의 mg수로 표시되고, 유지의 정제도, 저장상태 등을 나타내는 지표가 되며, 산가가 클수록 불량한 유지로 취급된다.

13-3 중요한 유지식품재료

1. 참 깨 (*Sesamum indicum* L.)

그림 13-1 참깨

참깨(sesame)는 참깨과에 속하는 일년생 초본으로, 높이는 약 1m이고, 줄기는 네모지며 여러 개의 마디가 있다. 유지작물 중에서 가장 오래된 것으로 인도 부근이 원산지이며 현재 중국, 인도, 아프리카, 남아메리카, 중앙아메리카, 멕시코 등지에서 재배된다.

1998년도 우리나라의 참깨 총 생산량은 27,725톤이며, 부족분은 홍콩시장을 비롯하여 멕시코, 중국 등지에서 수입하였다.

원래 열대성 작물이기 때문에 열대에서 온대까지 널리 재배되고 있으며, 우리나라에서는 3~4월에 파종하고 8월 하순부터 9월 상순에 수확되고 있다.

참깨의 열매는 계란형으로 작고 한쪽 끝이 뾰족하며 품종에 따라 백색, 황색, 검정색 등이 있다. 참깨 1L의 무게는 약 650g이며, 참깨의 종피색에 따른 유지의 함유량을 비교하면 표 13-3과 같다.

참깨에는 45~55%의 지방질이 들어 있고, 탄수화물, 단백질, 비타민 A, B_1, B_2, C 등이 풍부하며, 열량도 높은 중요한 식품재료 중의 하나이다. 주요한 지방산은 올레산 40%, 리놀레산 44%, 팔미트산 9%가 들어 있는 반건성유이고, 세사몰린(sesamolin)이 들어 있어서 산화방지 역할과 향미를 부여한다.

표 13-3 참깨의 종피색과 함유율(含油率)

종 피 색	지방함량(%)	1g의 용량(mL)
백호마(白胡麻)	50.4	1.61
황호마(黃胡麻)	50.2	1.62
갈호마(褐胡麻)	47.6	1.94
흑호마(黑胡麻)	42.2	2.03

식용유로 품질과 향미가 좋으므로 식탁용 조미료, 수프용, 라면 등에 쓰이고 있다. 약용으로는 해독제, 완화제, 연고의 원료로 쓰이고, 공업적으로도 냉각제, 비누제조원료, 화장품원료, 등화용 등으로 쓰인다. 깻묵은 필수아미노산인 함황아미노산이 많고, 제한아미노산은 리신이므로 다른 식물성 단백질과 적절

히 배합하여 사료의 영양가 증진에 쓰이며, 그 밖에 유기질 비료로 쓰인다.

2. 들깨 (*Perilla frutescens* Britton, *P.ocimcides* L.)

들깨(perilla)는 꿀풀과에 속하는 1년생 초본으로서 줄기는 다각형이며 높이는 60~70cm이다. 잎은 삼각형이고 잎자루가 길며 보통 녹색이지만 보라색인 것도 있다.

인도, 중국 등이 원산지이며, 인도, 중국, 한국, 일본, 그밖의 동남아 지역 특산물이었으나 최근에는 러시아, 미국, 남아프리카 등지에서도 재배하고 있다.

그림 13-2 들깨

종실은 둥글고 큰 것은 2.5~2.3mm이고 작은 것은 1mm 정도이며, 과피의 빛깔은 회백색인 것으로부터 진한 갈색인 것까지 있다. 들깨 1L의 무게는 약 400~500g이며, 종피의 색에 따라 백색종과 흑색종으로 나눈다.

우리나라 2006년도 들깨 총생산량은 26,954톤이며, 가지수와 잎이 많고 수확량과 함유량이 많은 흑색종이 더 많이 재배되고 있다. 들깨는 서늘한 곳에서 잘 자라지만, 따뜻한 지방에도 적응성이 강하다.

들깨 중에는 기름이 40~45% 정도 들어 있고, 지방산은 리놀레산 약 49%, 리놀렌산 33%, 올레산 11%가 들어 있으며, 요오드값이 189~195로서 건성유에 속한다.

들깨기름은 구미지역에서는 주로 공업용으로 사용되고, 우리나라에서는 참기름의 대용이나 튀김용으로 쓰이며, 그밖에 공업용으로 기름종이용, 페인트, 왁스 등의 원료로 쓰인다. 잎은 *l*-페릴라 알데히드(*l*-perilla al dehyde), *l*-리모넨(*l*-limonen), 페릴라 케톤(perilla ketone) 등이 0.3~0.8% 들어 있어서 특이한 향기를 내어 부식용으로 이용된다. 깻묵은 사료와 비료로서 중요하게 이용된다.

3. 옥수수 (*Zea mays*)

옥수수 기름은 전분을 추출하고 난 배아에서 추출한 것으로, 정제하지 않은 기름은 다른 식물성 기름보다 어두운 적갈색이다. 올레산과 리놀레산이 80% 이상을 차지하고 팔미트산은 10%를 차지하고 있다. 또한 비교적 많은 인지질과 불검화물이 각각 1%나 들어 있으며 유리지방산도 많다. 그 밖에 비타민 E가 0.1%나 들어 있고, 페룰산(ferulic acid) 같은 강력한 산화방지작용을 하는 성분이 극미량 들어 있으며 왁스(wax)도 미량 들어 있다.

옥수수 기름은 조리용, 샐러드, 마요네즈, 마가린 등의 제조원료로 쓰인다.

4. 올리브 (*Olea europaea* L.)

그림 13-3 올리브

성장속도가 느리고 수명이 긴 아열대 상록수로, 지중해 연안과 유사한 기후조건에 널리 분포되어 있다. 올리브는 해거리를 하기 때문에 생산량의 기복이 심하다.

타원형의 올리브 과실은 크고 단단한 껍질로 덮여 있으며 쓴맛이 강하여 천연상태로는 식용할 수 없다. 성숙된 과실은 자색을 띠고 1.5~13g이며, 껍질이 15~30%를 차지하고 배유의 기름은 15~35%이며, 종자에는 5%의 기름이 들어 있을 뿐이다.

올리브유는 녹황색을 띠고 독특한 향미를 갖는다. 다른 식물성 기름과는 달리 상급품의 올리브유는 정제과정을 거치지 않고 직접 이용한다. 착유할 때 처음 추출되는 상급품의 기름을 버진(virgin)이라 하여 구분하기도 한다.

기름에는 올레산이 65~85%로 특이하게 많고, 포화지방산은 팔미트산이 많다. 요오드값은 77~95%이며, 리놀레산이 적어 산화에 안정하다.

샐러드 기름, 유지용으로 쓰인다.

5. 해바라기 (*Helianthus annuus* L.)

그림 13-3 해바라기

해바라기(sunflower)는 국화과에 속하는 1년생 초본으로서 줄기가 2~3m이고 잎은 계란형이며 꽃은 황색이다. 북아메리카가 원산지라고 하며, 온대지방에 알맞는 식물로 알려져 있으나, 러시아를 비롯한 여러 대륙에서 널리 재배되고 있다.

열매는 약간 평평한 모양이며 연한 털이 나 있고, 흑색이나 백색 혹은 흑백색의 무늬가 있는 것이 있다. 종실의 1,000립중(粒重)은 120g 정도이다. 4월에 파종하여 8~9월에 수확한다. 수분함량이 9.5% 이하가 되도록 건조하여 저장한다.

해바라기 기름은 종실에 기름이 24~40%, 종피를 벗긴 것에 40~45% 들어 있으며, 구성 지방산은 리놀레산 59%, 올레산 34%이며, 요오드값이 124~135인 건성유이다.

종실은 식유 및 착유용으로 쓰이고, 볶아서 땅콩처럼 간식용으로도 이용되며, 식용유는 샐러드, 쇼트닝, 마가린 등으로 쓰인다. 그 밖에 비누, 양초, 페인트 등의 공업용 원료로도 이용된다.

6. 땅 콩 (*Arachichis hypogaea* L.)

땅콩(peanut)이 1998년도에 우리나라에서 생산된 양은 13,954톤에 불과하며, 전세계 생산량은 2,300만 톤이 되며, 30%를 인도가, 18%를 중국이 생산하고 있다. 그 중 2/3를 분쇄하여 기름을 짜며, 전체 식용유지의 1/5을 공급한다.

땅콩은 기름을 47~50% 함유하고 있고, 주요 지방산은 올레산 약 61%, 리놀레산 22% 및 약간의 팔미트산을 함유하고 있다.

땅콩기름은 특유의 맛과 향기를 가지고 있어 샐러드유, 튀김용 기름, 마가린 등의 원료로 적합하다. 공업용으로는 고급비누, 윤활유 등의 제조에 이용된다.

7. 유 채 (*Brassica napus* L.)

그림 13-5 유채종실

종실유채(rape)는 겨자과에 속하는 1년 혹은 2년생 초본으로 흑색종(*B.napus*)과 적색종(*B.campestris* L.)이 있으며, 전자가 후자에 비하여 종자 및 유지함량이 높다. 유채의 세계 생산량은 2,720만 톤이고 이로부터 생산된 채종유는 780만 톤으로 전체 식물성 유지 생산량의 190%를 차지하여 대두유, 해바라기유 및 팜유 다음으로 많이 생산되고 있다.

종실의 모양은 구형이고, 매끄럽고 녹색이지만 성숙하면 흑색 또는 적갈색이 되며, 간혹 황색인 것도 있다. 크기는 1.5~2.5mm 정도이며, 1L의 무게는 65g 내외이다.

우리나라는 2006년에 1,152톤을 생산하였다. 제주도가 전체 생산량의 50% 이상을 차지하고, 전남을 합하면 90% 이상이며, 그 밖의 지방 전북, 경남 등 남쪽지방에서 일부 재배하고 있다.

종실에는 기름성분이 35~50% 정도 함유되어 있고, 에루크산이 50% 들어 있는 것이 특징이며, 올레산 32%, 리놀레산 linoleic acid 15 %가 들어 있다.

유채종자에는 함황배당체가 들어 있으며, 이들이 효소분해되어 이소티오시안염(isothiocyanate)과 옥사졸리딘 티온(oxazolidine thiones)으로 분해된다. 후자는 갑상선 비대증의 원인이 된다. 흑색종의 탈지박(脫脂粕) 중에 0.5~1.0%가 들어 있고, 적색종에도 0.2~0.3%가 들어 있다. 영양실험 결과 천연의 배당체는 인체에 해롭지 않으나 그 분해물은 유해하였다고 한다. 그래서 이런 성분이 적게 들어 있는 품종을 현재 각국에서 개발하고 있다.

유채의 어린 잎과 줄기는 식용 및 사료로 쓰이고, 종실에서 착유한 기름은 샐러드유, 튀김용, 마가린, 과자제조 등에 이용된다. 그 밖에 의약, 공업용 윤활유 등으로 쓰인다.

8. 코코넛 (*Cocus nucifera* L.)

코코넛(coconuts)은 인도, 인도네시아, 남태평양 연안 등 열대지방의 해안 사질토에 잘 자라고, 번식은 종자에 의해서만 이루어진다. 이들 지방에서 대부분을 생산하고 있으며, 총 생산량은 4,240만 톤(1991년)이다. 코코넛은 심은 지 6~9년 만에 결실하며 한 나무에서 50여 개의 과실이 열리고 10kg의 코프라(copra)가 생산된다. 유통되는 것은 코코넛, 포프라, 코코넛유, 코코넛박 등이다.

코코넛 과실은 미숙과로 과육을 그냥 먹거나 아이스크림, 파이, 케이크, 쿠키 등에 이용하나, 저장성이 불량하여 생산지에서만 이용된다. 성숙과는 저장성이 있으나, 과육이 단단하여 분쇄한 후에 사용하며 향미가 좋다.

그림 13-6 코코넛

종실구(種實口) 내배유(ensdosperm), 외과피(exocarp), 중과피(mesocarp), 내과피(endocarp), 종피(copra) 등이 건조된 과육으로서 기름이 64%나 들어 있으며, 저장과 유통을 위해서 건조한 것이다.

코코넛 기름은 식용과 공업용으로 이용된다. 식용유는 불건성유로 20°C에서 고화되며 포화도가 높아서 안정성이 좋아서 제과, 제빵, 튀김용으로 가장 적합하다. 주지방산은 라우르산 45%, 미리스트산(myristic acid) 18%, 팔미트산 9.5%, 올레산 8.2%, 카프릴산(caprylic acid) 7.8%, 카프르산(capric acid) 7.6%, 스테아르산 5%이다.

다른 유지에 비하여 저급지방산이 비교적 많고, 특유의 향미물질인 락톤(lactone)류를 150ppm 함유하고 있다. 또 고화온도 범위가 좁아서 가소성의 범위가 좁은 것이 특징이다. 즉, 상온에서 고체이던 것이 입 안에 들어가면 쉽게 녹는다.

코코넛유에는 코프라로부터, 과피로부터, 코코넛핵으로부터 짜낸 것 등이 있다. 쇼트닝, 마가린, 튀김용 기름 등으로 쓰이며 그 밖에 비누 등 세제의 원료로 사용된다.

9. 오일 팜 (*Elaeis quineensis*)

오일 팜(oil palm)은 코코넛 팜과 함께 세계적으로 중요한 유지용 수목이다. 과실은 오렌지 빛깔의 중과피와 단단하게 목질화된 내과피와 핵으로 구성되어 있다. 과실의 크기는 2~5cm, 무게 3~25g이고, 핵은 1~3cm, 2~4g이다. 하나의 꽃에서 500~2,500개의 열매가 열린다. 아프리카, 말레이시아, 인도네시아, 브라질, 파나마 등 열대지역 국가에 분포되어 있다.

오일 팜 과실은 특이하게 성질이 다른 두 종류의 유지를 함유하고 있다. 즉

그림 13-7 오일 팜

팜핵에는 44~53%의 팜핵유가 들어 있는데 그 특성이 코코넛유와 유사하며, 이것은 주로 비누나 마가린, 제과 등에 이용된다. 펄프에는 약 50%의 팜유가 들어 있으며, 팜핵유와는 달리 그 조성과 특성이 아주 다르다.

팜유는 카로틴 함량이 0.02~0.20%로 진한 오렌지 적색을 띠며, 상온에서 반고형이고, 유리지방산은 글리세리드보다 녹는점이 높기 때문에 유리지방산의 함량에 따라 융점은 달라진다.

정제된 팜유는 담백한 특유의 풍미를 가지며, 가소성은 우지나 돈지 등과 유사하다. 우리나라에서는 라면 튀김유로 많이 사용되며 그밖에 마가린이나 육제품 등에까지 가공유가 이용되고 있다.

10. 카카오 (Theobroma cacao)

카카오(cacao)는 아프리카 원산의 상록교목(常綠喬木)이다. 주산지는 열대지방으로 아프리카 서해안, 남아메리카, 인도 등이다. 카카오 나무는 껍질이 회갈색으로 5~8m까지 자라고 17~35°C의 온도와 높은 습도를 요구한다.

과실이 익은 후에 수확하여 1~2일이 지나서 열매를 쪼개어 씨(카카오 豆)를 꺼내고 발효시키면 나머지 섬유가 제거된다. 이때 발효에 의해서 초콜릿 냄새의 물질이 생성된다.

이 종자에는 약 55%의 지방질이 들어 있으며 이것을 압착하여 얻은 것이 카카오 버터이다. 이 버터는 담황색 고체지방으로 융점의 한계가 뚜렷한 것이 다른 유지와 다른 점이다. 이는 저급지방산보다 글리세리드 조성이 독특한 데서 연유된 것으로, 75% 이상의 올레산이 스테아르산이나 팔미트산과 결합되어 있다. 따라서 27°C 이하에서는 부스러지기 쉽고, 또 이보다 높은 온도에서는 바로 연화된다.

연화점 바로 아래 온도에서는 끈적거리지 않고 단단하나, 입안의 체온에서는 쉽게 녹는다. 불포화지방산이 적어서 산화에 대하여 안정하다.

11. 목 화 (*Gossypium spp*)

그림 13-8 목화

씨목화(cotton)은 무궁화과 중 목화속에 속하는 열대성 식물로 인도가 원산지이며, 우리나라에는 중국에서 14세기 중엽에 도입되었다. 열대지방에서는 방치하면 다년생 목본이 되나, 온대지방에서는 1년생 초본이 된다.

종자의 외피는 단단한 종피로 싸여 있고, 그 속에 배(胚)와 자엽(子葉)이 있다. 목화는 섬유용으로 재배하고 부산물로 종실을 유지원료 및 단백사료로 이용하는데 세계 총 생산량은 6,010만 톤에 달한다. 따라서 면실유 생산량은 360만 톤에 달한다.

면실유는 오래 전부터 식용하여 왔으며, 고도의 불포화유지로 주된 지방산은 리놀레산이 47~50%, 팔미트산이 26% 들어 있다.

면실유는 주로 마가린, 쇼트닝의 제조에 사용된다. 장기저장을 하여도 냄새가 나지 않으며, 경화 시에 결정성이 좋아 널리 이용된다. 그러나 면실유에는 생장 저해물질인 고시폴(gossypol)이 들어 있어 유지의 정제과정에 각별한 주의가 필요하다.

면실박은 단백질이 50%나 들어 있으므로 좋은 사료원료로 이용된다. 최근에는 고시폴이 들어 있지 않은 품종을 육종하였다.

12. 미 강 (米糠, rice bran)

쌀에는 약 8%의 겨가 들어 있고 이 겨에는 지방질이 약 15~20% 들어 있다. 미강유에는 유리지방산이 4~6%나 들어 있고, 리파아제(lipase)가 들어 있으며, 왁스도 다량 함유되어 있다. 또 다른 식물성 기름과 마찬가지로 토코페롤과 페룰릭산이 들어 있어서 기름을 안정화한다.

미강유에는 포화지방산이 15~20%, 불포화지방산이 80~85%가 들어 있다. 미강은 도정 후 변패되기 쉽고 수집이 곤란하여, 크게 활용되고 있지 않는다.

13-4 가공 식용유지제품

(1) 튀김용 기름

대두유, 유채유, 참기름, 미강유 등의 식물유가 주로 쓰인다. 시판되는 것들은 이들을 적당히 배합한 것이 대부분이다.

유지원료로부터 채취한 원유는 일반적으로 약간의 유리지방산과 짙은 색소와 불쾌취를 가지고 있다. 따라서 원유는 탈산, 탈색, 탈취공정을 거쳐서 정제하여 투명하고 냄새가 없는 식용유로 가공한다.

기름은 오래 보존하면 온도, 빛, 공기 등의 영향을 받아서 기름이 자연히 산화되어 변색되거나 불쾌취를 낸다. 또 기름을 가열하면 엷은 연기가 나기 시작하는데, 그 때의 온도를 발연점이라 하며, 좋은 기름은 230℃ 이상이다. 정제가 불충분하여 불순물이 많은 기름은 이보다 낮은 온도에서 발연한다.

튀김용 기름을 오래 사용하여 거품이 나고 불쾌취와 색이 짙어지고 점도가 높아지게 되는데, 이런 현상을 유지의 열화(劣化)현상이라 한다.

(2) 샐러드유

정제한 식용유지를 다시 정제하여 겨울에도 응고하지 않도록 0°C 또는 그 이하에서 응고되는 침전물질을 제거한 기름을 말하며, 마요네즈, 프렌치 드레싱(french dressing), 생야채 등과 함께 먹는 기름이다. 옛날에는 올리브유를 사용하였으나, 현재에는 여러 기름을 정제하여 만든다.

(3) 마가린 (margarine)

유지원료로 고체식물유지인 야자유, 팜유나 액상식물유인 대두유, 면실유, 유채유, 동물유 등을 충분히 정제하여 융점 28~33°C가 되도록 배합한 후에 물, 식염, 발효유, 유화제 등을 혼합, 유화하여 만든 것이다. 유화제, 보존료, 향료, 착색료 등의 첨가로 외관이나 향미 및 보존성을 향상시킬 수 있으며, 비타민 A 등을 첨가한 강화 마가린을 제조하기도 한다.

(4) 쇼트닝 (shortening)

실온에서 사용 가능한 가소성 유지로서 식품의 가소성이나 연화를 위하여 쓰인다. 가소성 쇼트닝은 식물성 경화유를 많이 사용하며, 여기에 8~14%의 공기나 질소를 미세하게 분산시키고, 또한 산화방비제와 유화제를 넣어 제품화한다.

16~32°C에서 가소성을 나타내는 것은 비스킷, 쿠키, 빵, 케이크, 튀김용 등에 많이 사용한다. 저급 지방산을 많이 함유한 야자유나 팜유는 고온 튀김에 적합하다. 액상유는 마요네즈, 샐러드 드레싱, 기타 주방용으로 쓰인다.

(5) 분말유지

고체의 유지에 단백질, 탄수화물, 유화제 등을 첨가하고 물을 가하여 유화시킨 것을 분무건조 또는 기름을 저온으로 급냉, 고체화하여 분쇄기로 분말화한 것이다. 지방함량이 80% 이상으로, 건조식품 원료와 손쉽게 혼합되어 취급하기 편리하다.

Chapter 14

향신료

식품에 향미를 부여하기 위하여 향신미를 가진 식물의 꽃, 과실, 싹(芽), 나무 껍질, 뿌리, 잎, 종자를 첨가하는데, 이들을 향신료(spices)라 한다. 이들 대부분은 열대지방에서 생산되며 특히 육식을 많이 하는 나라에서 주로 이용하여 왔다.

향신료의 향기성분은 주로 테르펜(terpene)류, 알코올(alcohol)류, 알데히드(aldehyde)류, 케톤(ketone)류에 속하는 것이 많고, 신미성분은 겨자유류 같은 함유황(含硫黃) 화합물, 차비신(chavicin, 후추), 산쇼올(sanshool, 산추)과 같은 산아미드류, 캡사이신(capsaicin, 고추), 진게론(gingerone, 생강) 등의 구아야콜(guaiacol) 유도체 등으로 나눌 수 있다.

이들 유효성분의 대부분은 식물체 내에서는 다른 성분과 결합되어 안정한 상태로 있다가 분쇄되거나 수확 후에는 자가효소에 의해서 분해되어 유효성분이 분리된다.

1. 향신료의 효능별 구분

(1) 신미성(辛未性) 향신료

흑후추(piperine), 백후추(chavicin, piperetine), 고추(capsaicin), 겨자(allyl mustard), 생강(zingerone, shogaol) 등

(2) 방향성(芳香性) 향신료

계피(cinnamic aldehyde, cinnamon), 월계수(bay), 월계수잎(laurel, cineol), 올스파이스(allspice) 과실(eugenol), 정향(花蕾, eugenol), 메이스(과실, α-pinene), 넛멕(과실, myristin) 등

(3) 착색성(着色性) 향신료

강황(curcumine), 파프리카(carotenoid) 등은 향신 성분과 함께 색채감을 부여함으로써 식품의 가치를 증진시킨다.

2. 형태별 구분

(1) 종자류(種子類) 향신료

회향(anethol), 코리앤더(고수, δ-linalool), 캐러웨이(carvone), 커민(cuminic aldehyde), 딜(carvone), 셀러리(δ-limonen, α-selinene), 카다몬(α-terpineol) 등

(2) 향초류(香草類)

마조람(α-terpinol), 세이지(sarpene, thujone), 타임(thymol, carvacrol) 등

(3) 파 류

마늘(diallyl-disulfide), 양파(allyl sulfide)

(4) 그밖의 동양풍 향신료

여뀌(smartweet, tadenar, tadenone), 산초(dipentine, sanshool, citronellal, xanthoxyne), 고추냉이(allyl iso-thiocyanate), 페퍼민트(menthol), 부추(함황화합물) 등이 있다.

향신료 중의 어떤 성분들은 식품의 유지가 산화되는 것을 억제하는 항산화제의 상승제(synergist)로 작용한다. 향신료는 식품에 향신미를 부여하는 이외에도 향신료 및 정유(essential oil)가 정균작용과 살균력을 갖고 있다는 사실은 옛날부터 알려졌으며, 소화기관을 자극하여 소화를 증진시키고 약효성분에 의하여 약리작용을 하기도 한다.

향신료는 신선한 것을 그대로 사용하거나 건조하여 분말화한 것을 사용하고 있으나, 유통 · 보전성 · 품질관리 등을 고려하여 유효성분을 추출, 분리, 농축하여 분말화하거나 향기성분을 보존하기 위하여 피복제품 등으로 가공하기도 한다.

천연향신료의 단점을 해결하기 위해서 유효성분만을 유기용매로 추출한 점성이 있는 기름과 같은 제품을 **추출향신료**라고 한다.

농축향신료는 향신미가 있는 천연물질의 착즙농축물이므로 수용성 성분이 많으며, 때로는 추출향신료를 첨가하여 향신미를 증가시키기도 하는데, 이런 제품에는 양파나 마늘 등의 향신료가 있다.

14-1 중요한 향신료

1. 후 추(胡椒, *Piper nigrum* L.)

후추과에 속하는 다년생 넝쿨로, 남부 인도가 원산지이며, 서인도, 말레이시아, 인도네시아 등지에서 재배되고 있다. 산지에 따라 매운맛이나 향이 다르다. 후추의 과실은 완두 크기의 장과(漿果)로서 성숙함에 따라 녹→홍→황색으로 변한다.

후추는 흑후추(black pepper)와 백후추(white pepper)가 있는데, 흑후추는 미숙과(未熟果)를 천일(햇볕) 건조한 것으로, 미국 등지에서 많이 이용되고, 백후추는 완숙과(完熟果)를 2~3일 동안 물에 담가 외피를 제거하고 건조한 것이다. 전체 후추생산량의 25%가 백후추로 가공되며 휘발성의 매운맛 성분은 차비신(chavicin)으로 외피에 많아서, 백후추는 흑후추에 비해서 매운 맛이 약 1/4정도밖에 안 된다.

용도는 소스, 샐러드 드레싱, 마요네즈, 크림, 수프 등에 쓰인다.

2. 고추(*Capsicum annuum* L, *Capsicum frutescens* L.)

고추(red pepper)는 가지과에 속하고, 열대 아메리카가 원산이며, 신미종(辛味種)과 감미종(甘味種)으로 나눌 수 있다. 풍토에 대한 적응성이 강하여 오래 재배되는 동안에 여러 변종이 생기게 되었다. 동양에서는 대표적인 신미료이고, 열매뿐만 아니라 종자와 잎도 이용된다. 매운맛 성분은 캡사이신과 디히드로캡사이신이며, 카로틴과 크산토필도 많기 때문에 유지 및 치즈 등의 착색용으로 쓰이기도 한다.

3. 마 늘(*Allium sativum* L.)

마늘은 고추와 함께 우리나라의 대표적 향신료의 하나이며 세계적으로 널리 이용되는 향신료이다. 뿌리나 잎에 글루코미날(glucominal)이라는 배당체를 함유하고, 이것이 가수분해되면 특유의 자극취를 가진 정유성분인 황화디알릴(diallyl sulfide)을 생성한다. 그 밖에도 알리신(allicin)이 자극성분이며 기타 상세한 것은 2부 제4장 채소류에서 설명하였다.

4. 겨 자 (mustard)

겨자에는 종자가 황색 구형인 백겨자, 적갈색 구형인 흑겨자가 있다. 흑겨자는 중부유럽, 미국, 인도 일본, 중국, 한국 등에서 재배되고, 백겨자는 유럽, 미국, 인도 등에서 재배된다.

겨자의 신미(매운맛)와 방향성분은 겨자유로서 0.7~1.0%가 함유되어 있다.

흑겨자 중에는 시니그린(sinigrin), 백겨자에는 시날빈(sinalbin)이란 배당체로 존재한다. 겨자 중에 공존하는 효소인 미로시나아제(myrosinase)가 겨자를 적당한 온도의 물로 개면, 작용하여 휘발성 겨자유로 분해되어 방향과 향미를 나타낸다.

겨자유의 성분은 이소티오시안염인데, 흑겨자유에서는 대부분이 휘발성이 크고 코를 콕 쏘는 매운맛 성분인 알릴이소티오시안염(allyle isothiocyanate)이고, 백겨자유의 성분은 휘발성이 없고, 입속에서 묵직한 매운 맛을 느끼게 하는 p-하이드록시벤질 이소티오시안염(p-hydroxybenzyl isothiocyanate)이다.

이들 겨자는 주로 가루로 만들어서 요리, 저림유, 카레분, 소스, 마요네즈 등에 사용한다.

Guide

겨자에는 백겨자, *Brassica alba* L.BOISS, **흑겨자,** *Brassica nigra* Koch, **일본겨자,** *Brassica juncea* CZERN **등이 있다.**

5. 산 초(*Zanthoxylum piperitum* Decandole)

산초(japanese pepper)는 암수딴그루로 산야에 자생하는 낙엽 관목이며 주로 우리나라, 일본, 중국에 있다. 잎과 과실을 이용하며, 과실에는 3%의 정유가 함유되어 있다.

정유의 향기성분은 디펜텐(dipentene), 게라니올(geraniol), 시트로넬랄(citronellal)이다. 그리고 신미성분은 산쇼올(sanshool)이나 분쇄하면 보존성이 없어진다.

우리나라에서는 추어탕 등과 각종 요리에 사용되며, 일본요리에서는 어린 생잎을 사용하여 특유의 향미를 나타낸다.

약용으로 건위, 정장, 구충, 설사, 치통, 회충구제 등에 사용한다. 생엽이나 과실을 마쇄하여 방부제나 어독(魚毒)의 해독제로 사용된다.

그림 14-1 산초 열매와 건조산초

6. 고추냉이(*Wasabia japonica* M.)

고추냉이(wasabi)는 담록색의 지하경으로, 우리나라 울릉도에서 자생하고, 일본에는 여러 품종이 있다. 서양 고추냉이(horse radish, *Radicula armoracia* L.)는 서양이 원산지이다. 이들의 매운맛 성분도 겨자처럼 알릴 이소티오시안염계 물질들이다. 겨자와 같이 식물체에서는 시니그린으로 들어 있고, 세포를 파쇄하면 미로시나아제가 작용하여 겨자유를 생성한다.

뿌리와 줄기는 생선, 메밀국수 등의 양념으로 사용되나 현재 시판되고 있는 것은 서양 고추냉이의 뿌리를 분말로 한 것이다.

7. 계피류(*Cinnamomum burmamii*, *C. loureirii*)

계피류는 실론(ceylon)산, 중국산, 한국산 등이 있다. 산지에 따라 원식물도 다르다. 향기는 서로 유사하고 방향, 쓴맛, 매운맛을 가지고 있으나 산지에 따라 특성이 다르다.

국제적으로 유통되고 있는 것은 시론계피, 중국계피, *Cinnamomum burmamii* 그리고 *C. loureirii* 등으로, 말린 껍질을 이용하고 일부는 정유원료로 이용된다.

시나몬은 실론섬(스리랑카), 인도산의 계수피(桂樹皮)를 24시간 발효 후 속껍질을 분리하여 건조한 것으로서 어린 줄기의 얇은 껍질이 가장 좋다. 정유는 실론 계피유라 하며, 제조방법은 계핏가루, 가지 등을 합해서 수증기로 증류하여 얻는다. 주성분은 신남알데히드(cinnamic aldehyde)로 약 65~76%를 차지하고 방향과 단맛이 나는 매운맛이 있다.

분말정유는 과자류, 빵, 콜라, 음료, 아이스크림, 껌 그 밖에 교미료(矯味料)로 사용되고 있다.

중국의 계피는 C. cassia(肉桂, cassia)로부터 얻어지며 중국 남부가 주산지이고, 자바에서도 생산된다. 향기는 시나몬보다 떨어지고 감미도 부족하다. 실론계피에 존재하는 리날로올(linalool), 유게놀(eugenol)은 함유되어 있지 않다. 향신료, 약용 및 계수나무 계피유 및 신남알데히드의 제조원료가 된다.

우리나라의 육계수(*C. loureii* NEES)는 중국에서 이식된 것이며 나무껍질을 건조한 것으로 과자, 음료 등의 향료로서 옛날부터 사용되어 왔는데 향기는 실론계피나 계수나무계피보다 못하다.

8. 월계수잎(月桂葉, laurel, bay)

월계수는 녹나무과(*Lauraceae*)에 속하고 지중해 연안을 원산지로 하는 월계수(*Lourel nobilis* L.)의 잎을 날것 그대로, 또는 건조한 것으로 향미료, 특히 고기요리의 냄새 제거제로서 쓰인다. 건조한 잎은 강한 단맛과 쓴맛이 나는 향기를 가진다. 주성분은 시네올(cineol)이다.

Chapter 15

감미재료

단맛은 식품의 기본 맛의 하나로, 우리나라에서는 옛날부터 벌꿀, 물엿 등을 이용하였고, 근래에는 원당을 수입하여 설탕을 만들어 이용하고 있으며, 또한 전분을 가수분해하여 전화당, 포도당을 만들어 이용하고 있다.

단맛을 내는 물질은 그 종류도 많고 또 단맛을 내는 정도가 다르기 때문에 단정적으로 설명하기는 힘들지만, 보통은 영양성 감미료(nutritive sweetners)와 비영양성 감미료(nonnutritive sweetner)로 대별된다.

영양성 감미재료들은 단맛을 낼 뿐만 아니라, 열량소로서 중요하고, 에너지화가 매우 빠른 중요한 영양소이다. 또한 식품의 조직감을 증진시키는 중요한 역할도 한다. 단맛을 가진 물질들의 분자구조는 다양하며 일률적으로 말할 수 없으나, 대체로

① 포도당(glucose), 과당(fructose), 설탕(蔗糖, sucrose), 맥아당(maltose), 유당(lactose) 등의 당류와 에틸렌 글리콜[ethylene glycol(CH_2OH-CH_2OH)], 글리세롤($CH_2OH-CHOH-CH_2OH$), 에리스리톨[($CH_2OH-CHOH-CHOH-CH_2OH$)], 만니톨($CH_2OH-(CHOH)_4-CH_2OH$) 등의 -OH기를 많이 가진 알코올류

② 파라-니트로톨루이딘(*p*-nitro-*o*-toluidine), 둘 신(*p*-phenethyl carbamide) 등과 같은 방향족 아민류

③ 메타니트로 벤졸산(*m*-nitrobenzoic acid), 4-알콕시-3-아미노니트로벤젠(4-alkoxy-3-aminon-itrobenzene)과 같은 닐부 니트로 화합물들

④ 베릴륨(beryllium)이나 납(lead)의 염류 등이 일반적으로 강한 단맛을 가지고 있는 것으로 알려져 있다.

표 15-1은 여러 당류와 감미료의 상대적 감미도(relative sweetness)를 나타내는 것으로 여기에서 상대적 감미도란 10%의 설탕용액의 단맛을 100으로 하여 비교한 값이다.

표 15-1 여러 당류와 감미료의 상대적 감미도

당류 또는 감미료	상대적 감미도	당류 또는 감미료	상대적 감미도
raffinose	122	D-glucose	69
lactose	39	glycerol	78
maltose	46	invert sugar	65
D-sorbitol	51	D-fructose	114
D-mannose	59	calcium cyclamate	3,380
galactose	63	dulcin	9,000
D-xylose	67	saccharin	30,000
D-mannito	69	kristallose	70,000

단맛의 비교, 즉 상대감미도를 결정할 때에는 설탕을 단맛의 기준물질로 삼는다. 그것은 설탕이 가장 보편적이고, 또 가장 많이 사용되는 감미료인 동시에 순수한 상태로 얻기가 쉬우며 그 단맛이 변하지 않는 데에 그 이유가 있다.

감미료 중에는 영양소는 아니지만 미각신경을 자극하여 단맛을 내는 감미료들이 있어서 이들을 천연물로부터 추출하거나 또는 화학합성(인공감미료)하여 얻고 있다.

인공감미료(artifical sweetner)라 하면, 강한 단맛을 가지고 있는 반면에, 그 독성이 낮아서 소량을 사용할 경우에도 인체에 별 해가 없는 것으로 판단되어 왔기 때문에 일정한 사용기준 아래 식품에 사용이 허용되고 있는 화합물들이라고 말할 수 있다.

15-1 설 탕

설탕(sugar)은 여러 감미료 중 가장 대표적인 것으로서 자연식품에도 널리 분포되고 있으므로 자연식품의 맛에 큰 영향을 주고 있을 뿐만 아니라, 식품가공에 가장 많이 사용되고 있다. 설탕의 단맛은 자연식품의 당류 중에서 과당 다음으로 단맛이 강하고, 그 단맛이 사람의 기호에 가장 잘 맞는다는 점도 유의하여야 한다.

설탕은 제조원료인 사탕수수(sugar cane)와 사탕무(sugar beet)로부터 당액을 분리하여 정제, 결정화하여 얻는다.

순수한 설탕의 성상은 무색 단사계(單斜係)의 결정으로 비중은 1.65, 융점은 160°C, 용해도는 0°C에서 64.2%, 50°C에서 72.3%, 100°C에서 83.0%이다. 몇 가지의 산과 효소(invertase)에 의해서 가수분해되어 포도당과 과당의 혼합물인 전화당(invert sugar)이 된다. 가열하면 190~200°C에서 흑갈색의 캐러멜(caramel)이 된다.

설탕이 식품가공에 사용되는 이유는, 단맛이 있을 뿐만 아니라 제품에 조형성 및 점조성과 가열에 의한 착색과 풍미를 갖게 하고 노화 및 지질의 산화, 부패 등을 방지하기도 하며 또 미생물에 의한 발효성이 있고, 산과는 gelly화하는 성질이 있다.

1. 설탕의 원료식물

(1) 사탕수수 (*Saccharum officinarum* L.)

그림 15-1 사탕수수

사탕수수(sugar cane)는 본과의 다년생 초본으로 20°C 등온선 이내의 열대에서 아열대에 분포하며, 줄기의 길이와 직경은 2~6m에 달하며 줄기는 짧은 근경(根莖) 상에 군생 분지하고 엽초가 이를 싸고 있다. 줄기는 즙(汁)이 많아서 수분이 70~77%, 설탕이 11~20%를 함유하므로 이것을 잘라서 착즙하여 나오는 즙액에서 설탕을 제조한다.

(2) 사탕무 (*Beta vulgaris var. saccharifera* Alef.)

사탕무(sugar beet) 명아주과에 속하는 2년생 식물의 한 일종이다. 뿌리는 무와 비슷하나 잎은 순무와 가깝다. 뿌리는 백황색 또는 홍색으로 깊은 나선상(螺旋狀)의 비틀린 홈이 세로로 있다. 수분은 약 80%, 설탕은 12~17%를 함유한다.

그림 15-2 사탕 무

(3) 사탕단풍 (*Acer saccharum*)

사탕단풍(maple)은 미국, 캐나다 원산으로 크게 자란 것은 높이 23.4m, 둘레 6.4m에 달하는 거대한 나무이며 여기에서 얻은 당은 특유의 향을 가지고 있다.

캔디, 도넛, 기타 제과 등에 이용되나 값이 비싸고 양이 적다. 수액은 약 3%의 당을 함유하며 주로 수크로오스(sucrose)이지만 때로는 라피노오스(raffinose)도 미량 함유한다.

나무를 뚫어 흘러나온 수액은 한 나무에서 18.9L를 얻으며, 이것을 졸여서 고형 당을 추출한다.

(4) 단수수 (*Sorghum vulgare* pers. var. *saccharum* (L.) BOERL)

단수수는 화본과에 속하는 1년생 여름작물로 열대 아프리카가 원산지이며 우리 나라에는 고대의 중국으로부터 도입되었다.

줄기에는 9~12마디가 있으며 크기는 약 3m이며, 당분의 함량은 출수 직후에는 4% 내외에 불과하지만 최고일 때에는 7~16%에 달한다.

단수수는 설탕원료와 사료원료용으로 구분되고 당원료용에는 설탕제조용과 시럽제조용이 있다. 설탕의 제조법은 사탕수수의 경우와 같다.

(5) 감 초 (*Glycyrrhiza glabra* var. *glandulifera*)

두과에 속하는 다년생 식물로서 기원 전 300년경 희랍에서 약용으로 쓴 기록이 있으며, 18세기경 영국에서 과자제조에 사용하였고, 150년 전부터 담배에, 또는 맥주에 사용하고 있다. 감초에는 많은 종류가 있고 산지에 따라 품질도 다르다.

감초의 근경 중에 글리시리진(glycyrrihizin)이 K, Ca, NH_3염으로 존재한다. 글리시리진은 담황색 또는 백색 결정으로 독특한 감미가 있고 물에는 잘 녹지 않으나 뜨거운 물에는 거품을 내면서 조금 팽윤되어 녹는다.

이 당은 설탕이나 사카린의 단맛과 다르며, 너무 진하면 쓴맛이 난다. 코코아 제품의 향미 강화와 기포성 때문에 제과 제빵에 이용되며, 마요네즈, 아이스크림, 샐러드드레싱 등의 유화작용을 도와주고, 초콜릿의 지방분산을 좋게 한다.

(6) 스테비아 (*Stevia rebandiana* BERTONI)

스테비아(stebia)는 국화과에 속하는 다년생 숙근성(宿根性) 초본이다. 스테비아속에는 약 154종이 알려져 있으나, 레바우디아나(rebaudiana)종에만 감미물질이 함유되어 있다. 중 · 남아메리카가 원산지이며 인디오 사이에서는 오래 전부터 감미료로서 이용되었다.

초가을에 희고 작은 꽃이 핀다. 잎을 씹으면 설탕의 200배에 가까운 단맛이 난다. 우리나라에는 1970년대에 도입되었다. 말린 잎 중에는 스테비오사이드(stevoiside)가 약 6~7% 함유되어 있고, 그 구조는 디테르펜(diterpene)의 배당체로서 몇 가지 유도체가 알려져 있다. 스테비오사이드가 저칼로리이기 때문에 다이어트 감미료나 당뇨병 환자 등의 감미료로서 주목되고 있다.

우리나라에서는 일부 재배하여 일본에 수출하고 있으나, 아직 감미료로 허용되어 있지 않다.

그림 15-3 스테비아

Chapter 16

기호식품재료

16-1 기호음료 재료

1. 차(*Thea sinensis* L.)

차(tea)나무는 동백나무과에 속하는 관목이며 중국, 일본, 아쌈지역 및 티벳 산맥의 고지가 원산지이다. 변종이 많고 어린 잎이나 어린싹으로 따서 18~24시간 재운 후에 수분함량이 거의 반으로 줄어들면 압착 롤러(roller)에 넣고 즙액과 효소를 짜낸 다음 발효시키는데 이때 특유한 향미와 색소가 생성된다. 발효숙성이 완료되면 그 이상 발효되지 않도록 천일건조나 열처리를 하여 제품화한다.

녹차의 경우는 증기로 쪄서 발효가 일어나지 않도록 한다. 압착 롤러를 사용하여 즙액을 짜내는 것은 홍차의 경우와 같다. 가열처리 또한 변색을 방지하고 오염 미생물을 살균하기 위하여 실시한다.

차의 종류는 가공방법에 따라 홍차(black tea), 녹차(green tea), 우롱차(烏龍茶, loolong tea)의 3종이 있다. 우롱차는 약간 재우고, 약간 발효시킨 다음에 건조, 압착, 가열 처리를 한 홍차와 녹차의 중간제품이라고 할 수 있다.

차의 성분에는 카페인이 있고, 발효 후에는 정유 성분이 향미에 중요한 역할을 한다. 유기염기에는 아스파라긴(asparagin), 잔틴(xanthin), 히포잔틴(hypoxanthin), 아데닌(adenine), 구아닌(guanine), 콜린 등이 있고, 떫은 맛을 내는 폴리페놀(polyphenol)성 물질인 탄닌(tannin)도 여기에 속하며, 신경을 자극하여 흥분시키는 작용을 한다.

생찻잎에는 카테킨(catechin), 갈로카테킨(gallocatechin), 카테킨 갈레이트(catechin gallate), 갈산(gallic acid) 등의 형태로 존재한다. 녹차에는 대부분 잔류하여 더 떫은 맛을 낸다.

감미성분으로는 포도당, 과당, 자당, 테아닌(theanine) 등이 있다.

차의 향기는 헥사놀(hexanol)이나 알데히드류이고, 홍차에는 산화발효에 의해서 생성된 에스터류가 들어 있다.

차의 색소로는 녹차는 엽록소, 카로티노이드, 플라본, 안토시아닌, 탄닌류가 변화된 것 등이 있고, 홍차는 그 밖의 탄닌, 폴리페놀류의 산화중합물 등이 홍색을 띤다.

2. 커 피(*Coffeea* spp.)

커피는 열대지방 상록의 관목에서 얻은 열매를 볶은 것이 소위 원두인데 중요한 품종은 이디오피아 원산의 아라비아커피(Arabian coffee), 아프리카 서해안 지방이 원산인 리베리카 커피(Liberican coffee), 콩고원산의 로부스타 커피(Robusta coffee)의 3종으로 로부스타종은 아라비카 품종에 비하여 향미가 덜하지만 값이 싸기 때문에 시장에서 많이 유통된다.

커피콩의 겉층은 육질의 외피로, 처음에는 녹색이지만 성숙하면 짙은 홍색으로 되며, 그 안에 종자인 2개의 커피콩이 들어 있다.

커피콩은 지방질, 단백질, 섬유소가 주성분이고 당분은 포도당과 설탕이며, 무기질은 40~60%가 칼륨(K)이다.

미각성분인 카페인은 아라비카종에 1.1%, 로부스타종에 약 2%, 인스턴트커피에 3~6%가 들어 있다.

쓴맛은 카페인에 의하고 떫은 맛은 탄닌에 의하며, 향기는 커피콩을 볶음으로써 생성된다. 그 밖의 성분으로 카페인의 변형물질이며 커피향을 가진 기름성상의 카페올(caffeol), 몇 종의 유기산, 에스터, 아세톤류, 페놀류 등이 발견된다.

그림 16-1 커피 열매

커피의 생산국을 크게 나누면 중남미군과 아프리카군으로 나눌 수 있으나, 세계 총 생산량의 80%를 라틴 아메리카 제국에서 생산한다. 그 중에서 브라질이 50%를 차지하는데, 브라질 커피에는 순한 맛을 내며 산토스, 리오, 빅토리아, 미나스 등이 유명하다. 콜롬비아는 브라질 다음으로 많이 생산하는 나라로 메델린, 보고타, 아르메니아 등의 명칭이 있다.

그밖에 베네수엘라의 카라카스, 다치라, 마라가이브, 멕시코의 베라크르즈, 오리자바, 크르도바, 고산지대인 자마이카산 커피는 블루마운틴이라 하여 유명하다.

일반적으로 커피생두(green coffee bean)는 크기, 중량, 색깔, 밀도 등에 따라 등급이 다르다. 온화한 맛의 커피가 강한 것에 비하여 값이 비싸다.

커피의 제법은 먼저 생두를 천일건조나 화력건조를 한 후 316~427°C에서 15분간 볶은 다음, 즉시 냉각한다. 볶는 동안에 향미가 생성되고 수분이 10~12% 제거되며, 당은 캐러멜화되고 단백질도 분해된다.

이렇게 볶은 커피를 원두커피라 하고, 분쇄한 커피를 레귤러커피라 한다. 인스턴트 커피는 2차대전 후에 보급된 것으로 볶아서 분쇄한 커피를 177°C의 뜨거운 물로 6~7회 추출하여 분무건조한 것과 동결건조하여 얻은 과립(granule) 커피로 나눌 수 있다. 동결건조한 인스턴트 커피는 분무건조한 것보다 향기의 보존이 우수하여 값이 더 비싸다.

3. 카카오(*Theboroma cacao* L.)

벽오동과에 속하는 카카오(cacao)는 목본식물로서 품종은 크리올로(Criollo), 포라스테로(Forastero), 트리니타리오(Trinitario) 등이 있고, 그 중에서 트리니타리오종이 가장 품질이 좋다. 카카오 나무는 회갈색의 껍질을 하고 6~9m까지 성장한다. 생육적온은 고온다습한 것이 좋으며, 열매의 길이는 15~25cm에 넓이는 7~10cm이다.

한 꼬투리에 20~40개의 콩이 들어 있고, 한 나무에서 224~3,360kg까지 수확할 수 있다. 열매는 처음에는 녹백색이다가 적, 황, 오렌지, 자색으로 익는다. 과실의 내부에는 흰 점상의 물질로 덮인 종자가 들어 있다.

그림 16-2 카카오나무와 열매

코코아의 제법은 음료로 이용할 경우에 코코아라 하며, 고자로 이용할 경우 초콜릿이라고 한다. 제법은 과실을 따서 1~2일 방치한 후에 쪼개서 과육을 제거하고 발효시켜 남아있는 과육을 제거한다. 발효과정 중에 코코아 특유의 향기 성분들이 생성되며, 이것을 볶고 파쇄, 분쇄, 건조하여 시판한다. 파쇄된 코코아에 설탕과 우유를 혼합하여 정제, 가열농축한 것이 우유초콜릿이 된다.

4. 콜 라(*Erythroxylon cocoa* LAM)

남아프리카, 서인도제도, 서아프리카 등 열대 상록의 교목으로 야생 또는 재배한다. 의약용으로 쓰이는 코카인의 원료 및 코카인을 제거하여 향미료로 만들고 여기에 여러 향미를 혼합하여 음료의 베이스로 사용한다.

이 향료는 잎의 정유성분으로 자바산 콜라잎에는 2.5%의 알칼로이드(alkaloid, 식물의 염기성 질소화합물의 총칭)가 들어 있고, 그 절반은 코카인이다. 코카인 이외에도 시나밀 코카인(cinnamyl cocaine), α- 및 β-트룩실린(truxilline)과 살리실산염(salicylate), 아세톤, 메탄올 및 다른 유기산을 함유한 정유성분이 들어 있다. 특히 씨에 카페인과 콜라분을 함유하며 콜라음료의 원료로 쓰인다.

용도는 탄산음료나 캐러멜 등으로 착색한 콜라음료, 캔디류, 아이스크림 등에 첨가하여 제품화한다.

Chapter 17 한국의 민속채소

옛날부터 우리나라의 산과 들에는 우리가 식용할 수 있는 식물들이 자생하고 있으며, 계절의 미각을 자극하는 훌륭한 반찬으로 또 휴년에는 구황식품으로 널리 이용되어 왔다. 그러나 최근에는 인스턴트 식품과 식문화의 서구화로, 우리의 식탁에서 민속채소가 점차 자리를 잃어가고 있는 현실이 되었다.

그러나 근자에 가공식품의 위해(危害) 사실이 드러나면서 자연식품에 대한 국민들의 선호도가 높아지고 있고, 또 민속채소에 대한 맛과 효능에 대한 인식이 높아지고 있다. 이들은 다른 채소류와 마찬가지로 독특한 향미와 다양한 비타민을 함유하고 있어 그 이용방법과 상품 개발은 중요한 연구 과제가 되고 있다. 중요한 민속채소를 들면 다음과 같다.

17-1 나물류

1. 고들빼기 (*Youngia sonchifolia* MAX)

국화과(Compositae)에 속하고 두해살이풀로 약 60~80cm 높이로 자라며 9월에 노랑색 꽃이 피고 10월에 씨를 맺으며, 어린묘의 상태로 월동(越冬)한다. 씨로 번식하기 때문에 가을에 씨를 거두어들였다가 다음해 4월에 파종하여 재배하기도 한다.

그림 17-1 고들빼기

이용부위는 잎, 줄기, 뿌리 모두이지만, 꽃대가 나오면 뿌리에 심이 생겨 먹기가 곤란하게 된다. 쌉쌀한 맛의 고들빼기는 식욕을 돋우어 줄 뿐만 아니라, 피를 맑게 하고 위를 튼튼하게 하여 몸을 가볍게 해 주는 효능을 가지고 있기 때문에 한방에서는 약재로 사용한다.

표 17-1 고들빼기의 일반성분(100g당)

성분	함량	성분	함량	성분	함량
수 분	85.7%	비타민 A	E2,119IU	칼 슘	109mg
단백질	3.2%	비타민 B_1	0.05mg	철	16.4mg
지 질	0.7%	비타민 B_2	0.14mg	인	62mg
탄수화물 당질	7.3%	비타민 C	28mg	회 분	1.3g
섬유소	1.8%	나이아신	2.0mg	폐기율	22%
열 량	40kcal	비타민	–		

고들빼기 생채나 나물, 무쳐서 먹거나 김치로 담가 먹는다. 그 밖에 고들빼기를 소주에 1개월 이상 담가 추출주로 만들어 마시기도 한다

2. 고사리 (*Pteridium aquilinum var. latiusculum* UNDERW.)

그림 17-2 고사리

고사리과(Pteridaceae)에 속하는 여러해살이풀로, 땅속줄기가 굵게 옆으로 뻗으면서 군데군데 삼각형의 DLB이 나온다. 높이 30~100cm까지 자라며, 잎의 아랫면에 털이 약간 있고, 포자낭 안에 포자가 형성된다. 고사리는 예로부터 제사에 빠지지 않고 상에 올랐던 나물이다.

최근의 연구결과 고사리에 발암물질이 있다고 하여 문제시되었으나 나물로 먹는 양 정도로는 걱정할 필요가 없다. 옛날 조상들은 고사리를 삶을 때에 재를 넣고 여러 번 삶아 우려낸 후 조리하거나 건조시켜 이용하는 해독조리법을 개발, 이용하였고, 요즈음은 소다를 넣어서 똑같은 효과를 보고 있다.

잎에는 탄닌 성분이 있으며, 플라보노이드(flavonoid)도 분리된다. 어린싹은 유리아미노산이 1.4%이고 로이신, 아스파라긴산, 글루타민산, 티로신, 페닐알라닌의 함량이 높다.

용도는 말려 두었다가 다시 뜨거운 물로 하룻밤을 불린 후에 다시 삶아서 나물로 볶아 먹거나 육개장, 고사리탕, 산적, 찌개 및 비빔밥의 조리에 이용한다.

3. 냉 이 (*Capsella bursa-pastoris* MEDICUS)

십자화과(Crucifera)에 속하는 두해살이풀로 약 30~40cm 높이까지 자란다. 흰꽃이 4~5월에 피며 열매는 역삼각형인데, 어린 묘로 월동한다. 이용부위는 잎, 줄기, 뿌리의 식물체 전체이며 가을에 파종하면 어린 묘로 자라는데, 내한

성이 강하므로 그대로 월동시켜 다음해 봄에 수확할 수 있다. 시설재배를 하면 겨울에도 출하가 가능하다.

혈압강하 효과가 있다는 아세틸콜린, 콜린과 티라민, 이노시톨, 디오스민, 디오스메린, 시니그린배당체 등이 전초(全草)에 있으며 탄닌 외에 유기산인 프마르산, 아스코르빈산, 부르스산 등이 있다. 열매껍질에는 특히 디오스민이 많다. 씨에는 유황을 함유한 기름이 28%나 된다.

그림 17-3 냉이

냉이는 비타민 A와 C, 식이섬유가 많이 함유되어 있는 식품이다. 냉이나물, 냉이국, 냉이뿌리무침, 냉이 생무침, 냉이겨자무침 등으로 조리하고, 소주에 담가 건강주로 또 녹즙으로도 만들어 먹는다.

4. 달 래 (*Allium monanthum* MAX)

달래는 백합과(Liliaceae)에 속하는 여러해살이풀로, 직경 1cm 이하의 작은 알뿌리가 있는데, 이는 마늘과 비슷한 냄새와 매운맛을 가지고 있다. 이용부위는 잎, 뿌리이다. 꽃은 4월에 희거나 분홍색으로 작게 피며 후에 흑색의 씨가 생긴다. 달래 전초(全草)에 비타민 C, 유화아릴, 알리신(마늘냄새)이 들어 있다.

달래무침, 달래상추쌈, 달래된장국, 달래초채, 달래전 등으로 조리하여 먹으며, 달래술도 담가 마신다.

그림 17-4 달래

5. 더 덕 (*Codonopsis lanceolata* TRAUTV.)

더덕은 초롱꽃과(Campanulaceae)에 속하고, 일명 백삼(白蔘) 혹은 사삼(沙蔘)이라고도 불리운다. 우리나라의 깊은 산, 중국, 일본, 러시아 등에 분포하는 덩굴성의 여러해살이풀로, 8~9월경에 종 모양의 꽃이 바깥쪽은 백녹색, 안쪽은 자색으로, 꽃잎 끝이 다섯 갈래로 갈라져서 피며, 씨는 10월에 익는다. 더덕의 수확은 가을의 첫서리가 내린 후에 줄기가 마른 다음부터 이듬해 싹이 나오기까지 사이가 가장 좋다.

뿌리에 사포닌(saponin)과 이눌린(inulin)이, 잎에는 플라보노이드가 함유되어 있다.

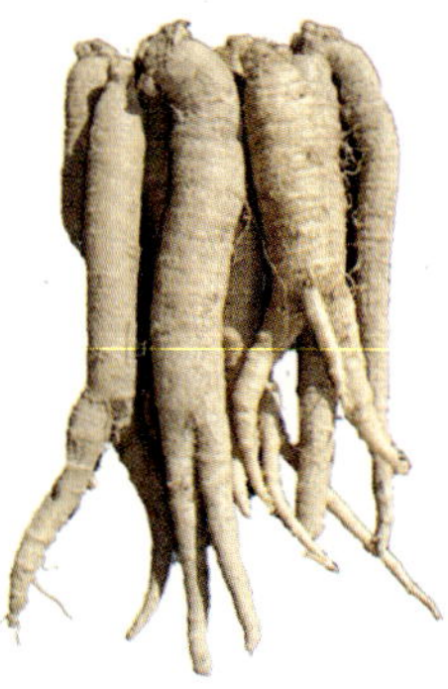

그림 17-5 더덕

더덕구이, 더덕무침, 더덕생채, 더덕물김치, 더덕장아찌, 더덕냉국 등으로 조리하여 먹으며, 더덕을 말려 가루 내어 따뜻한 물에 타서 차로 마시기도 하고, 또 술로 담가서 마시기도 한다.

6. 도라지 (*Platycodon grandiforum* DC.)

초롱꽃과에 속하는 도라지는 여러해살이풀로, 우리나라 전역, 중국, 일본 등에 분포되어 있고, 높이 40~100cm로 자란다. 잎에는 톱니가 있으며, 줄기를 자르면 흰 유액이 나오고 뿌리는 직근성이다(直根性)이다. 파종한 후 2년째부터 언제든지 수확할 수 있고, 꽃은 흰색 또는 보라색으로 피며, 우리나라에는 보라색 꽃을 피우는 도라지가 대부분이다.

도라지 성분으로는 뿌리에 사포닌, 이눌린, 플라티코딘, 플라티코디닌 등이 있으며 줄기에도 사포닌이 있으며 특히 꽃이 필 때 많다.

도라지 주로 뿌리만 먹는 것으로 알려져 있지만 어린 잎과 줄기를 데쳐 나물로 무치거나 튀겨 먹기도 한다. 도라지 나물, 도라지생채, 도라지무침, 도라지잡채, 도라지정과 등의 조리법이 있다. 가공품으로는 도라지넥타, 도라지죽, 도라지당과, 도라지차 등이 있다.

그림 17-6 도라지

그림 17-7 두릅

7. 두 릅 (*Aralia elata* SEEMANN)

두릅은 두릅나무과(Araliaceae)에 속하는 낙엽관목으로 키가 3~5m까지 자라고, 전체에 가시가 많이 있다. 분포는 우리나라 전역, 중국, 일본, 러시아 등지이며 이용부위는 어린 순이다. 자연산 두릅은 4월 초순부터 채취할 수 있으며, 노지에서 재배한 것은 비닐을 씌우면 이보다 1개월 먼저 수확할 수 있다.

조리법은 두릅나물, 두릅회, 두릅숙회, 두릅밀전병무침, 두릅산적, 땅두릅튀김, 땅두릅패주 샐러드, 조림, 초나물, 볶음 등이 있으며 녹즙으로 또는 술에 담가서 건강주를 만들어 마시기도 한다.

8. 마 (*Dioscorea batatas* DECAISNE)

영명(英名)으로는 yam이라고도 하며, 마과(Dioscoreaceae)에 속한다. 덩굴성의 자웅이체성(雌雄異體性)이며 1~2m 정도 높이로 자라고 6~7월에 백색의 꽃이 피며, 이용부위는 뿌리와 어린 잎이다.

뿌리에는 당단백으로 된 점액질인 뮤신이 0.5%가 함유되어 있고, 스테로이드 사포닌이 들어 있다. 한방에서는 신경통, 야뇨증, 정력부족, 잦은 소변, 기침, 가래, 피부미용에 좋다고 하여 보약에 쓴다.

조리법으로는 조림, 수프, 샐러드, 튀김, 마즙, 마잡곡죽, 마젤리 등이 있다. 마를 말린 후에 노랗게 볶아서 가루로 만들어 놓고 이따금 차로 타서 마신다.

그림 17-8 마

9. 부 추 (*Allium tuberrosum* ROTH)

부추는 백합과(Liliaceae)에 속하는 여러해살이풀로, 높이는 30~40cm로 자라고 꽃은 백색으로 8~9월에 핀다. 분포는 우리 나라 산야, 중국, 일본 등이며, 이용 부위는 잎이다. 전초에 비타민 B_1, B_2와 카로틴(carotin), 아스코르빈산(ascorbic acid)이 들어 있으며 민간요법으로는 전초를 위장염, 기관지염, 신경쇠약, 구충제로 쓴다.

조리법은 부추죽, 부추겉절이, 부추겨자초, 중국식부추무침, 부추전, 볶음, 부추잡채, 부추꽃볶음 등이 있으며 그 외에 녹즙 또는 술에 담가 건강주로 만들어 마신다.

그림 17-9 부추

10. 쑥 (*Artemisia princeps var. orientalis* HARA)

국화과(Compositae)에 속하는 쑥은 우리나라 전 산야, 중국, 일본 등에 분포한다. 여러해살이풀로 땅속줄기가 옆으로 길게 뻗어 있으며, 꽃은 8~10월경에 황백색으로 핀다. 국내에 26종류가 보고되어 있다.

이용 부위는 잎과 줄기로, 나물로 이용할 경우에는 이른 봄에 수확하는 것이 좋다. 전초에 정유, 탄닌질(tannin), 수지(樹脂), 아르테미신 등의 성분이 들어 있다. 잎에는 정유가 약 0.02% 있으며 아데닌 0.02%, 콜린 0.11%, 비타민 A, B, D 등이 있다. 뿌리에는 다당류인 아르테모즈가 약 1.8%와 정유가 0.1% 정도 들어 있고, 또 이눌린과 점액성분이 있다. 동의보감에는 시사제, 진통제, 강장보혈제 등에 효험이 있다고 하였다.

조리법으로는 쑥조청, 쑥밥, 쑥떡, 쑥튀김, 쑥단자, 쑥토장국, 쑥개떡, 쑥탕, 쑥굴레, 쑥강정, 물쑥나물 등으로 만들어 먹고 녹즙, 건강주로 만들어 마시며, 미용에 좋다 하여 쑥으로 약초 목욕을 하기도 한다.

11. 씀바귀 (*Ixeris dentata* HAKAI)

그림 17-10 씀바귀

국화과(Compositae)에 속하는 쑥은, 여러해살이풀로 키는 30cm 전후로 자라며, 우리나라 전국의 산야에 분포하고, 이용부위는 어린 순과 뿌리이다.

신선한 상태의 씀바귀에는 80여 종류의 휘발성 풍미 정유성분이 있으며, 나물 풋내음의 주성분은 헥세놀(hexenol)로 확인되었다. 전초에는 플라보노이드인 시나로사이드(synarosude)가 들어 있으므로 혈당강하 및 지질강하 효과를 보였으며, 유액성분은 알리파틱(aliphatic) 및 트리테르페노이드(triterperoid)로 알려져 있다.

봄에 씀바귀나물을 많이 먹으면 여름에 더위를 먹지 않는다고 널리 알려져 왔으며, 민간요법으로는 진정, 해열, 건위, 소화불량, 간염, 식욕촉진 등에 사용되어 왔다.

조리법으로는 나물, 씀바귀김치 등이 있고, 녹즙이나 씀바귀술로 만들어 이용되기도 한다.

12. 취나물

① 참취(*Aster scaber* THUNB.)

② 곰취(*Ligularia fisheri* TURCZ)

③ 개미취(*Aster tataricus* L.)

④ 미역취(*Solidago virga-aurea* var. *asiatica* NAKAI)

⑤ 수리취(*Synurus deltoidos* NAKAI)

취나물은 국화과(compositae)에 속하며 우리나라의 전 산야에 분포하는 여러해살이풀이다. 취나물로 이용되는 참취, 곰취, 미역취, 개미취, 수리취는 모두 식물학적 특성이 비슷하고, 번식법, 재배관리법 및 수확법도 거의 차이가 없다.

이용부위는 나물로 이용할 때에는 주로 잎만을 사용하고 약용으로 할 때에는 뿌리를 이용한다. 수확은 잎의 크기가 약 10cm 정도일 때가 적기이며, 뿌리를 상하지 않게 수확하면 새순이 계속해서 나오기 때문에 1년에 2~3회의 수확이 가능하다.

취를 말릴 때에는 잎이 뭉그러지지 않은 깨끗한 것으로 고른 다음, 질긴 부분은 떼어 내고 다듬어서 새끼줄로 얼기설기 엮은 후에 바람이 잘 통하는 서늘한 곳에서 말린다.

(1) 참 취(*Aster scaber* THUNB.)

여러해살이풀로 줄기가 곧게 서서 높이가 1~1.5cm로 자란다. 8~9월에 흰꽃이 피며, 10월에 종자를 맺는다.

그림 17-11 참취

(2) 곰 취(*Ligularia fisheri* TURCZ)

잎자루가 50cm로 길고 잎은 뿌리에서 돋아나며 30cm 정도로 크다. 잎은 털이 없고 삶아도 녹색이 그대로 유지되는 특성이 있다. 7~8월에 긴 꽃대가 나와서 노랑색의 꽃이 피고 10월에 종자가 익는다.

조리법은 취나물, 취쌈, 취계피떡, 취절편 등이 있으며, 녹즙 등으로 만들어 마시기도 한다.

그림 17-12 곰취

Chapter 18

식품 첨가물

18-1 식품첨가물의 정의

식품첨가물(food additives)이란 식품의 외관, 물성, 영양, 향미, 보존성, 가공성, 영양 등을 개선하기 위하여 소량 첨가되는 물질을 말한다. 식품첨가물은 그 수가 대단히 많으며 크게 천연물(天然物)과 화학적 합성품(合成品)으로 나눌 수 있다. 천연물은 오랜 식습관으로 보아 식품위생상 별문제가 없는 반면, 화학적 합성품은 인체에 해로운 것이 대단히 많아서 조금씩 사용한다 하더라도 장기간에 걸쳐 섭취할 경우에는 문제가 되기 때문에 그 사용은 법으로 엄격히 규정하고 있다.

식품첨가물은 식품에 고의적으로 첨가되는 화학물질이긴 하지만 사용목적, 사용관점, 취급하는 기관에 따라 다르게 정의하고 있다.

(1) 우리나라 식품위생법 제2조

식품첨가물은 식품을 제조, 가공 또는 보존하는 과정에서 식품에 넣거나, 섞는 물질 또는 식품을 적시는 등에 사용되는 물질로 정의하며, 이 경우, 기구 · 용기 · 포장을 살균 · 소독하는 데에 사용되어 간접적으로 식품으로 옮아갈 수 있는 물질을 포함한다. 그리고 화학적 합성품이라 함은 화학적 수단으로 원소 또는 화합물에 분해반응 외의 화학반응을 일으켜서 얻은 물질로 정의한다.

(2) 식품위생법 시행규칙 제3조

유독 · 유해물질이 들어있거나 묻어있는 식품 등 또는 그러할 염려가 있는 식품 등으로서 인체의 건강을 해칠 우려가 없다고 식품의약품안전청이 인정하여 판매 금지를 아니할 수 있는 것은 다음 중 어느 하나에 해당하는 것으로 한다.

① 식품 등의 제조 · 가공 등에 관한 기준 및 성분에 관한 규격에 적합한 것
② 식품 등의 기준 및 규격이 정해지지 아니한 것으로서 식품의약품안전청장이 식품위생심의위원회의 심의를 거쳐 유해의 정도가 인체의 건강을 해칠 유려가 없다고 인정한 것

(3) FAO/WHO 식품규격

첨가물이라 함은 천연물이든 아니든 간에 식품으로서 보통 소비되지 않으며 또한 식품의 일반적 성분으로 사용되지 않는 것으로 식품을 제조, 가공한 후에도 식품 중에 효과가 나타나서 식품의 품질에 영향을 미치는 물질을 말하며, 오염물 및 영양성분의 유지강화를 위한 물질은 제외한다.

(4) FAO 정의

영양소를 가지고 있든 없든 간에 식품으로서 일반적으로 많이 소비되지 않고 식품의 전형적인 성분으로 사용되지 않는 물질로 제조, 가공, 전처리, 조리, 포장, 수송, 저장과정에서 기술적 목적으로 고의로 식품에 첨가한 것으로 결과적으로 식품의 특성에 영향을 미치는 모든 물질을 말한다.

이와같이 식품첨가물은 여러 관점에서 정의를 내리기 때문에 정의 자체의 의미가 다소 다를 수 있다. 그러나 공통된 사항은 뚜렷한 목적 때문에 식품에 첨가하는 물질이라는 사실이다.

식품첨가물은 그 대부분이 식품 중에 오랫동안 잔존하면서 그 효과를 발휘하지만 어떤 종류의 첨가물은 사용하는 즉시 효과를 내고 그 이후에는 잔존할 필요가 없는 경우도 많은 등 첨가물의 식품 속의 잔존 여부 및 양은 식품의 종류와 첨가물의 기능적 특성에 따라 달라지기도 한다.

18-2 주요 식품첨가물

1. 보존료

보존료는 방부제, 항미생물제라고도 하며, 미생물에 의한 식품의 변패와 부패를 방지하기 위하여 사용하는 첨가물로서 정균, 살균작용 및 효소기능 억제

작용을 가지고 있다.

종류로는 무기형과 유기형 등 2종류가 있는데 화학구조, 작용기작, 작용형태, 특이성 및 보존효과가 각각 다르므로 대상 식품의 성분과 특성, 오염 미생물의 종류와 오염정도, 안정성, 경제성 등을 고려하여 선택해야 한다.

미생물에 작용하는 점에서 인체에도 다소의 독성이 있을 것으로 보고, 특히 그 독성과 효력면을 중시하여 그 종류는 물론 사용량과 사용 대상식품도 규제하고 있다.

현재 사용하고 있는 보존료는 대부분이 유기형이며 소르베이트(sorbate)가 가장 많이 사용되고 있으며, 그 밖에 벤조산(benzoate), 프로피온산(propionate), 파라벤(paraben), 디하이드로아세트산(dehydroacetate) 등도 식품에 따라 조금 사용되고 있다. 허용된 보존료와 사용기준은 표 18−1과 같다.

표 18-1 허용산화방지제와 그 사용기준

대상식품	항산화제 및 사용기준
유지, 버터, 어개건조품, 어개염장품	BHT(디부틸 히드록시톨루엔) 0.2g/kg 이하
어패 냉동품(생식용 냉동 선어 패류 및 생식용 굴은 제외)	BTA(부틸히드록시아니솔) 1g/kg 이하
유지, 버터	propyl gallate(담즙산 프로필)로서 0.1g/kg 이하
마요네즈, 샐러드레싱, 마가린	EDTA−disodium(무수물)으로서 0.075g/kg 이하 병용할 경우 합계량이 EDTA-disodium으로서 0.075g/kg 이하

2. 항산화제 (산화방지제, antioxidant)

대부분의 식품재료들은 대기 중의 광선, 산소 및 습기 등에 의해서 산화를 하며 변패를 한다. 이러한 산화를 억제하는 물질로는 수용성인 것과 지용성인 것이 있다.

수용성인 것은 아스코르빈산(ascorbic acid, 비타민 C) 및 에리스로빈산과 이들의 나트륨염이며 주로 색소의 산화로 인한 갈변 등을 방지하는 데 이용된다.

표 18-2 허용산화방지제와 그 사용기준

보존료명	사용식품	허용량
dehydroacetic acid sodium dehydroacetate	치즈, 버터, 마가린	데히드로초산으로서 0.5g/kg 이하
sorbic acid(소르빈산) potassium sorbate	① 치즈 ① 식육제품, 어육연제품, 성게젓, 피넛버터 가공품, 모조치즈, 젓갈류(식염함량 8% 이하) ② 된장, 고추장, 춘장, 어패건조품, 팥앙금류, 단무지, 알로에즙, 채소나 과채의 된장절임, 식초-, 간장-, 소금절임 ③ 잼, 케첩, 식초절임 ④ 과실주 ⑤ 젖산균 음료(살균한 것 제외)	소르빈산으로서 3g/kg 이하 2g/kg 이하 1g/kg 이하 0.5g/kg 이하 0.2g/kg 이하 0.05g/kg 이하
benzoic acid(안식향산) sodium benzoate	① 청량음료(두유음료, 유산균 음료 및 살균 유산균 음료는 제외), 인삼음료 ① 간장 ② 알로에즙	안식향산으로서 0.6g/kg 이하 0.6g/L 이하 0.5g/kg 이하
butyl p-hydroxy benzoate ethylp-hydroxy benzoate propylp-hydroxy benzoate isobutylp-hydroxy benzoate isopropylp-hydroxy benzoate butylp-hydroxy benzoate	① 간장 ② 식초 ③ 청량 음료수(탄산음료, 두유음료, 유산균음료 및 살균음료 제외) ④ 과일소스 ⑤ 과일 및 과채의 표피	파라옥시안식향산으로서 0.6g/kg 이하 0.1g/g 이하 0.1g/kg 이하 0.2g/kg 이하 0.012g/kg 이하
	청주, 과일주, 약주, 탁주	파라옥시안식향산으로 0.05g/L
sodium propionate calcium propionate	빵 및 생과자 치즈	프로피온산으로서 2.5g/kg 이하 3.0/kg 이하

지용성인 것은 유지 혹은 유지를 함유하는 식품의 산화방지에 사용되는 부틸히드록시아니솔(BHA), 디부틸히드록시 톨루엔(BHT), 프로필 갈산(propyl gallate), DL-α-토코페롤, EDTA 디소듐(disodium) 및 EDTA 칼슘 디소듐(calcium disodium) 등이 허용되고 있다.

산화방지제는 단독으로 사용하기도 하나 다른 산화방지제와 병용하면 그 효과가 더 크며, 그밖에 유기산인 구연산, 말레인산(malein acid), 폴리인산염, 메타인산염 등을 병용하면 효력이 증강된다. 산화방지제의 사용기준은 다음 표 18-2와 같다.

3. 살 균 제

미생물을 단시간내에 사멸(死滅)시키는 작용이 있으나 식품에 직접 첨가할 수 있게 허용된 것은 하나도 없으며 단지 음료수, 식기류, 손 등의 소독에 사용되는 차아염소산 나트륨과 표백분, 고도 표백분 및 이염화이소시아뉼나트륨이 허용되어 있다.

차아염소산 나트륨은 담황색의 액체이고 표백분은 백색 또는 유백색의 분말로 염소 냄새가 나며 열, 광선 또는 공기 중에서 분해된다. 이염화이소시아뉼나트류은 백색의 결정으로 염소냄새가 나며 물에 잘 녹아서 차아염소산을 생성하여 살균작용을 나타낸다.

4. 착색료 (着色料)

천연의 식품재료를 조리, 가공 또는 보존하는 동안에 변색 또는 퇴색하는 경우가 많다. 이때 원래의 자연색으로 복원시키거나 원래 색이 없던 것을 착색하여 품질을 향상시키려고 사용되는 첨가물이 착색료이다.

옛날에는 천연색소가 많이 사용되었으나, 지금은 값싸고 구하기 쉬운 합성착색료가 주로 사용된다. 사용허가된 합성착색료는 타르(tar)색소가 8종목, 타르색소의 알루미늄레이크가 7품목, 비(非) 타르계 착색료가 6품종으로 모두 21품목이다.

5. 발색제(發色劑)

발색제는 그 자체는 색이 없으나 식품 중에 존재하는 유색물질과 결합하여 그 색을 안정화하거나 선명하게 또는 발색케 하는 물질이다.

살코기의 육색(肉色)을 유지하기 위하여 아질산 나트륨(sodium nitrite, $NaNO_2$)은 고기 중의 미오글로빈과 헤모글로빈과 결합하여 비교적 안정한 홍색색소인 니트로소미오글로빈(nitrosomyoglobin)이나 니트로소헤모글로빈(nitrosohemoglobin)을 생성하여 고기색을 유지케 한다.

질산칼륨(potasium nitrate, KNO_3)과 질산나트륨(sodium nitrate, $NaNO_3$)은 식품 중에서 세균에 의하여 아질산으로 환원된 다음 작용한다.

황산제1철(ferrous sulfate)과 소명반(燒明礬)은 과일이나 채소 중의 안토시아닌 색소류와 결합하여 청색 또는 자색을 나타내는 성질이 있어 발색제(發色劑)로 이용된다.

표 18-3 가공식품 중 호료의 이용

성 질	용 도	예
접 착 제	제 빵	한 천
결 착 제	소시지	locust bean gum
결정방지제	아이스크림, 시럽	sodium alginate, CMC
청 징 제	맥주, 포도주	한 천
혼탁안정제	과실주스	gum arabic
도 포 제	제 과	gum arabic
유 화 제	샐러드 드레싱	propylene glycol alginate
피 복 제	고정분말향료	gum arabic
피막형성제	소시지 포장, 보호막	sodium alginate
flocculating agent	포 도 주	sodium alginate
기포안정제	맥주, whipped toppings	propylene glycol alginate
겔 화 제	푸딩, 디저트	해조추출물
이 형 제	gum, drops, 젤리, 캔디	gum arabic
보호교질	향료유화액	gum arabic
안 정 제	맥주, 마요네즈	CMC
분 산 제	초코밀크	carrageenan
팽 윤 제	가공육류	guar
syneresis	치즈, 냉동식품	guar

6. 호 료 (糊料, gums)

호료는 빙과류, 액상식품 등의 가공식품에서 필수적인 것이 되었다. 이들 호료는 고분자의 복합 다당류이거나 단백질 등으로 분자가 치수성기, 소수성기 또는 기타 망상구조 등으로 되어 있기 때문에 카세인(casein), 전분, 대두단백질을 제외하고는 거의 모두 체내에서 소화되지 않는 비영양물질이며, 인체에 해를 주지 않는다.

호료는 각종 식물의 종자, 수액, 뿌리 등에서 추출한 것이나 천연물을 다소 변형시켜 만든 제품 및 합성수지 등 합성에 의해서 만들어진 것들이 사용된다. 이들의 종류와 이용은 다음 표 18-3과 같다.

우리나라에서 사용이 허용된 호료로는 알긴신나트륨, 카제인, 카제인나트륨, 알긴산프로필렌글리콜(1% 이하), 폴리아크릴산나트륨(0.2% 이하) 등과 메틸셀룰로오스, 카복시메틸셀룰로오스(CMC), 카복시메틸셀룰로오스의 칼슘 및 나트륨염 등이 있으며, 이들 섬유소 유도체는 2% 이하를 사용해야 한다.

7. 팽창제 (leavening agent, blowing agent, baking powder)

팽창제는 보통 베이킹 파우더라는 이름으로 빵을 비롯한 밀가루 제품에 첨가하여 가스를 발생시켜 반죽을 부풀게 하고 최종 제품에 부드러운 조직을 부여하는 데 관여하는 첨가제이다. 이러한 가스 발생 방법으로 옛날부터 생물학적 팽창제인 효모(yeast)를 비롯하여 화학 합성팽창제도 제품에 따라 사용하였다. 이런 화학 합성 팽창제는 $NaHCO_3$을 비롯하여 약 20여 종이 단독 혹은 혼합형식으로 사용되고 있다.

(1) 단용 팽창제

① 탄산가스 발생형 : $NaHCO_3$, $MgCO_3$

② 암모니아 발생형 : NH_4Cl

③ 탄산가스 · 암모니아 동시 발생형 : 탄산암모늄, 탄산암모늄

(2) 병용 팽창제

병용팽창제는 $NaHCO_3$ 이외에 가스 생성 속도와 양을 조절하는 산제(acid, 주로 유기산류와 인산염 종류)를 같이 혼합한 것으로 베이킹 파우더가 여기에

속한다. 특히 병용팽창제는 가스 발생 정도와 속도가 산제의 종류, 용해도, 온도에 따라 크게 달라지므로 적당한 산제를 가진 팽창제를 선택하는 것이 중요하다.

산제의 기능은 결국 $NaHCO_3$와 반응하기 위한 H^+를 제공해 주는 기능을 담당하는데, $NaHCO_3$에 대해 적당한 양의 산제를 넣어야 가스 발생이 적절하게 잘 일어난다. 즉,

$$\text{산제}(RO^- + H^+) + \text{팽창제}(NaHCO_3) \longrightarrow RONa + H_2O + CO_2 \uparrow$$

$NaHCO_3$를 너무 많으면 제품에서 비누 맛을 내게 되며, 산제를 너무 많이 넣을 경우에는 쓴맛을 동반한 떫은 맛을 내게 된다.

8. 착향료 (着香料)

착향료란 식품을 조리 가공할 때 식품의 풍미를 높이기 위하여 미량 첨가하는 첨가물로 일반적으로 향료라고 한다.

착향료는 천연향료와 합성향료로 분류되며, 천연향료에는 레몬 정유 essential oil), 오렌지정유 등의 과실, 채소 등의 방향추출액, 천연과즙, 향신료 등이 있고 그대로 사용되는 경우가 많다. 합성향료로는 천연의 향기 성분을 인공적으로 합성하여 사용하거나 또는 향기는 천연품과 비슷하나 천연물과는 전혀 관계가 없는 합성 향기성분이 있다. 시판되는 착향료는 다음과 같다.

(1) 수용성(水溶性) 향료

일반적으로 에센스(essence)라 불리우며 알코올, 글리세린, 물 등과 혼합하여 난용성의 방향성분을 물에 잘 녹게 만든 것이다. 청량음료수, 빙과에 주로 사용되나 향기성분이 휘발하기 쉬우므로 가열하는 식품이나 수분을 꺼리는 식품에는 부적당하다.

(2) 유성(油性) 향료

천연 정유 또는 합성향료를 조합한 것으로 기름에 용해성으로 일반적으로 oil이라고 부른다. 캐러멜, 비스킷, 드롭프스 등 가열 처리되는 식품에 사용할 수 있는 비교적 내열성 착향료이다.

(3) 유화(乳化)향료

향료를 유화하여 휘발성 향료의 휘산(揮散)을 방지하고 진하게 만들어 놓은 것으로 conc., 또는 cloudy라고도 한다. 내열성이고 물에도 잘 섞이므로 내열성이 없는 수용성 향료나 수분이 많은 식품에는 사용할 수 없는 유성향료 대신 사용할 수 있어서 사용 범위가 넓다.

(4) 분말(粉末) 향료

향료를 부형제(賦形劑)로 피복한 미세한 분말로 휘발이나 열 및 광선 등으로부터 보호되어 장기보존이 가능하고 취급하기도 편리하다. 그러나 향료의 신선미가 타 제품보다 약간 떨어지고 값도 좀 비싸다.

9. 영양강화제

식품의 제조, 가공, 조리 및 저장중 손실된 영양소를 보충하거나 원래 식품에 부족하게 함유된 영양소 또는 특별히 영양소가 많이 필요할 경우에 각종 영양소를 보충해 주는데, 이것을 영양강화제라고 한다.

강화제를 사용할 경우에 식품 본래의 풍미를 해치거나 품질을 저하시켜서는 안 된다. 또 사용량에 있어서도 대개 1일 소요량이 정해져 있으므로 이를 고려하여 적당량을 사용하여야 한다.

우리나라의 경우 곡류를 주식으로 하고 있어 쌀에는 비타민 B_1과 리신이 부족하다. 따라서 쌀에 이러한 영양소를 보충해 줄 필요가 있다. 어린이나 임산부는 칼슘, 단백질 등 영양소가 보통 사람에 비하여 특히 많이 필요하므로, 이들의 식사에는 각종 영양소를 강화할 필요가 있다.

강화식품의 대상은 쌀, 맥류, 소맥분, 빵, 면류, 버터, 분유, 청량음료 등이 있다. 지정된 영양강화제로는 비타민류 30여 종, 아미노산류 13종, 철(Fe)제 9종, 칼슘(Ca)제 11종, 기타 4종이 있다.

이들 중 칼슘제에 대해서는 사용기준이 규정되어 있고, 또 모든 식품의 제조, 가공상 필요 불가결한 경우와 영양의 목적 이외의 경우에는 사용할 수 없게 되어 있다. 허용사용량은 칼슘으로서, 식품의 1% 이하이며, 껌에 사용되는 탄산칼슘만은 2% 이하로 규정되어 있다.

10. 그밖의 첨가물

첨가물	종 류	사용기준
품 질 개량제	① 인산염 : 제1인산 나트륨,제2인산나트륨, 제3인산 나트륨, 제3인산 칼륨 ② 중합인산염(또는 축합인산염) : 피로인산염(sodium pyrophosphate), 폴리인산나트륨(sodium polyphosphate), 메타 인산염(sodium metaphosphate) ③ 스테아릴젖산칼슘, 스테아릴젖산나트륨	
양조용 첨가물	제1인산나트륨(결정), 제1인산칼륨, 제1인산암모늄, 황산마그네슘, 제1인산나트륨(무수), 제2인산칼륨, 제2인산암모늄, 황산암모늄	
껌 기초제 및 피막제	① ester gum, poly butene, poly isobutene : 껌 기초제에 한하여 사용 ② 초산비닐수지(poly vinyl acetate) : 껌 기초제 및 피막제 ③ 모르포린지방산염 : 과실 · 과채 피막제여과, 흡착 제거제	
여과, 흡착 제거제	① 이온교환수지 : 최종식품에 잔류하여서는 안 된다. ② bentonite, 규조토, 백도토, 염기성 알루미늄 탄산나트륨, 산성백토, 탈크	0.05g/kg
소포제 (消泡劑)	규소수지(siliconresin) : 소포의 목적으로만 사용	잔존량 0.5%
추출제 (抽出劑)	n-hexane : 식용유지 추출에 한하여 사용허용되고 최종제품에 잔류불가	
이형제 (離形劑)	유동파라핀 : 제빵 시에 이형의 목적에만 허용 첨가물	빵 잔존량 0.1%
기 타 식품제조용	① 수산화나트륨(무수 또는 결정), 염산, 황산, 수산 : 최종식품 잔류불가 ② 피틴산(phytic acid) : 이유식, 영양제 이외에 사용 ③ 인산, 탄산나트륨(무수 또는 결정), 탄산칼륨, 염화마그네슘, 황산나트륨	

참고 문헌

- 조재선, '식품학', 유림문화사, 1991
- 주현규, 신현영, 장현기, 허태련, '최신 식품가공학', 유림문화사, 1991
- 김성열, 강국희, 박동기, '식품화학 특론', 유한문화사, 1985
- 김동훈, '식품화학', 탐구당, 1989
- 신치웅, 서기원, '열 유체공학', 세진사, 1988
- 조원제, 하창식, '고분자의 구조와 물성', 대영사, 1990
- 고정삼, '식품가공학', 아카데미서적, 1987
- 문범수, 이갑상, '식품재료학', 수학사, 1981
- 법경출판사 편집부, '최신 이화학대사전(증보판)', 1990
- 한국제분공업협회, '제분과 밀가루의 이용', 한국제분공업협회, 1990
- 문범수, 이갑상, '식품재료학', 수학사, 1987
- 한국사전연구사, '식품재료사전', 1997
- 농림부, '농림통계연보', 1999
- 농수산부, '농림수산통계연보', 1986
- 김동훈, '식품화학', 탐구당, 1981
- 박석근, 정경진, '한국 민속채소의 효능과 이용', 도서출판 서원, 1999
- 정동효 외 6인, '최신생화학', 선진문화사, 1982
- 김찬조, 장지현, '식품미생물학', 수학사, 1998
- 이서래, 신효선, '최신 식품화학', 신광출판사, 1983
- 이응호, 손태화 외 3인, '식품가공 및 저장', 동명사, 1985
- 유태종, '식품미생물학', 세진사, 1990
- 정희곤, '최신 식품위생학', 세진사, 1987
- 안효일, '축산식품가공학', 세진사, 1987
- 박영호, '수산식품가공학', 형설출판사, 1983

- 양한철, '식품공업', 세문사, 1991
- 한국영양식량학회지
- 한국식품과학회지
- '식품공업', 한국식품공업협회
- '식품과학과 산업', 한국식품과학회
- '식품과학' 한국식품과학회
- '월간 식품산업' 월간식품산업사
- '미생물과 산업', 한국미생물학회
- '식품기술' 한국식품개발연구원, 계간
- '국민영양', 한국영양사협회
- '주류공업' 대한주류공업협회
- 한국산업미생물학회지
- 한국농화학회지

- Hans G. Schlegel, 'Allgemeine Mikrobiologie', Georg Thieme Verlag Stuttgart, 1985
- Hans-Jürgen Rhem, Industrielle Mikrobiologie, Springer-VerlagBerlin · Heidelberg · NewYork 1980
- G.G.Birch and M.G.Lindley, 'Development in food flavors', Elsevier applied science, 1986
- F.D.Gunston and F. A. Norris, 'Lipids in foods', Pergamon Press, 1983

찾아 보기

ㄹ

ㅁ

ㅂ

ㅅ

ㅇ

INDEX

NEW 식품재료학

2011년 9월 5일 초판 발행
2019년 3월 1일 개정판 발행

저 자_ 홍태희 / 김기연 / 김창렬
서종권 / 오창환 / 정용진

발행처_ 지구문화사 JIGU PUBLISHING Co.
발행인_ 주 병 오

등록번호_ 제9-57호
등록일자_ 1979. 7. 13

경기도 파주시 회동길 209
파주출판문화정보산업단지

마케팅부 (031) 955-7566·7577
편집부 (031) 955-7731/ FAX (031) 955-7730

값 24,000원
ISBN 978-89-7006-562-5

독자의견 전화_ 031-955-7577
홈페이지_ http://www.ji-gu.co.kr/